ECO-FRIENDLY BIODEGRADABLE POLYMERS

생분해성 고분자 플라스틱

노인섭 지음

자유아카데미

머리말 • Preface

생분해성 고분자 플라스틱은 우리 일상과 산업, 그리고 지구 환경에 중요한 영향을 끼치는 소재-제품이다. 분해가 되지 않는 고분자 플라스틱은 지난 1.5세기 동안 학문발전과 산업발전에 중요한 역할을 하였으며, 일상생활에서도 거의 모든 제품, 부품, 장비 등에 활용된다. 페트병, 식품 용기, 농업 패키징 필름, 상·하수도관 등 수많은 분야에서 경제적으로 유리한 고지를 점하고 있으며, 엔지니어링 플라스틱, 인체 장기 대체품, 의약품 등과 같은 고부가가치 특수용도 제품에 이르기까지 모든 산업에 적용되고 있다.

고분자 플라스틱이 제공하는 다양한 장점에도 불구하고, 플라스틱 제품들이 분해되지 않고 주변에 누적되어 남아 있어 전 세계적인 환경오염을 유발하고 있다. 비분해성 플라스틱들은 바다와 산 등에 수년~수십 년 동안 쓰레기로 남아 있으면서 자연의 힘에 의해 미세입자로 분해/붕괴되어 다시 인간과 동물 및 어류 등으로 유입된다. 이러한 미세플라스틱이 인간의 건강에 치명적인 해를 끼친다는 연구 및 보고가 계속하여 발표되고 있다. 이에 따라, 자연적으로 분해될 수 있는 생분해성 고분자 플라스틱이 전 세계적으로 중요한 이슈로 자리 잡았다.

본 교재에서는 고분자 플라스틱의 제조와 용도, 제품 적용 현황, 플라스틱 제품의 수거, 퇴비화와 재활용에 대한 내용과 함께 플라스틱의 환경적인 문제점을 논의하였다. 기존 비분해성 고분자 플라스틱의 문제점을 기반으로 폐플라스틱의 재활용 현황을 분석하고 바이오플라스틱과 생분해성 고분자를 정의하였다. 이를 바탕으로 생분해성 고분자 플라스틱의 산업적 필요성, 생분해 고분자의 분류, 합성방법, 생분해 메커니즘과 특성, 산업적용과 함께, 전 세계적인 플라스틱 규제 현황 등을 다루었다.

좋은 책을 위해 최선을 다했지만 미흡한 부분이 있을 수 있다. 이 점은 양해를 바라며, 출간 후 나올 수 있는 수정사항 등은 자유아카데미 홈페이지(www.freeaca.com) 자료실에 제공할 예정이니 참고하기를 바란다.

끝으로, 책이 출간되기까지 도움을 주신 분들께 감사의 말을 전한다.

2025년 여름
노인섭 드림

차 례 • Contents

03장 다당류 생분해성 고분자

05장 에스터 생분해성 고분자

CHAPTER

01

고분자 플라스틱

플라스틱은 일상생활에서 매우 유용한 생활용품 및 산업용품으로 활용되고 있으며, 그 종류와 분류체계는 표 1과 같다. 20세기에 고분자 합성방법이 발전되면서 플라스틱은 다양한 분야로 적용되기 시작했으며, 이는 석유화학산업의 발전으로 이어졌다. 그러나 플라스틱의 사용이 늘어나면서 최근에는 전 세계적으로 환경오염과 기후변화에 커다란 영향을 주게 되었고, 분리수거, 선별공정(그림 1) 및 폐플라스틱의 재활용 공정기술(그림 2) 개발과 함께 생분해성 바이오플라스틱 제조 등과 같은 다양한 해결책을 개발하고 있다. 플라스틱 폐기물은 1950~2015년도에 약 83억 톤이 생산되었고, 49억 톤이 폐기되었으며, 그중에서 79%가 투기되거나 매립되었고, 9% 수준인 약 6억 톤만 재활용되었다.

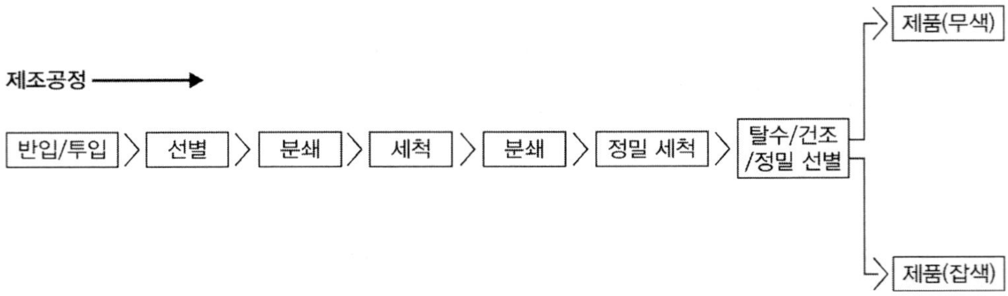

그림 1 재활용품 선별공정

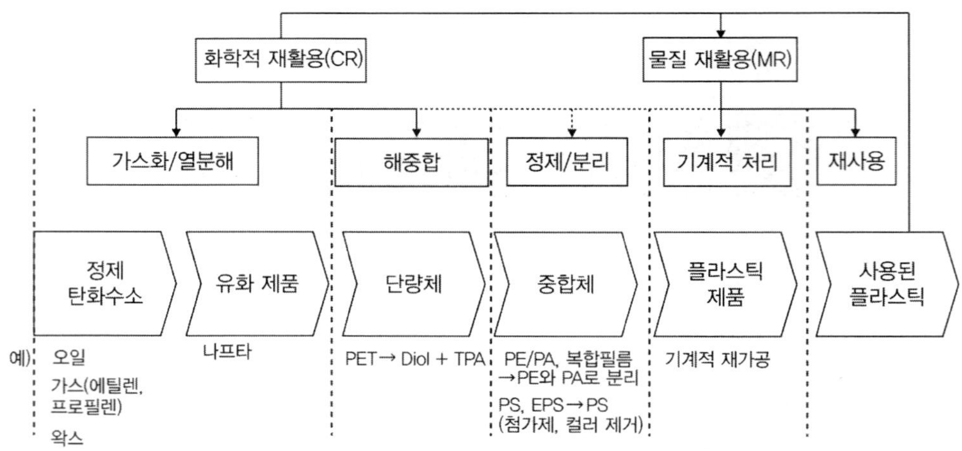

그림 2 폐플라스틱 재활용의 기술적 분류(출처: GS 칼텍스, 임찬수, 재가공)

플라스틱 오염은 환경과 생태계 모두에 영향을 미치는 생산(탄소 배출)과 폐기(오염 물질 및 물리적 위험)라는 두 가지 측면에서 발생한다. 석유 기반 고분자를 바이오 기반 고분자로 대체하는 것은 탄소 배출량과 에너지 생산 요구 사항을 현저히 낮추는 해결책

표 1 플라스틱의 종류와 분류체계

열가소성	범용	비결정성	폴리염화바이닐(PVC) 폴리스타이렌(PS) 아크릴로나이트릴-뷰타다이엔-스타이렌(ABS) 아크릴로나이트릴-스타이렌(AS) 폴리메틸메타아크릴레이트(PMMA)
		결정성	폴리에틸렌(PE) 폴리프로필렌(PP) 폴리바이닐알코올(PVA) 폴리염화비닐리덴(PVDC) 폴리에틸렌테레프탈레이트(PET)
	엔지니어링	비결정성	폴리카보네이트(PC) 변성폴리페닐에터(m-PPE)
		결정성	폴리아마이드(PA) 폴리뷰틸렌테레프탈레이트(PBT) 폴리아세탈(폴리옥시메틸렌, 즉 POM) 초고분자량폴리에틸렌(UHMWPE)
	슈퍼엔지니어링	비결정성	폴리아릴레이트(PAR) 폴리설폰(PSF) 폴리에터설폰(PES) 폴리아마이드이미드(PAI) 폴리에터이미드(PEI) 열가소성폴리이미드(TPI)
		결정성	폴리비닐렌설페이트(PPS) 액정고분자(LCP) 폴리에터에터케톤(PEEK) 불소수지(플루오린수지, 즉 FR)
열경화성	페놀수지(PF) 요소수지(UF) 멜라민수지(MF) 불포화폴리에스터(UF) 에폭시수지(EP) 실리콘수지(SI) 폴리우레탄(PUR)		

이다. 그림 3은 일부 상업용 석유계 고분자에 비해 환경에 대한 생물계/생분해성 고분자를 생분해 여부와, 소재 출처에 따라 고분자 플라스틱을 분류하고 있다(유럽의 바이오플라스틱 분류). 석유를 사용하지 않는 바이오기반 고분자 합성은 기존의 전통적인 방법에 비해 환경파괴를 최소화한다는 측면에서 친환경적이다. 그러나 생산방법과 관계

없이 대부분의 플라스틱 폐기물은 수명이 다한 후 소각, 매립, 쓰레기 버리거나 재활용되어 시간이 지남에 따라 탄소 또는 메테인이 배출된다. 또한, 생분해성 고분자는 폐기 방법이 비생분해성 석유기반 고분자에 비한다면 환경에 더 이롭다는 것은 주지의 사실이다. 비분해성 고분자는 오염 물질이나 첨가제가 토양과 수로로 누출되어 동물의 소화 시스템을 물리적으로 방해할 수 있다. 따라서 비분해성 고분자 플라스틱에 대한 사회적 압력이 증가하고 있으며, 여러 산업에서 탄소 발자국을 감축하려는 시도가 증가하고 있다.[1]

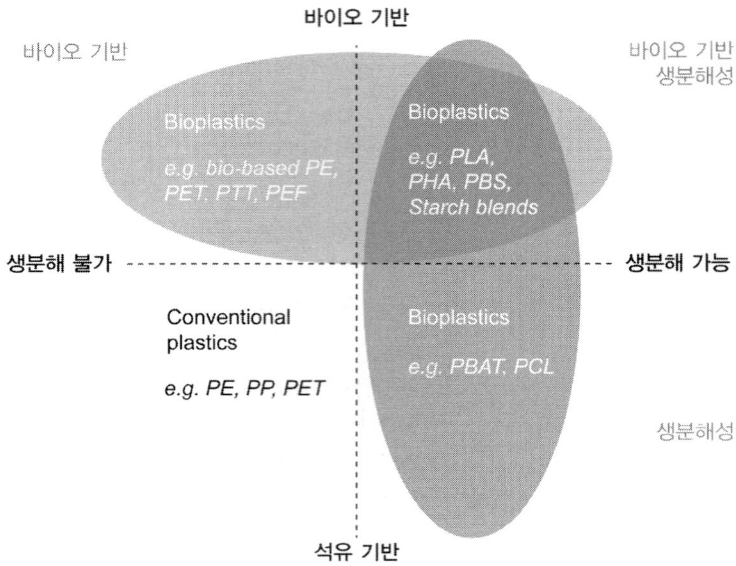

그림 3 바이오플라스틱 분류
(출처: European Bioplastics, What are bioplastics?, 2022.10)

바이오플라스틱은 석유 대신 재생가능한 식물 등을 원료로 만들기 때문에 폐기해도 자연환경에서 분해되므로 친환경이라는 이미지가 강하다. 그러나, 바이오플라스틱은 식물 생물자원 이외에도, 화석 자원을 원료로 하는 생분해성 고분자도 존재하며, 바이오플라스틱도 또한 시급한 해양 플라스틱 오염문제를 해결하지 못하고 있다. 모든 바이오플라스틱이 미생물에 의해 분해되지 않으며, 분해되지 않는 고분자 플라스틱도 있다.

1 KW. Meereboer, M Misra and AK. Mohanty, *Green Chem.*, 2020, 22, 5519-5558

1 바이오플라스틱이란?

바이오플라스틱에는 식물의 바이오매스로 제조하여 석유 소비를 줄이는 바이오매스 플라스틱(biomass plastic)과, 미생물에 의해 분해되는 생분해성 플라스틱(biodegradable plastic)이 있다. 바이오플라스틱은 일반적으로 석유와 같은 화석자원을 이용하여 합성하여 제조하지만, 식물의 바이오매스를 원료물질로 사용하는 플라스틱은 바이오매스 플라스틱으로 분류된다. 바이오매스(biomass)에는 동식물, 생물 유골 혹은 농산물, 배설물, 식품폐기물 등이 포함되며, 일반적인 바이오매스 플라스틱은 옥수수, 밀, 조류, 감자, 타피오카, 코코넛, 대두, 사탕수수, 나무 등의 재생할 수 있는 식물 바이오매스를 이용하여 제조한다. 원료가 바이오매스이기만 하면 생물에 의한 분해 여부와 관계없이 바이오매스 플라스틱이라고 할 수 있으며, 그 안에서 생분해성 바이오매스 플라스틱과 비생물성 바이오매스 플라스틱으로 분류되는 셈이다. 원료나 제품의 중량에서 25% 이상이 바이오매스로부터 유래하면 바이오매스 플라스틱으로 분류되고 인정된다. 즉, 모든 바이오매스 플라스틱이 천연의 재생 가능한 재료를 100%로 제조되는 것은 아니다.

생분해성 플라스틱은 원료가 석유이든 바이오매스이든 일정한 조건에서 미생물로 생분해되는 플라스틱을 의미하며, 그린(green) 플라스틱이라고도 명명한다. 자연으로 환원되므로 다양한 용기·포장 및 화장품, 의료용 제품에 사용된다. 생분해란 '미생물에 의해 완전히 분해되고 소비되어, 자연적 부산물인 이산화 탄소·메테인·물·바이오매스 등만을 발생시키는 것'으로 국제적으로 정의하고 있다. 플라스틱의 고분자를 가수분해 혹은 미생물에 의해 분해하여 저분자화되고, 크기가 작아진 미세입자를 미생물로 분해시킨다.

생분해성 플라스틱에는 바이오매스계열과 석유계열, 이렇게 2종류가 있고, 바이오매스 계열의 생분해성 플라스틱으로 가장 잘 알려진 고분자는 폴리락트산(폴리젖산, PLA)이다. 옥수수와 같은 식물에서 얻은 전분을 미생물이 락트산으로 발효시킨 것을 중합하여 제조되는 PLA 고분자는, 자연적인 토양 속에서도 미생물 혹은 가수분해에 의해서 효율적으로 분해된다. 석유 계열의 생분해성 플라스틱에는 석유에서 유래한 물질에 석신산을 혼합하여 제조된 폴리(뷰틸렌 석시네이트)(PBS)나 폴리(에틸렌 석시네이트)(PES) 등이 있다. 분해성 정도에 따라 고분자와 플라스틱을 구체적으로 분류하면 그림 4와 같다. 즉 이 그림에서 난분해성이더라도 바이오매스 유래면 바이오플라스틱이며, 바이오매스 유래가 아니더라도 생분해성이면 바이오플라스틱이다.

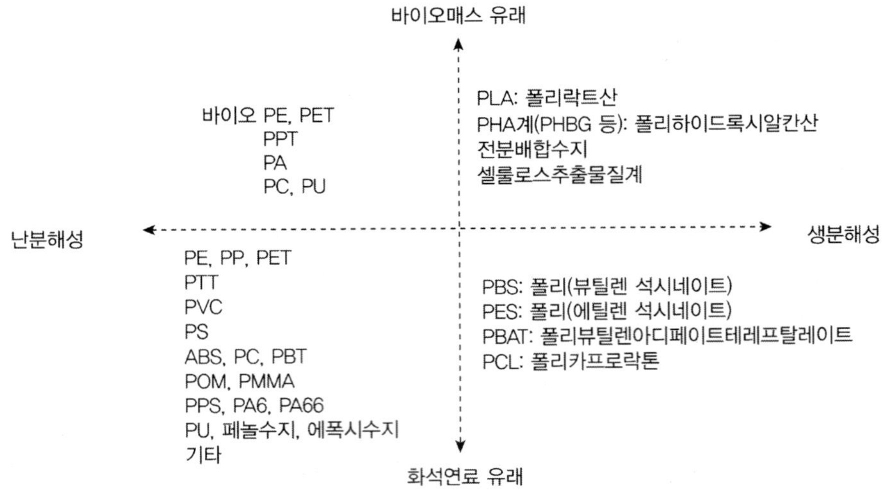

그림 4 분해성 정도에 따른 플라스틱 종류와 분류

생분해성 플라스틱에는 가수분해형과 폴리에틸렌과 같은 기존의 플라스틱에 산화 촉진 첨가제를 넣어 자외선·열·산소에 의한 고분자의 산화를 촉진시켜 저분자화로 전환한 것을 미생물로 분해시키는 산화형 생분해성 플라스틱이 있다.[2]

그러나 석유에서 유래한 분해되지 않는 플라스틱을 작게 전환할 뿐, 대량의 미세플라스틱을 생성하고, 형성된 마이크로플라스틱이 자연이 허용하는 시간 내에 분해되는 것을 보장되지 않기 때문에 EU에서는 산화형 생분해성 플라스틱에 대한 규제를 검토 중이다(ECHA Juanuary 2018).

바이오매스 플라스틱은 바이오매스 원료 또는 생분해성 여부에 따라서 (1) 생분해성 바이오매스 플라스틱, (2) 생분해성 석유계 플라스틱, (3) 사탕수수 원료에서 생성된 바이오 폴리에틸렌 및 바이오 폴리에틸렌테레프탈레이트 고분자 등과 같은 비생분해성 바이오매스 유래 플라스틱이 있다. 석유 유래 폴리에틸렌이나 폴리에틸렌테레프탈레이트의 특성을 가지도록 합성되었으므로, 수명이나 사용방법 등은 기존 고분자 특성과 같다. 우리가 주로 사용하는 대부분의 플라스틱은 비생분해성 석유계 플라스틱이며, 조직공학, 재생의학 및 의료용에 사용되는 특수용도의 생분해성 고분자 플라스틱도 있다.

바이오플라스틱의 세계 생산량은 지속적으로 증가하고 있다(그림 5). PLA, 셀룰로스, PTT, PBAT, PA 등의 생산이 매우 높으며(그림 6), 2027년에 이르면 전체 약 570만 톤이 생산될 것으로 예상되며, 이러한 2027년 글로벌 바이오플라스틱 생산량 중에서 비분해성 바이오플라스틱은 34.0%(22년 43.7%)를 차지하고, 생분해성 바이오플라스틱이 56.3%(22년 56.3%)가 될 것으로 예상되고 있다(그림 7).

2 Ammala et al., 2011

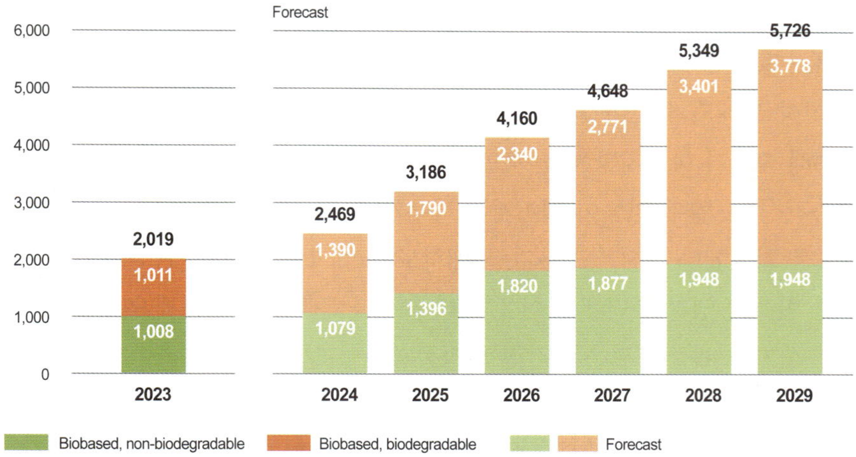

그림 5 글로벌 바이오플라스틱 생산규모(2023~2029)
(출처: European Bioplastics, www.european-bioplatics,org/market)

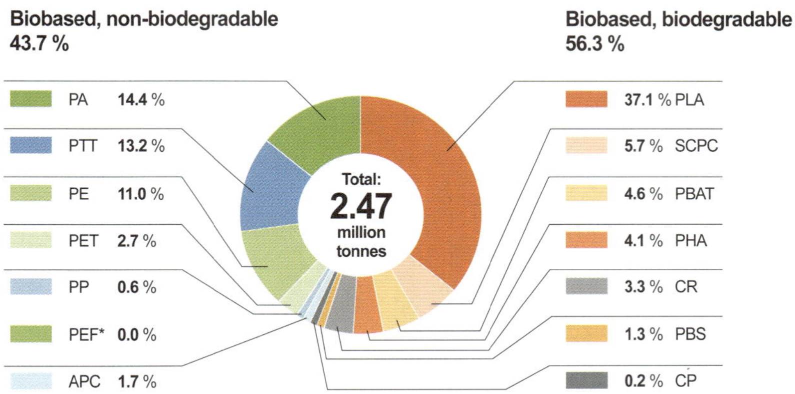

그림 6 소재별 글로벌 바이오플라스틱 생산규모(2022년)
(출처: European Bioplastics, www.european-bioplatics,org/market)

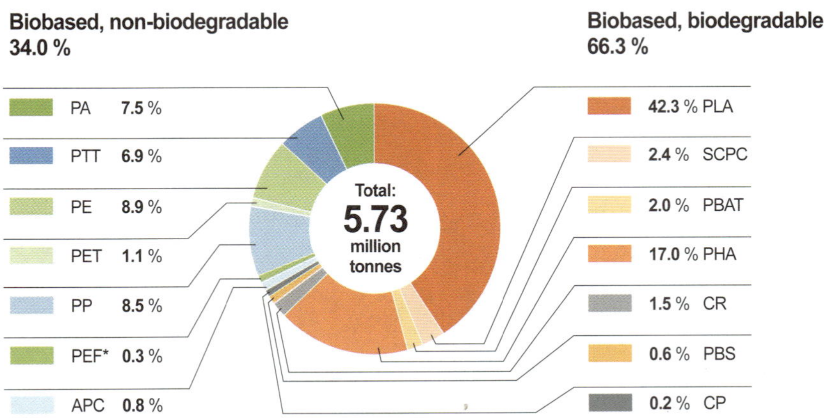

그림 7 소재별 글로벌 바이오플라스틱 생산규모(2029년 예측)
(출처: European Bioplastics, www.european-bioplatics,org/market)

석유 유래 고분자 플라스틱과 바이오플라스틱의 차이점은 다음과 같다. 석유 유래 고분자 플라스틱은 내구성이 강하고, 성형이 자유로워 다양한 제품에 사용되나 매립 시 수백 년 이상 분해되지 않아 환경 문제를 유발한다. 반면에, 바이오플라스틱은 종류에 따라 생분해 속도가 다르지만, 일반적으로 석유 기반 플라스틱보다 빠르게 분해되며, 내열성, 내충격성 등 일부 성능이 떨어지는 경우가 있다. 이러한 이유는 동일한 화학구조의 고분자를 합성했다 할지라도 분자량, 배향도(tacticity) 등에서 차이가 발생하기 때문이다. 또한 환경적 영향 측면에서 석유 유래 고분자 플라스틱은 미세 플라스틱 문제, 해양 오염, 온실가스 배출과 같은 심각한 환경문제를 유발하고 있다. 바이오플라스틱은 생분해성의 특징으로 매립 시 자연으로 돌아가지만, 모든 바이오플라스틱이 완전히 분해되는 것은 아니며, 생산 과정에서도 에너지 소비가 발생한다.

2 플라스틱 폐기물 처리

플라스틱 폐기물을 처리하는 방법은 크게 네 가지가 있다. 소각 및 재활용, 매립, 누출, 퇴비화로 나눌 수 있으며 각각에 대해 알아보자.

2.1 플라스틱 재활용과 소각

플라스틱 재활용은 생성되는 전체 플라스틱 폐기물을 줄이기 위한 방편이다. 그러나 재활용 플라스틱은 기계적 물성이 다소 떨어진다. 모듈러스와 강도를 높이기 위해 고분자를 물리적으로 처리(담금질)하고, 화학적 안정제를 사용한 뒤, 다른 재활용 플라스틱과 혼합하거나 재활용 플라스틱을 다른 고분자와 혼합하여 가치를 높일 수 있다. 다중 재활용 주기가 끝나면 플라스틱 재료가 너무 분해되어 사용할 수 없으며, 수년간 재활용을 시행한 후에도 2017년에는 플라스틱이 아닌 재활용(25~65%)과 비교하여 미국에서 실제로 재활용되는 플라스틱의 비율(<10%)이 매우 낮았다. 따라서 플라스틱 폐기물 처리의 대안으로 퇴비화 또는 대체 에너지 생산(소각)으로의 전환에 주목하고 있다.

2.2 플라스틱 매립

플라스틱 매립은 우리가 쉽게 할 수 있으므로 다른 환경에 비해 플라스틱 폐기물의 저장에 적합하나, 매립지는 통제되지 않은 분해를 거쳐 온실가스를 자연환경에 방출된다. 매립지는 폐기물의 연령과 유형에 따라 여러 유형으로 세분될 수 있으며, 생활에서 사용된 고형 폐기물은 오래된 매립지에서는 오염 이동을 통제할 수 없고 가스 포집 기술도 마련되어 있지 않다. 현대의 매립지는 에너지 생성을 위해 생성된 메테인을 포집하도록 설계되어 있으나, 덜 개발된 지역에서는 매립지에 이러한 조치가 없기 때문에 배출 가스가 주변 지역으로 이동할 수 있다. 상품 플라스틱은 일반적으로 매립되지 않고, 유기 물질과 달리 메테인으로 분해되지 않으나, 혐기성 조건에서 무기한으로 매립지에 남아 있기 때문에 또 다른 문제를 유발하며, 폐기물을 잘못 관리하여 생분해성 고분자가 매립되는 경우 메테인 생성은 총 가스 방출량의 최대 50%를 차지할 수 있다. 또한 매립지 폐쇄 후 적절한 토양 복원으로 플라스틱 폐기물이 환경으로 흩어지거나 분산시키는 것이 필요하다.[3]

2.3 플라스틱 누출(쓰레기)

우리 주변에 누출된 플라스틱 폐기물은 해양 기반과 육상 기반으로 분류되지만 그 상대적인 양은 아직 불분명하다. 오늘날 바다에 남아 있을 가능성이 있는 해양 폐기물의 출처는 운송 서비스에서 손실된 화물이나 플라스틱 펠릿 또는 일반적인 운송 폐기물 등이며, 이에 의한 오염이 문제시되고 있다. 다른 경로로는 환경 요소에 의해 육지(매립지 등)에서 바다로 플라스틱이 이동할 수 있으며, 육상 기반 플라스틱 쓰레기는 환경적 요소를 통해 우발적이거나 의도적으로 누적될 수 있다. 즉, 행사 중이나 공공장소에서 부적절한 폐기물 처리 시설로 인해 발생할 수 있다. 플라스틱 쓰레기는 또한 매립지, 하수 시스템 및 산업 공정에서 발생하여 토양에 축적될 수 있다. 그 위치와 관계없이 고분자 플라스틱 제조 합성과정에 첨가되는 가소제 및 UV 안정제가 시간이 지남에 따라 토양 및 해양환경을 오염시키고 동물 및 세포 기관 기능에 악영향을 미치고 있다.

주변에 버려진 플라스틱이 태풍, 홍수 등에 의해 이동함에 따라 플라스틱은 전 세계 여러 바다(표면 및 해저), 해안선 및 호수에서 발견될 수 있다. 이처럼 바다로 흘러가는 플라스틱은 자연에 의한 이동과 인간 개입의 어려움으로 인해 해양환경 오염을 유발하

3 *Green Chem.*, 2020, **22**, 5519–5558

는 우려의 대상이다. 해양의 플라스틱 쓰레기는 km^2당 최대 580,000개의 농도를 가질 수 있다. 플라스틱은 지난 20년 동안 태평양, 대서양 및 인도양, 특히 쓰레기 패치가 크게 증가한 북대서양 환류와 북태평양 아열대 환류에서 발견되었으며, 바닷새나 거북이 플라스틱을 섭취하여 곤경에 처하는 문제들이 대두되고 있다. 또한 플라스틱은 미생물이나 자외선에 노출되지 않으면 그 뛰어난 내구성으로 인해 오래 남아 있다. 자외선에 노출되더라도 고분자 물성이 손상되지 않도록 하기 위해 보호 코팅이 적용된 경우가 있어, 그 사용 수명 동안에는 플라스틱이 전혀 분해되지 않고 환경에 방치된다. 이렇게 방치된 플라스틱들은 오염되고 파손되어 기계적 및 열적 물성이 저하되므로 수거하여 재활용하기도 어렵다.

2.4 플라스틱의 퇴비화

퇴비화는 생물에 의한 플라스틱의 분해이다. 퇴비화 가능한 플라스틱 재료는 해양, 토양, 매립지 등과 같은 환경에서는 생분해되지 않으며, 플라스틱이 분해된 작은 조각만 퇴비화될 수 있다. 퇴비화는 가정용 퇴비화와 산업용 퇴비화로 나눌 수 있으며, 주요 차이점은 산업용 퇴비화의 제어 조건(~58°C, 50~55% 고형분 등)이다. 대부분의 환경에서 가정용 퇴비화는 산업 퇴비화보다 느리지만 분해 기간이 짧기 때문에 유기 물질 퇴비화에 적합하다. 바이오플라스틱의 퇴비화는 주로 산업용 퇴비화 작업으로 제한되며, 가정용 퇴비화에는 권장되지 않는다. 산업용 퇴비는 다량의 유기성 폐기물을 처리하도록 설계되었고 회전율이 높으며, 토양 정화에 적합한 퇴비를 생산하고 있다.

퇴비화 플라스틱은 주로 열가소성 전분, PLA 및 폴리뷰틸렌아디페이트테레프탈레이트(PBAT)로, 2018년에 생산된 생분해성 플라스틱의 83%를 차지한다. 그 외에는 폴리(뷰틸렌 석시네이트)(PBS) 정도가 있다. 다른 생분해성 고분자(예, PHA)에 비해 현저히 낮은 생산 비용으로 인해 글로벌 생산능력이 증가하고 있다. 플라스틱의 생분해성은 다양하며, 일부(예, PLA)는 긴 소요기간으로 인해 가정용 퇴비화에 적합하지 않고, 순수한 형태의 산업 퇴비화 조건이 적합하다. 예를 들어 PLA는 적절한 방법을 사용하여 셀룰로스와 혼성화하면 토양에서 효과적인 생분해성을 나타내지만 현재 산업적 규모로 구현되지는 않고 있다.

또한, 바이오 유래 플라스틱은 석유 기반 생분해성 고분자, 예를 들어 PBAT와 비교하면 재생 가능한 탄소를 사용하여 제조하고 있다. 퇴비화가 가능한 플라스틱이라고 하더라도 산업 및 상업용으로 퇴비화하는 것이 항상 적합한 것은 아니다. PHA와 같은 대체 바이오 기반 생분해성 고분자는 다양한 유형의 환경에서 더 나은 생분해성 특성을 가지고 있으므로 상업적으로 채택될 가능성이 높다.

따라서 자연 환경(예: 토양, 해수 등)에서 분해될 수 있는 바이오 기반 및 생분해성 플라스틱을 전 세계적으로 사용하는 것이 중요하다. 이를 통해 지속가능한 성장과 환경 오염 감소에 필요한 기후 변화와 플라스틱 오염을 모두 방지할 수 있다. 중요한 요소는 바이오 기반 생분해성 플라스틱이 생산 및 수명 종료 시점에서 다른 플라스틱과의 차이점을 확인해야 하며, 섬유 및 충진제 추가, 혼합 및 화학 물질 추가를 포함하여 제조된 플라스틱의 생분해는 모든 환경 조건에서 비교 가능한 표준을 고려해야 할 것이다.[4]

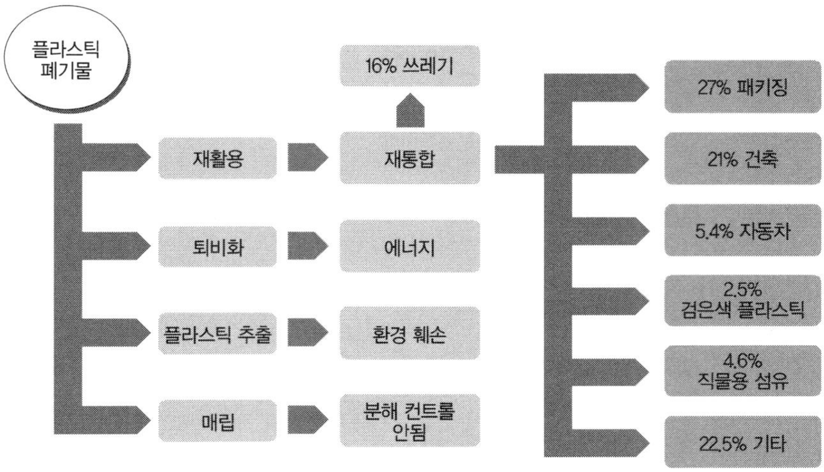

그림 8 플라스틱 폐기물의 흐름
(출처: Kjeld W. Meereboer et al., 2020)

4 Ibid.

CHAPTER

02

생분해성 고분자: 합성-분해와 메커니즘

1 생분해성 합성 고분자/바이오플라스틱 합성방법 및 생분해 메커니즘

기존의 석유 유래 고분자 플라스틱은, 증류탑에서 온도와 분자량, 화학 구조에 따라 석유를 분리하여 고분자 단량체를 얻고, 이를 중합하여 제조한다. 반면에 바이오플라스틱에 대해서는 사탕수수, 밀, 조류 등과 같은 재생 가능한 생물 원료를 발효하여 저분자량의 화합물(예, 에탄올)을 추출하고, 이를 합성하여 바이오에틸렌, 폴리락트산 등의 고분자(바이오플라스틱)가 합성된다. 바이오플라스틱은 석유 유래 고분자 플라스틱과 유사한 물리적 성질을 가지고 있고, 기존 재활용 시스템에서 재활용할 수 있다. 즉, 재생가능한 자원에서 생산되며, 탄소 배출량을 줄일 수 있기 때문에 친환경적이다.

생분해성 고분자는 가수분해(바이오플라스틱과 석유 유래 고분자 플라스틱), 화학 반응/빛 등에 의한 분해, 미생물/동물 등에 의해 분해가 가능한 고분자를 의미한다. 그림 1에 생분해성 고분자의 합성방법을 나타내었으며, 화학 합성, 개질 합성, 효소를 이용한 합성, 미생물 합성, 화학-효소 합성이 주로 사용되고 있다. 화학적 방법으로는 개환 중합(ROP), 축합 중합, 자유 라디칼 중합(FRP) 방법이 있으며, 화학 개질 방법으로는 키토산, 전분 및 셀룰로스가 사용된다. 미생물 발효 공정에 의한 고분자로는 폴리(하이드록시알카노에이트)가 있다. 그 외 화학-효소 합성과, 효소 매개 합성방법을 사용할 수 있다.

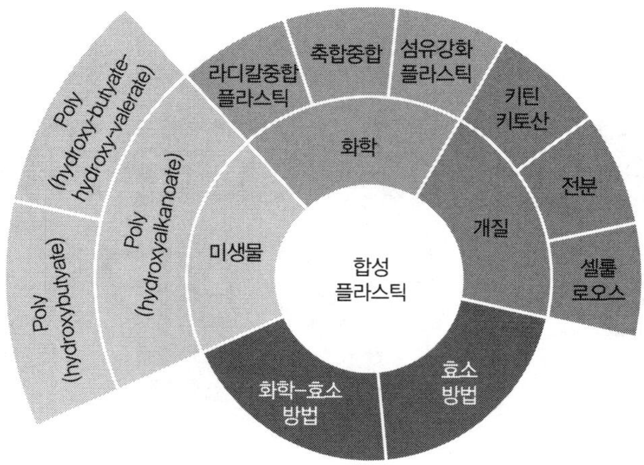

그림 1 생분해성 고분자 합성방법: 미생물, 화학, 투석, 효소, 화학-효소 방법을 사용하여 제조한다. (*ACS Omega* 2020, 5, 9, 4370-4379)

1.1 화학 방법에 의한 고분자 합성

축합 중합에서는 석유 유래 생분해성 고분자를 작용기를 가진 두 단량체(혹은 2종류의 작용기를 가진 단량체)의 반응을 사용한다. 2개 이상의 단량체 또는 저분자량의 중합체(올리고머)와 같은 분자의 결합 과정에서 물, 염화 수소, 암모니아, 알코올류 등과 같은 저분자가 반응의 부산물로 방출되면서 중합된다. 단량체의 작용기는 카복실기(-COOH), 하이드록실기(-OH), 아민기(-NH_2), 아이소사이아네이트기(-NCO), 페놀기(-OH), 알데하이드기(-CHO) 등이 있으며, 단계 성장 중합에 사용되는 화합물이다. 반응 초기 단량체의 2종류 작용기가 반응하여 저분자를 방출하며 이량체(dimer)를 합성한다. 이후에 이량체는 단량체와 반응하여 삼량체(trimer)가 되고, 삼량체는 이량체 혹은 단량체와 반응하여 올리고머를 형성하며, 이 과정을 반복하며 축합 중합 반응의 말기에 큰 분자량의 고분자가 생성된다. 석유 유래 생분해성 고분자 물질의 대표로는 Poly(butylene succinate)[폴리(뷰틸렌 석시네이트), PBS]가 있다.

축합 중합을 통해 높은 분자량을 가진 고분자를 합성하기 위해서는 1) 반응물의 순도가 높아야 한다. 2) 반응 온도가 높아야 하며, 3) 부산물 제거를 통해 정반응을 강화해(평형 이동), 생성물이 최대한 끝까지 합성되도록 한다. 또한 고분자량의 고분자를 얻으려면 오랜 시간이 소요되므로 4) 촉매를 이용하여 반응 속도를 높일 수 있다. 축합 중합 반응으로 폴리에스터, 폴리아마이드, 폴리우레탄과 같이 다양한 종류의 고분자를 합성할 수 있으며, 에스터 결합이나 아마이드 결합과 같이 강한 결합을 형성하므로 내열성이 우수하다.

PBS는 화석연료 기반 석신산(succinic acid)과 1,4-뷰테인다이올 단량체를 축합 중합 반응으로 제조하며(그림 2), 종이컵 코팅, 식품 포장재, 어업용 섬유 등으로 사용된다.

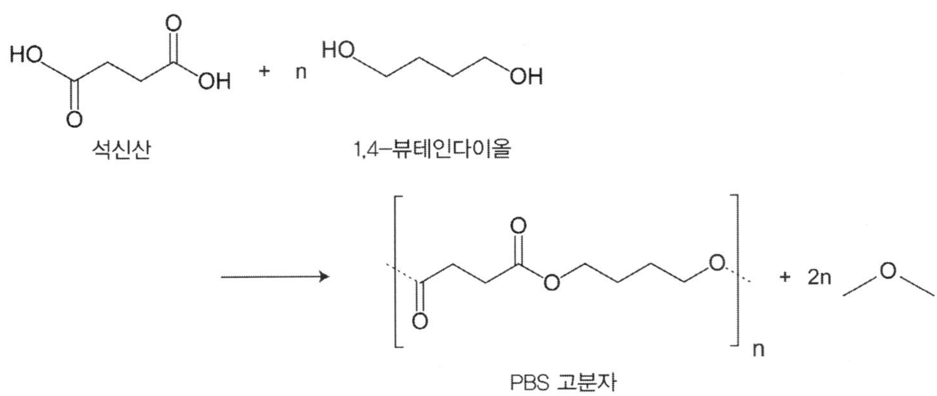

그림 2 폴리(뷰틸렌 석시네이트)(PBS) 생분해성 고분자 합성

PBS는 탄화수소의 반복단위가 긴 지방족 폴리에스터로 PLA보다 더 유연하다. 유리 전이 온도가 낮고, 파단 연신율(>500%)은 높아 폴리올레핀의 특성과 유사하다. 즉, 인장 강도가 우수하여 당김에 강하나, 파단 강도가 약해 찢어짐에 취약하다. PBS의 생분해성 고분자는 높은 생분해성을 가지고 있으나, 퇴비화 환경이라는 특정 조건에서만 분해가 되는 한계가 있다. PBS와 같은 고분자를 환경친화적 생분해성 고분자로 사용하기 위해서는 석유를 바이오매스 원료로 전환하는 생산기술이 필요하다. 현재 리그노셀룰로스 당을 발효시켜 석신산을 생산하는 방법과 전분과 당을 수소화 분해하여 뷰테인다이올 생산기술을 개발하고 있다.

1.1.1 중축합 중합에 의한 생분해성 폴리에스터 합성

일반적으로 폴리에스터 합성반응에서는 산과 알코올 반응, 저분자량 에스터의 알코올 분해 및/또는 산분해 또는 아실 클로라이드의 알코올 분해가 가장 중요하다. 일반적으로 축합 반응과 개환 중합으로 폴리에스터를 합성한다. 폴리에스터 중합 반응의 개요를 그림 3에 나타내었다.

폴리에스터는 PET[Poly(ethylene terephthalate)]과 같이 주쇄의 모든 반복 단위에 에스터를 가진 고분자이다. 천연 폴리에스터와 일부 합성 폴리에스터는 생분해되나 대부분의 합성 폴리에스터는 생분해되지 않으며 의류 등에 사용된다. 합성 폴리에스터의 주요 특성은 다음과 같다.

1) 고분자량의 지방족 선형 폴리에스터(Mn>10k)는 저융점(m.p. 40~80°C) 반결정성을

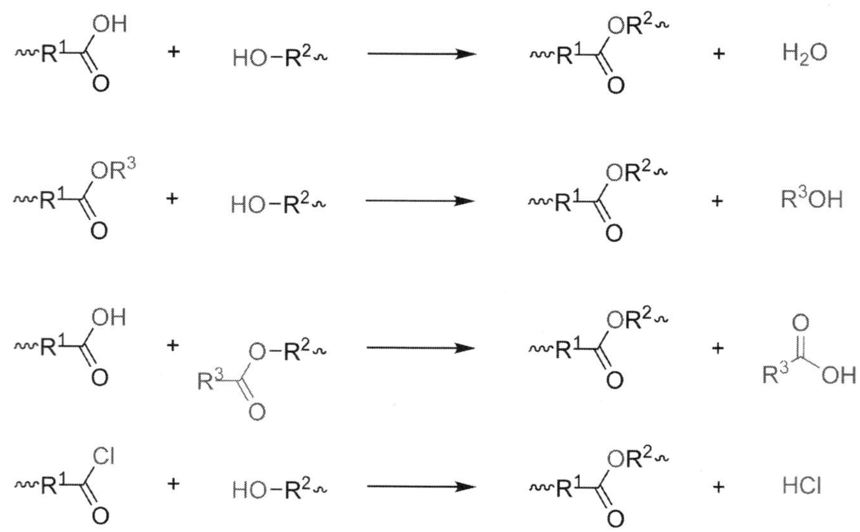

그림 3 폴리에스터 중합 반응의 개요

가지며 상대적으로 기계적 물성이 낮다. 가수분해 가능성으로 인해 포장, 일회용 품목 또는 농업용 뿌리 덮개 필름, 생물의학 및 제약 용도로 사용된다.

2) 지방족 선형 저분자량(Mn<10k)의 폴리에스터-OH 화합물은 폴리우레탄 생산을 위한 거대단량체로 사용된다.

3) 하이퍼브랜치(hyper branch)-폴리에스터는 특히 낮은 점도, 우수한 용해도 및 높은 기능성으로 인해 열가소성 수지의 유동화 개질제 또는 코팅의 가교제로 사용된다.

4) 폴리(에틸렌 테레프탈레이트)와 폴리(뷰틸렌 테레프탈레이트)를 포함한 지방족-방향족 폴리에스터는 고융점 반결정질 소재이며 엔지니어링 열가소성 수지, 섬유, 필름으로 사용된다.

5) 전방향족 선형 co-폴리에스터는 우수한 기계적 특성과 내열성을 가지며, 고성능 분야에 사용된다.

폴리에스터의 분류와 제조방법 및 예시 고분자를 표 1에 나타내었다.

표 1 폴리에스터의 분류와 제조방법 및 예시 고분자

폴리에스터 분류	제조방법	예시 고분자
선형 폴리에스터	개환중합에 의한 축합중합	Polycaprolactone (PCL) Poly(lactic acid) (PLA) Poly(hydroxy butyrate) (PHB) Poly(glycolic acid) (PGA)
반 고리형 폴리에스터	축합중합	Poly(ethylene terephthalate) (PET) Poly(butylene terephthalate) (PBT) Poly(trimethylene terephthalate) (PTT)
고리형 폴리에스터	중축합중합	폴리에스터 Bisphenol A and phthalic acid 폴리에스터

1.1.2 공비 혼합 에스터화에 의한 폴리에스터 합성

공비 혼합 에스터화는 알코올과 카복실산의 반응에 의해 형성된 물을 공비 증류에 의해 지속적으로 제거하면서 합성하는 고전적인 축합 중합이다(그림 4). 특히, 융점이 충분히 낮으면 진공으로 생성된 물을 제거하면서 효율적으로 폴리에스터를 합성할 수 있다. 직접 벌크 폴리에스터화는 고온(150~290°C)에서 지방족 폴리에스터, 불포화 폴리에스터 및 방향족-지방족 폴리에스터를 생산한다.

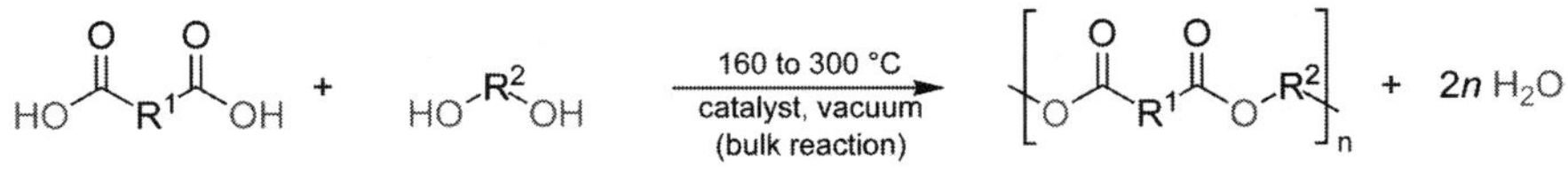

그림 4 공비 혼합 방법에 의한 폴리에스터 합성

1.1.3 알코올 트랜스-에스터화에 의한 폴리에스터 합성

알코올 말단 올리고머와 에스터 말단 올리고머가 축합되어 에스터 결합을 형성하고, 알코올이 부가 생성물로 발생한다(그림 5). R 및 R'는 2개의 올리고머 사슬이고, R''는 메틸기(메탄올은 에스터화 반응의 부산물임)와 같은 화합물이다.

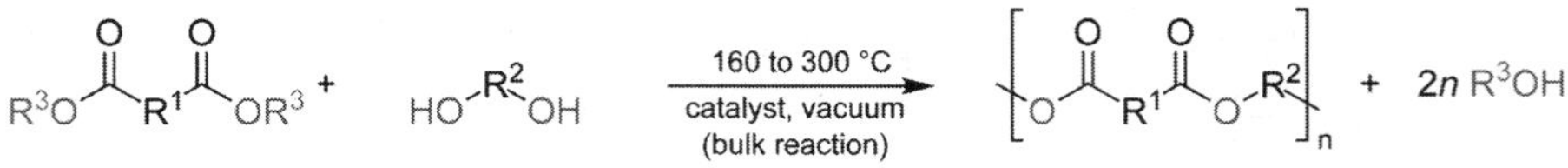

그림 5 알코올 트랜스-에스터화에 의한 폴리에스터 합성방법

1.1.4 아실화 반응에 의한 폴리에스터 합성

아실화 반응은 산은 산 염화물로 시작하므로 중축합이 진행될 때 물 대신 염산(HCl)이 부산물로 방출된다(그림 6). 예를 들어, 다이아실 클로라이드와 알코올 또는 페놀 화합물 사이의 반응은 폴리에스터 합성에 널리 적용되고, 보다 낮은 온도에서 반응된다.

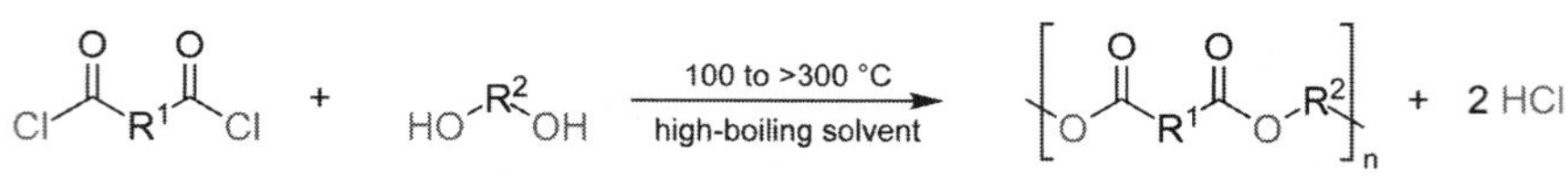

그림 6 아실화에 의한 폴리에스터 합성

계면 아실-클로라이드 반응에서 알코올(예, 페놀)은 수산화 소듐 수용액에 알콕사이드 형태로 용해되며, 아실-클로라이드는 다이클로로메테인, 클로로벤젠 또는 헥산과 같은 물과 섞이지 않는 유기 용매에 용해되고, 반응은 실온 근처에서 고속 교반하여 계면에서 발생한다.

1.1.5 개환 중합에 의한 폴리에스터 합성

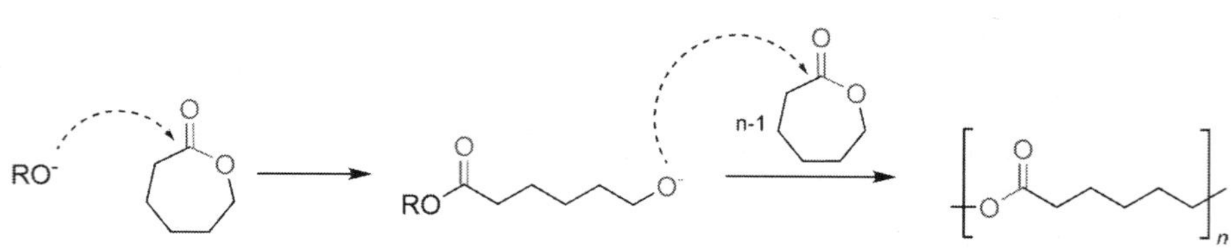

그림 7 개환 중합에 의한 폴리에스터 합성

지방족 폴리에스터는 매우 온화한 조건에서 락톤으로부터 합성될 수 있으며 음이온, 양이온, 금속 유기 또는 효소 촉매 작용을 받는다. 고리형 무수물과 에폭사이드의 공중합을 위한 다수의 촉매 방법은 포화 및 불포화의 광범위한 기능화된 폴리에스터를 합성하며, 락톤과 락타이드의 개환 중합도 산업적 규모로 적용된다.

개환 중합(환상 개시 중합, ring-opening polymerization, ROP)은 고리형 단량체(cyclic monomer)의 고리 형태가 사슬로 연결되는 중합 과정을 의미하며, 주로 고분자량의 고분자를 합성하는 데 효과적이다. 환상 개시 중합은 분자 상태의 촉매와 이온 촉매로 개시되는 특징을 가진다. 대부분의 경우 강한 이온성 개시제를 사용한다. 개시 물질로 인해 고리 구조가 깨지면서 반응이 시작하며, 단량체들이 이어서 결합하며 사슬을 형성한다. 이에 대한 세부적인 메커니즘은 음이온성 개환 중합, 양이온성 개환 중합, 금속 촉매 개환 중합이 있다.

음이온성 개환 중합은 음이온성 개시제로 인해 고리 형태가 열리고 단량체가 연결되는 중합 과정이다. 대부분 정지제를 넣어 주지 않으면, 리빙(living) 중합으로 반응의 정지가 일어나지 않는다. 양이온성 개환 중합은 양성자를 가진 산, 루이스 산, 탄소 이온, 옥소늄 이온 등으로 인해 개시된다. 개시된 이후 단량체들의 고리 구조가 열리며 사슬 구조로 성장하며, 정지 과정에서는 사슬 이동, 결합, 불균등화로 반응이 종결된다. 금속 촉매 개환 중합은 금속 촉매로 인해 고리 구조가 열리고 단량체가 연결되어 성장 고분자 사슬을 형성하며 이때 단량체의 삽입은 고분자에 연결된 금속 이온의 배위에 의해 결정되면서 고분자를 합성한다. 그러나 물, 수소, 방향족 알코올과 같은 물질이 존재하는 경우에는 반응이 정지될 수 있다. 석유 유래 고분자 중 환상 개시 중합 과정을 통해 폴리카프로락톤을 합성한다.

1.2 축합 중합에 의한 고분자 합성

1.2.1 직접 축합 반응에 의한 PGA 합성

대기압에서 글라이콜산을 175~200°C로 가열한 다음에 최대 2시간 동안 150 mmHg 조건에서 PGA를 합성한다. 탈수 축합 반응에서 생기는 물을 중축합 공정에서 제거하기 어렵기 때문에, 10,000 g/mol 미만의 저분자량을 합성하여 약물 전달 시스템에 적용하고 있다.

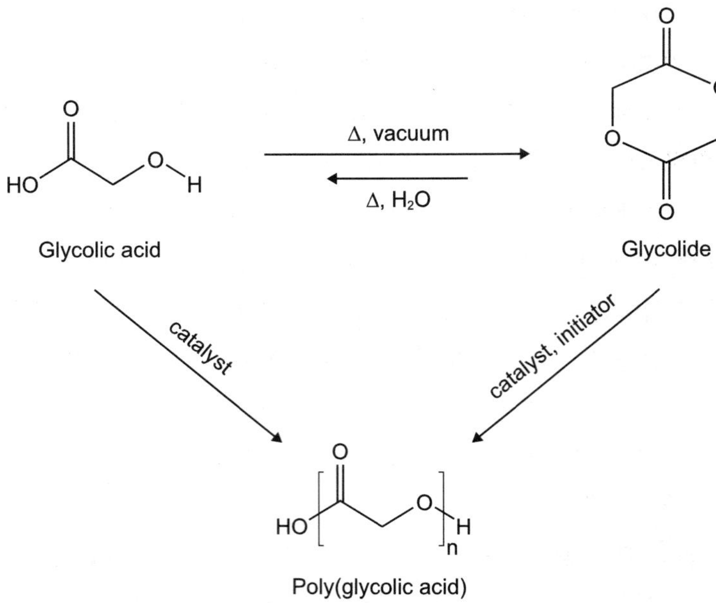

그림 8 Poly(glycolic acid) (PGA) 합성방법
(출처: *J Polym Res* (2020) 27, 208)

글라이콜라이드는 글라이콜산을 175°C에서 가열, 탈수시켜 글라이콜산의 올리고머를 합성하고, Sb_2O_3 촉매의 존재하에서(0.1 wt%) 열분해 및 감압하여(250~290°C) 합성한다. 감압 증류법에 의해 얻은 글라이콜라이드는 에틸아세테이트로 재결정하여 정제하면 수율은 70~75% 정도이고, 융점은 80~83°C이다. 폴리글라이콜산 개환 중합 반응은 stannous octoate를 촉매(0.01~0.03wt%)로 사용하고, 반응 개시 촉매는 라우릴-알코올(0.006~0.01 wt%)을 사용하여 고분자량의 폴리글라이콜산(PGA)을 합성한다. PGA의 물성을 표 2에 나타내었다.

PGA 고분자의 가공성, 내가수분해성, 물성 개량 등을 목적으로 글라이콜라이드(GL)와 ε-카프로락톤(CL)을 공중합 비율(GL:CL)별로 stannous octoate 촉매 존재하에서 벌크 공중합할 수 있다. 이때 ε-카프로락톤의 몰비가 증대되면서 급격한 융점 강하를 나타내고, GL:CL의 몰비가 (70:30)~(20:80) 범위에서는 결정성을 갖지 않는다.

1.2.2 공비 축합 반응에 의한 PGA 합성

물과 공비 혼합물을 형성하는 유기 용매(톨루엔, 자일렌 등)를 이용하여 공비 용액에서 고분자를 합성할 수 있다. 고분자량 PGA(Mn>930K g/mol)을 얻을 수 있다. 유기 용매를 통해 반응 도중에 생성된 물을 제거할 수 있고, 이에 따라 공비 증류는 저비용 및 고효율로 산업적 생산하는 장점이 있다. 예를 들면, 고분자량(Mw=20~460 kDag/mol)을

표 2 PGA의 물성

물성	범위
유리 전이 온도(T_g)	35~40°C
융점(T_m)	225~230°C
결정화 온도(T_c)	180~200°C
결정화도(X_c)	45~55%
융점 엔탈피(H_m)	103.5 J/g
분해 시간	6주
밀도(ρ)	1.50~1.71 g/cm^3
인장 강도(σ)	60~99.7 MPa
인장 모듈러스(E)	6.0~7.0 GPa
파단시 인장(ε)	1.5~20%
비인장 강도(σ*)	40.0~45.1 Nm/g
비인장 모듈러스(E*)	4.00~4.51 kNm/g

출처: *J Polym Res* (2020) 27: 208

갖는 폴리(하이드록시카복실산)은 하이드록시카복실산을 공비 증류법으로 탈수 축합하여 얻을 수 있다. 최근 연구에서는 Dean stark 장치를 사용한 공비 증류를 이용하여 글라이콜산으로부터 높은 결정도(77%) 및 높은 용해도(147 mg/mL)를 갖는 고분자량 PGA(Mn=32K g/mol)를 합성하였다.

1.2.3 축합 중합에 의한 PCL 합성

하이드록시카복실산으로부터 지방족 폴리에스터를 합성한다. 예를 들면, 진공 상태에서 6-hydroxy hexanoic acid를 중축합하여 PCL 올리고머를 합성하고, 반응 중에 생성된 물을 제거하면서 고분자를 합성한다. 반응은 촉매를 첨가하지 않고 수행되며, 80~150°C로 점진적으로 증가되는 온도에서 6시간 만에 완료한다. 진공 상태에서 Candida antarctica의 라이페이스(lipase) 효소를 사용하여 6-hydroxy caproic acid를 중합하면 평균 분자량이 9,000 g/mol이며, 다분산도(PDI)가 2일 만에 1.5 미만인 PCL 고분자를 생성할 수 있다. *Pseudomonas sp.* 미생물을 이용하여 45°C에서 에틸 6-하이드록시 헥사노에이트를 중합한다면 평균 분자량이 5,400 g/mol이고 다분산도가 2.26 미만, 82%의 단량체 전환율을 갖는 PCL 고분자를 제조할 수 있다. 이때 에탄올 부산물이 생성되지만 진공 상태에서 제거하면서 중합을 할 수 있다.

1.2.4 축합 중합에 의한 Polyanhydrides(폴리무수물) 고분자 합성

폴리무수물은 고분자 주사슬의 반복단위를 연결하는 무수물 결합을 특징으로 하는 생분해성 고분자로서(그림 9), 주로 의료기기 및 제약산업에 응용된다. 생체 내에서 폴리무수물은 대사되어 체내에서 제거될 수 있는 무독성 단량체로 분해되고, 분해산물은 안전하여 생체적합성 고분자로 분류된다.

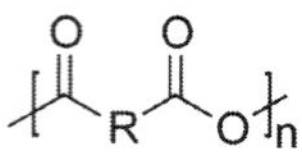

R group

그림 9 폴리무수물

폴리무수물은 용융 축합 또는 용액 중합 반응으로 합성되고, 합성방법에 따라 폴리무수물의 다양한 특성을 조절하여 원하는 고분자 플라스틱을 제조한다. 폴리무수물은 저렴한 자원을 사용하여 쉽게 준비할 수 있고, 공정은 원하는 특성을 달성하기 위해 다양하게 선택할 수 있다. 일반적으로, 고분자량의 폴리무수물은 고온 및 진공 조건에서 다이카복실산 단량체를 과량의 아세트산 무수물과 반응시키는 용융 축합 방법을 사용한다. 고분자량과 짧은 반응 시간에 합성하기 위해서 촉매를 사용할 수 있고, 일반적으로 정제가 필요 없는 1단계 합성(one step)이 사용된다. 이외에도 마이크로파 가열, 고처리량 합성법(병렬 중합체 합성), 개환 중합, 계면 축합(두 단량체의 고온 반응), 탈수 커플링제(물 제거) 합성방법이 있다. 2개의 카복실 작용기 및 용액 중합(용액에서 반응)을 사용하여 용융 온도 50~90°C 범위에서 합성을 진행한다. 폴리무수물 고분자의 기능성은 분자 구조, 조성, 분자량 및 열적 특성을 결정하며, 다양한 광산란 및 크기 배제 방법을 사용하여 폴리무수물 분자량을 측정한다.

1.2.5 할로젠아세테이트의 고체 상태 중축합에 의한 PGA 합성

PGA 고분자는 무용매 공정인 할로젠 아세테이트의 열 유도 고체 상태 중축합 중합으로 합성할 수 있으며, 염화 소듐의 생성을 동반한다. 이 방법으로 합성된 고분자는 일반적으로 용액 또는 용융 중합 방법보다 낮은 중합도를 가지며, PGA는 11개의 다른 할로젠 아세테이트 전구체로부터 합성할 수 있다.

1.2.6 개환 중합(ring-opening)에 의한 PGA 합성

고분자량 PGA 합성의 가장 일반적인 방법은 글라이콜라이드의 개환 중합을 사용하며(그림 10), 저분자량의 PGA를 감압한 후에 가열하고 증류하면서 고분자로 합성한다.

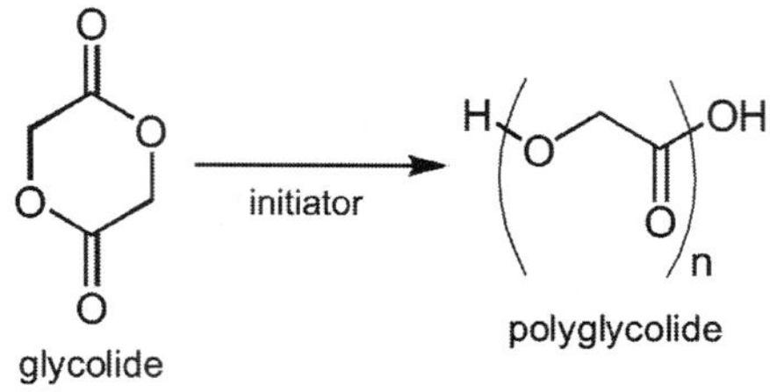

그림 10 PGA의 개환 중합 반응

글라이콜라이드 개환 중합 개시제인 안티모니 화합물, 아연 화합물 및 주석 화합물 중에서 FDA(미국 식품의약품안전처)에 의해 안정성이 입증된 주석(II) 2-에틸 헥사노에이트 개시제가 가장 일반적으로 사용된다. 개시제를 195°C에서 질소 분위기 환경에서 글라이콜라이드에 첨가하고, 약 2시간 동안 반응을 진행시킨 후 약 30분 동안 230℃까지 온도를 올린 다음에, 온도를 낮추면서 고분자량의 PGA 고분자를 합성한다. 이러한 개환 중합은 아래의 4가지 방법으로 PGA 고분자를 합성한다.

1) 멜트 혹은 벌크중합에 의한 PGA 합성

글라이콜라이드 반응 메커니즘의 용융 또는 벌크 중합과 관련하여, 1단계에서는 고분자에서 물을 제거하고 올리고머가 저분자량 화합물로 전환된다. 반응 과정에서 생성되는 물을 제거하며, 그렇지 않으면 물 분자가 고분자의 에스터 결합을 공격하여 고분자의 분자량이 감소된다. 고분자량 PGA를 얻기 위해 글라이콜산의 용융/고체 상태 중축합 방법을 사용하며, 먼저 190°C에서 글라이콜산으로부터 저분자량 올리고머를 얻은 후 적합한 촉매를 선택하여 동일한 온도에서 반응을 계속하여 최종적으로 고분자량을 갖는 PGA를 합성한다.

2) 용액 중합에 의한 PGA 합성

용융/벌크 중합법은 공정이 간단하고 선택된 반응 조건에 따라 고분자량의 PGA를 얻을 수 있으나, 열전도율이 좋지 않아 합성 과정에서 형성된 고온을 제거할 수 없기 때문에 반응 동안 생성된 열로 인하여 분자량을 감소시킨다. 이러한 문제를 해결하기 위해 두 가지 유형의 중합 방법, 즉 현탁액 및 용액 중합 방법을 사용한다.

용액 중합 공정은 용융/벌크 중합에 비해 상대적으로 낮은 농도의 단량체로 반응이 시작되며, 점도가 낮아 반응 중 혼합이 가능하여 열전달이 일어나 발열 반응에서 발생하는 열에 의한 문제점을 해결할 수 있다. 그러나 사용된 용매는 고분자가 합성된 후에 제거해야 하는 문제점과 용액 중합 중에 라셈화가 발생하는 문제점이 있다.

3) 유화 혹은 에멀션 중합에 의한 PGA 합성

현탁액 또는 에멀션 축합 중합 방법은 중합 과정에서 입자의 상호작용을 방지하기 위해 물에 불용성 또는 난용성 단량체를 격렬하게 혼합시킴으로써, 여과 또는 침전에 의해 쉽게 분리될 수 있는 유화 중합에 비해 더 큰 입자(직경 20 μm 이상)를 제조할 수 있다.

4) 양이온 혹은 음이온 중합에 의한 PGA 합성

중합에서 선택한 촉매 작용은 최종 제품의 품질과 직접적인 연관성이 있다. 양이온성 및 음이온성 화합물은 글라이콜산 또는 글라이콜라이드의 중합에 단량체로 사용될 수 있으며, 양이온-음이온 중합 방법으로 분리된다. 황산 및 인산과 같은 양성자산은 양이온 중합에 사용되며, 또한 염화 아연, 염화 철(III), 염화 알루미늄, 사염화 타이타늄, 트라이플루오린화 붕소 에터레이트 및 트라이플루오린화 안티모니와 같은 루이스 산을 사용하여 고분자량 중합체를 합성한다.

촉매로 사용되는 양이온과 음이온 화합물과 글라이콜라이드의 중합에 대한 몇 가지 연구가 있지만, 락톤을 사용하는 방법은 많이 있다. 락톤 연구는 PGA 준비에 대한 아이디어를 제공할 수 있으며, 최근에는 일산화 탄소(CO)와 폼알데하이드 양이온 공중합법에 의해 고분자량 PGA(Mn=600K g/mol)를 두 단계로 합성한다. 지속가능한 일산화 탄소(CO)의 원료로 바이오메탄올 또는 바이오가스를 사용하였고 폼알데하이드 원료로는 트리옥산을 사용하는 연구가 있다. 1단계에서 양이온 중합 에스터화 반응으로 얻은 올리고머(Mn~1,800 g/mol)와 $Zn(OAc)_2 \cdot 2H_2O$를 2단계에서 촉매로 사용하여, 대략 Mn~600K g/mol 분자량을 갖는 중합체를 합성하였다. 다른 연구에서는 동일한 반응 조건에서 긴 사슬의 지방산에서 파생된 에폭사이드를 추가로 사용하여 대략 수평균 분자량 49K~132K g/mol의 PGA를 얻었으며, 또한 PGA의 용해도를 크게 향상시키고, 용융온도를 낮추었다.

음이온 중합과 관련하여, 락톤에 효과적인 촉매에는 알칼리 금속, 알칼리 금속 산화물, 알칼리 금속 나프탈렌 착물 및 크라운 에터가 포함되며, 반응은 음으로 하전된 개시제의 친핵성 공격에 의해 카보닐기 또는 알킬-산소의 탄소에 대한 공격으로 선형 폴리에스터를 합성한다. 알칼리 금속 용액을 사용하면, β-락톤의 중합에서 90% 이상의 수율로 수평균 분자량이 110K g/mol인 PGA 고분자를 합성할 수 있다. 이외에도 점토, 이온성 액체, 브로민화 비스무트 다이페닐을 촉매로 사용하는 다양한 중축합 방법으로 저분자량 또는 고분자량 PGA 합성이 가능하다. 글라이콜라이드의 개환 중합은 고가의 원료와 촉매 독성 등의 단점이 있지만, 여전히 산업분야에서 사용되고 있다.

1.2.7 개환 중합 방법에 의한 PLA 합성

폴리락트산(폴리락타이드, PLA) 합성은 석유에서 유래한 고리형 락트산 단량체를 개환 중합으로 합성하거나 박테리아 발효를 통해 생산한다. L-락트산 및 D-락트산의 화합물을 분해하여 반응을 촉진하여 결과적으로 중합체의 분자량을 감소시키는 것과 같이 박테리아 발효 조건을 조절하여 합성 공정에서 거울상 이성질체의 생성을 제어한다. 농산물에서 PLA 발효 생산 공정은 암모늄-락트산을 생성하고 아세트산, 이산화 탄소 및 알코올을 분리하는 반응기에서 암모니아와 박테리아의 전분 발효로 시작한 다음에, 암모늄-락트산은 전기 투석으로 암모늄-락트산에서 암모니아가 분리되는 물 분해 챔버로 이동한다. 이 과정은 양이온과 음이온의 전위를 사용하여 암모늄-락트산을 분리하고 락트산(젖산)을 생성한다. 이후에 락트산은 물이 배출되고 락트산이 예비 중합체를 합성하는 올리고머화 반응기에 공급된다. 올리고머화 반응기에서 나오는 예비 중합체는 자유 중합체의 하위 단위로 분해되면서 본질적으로 개환 과정에 필요한 락트산 고리를 형성하는 해중합 반응기로 이동하고, L-락트산, D-락트산 및 meso-락트산이라고 하는 락트산의 입체 이성질체를 형성한다. 3개의 입체 이성질체는 열에 의해 액체 형태의 meso-락트산이 L- 및 D-락트산으로부터 분리되는 정제 컬럼으로 공급되며, meso-락트산을 분리한 후, L- 및 D-락트산을 개환이 일어나는 중합 반응기에 공급하며, 금속 촉매를 사용하여 개환 과정이 진행된다(그림 11).

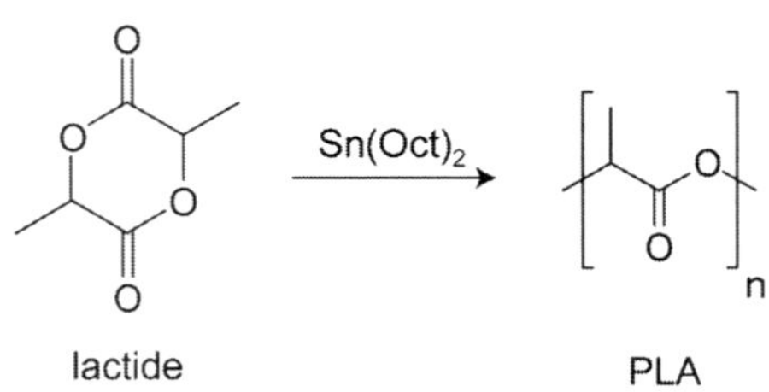

그림 11 주석 촉매를 이용한 PLA 고분자 합성

아연, 타이타늄 및 주석 등의 금속 촉매가 사용될 수 있다. 주석은 락트산 중합에 사용되는 가장 잘 알려진 촉매이며 주석(II) 옥토에이트($Sn(Oct)_2$)의 형태로 사용된다(그림 11). $Sn(Oct)_2$는 알코올과 함께 첨가되어 락트산과 반응할 때 에스터 산소와 결합하는 복잡한 분자를 형성하며, 산소가 이중 결합이 파괴되면서 폴리락트산 사슬로 열리도록 함으로써 PLA 고분자를 제조한다. 알코올 대신 카복실산을 촉매로 $Sn(Oct)_2$와 함께 사용할 수 있으나, 생산되는 PLA의 양이 알코올에 의해 생산되는 양보다 훨씬 적기 때문에 자주 사용되지 않는다. PLA는 중합 반응기에서 생성되지만 $Sn(Oct)_2$는 여전히 PLA와 결합되어 압출기 및 펠릿화 챔버에서 제거되고, 촉매로 탄산 소듐을 첨가하면 $Sn(Oct)_2$와

반응하여 고분자 사슬로부터 분리된다. 새로 형성된 액상의 PLA를 건조시켜 원하는 형태로 변형시킨다. 그 외에도 개환 중합, 축합 중합 또는 공비 발효와 같은 다양한 다른 공정도 PLA의 대량생산에 사용할 수 있으나, D, L 및 meso-화합물을 동시에 추출할 수 있는 유연한 공정이며, 촉매를 변경하여 PLA의 높은 수율을 달성할 수 있다.

PLA는 폴리염화바이닐, 폴리스타이렌 등과 같은 다양한 고분자와 여러 특성의 유사성으로 인해 복합재료 분야에서 가장 빠르게 떠오르는 생분해성 고분자이다(표 3). 일반 고분자의 특성을 비교하면 PLA가 PVC, 폴리프로필렌(PP), 나일론보다 인장 탄성률이 높고 PP보다 굴곡 강도가 높아 엔지니어링 영역에서 다양한 방식으로 사용할 수 있다. 또한 PLA는 많은 에너지나 시간 투입 없이 간단한 기존공정으로 가공할 수 있어 저렴하고 쉽게 구할 수 있는 고분자이며, 압출, 사출 등 다양한 공정을 통해 다양한 형태로 쉽게 성형 및 재성형할 수 있기 때문에 생체재료, 조직공학 및 식품산업 등에서 더욱 주목받고 있다.

표 3 생분해성 PLA 고분자와 비분해성 합성 고분자 물성 비교

고분자 물성	인장 강도(GPa)	항복 강도(MPa)	유연 강도(MPa)	연신율(%)
PLA	3.2	49	70	2.5
PVC	2.6	35	90	3.0
PP	1.4	35	49	10
PS	3.4	49	80	2.5
Nylon	2.9	71	95	5

출처: *Materials* 2022, **15**, 4312.

PLA의 물리적 관찰은 산업적 응용의 전망에서 중요하다. 광택이 있고 투명하며, 저온에서 안정적으로 유지되며, 적당한 산소 및 수분 투과성을 가지며, 그리스 및 내유성이 높은 특성으로 인해 필름, 병, 컵, 접시 등의 제조에 적합하다. 그러나 표 4에 나열된 특성은 일정하게 유지되지 않고 함량 및 분자량 변화에 따라 다르다. 예를 들어 PLA 고분자의 분자량이 증가하면 긴 고분자 사슬이 형성되어 결정성이 감소시키나, 고분자 사슬 얽힘과 길이로 인해 인장 강도와 전단 점도가 모두 증가한다. 가변 입체 화학(variable stereochemistry)으로 알려진 고유한 특성을 PLA에 적용하여 특성에 상당한 변화를 가져오고 고분자 물성을 조절할 수 있으며, 이는 다른 석유화학 고분자들과 대별되는 PLA의 장점이다. 입체 화학은 PLA에서 다른 화학 구조를 유발하여 D 및 L 함량의 비율에 따라 반결정 및 비정질 구조를 생성한다. 물리적, 기계적 특성과 생분해 속도는 PLA의 화학 구조에 따라 다르며, D 함량은 PLA의 특성에 중요한 매개변수이다. PLA에서 D

함량의 증가는 결정화 속도를 감소시키며, 융점을 낮춘다. PLA 고분자 가소화는 전분, 시트르산 에스터, 폴리에틸렌 글라이콜, 소르비톨 및 올리고머 젖산과 같은 다른 고분자와 혼합하여 결정성을 개선하기 위해 화학적으로 개질한다.

표 4 PLA 고분자의 물성

물성	값
비중력	1–1.5
표면에너지(dynes)	36–40
융점(℃)	140–210
분자량(Daltons)	Approx. $1.6X10^5$
멜트 유체 지수(g/10 min)	4–22
결정도(%)	5–35
유리전이온도(℃)	50–75
용해도 파라미터($J^{0.5}/cm^{1.5}$)	21

출처: *Materials* 2022, **15**, 4312.

1.2.8 개환 중합에 의한 PCL 합성

1) 미생물에 의한 단량체 합성

폴리카프로락톤(Polycaprolactone, PCL)의 단량체인 카프로락톤은 미생물에서 생성된 ε-사이클로헥사논으로부터 얻는다(그림 12, 13).

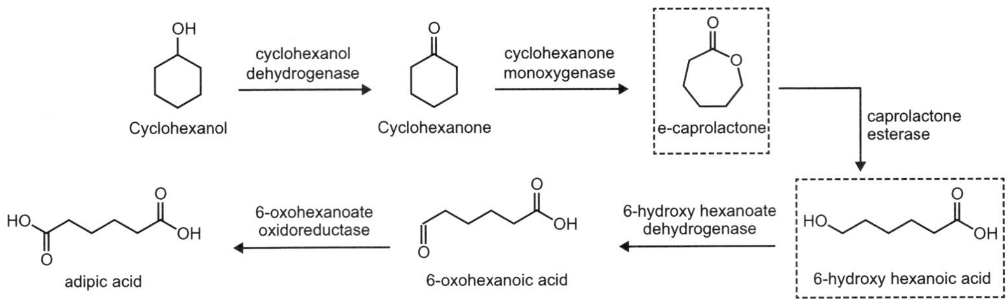

그림 12 *Acinetobacter sp.* 미생물에서 사이클로헥산올의 아디프산으로의 산화 균주 SE19
(출처: S. M. Thomas et al., 2002)

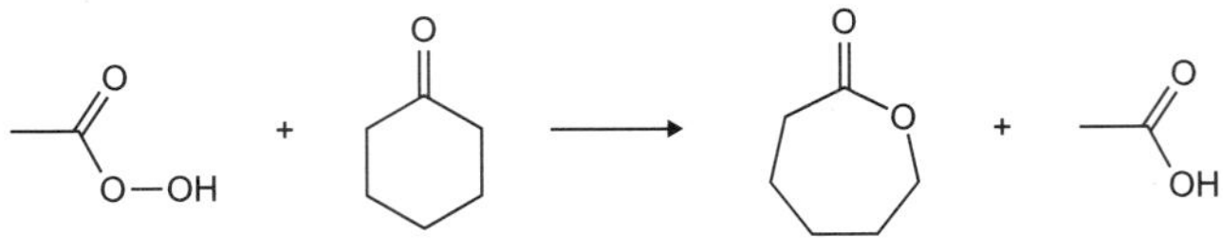

그림 13 사이클로헥사논으로부터 ε-카프로락톤 생산
(출처: M. C. Rocca, et al., US Pat, 6,531,615 B2, 2003)

PCL은 6-하이드록시카프로산(6-하이드록시헥세인)의 축합 방법과 ε-카프로락톤의 개환 중합(ROP)으로 합성한다.

2) 개환 중합에 의한 PCL 합성

락톤의 개환 중합은 음이온, 양이온, 단량체 활성화 및 배위-삽입 개환 중합 메커니즘과 일반적으로 FDA에서 식품첨가제로 허가된 tin(II)-2-ethylhexanonate(stannousoctate) 촉매를 이용한다. 개환 중합을 이용한 합성에서 가장 중요한 인자인 수분은 분자량과 분자량 분포를 결정하며 최종 물성에도 영향을 미친다. 따라서 높은 분자량을 갖는 PCL을 제조하기 위해서는 합성 초기 단계에서 단량체와 개시제 그리고 촉매의 수분 제거가 매우 중요하며, 합성 시 온도를 최대한 낮게 설정하는 것이 유리하다. 이는 '백 바이팅' 반응과 트랜스-에스터 반응 등의 부반응을 억제하는 데 효과적이다.

① 음이온 개환 중합에 의한 PCL 합성

단량체의 카보닐-탄소를 공격하는 음이온성 화합물의 형성을 포함하며, 단량체는 아실-산소 결합에서 반응하고 성장 화합물은 알콕사이드 반응을 통해 PCL을 중합한다. 그러나, 중합 후반 단계에서 백 바이팅(back-biting)이라는 분자 내 에스터 교환 반응이 발생하는 단점이 있으며, 이는 백 바이팅이 일어나기 전에 중합이 중단되는 경우 저분자량 고분자 또는 고리형 고분자를 생성한다(그림 14).

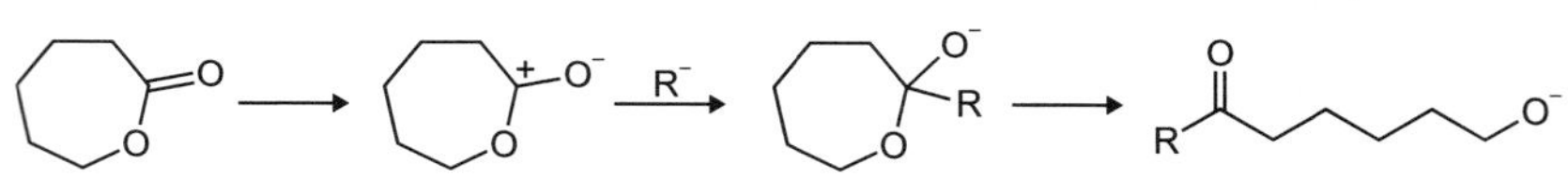

그림 14 음이온성 개환 중합에 의한 PCL 합성방법

② 양이온 개환 중합에 의한 PCL 합성

양이온성 개환 중합(그림 15)은 이분자 친핵성 치환반응(SN2)을 통해 단량체의 카보닐 산소에 의해 공격받는 양이온성 반응에 의해 PCL 고분자를 합성한다.

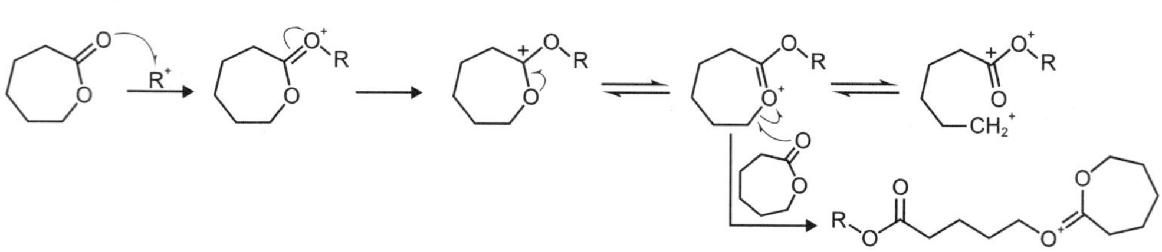

그림 15 양이온 개환 중합에 의한 PCL 합성방법

③ 단량체 활성 개환 중합에 의한 PCL 합성

단량체 활성화된 개환 중합(그림 16)은 촉매를 사용하여 단량체 분자를 활성화시키고,

활성 단량체가 중합체 사슬 말단을 공격하여 PCL 고분자를 합성한다.

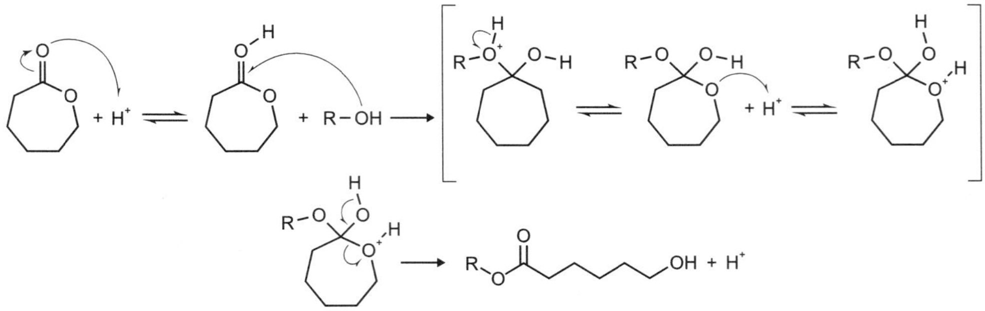

그림 16 단량체 활성화 ROP(개환 중합)에 대한 개시 단계의 메커니즘

④ 효소에 의한 개환 중합 방법을 이용한 PCL 합성

효소(예, 라이페이스)를 사용하는 개환 중합 PCL 합성방법은 먼저 효소가 단량체와 반응하여 효소-카프로락톤 복합체를 형성한 다음에, 알코올이 복합체와 반응한다(그림 17). ε-카프로락톤의 효소 개환 반응에 대한 모델링 연구에 따르면 중합, 분해 및 효소 비활성화가 모두 동시에 발생하는 것으로 알려져 있다.

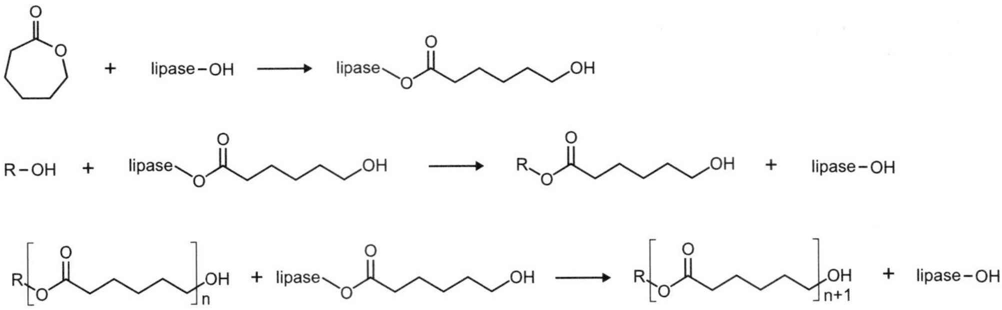

그림 17 효소에 의한 개환 중합 메커니즘

(출처: S. Kobayashi, *J. Polym. Sci.*, 1999 및 S. Kobayashi et al., *Bull. Chem. Soc. Jpn.*, 2001)

고분자량의 PCL 고분자 합성 경로는 ε-카프로락톤의 개환 중합이며, 금속 기반, 유기 또는 효소 시스템과 같은 많은 화합물이 ε-카프로락톤의 개환 중합을 촉매할 수 있다. 일부 무기산조차도 사용되며, 현재 금속계 화합물 이외에도, 무기산, 효소 및 유기 화합물이 촉매로 주목받고 있다. 일부 촉매는 ε-카프로락톤의 개환 중합을 촉매하기 위해 특정 조건이 필요하나, 일부는 온화한 조건에서 사용된다. 종결 반응 단계는 일반적으로 산이나 알코올의 첨가를 필요로 하며, 촉매는 주로 PCL 합성을 위한 특정 용도와 반응 조건에 따라 선택된다.

1.2.9 개환 중합에 의한 PDO 합성

폴리다이옥사논(PDO 또는 PDS) 고분자($((C_8H_{12}O_4)_n$)는 다중 반복 에터-에스터 단위를 가진 중합체로서, 열과 지르코늄 아세틸아세톤 또는 아연 L-락테이트와 같은 유기금속 촉매를 사용하여 단량체 파라(para)-다이옥사논의 개환 중합으로 합성된다(그림 18). 폴리다이옥사논은 -12~-5°C 범위의 유리 전이 온도(T_g)와 약 55%의 결정화도를 가지며, 2.0~3.0 dL/g 고유 점도와 100~110°C의 녹는점을 가진다. 폴리다이옥사논은 일반적으로 용액을 압출하여 봉합사를 제조하며, 중합체가 단량체로 다시 자발적으로 해중합 되는 것을 방지하기 위해 가능한 가장 낮은 온도로 중합체를 처리한다. 고분자의 주사슬의 에터(-O-) 구조로 인하여 유연한 물성을 가진다.

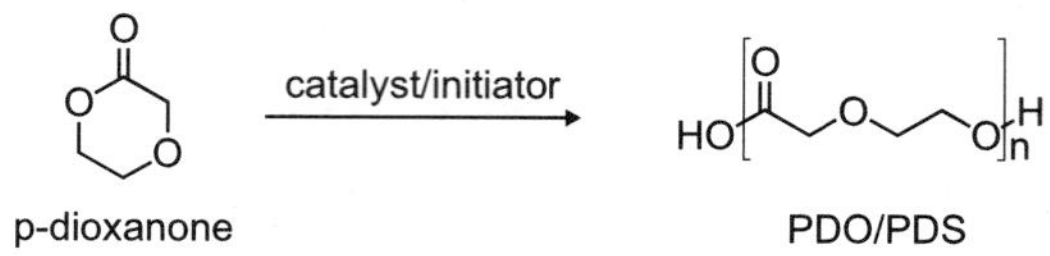

그림 18 폴리다이옥사논(PDO) 고분자 합성 및 화 학구조

1.3 개질 및 공중합에 의한 고분자 합성

공중합은 2종류 이상의 단량체를 화학적으로 합성하는 방법이며, 생성된 공중합체는 두 단량체의 종류, 화학구조 및 조성 등을 선택하여 고분자의 물성을 조절한다. 특정한 조건에서는 기계적 성질(유연성, 내구성 등)을 유지하면서 생분해성 고분자를 제조할 수 있다.

공중합 방식은 크게 블록, 랜덤, 교대, 그래프트 4가지 방식의 공중합 방법을 사용한다. 블록 공중합 방법은 사용하는 각 단량체가 일정한 길이의 블록(예, PLA와 PGA)으로 합성되는 PLGA와 같은 블록 공중합체를 제조하며, 생성된 고분자는 2가지 이상의 물리적, 화학적 성질을 부여할 수 있다. 랜덤 공중합 방법은 2종류의 단량체가 임의로 결합하여 불규칙한 배열을 형성한다. 2 단량체의 혼합 비율에 따라 고분자의 물리적 특성이 정해진다. 랜덤 공중합은 다양한 물성을 가진 고분자를 제조할 수 있다는 장점이 존재하나, 일관된 물성의 고분자를 합성하기 어려운 단점이 있다. 대표적인 예로 PLA-PHB 공중합체가 있다. 교대 공중합은 2 단량체가 규칙적으로 결합하며, 특정 단량체 그룹이 반복되어 일관된 구조와 성질을 부여하기 때문에 단량체 특성을 고려하여 나일론 6,6-alt-폴리에스터와 같은 고분자의 특성을 조절할 수 있다. 그래프트(graft) 공중합은 고분자의 주사슬에 주사슬 단량체와 다른 단량체가 가지(side chain)처럼 결합된 고분자 중합체이며, 블록 공중합과 마찬가지로 2가지 이상의 물리적, 화학적 성질을 가지며 녹말-g-PCL와 같이 특정 기능성을 추가할 수 있다. 공중합은 라디칼 중합, 용액 중합 이온 중합 등을 사용하여 제조한다.

PLA-PBAT 공중합체는 PLA의 인장강도, 열가소성, 우수한 가공성의 장점과 PBAT의 높은 열 안전성, 신축률의 장점을 복합한 생분해성 고분자이다.

PLA-PGA(PLGA) 공중합체는 락트산과 글라이이콜산을 활용하여 제조한 공중합체로, 분해 속도가 느린 PLA 물성과 분해 속도가 빠른 PGA를 복합함으로써 중간 정도의 속도를 가진 고분자를 합성할 수 있다. PLA와 PGA의 비율이 1:1일 때 가장 빠른 분해 속도를 가지며, PLA가 많은 경우에는 고분자의 분해 속도가 느려지고, 기계적 강도가 높은 고분자로 합성할 수 있다. 의료용 골접합용 플레이트, 스크루와 봉합사로 쓰일 때는 락트산과 글라이콜 조성 몰비 8:2가 적당한 것으로 알려져 있다.

1.3.1 개환 중합에 의한 PLGA 공중합체 합성

Poly(Lactide-co-glycolide), 즉 PLGA 공중합체는 주석을 촉매를 사용하여 고리형의 락트산과 글라이이콜라이드를 개환시켜 다양한 비율로 제조할 수 있는 선형 공중합체이다(그림 19). 글라이이콜라이드와 락타이드 비율에 따라 다양한 형태의 PLGA 공중합체를 제조할 수 있으며, 사용된 단량체의 비율에 따라 공중합체를 분류한다(예 PLGA(75:25)는 75% 락타이드 및 25% 글라이이콜산을 의미한다).

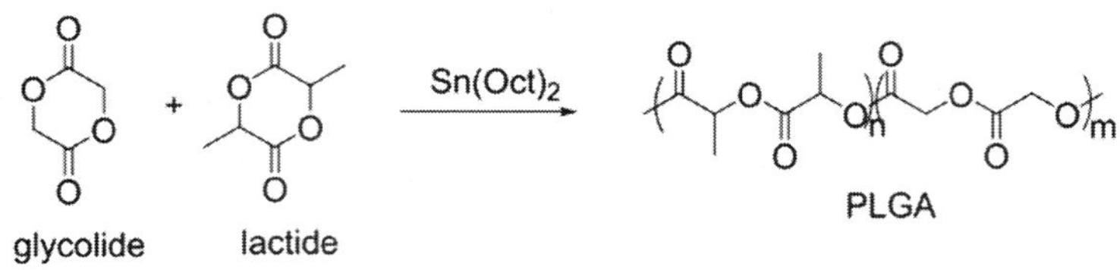

그림 19 PLGA 합성방법

고분자량 PLGA는 주석(II) 2-에틸헥사노에이트, 주석(II) 알콕사이드 또는 알루미늄 아이소프로폭사이드를 포함하여 고온(130~220°C)에서 금속 촉매를 사용하여 글라이콜라이드와 락트산의 개환 중합으로 얻을 수 있다. 옥토산주석($SnOct_2$)은 고효율 상용 촉매이며 여러 국가에서 허용되는 식품 첨가물이다. 독성 금속 잔류물로 오염되지 않은 지방족 폴리에스터를 합성하는 대안 기술인 효소 중합방법은 생물 의학에 응용된다. 그러나 효소를 활용한 개환 중합(즉, 라이페이스에 의한)은 온화한 반응 조건(온도, pH, 압력)에서 합성이 가능하나, 긴 반응 시간이 필요하여 저분자량의 PLGA가 생성된다. 일반적으로 개환 중합 기술을 사용하면, 관련된 단량체와 중합반응 과정에 따라 무작위로 분포된 어택틱 또는 신디오택틱 PLGA가 합성된다.

1.4 발효 공정에 의한 고분자 합성

발효 공정은 미생물이 기질을 분해하여 에너지를 생성하거나 화학물질 합성하는 다단계 공정이며, 미생물이 유기물질을 분해하거나 특정 화합물 생산을 미생물 대사공정으로 폴리하이드록시알카노에이트(PHA)나 폴리락트산(PLA)과 같은 다양한 생분해성 고분자 플라스틱을 합성한다. 발효 공정은 고분자 합성의 기초 물질로 사용됨과 동시에 오염을 줄이며, 재생 자원을 활용한다는 점에서 화학 합성방법과 구별된다. 현재까지 고분자의 합성 메커니즘, 생분해성 고분자 대량생산 및 발효 공정 개발 등에 대한 연구가 활발히 진행 중이다. 또한 기존의 원료가 아닌 폐원료 혹은 값싼 탄소 화합물을 선택하여 미생물을 생장시키고, 공정의 생산단가와 폐기물 처리 비용을 낮추는 연구를 활발히 진행하고 있다.

발효 공정에서 미생물 생장에 필요한 에너지를 공급하기 위하여 원료를 준비하는 1단계는 기질의 농도가 중요한 변수이다. 만약 기질의 농도가 너무 낮으면 미생물의 성장이 충분하게 이루어지지 못하여 고분자를 충분하게 축출할 수 없다. 반대로, 기질 농도가 너무 높은 발효 공정에서는 미생물에 질소와 인을 충분하게 차단하지 못하여 발효가 잘 진행되지 않는다.

2단계에서는 *Alcaligenes eutrophus*(*Cupriavidus necator*)와 같은 미생물을 선택하여 공정 후 원하는 대사산물을 선택한다. 3단계에서는 미생물을 발효시키기 위하여 발효조의 환경을 조성하는 단계이다. 충분히 성장한 미생물을 인과 질소를 차단하여 내부에 고분자를 축적하는 공정으로 발효조의 온도, 산소 농도 등 공정 제어의 최적값을 구하여 미생물을 발효하는 것이 중요하다. PHA를 생산하는 미생물인 *Alcaligenes eutrophus*(*Cupriavidus necator*)는 28~32°C 온도, 20~ 40% 산소 농도가 적당하다. 공정 시간이 지날수록 세포 내 고분자의 농도는 증가하다가 천천히 감소하는 경향을 보이며, *Alcaligenes eutrophus* 미생물 중량의 최대 80%까지의 PHA 고분자가 합성된다.

4단계에서 발효조 내 미생물을 파괴하여 미생물 내의 고분자들을 물리적, 화학적 정제 방법을 통해 추출한다. 5단계에서는 추출된 고분자를 성형시키는 단계로 PHA 자체로도 충분한 생분해성 고분자이지만 제품생산에 어려운 물리적 특성으로 축합 공중합 공정 등을 통하여 원하는 제품을 생산한다.

미생물 발효에 의한 고분자합성에 대한 대표적 방법들은 다음과 같다.

1.4.1 *Alcaligenes eutrophus* 발효에 의한 합성

*Alcaligenes*은 탄소 공급원으로 사슬 길이가 짧은 알케인, 식물성 당류를 사용하며 질소와 인을 제한하여 미생물의 성장을 멈추고 에너지 저장을 촉진시킴으로써 세포 내에 대사산물을 축적한다. 축적된 *Alcaligenes*를 호기성 조건(산소가 풍부한)의 발효조에 넣어 발효시켜 대사산물을 추출하는 방식을 이용한다. 이때 발효 공정 시간이 오래 걸릴수록 세포 내 PHB와 PHA의 농도는 증가한다. *Alcaligenes*은 고분자 생산능력이 뛰어나며 인체에 무해한 비병원성 미생물로, 다양한 산업공정에 활용된다. *Alcaligenes*의 합성 요소 유전자를 재조합한 대장균을 이용하면 입체 규칙성 고분자(최대 분자량 500만)를 생성할 수 있다.

1.4.2 *Pseudomonas putida* 발효에 의한 합성

*Pseudomonas putida*는 중간 사슬 길이의 폴리(하이드록시 알카노에이트)(PHA)를 생성할 수 있는 미생물이며, 높은 유연성과 강도를 가진 최종 생산물(PHA)의 품질을 향상시키는 데 효과적이다. *Pseudomonas putida*의 생산방법은 *Alcaligenes eutrophus*와 비슷하다. 질소와 인이 부족한 환경에서 미생물이 성장하지 않고 고분자를 축적하기 시작하며, 발효 공정 시간이 길수록 미생물 내부에 PHA가 많이 축적된다. *Alcaligenes*와 다른 점은 공급 탄소원이 중간 사슬 길이 지방산을 주원료로 사용되고, 고분자 생산능력이 낮고, 유기 오염물 분해능력이 우수하다는 것이다.

1.4.3 *Ralstonia eutropha* 발효에 의한 합성

*Ralstonia eutropha*는 *Alcaligenes eutrophus*와 유사한 경향을 보이지만 가장 우수한 고분자 생산능력을 가지며, 산업폐기물 정화 공정에도 사용하는 미생물이다. 발효 공정의 대표 생성물인 PHA와 PHB를 비교하면, PHB 고분자는 3-하이드록시뷰티르산(3-hydroxybutyric acid) 단량체로만 구성된 단일 구조 고결정성을 가지며, 강도와 생분해성은 우수하나, 상대적으로 깨지기 쉽고 가공성이 낮다. 이러한 단점을 상쇄시키기 위하여 2단계 배양을 통하여 발레르산($CH_3(CH_2)_3COOH$)과 같은 전구 물질을 첨가해서 고분자 물성을 개선하고 있다. PHA 3-하이드록시뷰티르산 외에도 3-하이드록시발레르산(3-hydroxy valerate)과 같은 다양한 하이드록시 지방산 단량체의 조합인 공중합체는 유연성, 강도를 조절이 용이하기 때문에 의료기기, 포장재, 농업 필름 등 다양한 분야에서 활용된다.

발효 공정은 석유 기반 탄소원을 사용할 수 있고, 농업 폐기물이나 식물성 원료와 같은 재생 자원을 탄소원으로 활용해 생분해성 플라스틱을 생산할 수 있으나, 상대적으로 복잡하며, 대량생산 시 상당한 비용이 소요된다. 특히 석유 기반 탄소원을 사용할 경우, 미생물을 대량으로 배양하고 적절한 발효환경을 유지하는 비용이 높기 때문에 천연자원을 기반으로 생성하는 생분해성 플라스틱에 비해 가격 경쟁력이 떨어진다. 게다가, 발효 공정 PHA 합성은 미생물의 성장 속도와 효율에 따라 생산량이 불규칙하여, 대규모 생산을 위해서는 미생물의 최적화와 공정개선이 요구된다. 따라서 농업 폐기물이나 폐플라스틱과 같은 환경 파괴적인 오염물을 줄이는 공정으로 사용하며, 생분해성 고분자의 생산을 위한 공정개발이 필요하다. 혼합 미생물 배양체를 사용하면 폐활성 슬러지 내 미생물을 생산균주로 활용할 수 있고, 멸균과 오염방지 비용을 줄일 수 있다. 또한 소규모 환경에서 진행되는 기존의 발효 공정을 대량생산으로 확대하기 위해서, 생산 비용 절감과 생산량을 증가시킬 수 있는 최적화 공정 개발과 함께, 화학적 방법 융합된 스케일업 공정을 개발하여 PHA 생산 단가를 낮추고 있다.

발효 공정으로 제조하는 PHA, PHB 고분자는 일반합성 고분자에 비하여 제조원가가 상당히 높아 대량생산이 어렵기 때문에 경제성을 높이기 위하여 공중합체의 개발과 함께 친환경적인 발효 공정과 폐기물 처리기술의 개발이 필요하다.

1.5 효소 촉매 및 화학-효소에 의한 고분자 합성

효소 촉매 중합은 단량체가 고분자로 합성하는 과정에서 효소를 이용하여 반응 속도를 촉진하고 공정 조건들을 완화시켜 고분자를 생산할 수 있는 공정이다. 일반적인 촉매는 재사용을 위해서 추가 공정이 필요하나, 효소는 재생이 필요하지 않기 때문에 촉매의 역할을 효소로 대체하는 공정이다. 기존의 고온 축합에 의한 고분자 합성 공정에서 요구하는 높은 반응 온도와 불활성 조건 또는 감압 상태에서의 반응과 같은 생산 조건을 합성 효소를 사용하여 해결하는 대체 기술이다. 효소를 사용하여 필요한 자본이 줄어들고 작업 비용도 절감되며, 기질 특이성과 선택적인 기질과 반응하여 고분자 합성에 사용하므로 생합성 경로에서 벗어난 인공적인 고분자 중합방법이다. 효소와 기질의 반응 메커니즘은 기질의 활성화한 후 효소와 기질이 선택적인 결합 과정을 거치면서 중간 단계의 중합체와 고분자 사슬을 합성한다. 정지제를 첨가하여 반응을 종료시켜 최종 고분자를 합성한다. 효소를 고분자 사슬에서 분리하여 다른 단량체를 기질로 하여 효소 촉매 중합을 반복적으로 사용할 수 있으며, 석유 유래 생분해성 고분자인 폴리카프로락톤 합성이 효소 촉매 중합의 대표적인 사례이다.

1.5.1 효소 촉매 중합에 의한 PCL 합성

PCL은 환상 개시 중합과 효소 촉매 중합으로 생산한다. 효소 촉매 중합에서는 ϶-카프로락톤의 고리 구조가 라이페이스 효소에 의해 열리면서 PCL 고분자를 합성한다. 효소 촉매 중합에서는 효소의 선택과 효율, 효소의 반응 조건(온도, pH, 용매 등)을 선택한다. 효소를 첨가제로 넣거나 지지체에 고정하는 방법을 이용해 안정화할 수 있으며 안정화해야 반응이 충분히 일어날 수 있다. 효소는 가격이 비싸 상업적으로 사용하기 어려운 단점이 있으나, 효소의 기질 특이성으로 선택적인 고분자 합성이 가능하다. 효소 촉매 중합은 저온 공정이고, 유전자 공학을 이용해 돌연변이 효소를 개발하여 기존 공정에서는 제조하기 어려운 고분자 구조를 합성할 수 있는 장점이 있다. 또한 공정 중에 유독 물질을 사용하지 않고 재생 원료를 사용하는 친환경적인 고분자 생산방법이다.

PCL 고분자 이외에도 산 촉매와 효소 촉매를 이용하여 PGA를 생산하고 있다. 클로로설폰산 촉매의 존재하에 트라이옥산 및 파라-폼알데하이드 화합물과 폼알데하이드 및 일산화 탄소를 사용하여 약 180°C에서 2시간 동안 진행하여 저분자량과 고분자량의 PGA 고분자를 합성한다. 효소 촉매 반응은 분리된 효소를 이용하여 PGA 합성하는 비합성 경로를 사용하는 친환경적 고분자 합성방법으로, 고립된 토양에서 *Pichia naganishii* 박테리아와 에틸렌글라이콜을 사용하여 고분자량 PGA를 합성한다.

2 고분자 플라스틱의 생분해 메커니즘

생분해는 미생물, 생체 내 효소 혹은 가수분해 등이 관여하는 분해 과정이며, 바이오 고분자의 물리적, 화학적 특성을 비롯한 여러 요인에 따라 달라진다. 생분해 과정은 생물학적 미생물이 퇴비화, 토양 생분해, 미생물분해, 해양 생분해 또는 기타 생분해 과정을 통해 고분자를 CO_2, H_2O, 바이오매스 및 메테인으로 분해하는 과정이다. 또한 생물학적 분해라고도 하며 유기체-고분자 계면의 표면적을 증가시킬 수 있는 기계적, 산화 또는 가수분해(그림 20)와 같은 일부 초기 비생물학적 분해 과정이 발생한 후에 시작될 수 있다. 열적 또는 산화 분해는 비선택적이며 모든 고분자에 발생하며 고분자 사슬을 올리고머, 산, 알코올, 에스터 및 라디칼의 더 작은 단위로 절단하는 열적 또는 화학적 스트레스 요인에 의해 분해된다.

예를 들어, PHA는 해중합으로 고분자가 풀어지는 대신에, 무작위 사슬 절단의 다른 열분해 메커니즘으로 인해 PLA와 PCL보다 열적으로 덜 안정적이며, 열분해는 에스터 및 알코올 말단기와 함께 분자량이 감소된다. 그러나 열에너지는 반응물 또는 효소와 반응물 사이의 고에너지 충돌을 불균형적으로 증가시켜 다른 모든 형태의 분해는 아니더라도 대부분을 향상시킬 수 있다. 폴리올레핀의 촉매 분해는 고온에서 점토, 산, 제올라이트, 산화알루미늄, 산화칼슘 등에 의해 가스, 오일 및 왁스를 생성한다. 미생물 효소의 비활성으로 인해 고분자의 생분해에 고온은 바람직하지 않다.[1]

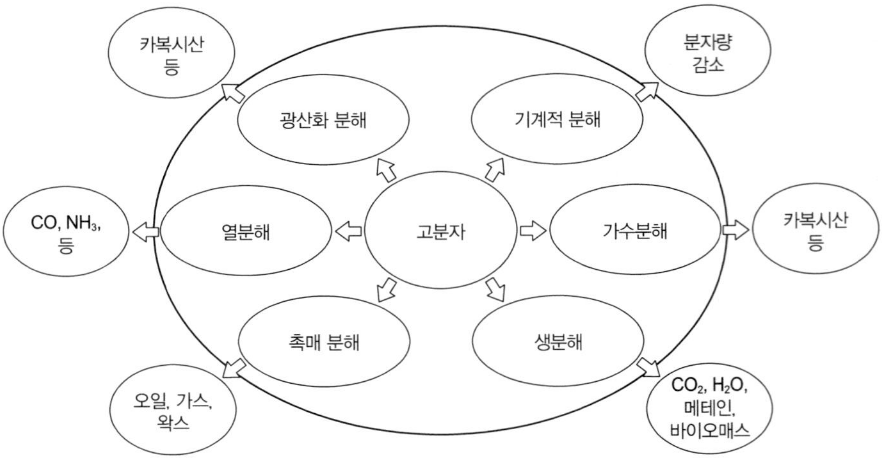

그림 20 고분자의 분해방법 예
(출처: Kjeld W. Meereboer et al., 2020)

생분해성 고분자의 가치는 자연 조건(예: 토양, 해수 등)하에서의 급속한 분해에 있으며, 이는 플라스틱 폐기물의 부적절하게 처리될 가능성을 줄일 수 있다. 환경 조건(온도, 수분 등), 고분자의 분자량, 결정도, 조성, 화학 구조, 환원성, 친수성, 분해 생성물 등에 따라 분해성이 달라진다.

고분자의 재활용이나 소각이 부적합할 때 생분해성 플라스틱은 환경폐기물 관리에 긍정적인 효과를 주는 장점이 있고, 공정은 바이오 기반 생분해성 고분자를 활용하여 더욱 향상될 수 있다. 생산의 탄소 공급원 입력은 CO_2로 생분해되고, 다음 탄소 공급원을 생성하기 위해 흡수되어 탄소 중립에 접근할 수 있다.

1 KW. Meereboer et al., Review of recent advances in the biodegradability of polyhydroxyalkanoate (PHA) bioplastics and their composites, *Green Chem.*, 2020, **22**, 5519–5558

2.1 고분자 플라스틱의 생분해성

고분자의 생분해는 미생물 공격에 대한 고분자 탄소 골격의 민감성에 의해 영향을 받으며, 모든 고분자의 분해는 표면 침식과 벌크 침식의 두 가지 유형으로 나눌 수 있다. 효소가 상대적으로 큰 입자이고 더 작은 화학 물질, 자유 라디칼 등에 비해 고분자 구조를 투과할 수 없으므로, 주로 플라스틱 표면에서 생물학적(효소) 분해가 발생된다. 비생물학적 분해는 벌크 및 표면 분해 기능을 모두 수행하며 생분해의 전처리제로 종종 사용되고, 일반적으로 벌크 침식은 플라스틱을 더 작은 조각으로 분해(표면 침식 속도 향상)하고, 분자량 감소에 사용된다(그림 21). 예를 들어, 폴리(α-하이드록시에스터) 플라스틱은 벌크 부식이 아닌 표면 부식을 유도하기 위해 7.4 cm의 임계 최소 두께를 초과해야 가능하다.

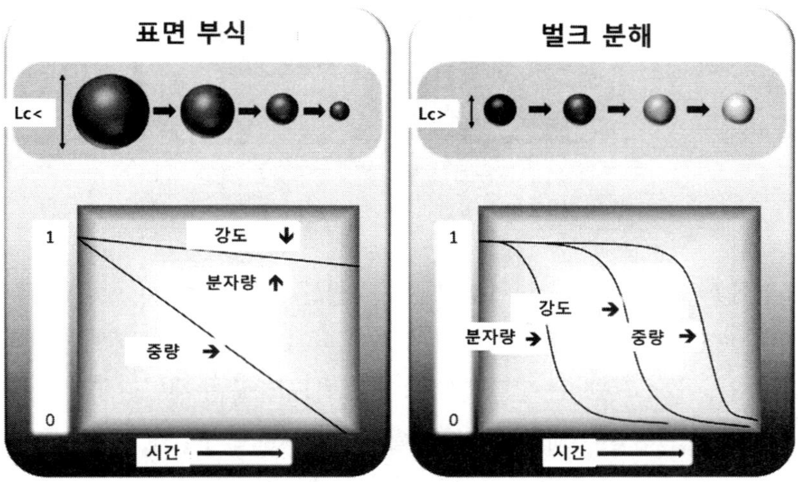

그림 21 시간에 따른 고분자의 분해(벌크, 표면)
(출처: Kjeld W. Meereboer et al., 2020)

폴리에스터의 효소 가수분해는 라이페이스와 에스터레이스에 의해 완료되어 에스터, 탄산염, 아마이드 및 글리코사이드 결합을 절단하며, 따뜻한 온도(15~37°C)와 알칼리 환경은 PHA 및 PLA 고분자의 분해 속도를 증가시킨다. 전체 탄소 골격으로 만들어진 비폴리에스터는 호모고분자만 고려하면 쉽게 생분해되지 않으며, 미생물은 폴리에틸렌(PE), 폴리프로필렌(PP), 폴리카보네이트(PC), 폴리스타이렌(PS) 및 탄소 골격을 갖는 이들의 유도체와 같은 작용기(예: 에스터, 에터 등)가 없는 지방족 단일 고분자 및 헤테로고분자를 효소로 절단 및 분해하는 데 어려움이 있고, 모든 분해는 일반적으로 최소의 분해성을 보여준다. 고분자의 분해는 그림 22를 따르며, 생물 또는 효소 촉매 반응이 일반적으로 더 효율적인 방법이다. 생물적 또는 비생물적 방법에 의한 고분자 분해 후, 제품은 미생물에 의해 생체 동화되어 성장 및 세포 호흡과 같은 다른 공정에서 분해될 수 있다.

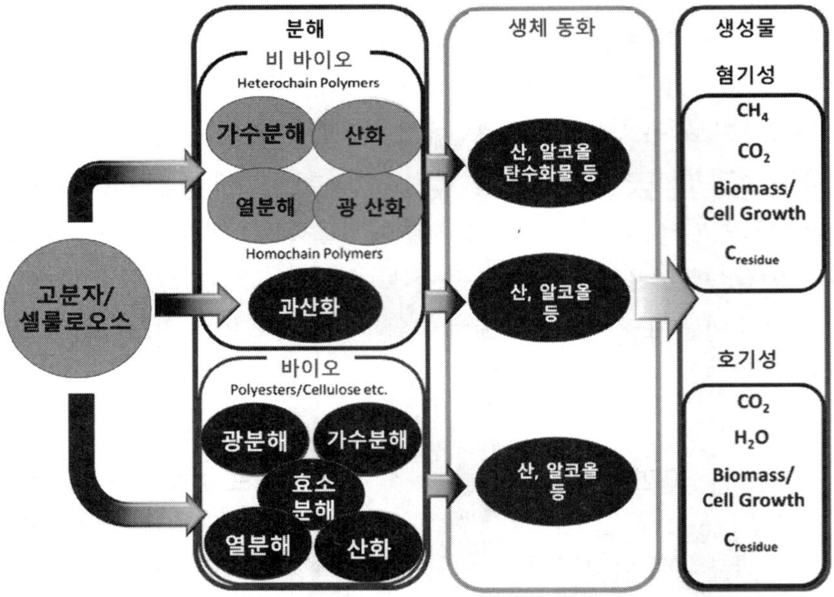

그림 22 고분자 소재의 이론적 생분해 경로
(출처: Kjeld W. Meereboer et al., 2020)

환경 조건에서 표준을 따르는 PHA 고분자의 생분해는 주로 고분자를 생체 동화하기에 충분히 작은 단위로 절단하는 세포외 효소에 의해 세포 외에서 분해 경쟁하며, 세포외 생분해 동안 PHA 고분자는 고결정성 형태(주로 PHB)로 존재한다. 그러나 효소 촉매에 의한 생분해는 미생물의 세포에서 발생할 수 있다(세포 내 생분해). 세포 내 PHA 고분자는 단백질과 인지질로 덮인 무질서한 형태를 가진 무정형 상태로 존재하며, 대체 탄소원이 없을 때 분해된다.

2.2 해양 생물에 의한 고분자 플라스틱의 분해

해양 생물 분해는 현재 사용 중인 세 가지 표준으로 정의된다. (1) 30°C의 온도에서 떠다니는 플라스틱을 사용하는 ASTM D6691-17, (2) ASTM D7473-12, 무게 감소만으로 수중 퇴적물에 묻힌 플라스틱 평가 및 (3) 물과 침전물의 조합에 플라스틱을 사용하는 ASTM D7991-15이 있으며, 일광을 모방한 빛과 15~25±2°C의 온도 조건을 사용할 수 있다. 그림 23은 각 해양생분해 기준의 한계를 나타낸 것으로, ASTM D7473-12는 생분해성이 아닌 물리적 분해를 식별하는 ASTM D6691-17에 대한 보충 평가로 구체적으로 표시되어 있으나, 침몰된 물에 잠긴 플라스틱이 여전히 물리적으로 분해되는지를 아는 것이 중요하다. ASTM D7991-15는 플라스틱의 두 위치를 복제할 수 있으며, 다른 해양 생분해성 표준과 마찬가지로 초기 조건만 보고하면 되나, ASTM D7991-15는 플라스틱이 해안과 지표 수에 가깝다는 것을 나타내는 조수대에만 적용된다.[2]

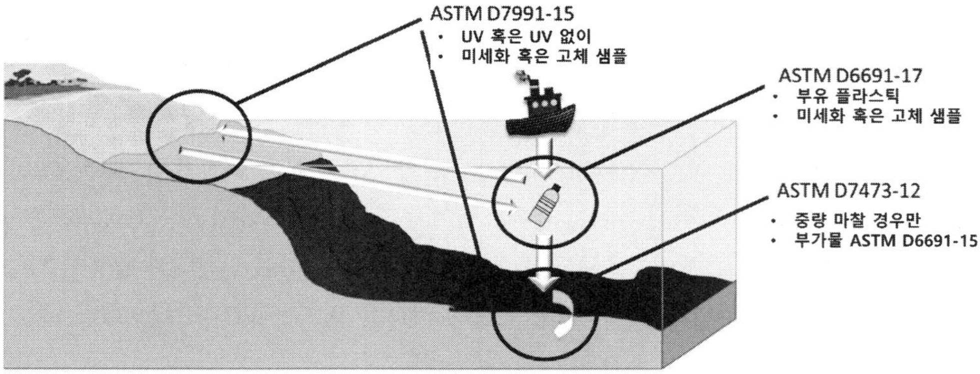

그림 23 해양 생물 분해 및 분해 ASTM 표준
(출처: Kjeld W. Meereboer et al., 2020)

3 합성 고분자 플라스틱의 생분해성 메커니즘과 특성

3.1 개요

생분해 메커니즘의 주요 특징, 생분해 메커니즘에 영향을 미치는 요소들을 7가지 정도로 나눠볼 수 있다. 구체적으로 (1) 미생물의 효소가 고분자를 작은 분자량으로 분해하는 것이 가장 일반적인 메커니즘이다. (2) 온도, 습도, pH, 산소 농도 등 환경 조건에 따라 분해 속도와 정도가 달라진다. (3) 열 또는 빛에서 발생하는 물리적인 힘으로 인해 고분자가 기계적으로 분해된다. (4) 대부분의 경우 CO_2, H_2O, 무기염 등으로 분해된다. (5) 생분해 과정은 그 환경과 종류에 따라 일반적으로 길게는 수년 혹은 짧게는 며칠 걸리는 특징이 있다. (6) 고분자의 종류, 분자량, 결정성, 측쇄의 종류 등에 따라 분해 속도가 변한다. (7) 다양한 균 및 미생물들이 고분자를 분해할 수 있으며, 미생물마다 각각

2 Ibid.

특이성을 갖는다.

플라스틱은 유기물이므로 산화 혹은 빛, 열에 의하여 분해될 가능성이 존재하며, 생분해성 플라스틱은 국제 표준 기구에 의하면 그 분해 속도가 "플라스틱이 45일 이내에 '1차 분해' 및 '최종 분해'를 거쳐 미생물에 의하여 섭취되어 만족할 수준으로 이산화 탄소를 배출하는 것"이라고 규정하고 있다. 이를 바탕으로 '1차 분해' 및 '최종 분해'에 쓰이는 물리 화학적 메커니즘과 내용 및 화학적 분자 구조와의 관계가 있다.

석유 유래 생분해성 합성 고분자와 플라스틱의 주요 메커니즘은 합성 고분자의 분해 메커니즘은 가수분해, 효소 분해, 산화 분해, 광분해가 있다. 생분해 속도는 고분자의 화학 구조, 결정성, 환경 조건, 미생물 활동 등과 같은 요인에 의하여 결정된다. 합성 플라스틱의 경우 생물학적 침식이 일어나며, 고분자가 분해되고 저분자 화합물의 대사 순으로 생분해가 일어난다. 이 과정에 있어서 플라스틱의 분자량이 감소하여 2,000~3,000 분자량 이하의 저분자량으로 작아지므로 균, 미생물, 효소가 공격하여 신진대사 활용이 가능하다. 합성 고분자와 마찬가지로 생분해 속도에 영향을 미치는 요인으로는 플라스틱의 화학 구조, 물리적 특성, 환경 조건, 미생물 군집이 있다.

3.2 고분자 플라스틱의 생분해 메커니즘

3.2.1 가수분해

가수분해(hydrolysis)는 물(H_2O) 분자가 첨가되는 반응으로, 분자의 특정 결합이 물 분자의 OH^-, H^+가 고분자 사슬과 반응함에 따라 절단되어 고분자 물질이 저분자량의 화합물로 분해되는 과정이다. 물 분자는 확산을 통해 고분자 사슬에 접근하고 고분자 내부로 들어가게 되며, 이렇게 물의 확산이 주된 메커니즘이기 때문에 물이 풍부한 환경에서 쉽게 이루어진다. 확산을 통해 물 분자가 고분자의 내부로 들어간 이후 고분자 사슬의 결합을 산 촉매 혹은 염기 촉매 반응으로 고분자 사슬의 화학적 절단을 발생시킨다. 수소와 산소로 이루어진 물 분자는 이중 친핵성을 갖는 산소가 고분자 사슬의 결 합구조를 공격하고 공유 결합이 끊어지게 되어 작은 단위의 저분자로 분해된다. 분해된 작은 단위의 분자(올리고머, 단량체, pre-polymer 등)는 고분자가 저분자량의 화합물로 분해를 의미한다. 저분자량의 화합물은 최종적으로 미생물의 대사를 통해 분해가 되고, 분해 이후 이산화 탄소(CO_2), 물(H_2O), 메테인(CH_4) 등의 최종 산물이 되어 배출된다. 효소에 의한 분해 반응의 특징 중 하나는 반응 선택성이며, 효소는 특정 결합을 인식하고 그 결합만을 선택적으로 분해하기 때문에 효소에 의한 분해 반응은 매우 높은 선택성을 가진다.

즉, 효소가 관여하는 가수분해는 원하는 특정 화학 결합만 분해할 수 있으며, 부반응 생성물이 적다. 가수분해가 용이한 고분자 결합에는 에스터 결합(−COO−), 아마이드 결합(−CONH−), 유레테인 결합(−NHCOO−), 에테 결합(−C−O−C−), 불포화 결합(C=C) 등이 있으며, 이들 결합의 특징으로는 물 분자가 침투하여 결합을 절단할 수 있다. 가수 분해성 고분자는 주사슬에 이러한 결합들을 가지며, 분자량이 감소하여 단량체로 재생되거나 물과 이산화 탄소로 분해된다.

가수분해 반응이 주요하게 일어나는 석유 유래 생분해성 고분자인 Poly(butylene succinate)(PBS)의 에스터 결합은 가수분해에 의해 뷰틸렌글라이콜과 석신산으로으로 분해될 수 있다(그림 24). 분해된 석신산은 제약, 플라스틱, 수지 등의 유기 중간체로 널리 사용되므로 재활용될 수 있으며, 뷰틸렌 글라이콜(butylene glycol)의 경우에는 알코올류로 화장품에서 용매 및 용제로 사용되고, 스킨, 크림, 로션의 등에서 향기, 방향제 및 점도 감소제로 적용된다. 뿐만 아니라 석신산(succinate)은 세포 내 TCA 회로의 중요한 중간체이며, 특정 미생물종(*Escherichia coli, Bacillus subtilis, Pseudomonas aeruginosa* 등)의 주요 에너지원으로도 사용될 수 있다. 그러나 PBS는 해수 환경에서 퇴비 환경에서보다 느리게 분해가 됨을 확인되어, 환경에 따른 분해 가속화를 유도하기 위해 UV 조사 전처리 혹은 계면활성제의 첨가방법을 사용하고 있다.

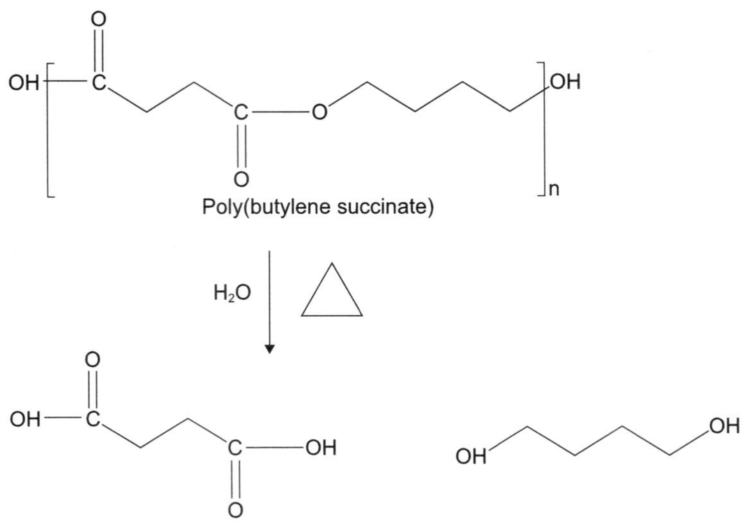

그림 24 PBS의 가수분해 과정

Poly(butylene adipate terephthalate)(PBAT)의 에스터 결합은 가수분해에 의해 카복실산 및 알코올 형태로 분해되는 특징을 갖고 있으나, 고분자 사슬이 공유 결합으로 연결되어 있다는 단점으로 인해, 생분해 속도는 분자량이 커질수록 감소한다(그림 25).

PBAT는 기존의 공유 결합으로 연결된 고분자 사슬 대신, 인산으로 에스터 교환 반응을 유도한 다음에, 금속염을 첨가하여 이온 결합으로 사슬을 연결하여 합성하고 있다. 따라서 자연 토양에서 신규 PBAT는 그 분해 반응이 원활하게 이루어져 CO_2의 발생이 기존보다 빠르게 일어나며, 이는 곧 생분해가 원활히 일어났음을 확인할 수 있다.

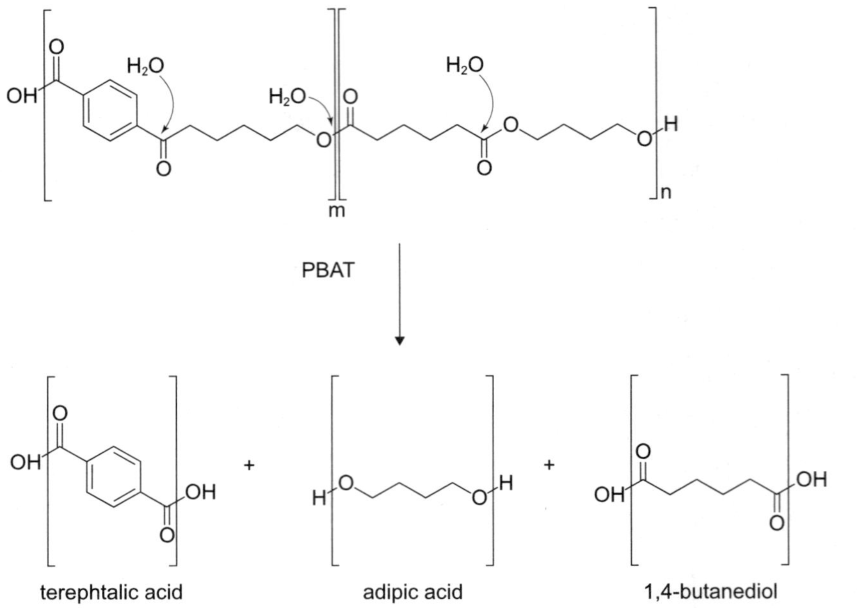

그림 25 PBAT의 분해

Poly(glycolic acid)(PGA)의 에스터 결합은 단순한 선형 구조로 이루어져 있어 물에 의해 쉽게 가수분해되기 때문에(그림 26) 수분에 대한 민감도가 높아 체내 또는 고습 환경에서 빠르게 가수분해된다. 가수분해가 이루어진 PGA는 글라이콜산 단위로 분리되며, 글라이콜산은 미생물 혹은 세균에 의해서 소비된다. 주로 *Pseudomonas* 속의 여러 종의 세균들이 이를 에너지원으로 사용하며, 대사 과정을 거쳐 결국 이산화 탄소 혹은 물로 최종 분해된다.

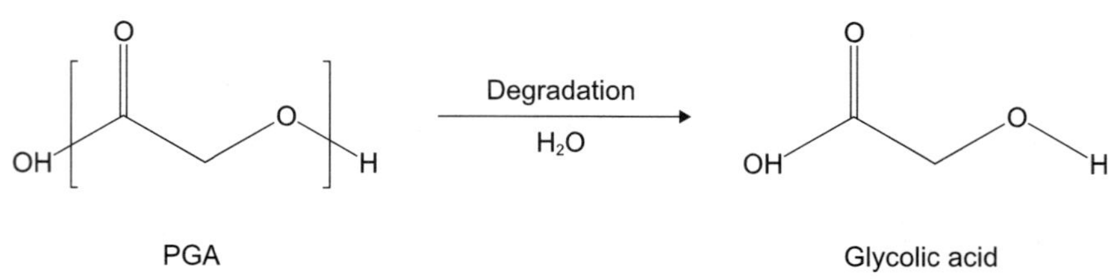

그림 26 PGA의 분해

PCL(Polycaprolactone)의 에스터 결합은 물과 반응하여 가수분해되며, 에스터 결합을 공격하여 결합이 끊어지면, 카프로락톤 저분자량 화합물로 분해된다. 이러한 반응에서 생성되는 6-하이드록시 헥산산과 같은 분해 산물은 미생물의 에너지원 혹은 추가적인 생물학적 분해가 가능하다. β-산화 경로(β-oxidation pathway)를 통해 분해되며, 최종적으로 아세틸-CoA를 형성한다. 이는 그 구조가 하이드록시기가 있는 지방산과 유사한 구조를 갖기 때문이다.

3.2.2 산화 분해

산화 분해는 고분자가 산소 혹은 산화제와 반응 후 고분자가 되는 분해 과정으로, 석유 유래 생분해성 합성 고분자는 환경에 노출될 때 주로 열, 자외선(UV) 및 산소와 상호작용하여 산화 분해되고, 최종적으로 저분자 물질로 분해되는 것이 촉진된다. 산화 분해의 메커니즘은 라디칼 생성 및 반응, 라디칼 소멸, 산화 분해 후 최종 산물 생성으로 진행되며, 산소 분자가 고분자의 C-H 결합을 공격하여 자유 라디칼을 형성한다. 형성된 자유 라디칼은 매우 빠르게 다음 사슬들을 공격하여 산화 반응을 발생시키며, 이러한 과정이 반복되어 지속적으로 사슬들이 끊어지게 되며, 저분자 물질로 전환된다(그림 27). 그 후 일정 시간이 지나 더 이상 라디칼 반응이 일어나지 않게 되면 라디칼 반응이 종료되고 저분자 물질들로 분해된다. 라디칼 반응이 일어나기 위해서는 산화가 용이한 C-H 결합 혹은 C=C 결합 등을 포함하고 있어야 한다. 산화 분해 반응은 카보닐기, 알데하이드기, 알코올기 등 새로운 화학 그룹을 포함하는 저분자 물질들로 분해된다.

산화 분해 메커니즘의 가장 큰 특징은 고분자가 산소와 반응하여 화학 결합이 파괴되고 저분자량 물질로 분해되는 과정으로, 주로 열, 자외선, 또는 화학적 산화제가 촉매 역할을 한다. 산화 분해의 또 다른 특징은 다음 단계의 분해를 촉진할 수 있으며, 산화 분해로 인해서 고분자의 물리적 성질이 약해지고, 가수분해나 효소 분해와 같은 다른 분해 메커니즘이 더 쉽게 일어날 수 있도록 도와준다.

산화 분해의 한 종류인 광분해는 자외선(UV) 또는 가시광선에 의해 고분자가 분해되는 과정이다. 특히 석유 기반 생분해성 고분자는 자외선과 같은 고에너지 광선에 노출되면 고분자 사슬이 끊어지며, 분자 구조가 변하고 물리적·화학적 성질이 약화된다. 이 과정은 자연환경에서 특히 햇빛에 노출되는 경우 발생하며, 고분자가 저분자 화합물로 분해되어 최종적으로 생분해성 미생물에 의해 분해된다. 광분해의 경우, 라디칼 분자를 생성하기 위해서 자외선 또는 가시광선의 존재하에 고분자는 물리적으로 변환된다. 화학적으로 불안정한 형태가 되어 광자 흡수로 인해 고분자는 분해되며, 이를 자유 라디칼의 분해 즉 광분해라고 한다. 또한 산소가 존재하는 경우에는 가시광선, 자외선, 적외선

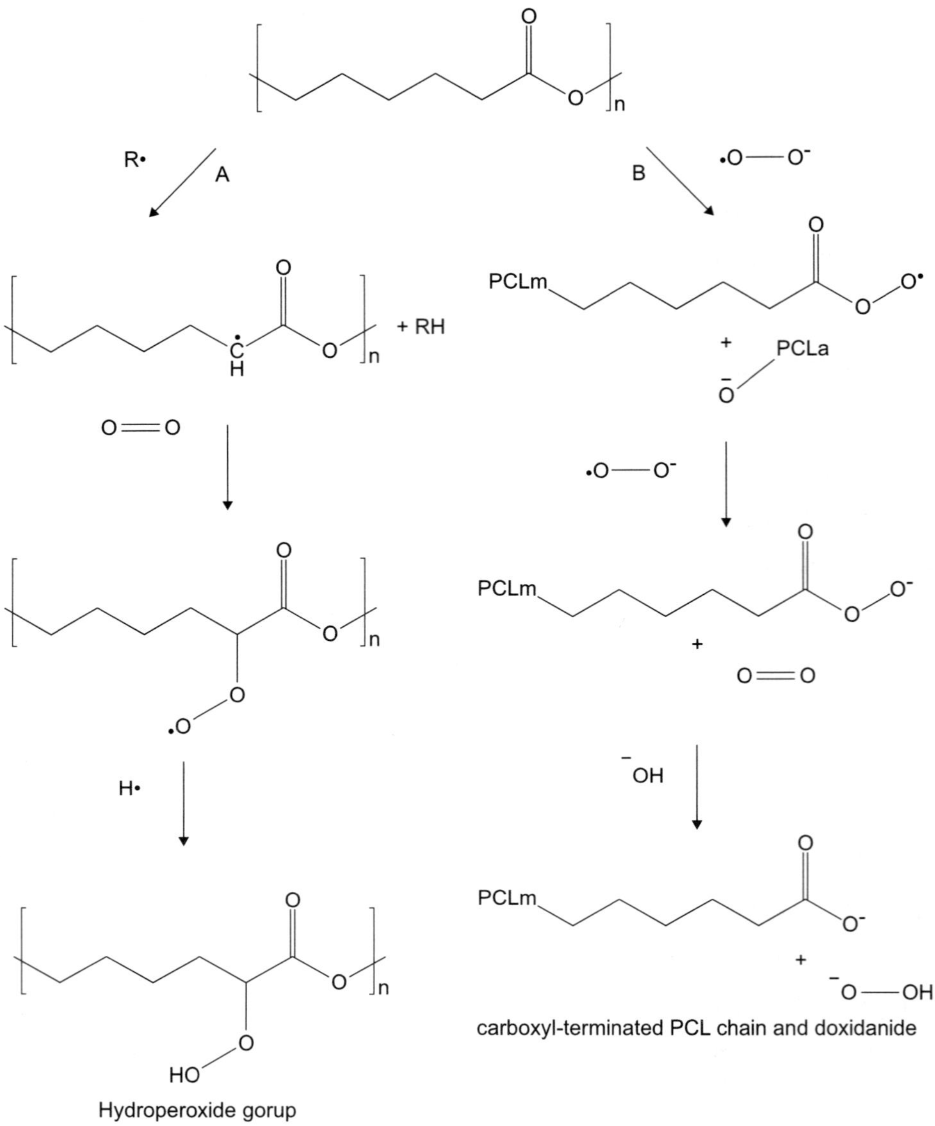

그림 27 고분자의 산화 분해

들에 의해 광산화가 일어나며, 이는 사슬 전달의 분해로 이어져 고분자가 분해되는 것에 영향을 끼칠 수 있다.

PBAT 고분자의 경우에는 가수분해가 주요 분해 반응으로 작용한다고 언급하였으나, 플라스틱의 분해는 단 한 가지 반응에 의하여 진행되지는 않는다. PBAT의 구조적 특징 중 한 가지인 방향족 고리가 포함되어 있다는 점으로 인해서 물리적, 화학적 분해에 대한 저항성이 강하다. 따라서 원활하게 최종 산물로 분해되기 위해서는 산화 분해 과정을 통하여 라디칼 반응을 생성하고 물리적으로 약해진 표면을 가수분해 반응을 통해 분해할 수 있다. 추가적으로 산화 분해를 촉진하기 위하여 산화 분해 첨가제(UV and/or OXO 분해 첨가제)를 통해서 표면이 자외선과 반응하여 표면 산화를 촉진하는 방안 또한 존재한다.

Polycaprolactone(PCL) 고분자 역시 앞서 설명한 PBAT처럼 가수분해뿐만 아니라 산화 분해 (자외선 또는 고온)에 의해서 C-H 혹은 C-C 시그마 결합이 파괴되며 라디칼이 형성되나, 산화 분해의 경우에는 빠른 분해 및 산업적 처리를 목적으로 하는 경우가 대다수이므로, 생분해성 플라스틱으로서의 분해에는 적합하지 않을 수도 있다. 이때, 분해된 저분자 물질은 가수분해에서와 같은 물질들이 형성된다.

3.2.3 효소 분해

효소 분해는 생분해성 고분자가 미생물과 균 등의 소화 작용에 의해 발생하는 메커니즘으로, 합성 고분자를 작은 분자로 분해하고, 최종적으로 이산화 탄소, 물 등으로 전환하는 과정이다. 우선 효소 분해가 이루어지기 위해서는 흡착, 효소와 기질의 결합, 결합 절단, 저분자 물질 형성 과정이 필요하다. 고분자의 표면에 확산에 의해서 접근한 이후에 전기적 상호작용(반데르발스, 수소 결합, 정전기적 인력)에 의하여 흡착된다. 이후 효소와 기질 간의 특징에 따라서 가수분해 혹은 산화 분해가 발생하며. 그 후 연쇄적으로 다른 부위에 고분자와 효소가 재흡착하며, 최종적으로 고분자는 저분자 물질로 전환된다.

대부분의 고분자들은 에스터 결합을 갖고 있기 때문에, 에스터 효소, 라이페이스와 같은 가수분해 효소에 의해 분해가 촉진되며, 효소에 유무에 따라서 분해 속도가 크게 좌우된다. 예를 들면, *Pseudomonas*(슈도모나스) 속에 속하는 세균들이 에스터 결합을 가진 플라스틱을 분해할 수 있다. 다양한 분광법들을 이용하여 조성들을 파악한 후 이 세균들이 결합을 끊고 고분자를 분해한다.

PCL의 경우에는 생분해성 플라스틱이지만, 완전히 분해되기까지 소요되는 기간은 3~4년 정도로 알려져 있다. 따라서 생분해성 특징을 갖고 있으나 효율적으로 분해하기 위해서는 더욱 짧은 시간이 요구된다. CY2-9이라고 불리는 미생물을 이용하면 PCL로 제작된 필름을 28℃ 조건에서 무려 20일 만에 98%를 분해할 수 있다. 혹은 열가소성 폴리우레탄의 재활용이 불가능한 기존의 특성을 바꾸기 위해서, 플라스틱이 토양과 접촉하면 빠르게 분해를 유도하는 미생물을 플라스틱에 내장하는 기술을 개발하여 플라스틱의 생분해를 유도하고 있다. 폴리우레탄은 굉장히 널리 사용되는 플라스틱이며, 5개월 만에 90% 이상 분해시키는 기술이 개발되었으며, 미생물은 조작된 *Bacillus subtilis* 포자를 공정에 통합하여 제조하였다. *Bacillus subtilis* 속의 미생물은 에스터 결합을 끊어 지방산과 알코올로 분해하는 능력을 갖고 있으므로, 폴리우레탄의 결합을 절단할 수 있다.

3.2.4 생물학적 분해

생분해는 호기성 혹은 혐기성 조건에서 박테리아 또는 기타 생물학적 수단에 의해 재료가 화학적으로 용해되며, 환경 미생물에 의한 생분해의 활성 속도에는 최적의 빛, 물, 산소 및 온도가 필수적이다. 생분해는 다른 기술과 비교하여 고분자 분해에 가장 비용 효율적인 방법이며, 생분해 과정에서 효소적, 가수분해적, 균질적, 이질적 분해 방법이 있다.

3.2.5 기계적 분해

가공 단계에서 기계적 응력을 받는 고분자는 어느 정도 분해 및 분자량 변화를 초래할 수 있다. 매우 열 안전성이 높은 폴리스타이렌 및 PMMA는 기계적 응력에 취약하기 때문에 재료 가공 단계에서 분해가 가속화된다. 자연적 혹은 실험적 조건에서 형성된 기계적으로 생성된 균열, 균열 및 구덩이는 고분자에서 UV 유도 산화를 위한 우선적인 부위를 제공한다.

3.2.6 열적 분해

열적 분해는 재료 혹은 제품에 열을 가해주어 물리적, 화학적 또는 전기적 특성이 손실되는 과정으로 정의된다. 물리 및 화학적 구성에 따라 고분자의 분자적 열화를 초래할 수 있다. 열적 분해에는 여러 가지 메커니즘이 있으며, 가장 일반적인 방법은 올리고머와 단량체 단위가 방출되면서 고분자 간의 결합이 풀리거나 절단되는 것이다.

4 해양에서의 플라스틱 생분해 기술

1년에 바다로 유입되는 플라스틱 쓰레기는 480만~1270만 톤이며, 태평양에 있는 쓰레기 밀집구역에 있는 쓰레기의 총량은 7만9천 톤 정도라고 한다. 삼면이 바다로 둘러싸여 있는 우리나라의 해양쓰레기 연간 발생량은 2018년에 14만5천 톤 정도로 분석되었으며, 플라스틱이 자연적으로 분해된다면 해양 플라스틱 문제도 해결될 것이기 때문에 자연에 존재하는 박테리아류, 조류, 곰팡이류에 의해 물과 이산화 탄소, 부식토로 분해될 수 있는 생분해 플라스틱 연구를 진행하고 있다. 미세플라스틱은 2005년 약 16조 개에서 2019년 약 171조 개 정도로 큰 증가폭을 보였고, 무게는 평균 230 t인 것으로 추정되었다. 해양생물들을 섭취하는 인간의 몸에 미세플라스틱이 유입되어 건강상 문제를 유발하고 있다. 최근에는 해양 플라스틱 폐기물과 해양 오염문제 해결을 위해서 새로운 기술을 개발하고 있으며, 생분해성 플라스틱 시장이 확대됨에 따라 생분해성 플라스틱에 대한 수요가 급증하고 있다. 생분해성 플라스틱에 대한 화학적 지식을 기반으로 해양 플라스틱 오염현황, 생분해 기술, 생분해 고분자 종류, 해양에서의 생분해 기술, 생분해 플라스틱의 한계와 해결방안 도출을 통해 새로운 시장 창출과 성장이 필요하다.

4.1 해양 오염과 플라스틱 문제

우리 생활의 대부분은 플라스틱으로 둘러싸여 있으며, 현재 전 세계 바다에는 적도에서 극지방까지, 북극 빙하에서 해저에 이르기까지 15~51조 개의 플라스틱 조각이 있는 것으로 추정된다. 향후 10년 동안 플라스틱 생산량은 40% 늘어날 것으로 예상된다. 북중부 태평양에 있는 플라스틱 쓰레기 환류로 인해서 태평양에는 세계에서 가장 많은 플라스틱이 쌓여 있는 쓰레기 섬이 있다. 섬의 절반을 훨씬 넘는 정도가 플라스틱과 비닐로 뒤덮여 있고, 쓰레기 섬의 면적이 점차 증가하고 있다. 쓰레기 섬은 2011년에 한국 면적의 절반 정도였으나. 2018년에는 한반도 면적의 약 7배 크기인 155만 km^{2}까지 넓어졌다. 전 세계 쓰레기가 모여 있는 바다 면적을 모두 합치면 지구 표면의 25%에 이르며, 생명체들에게 피해를 주고, 결국 인간의 생명에게까지 영향을 주고 있다.

해양에서의 생분해 과정은 크게 물성약화(deterolation), 바이오분해(biofragmentation), 동화작용(assimilation), 광물화작용(mineralization)으로 나눌 수 있으며, 이들에 대한 간략한 흐름을 그림 28에 제시하였다.

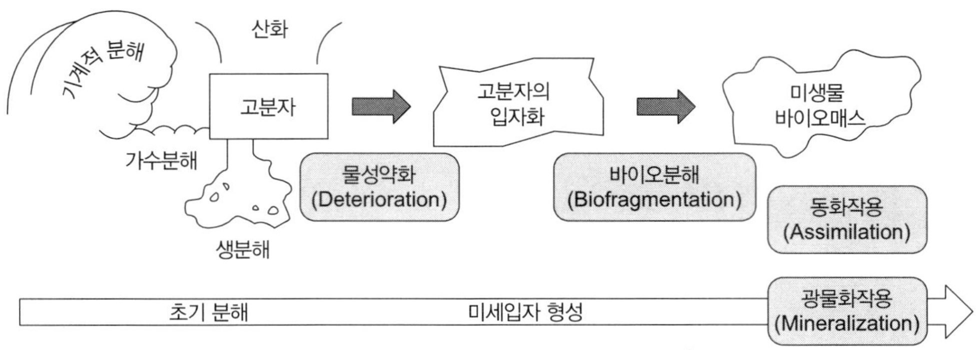

그림 28 해양에서의 플라스틱의 생분해 과정 흐름도

4.2 플라스틱의 물성약화

플라스틱의 물성약화(deterolation, 열화)는 고분자의 사슬이 절단되어 작은 분자량의 고분자로 분해되면서 고분자의 기계적, 화학적, 물리적 특성이 변형되는 것이다. 생물학적 물성약화와 비생물학적 물성약화로 구분할 수 있으며, 비생물학적 물성약화는 생물학적 물성약화보다 우선적으로 발생한다. 고분자가 작은 분자량으로 분해되고, 환경요인에 따라 기계적 분해, 화학적 분해, 광분해 및 열분해 과정을 거친다. 생물학적 물성약화는 미생물이 고분자의 표면에 부착되고, 표면에 부착한 미생물이 고분자를 탄소 공급원으로 이용해 성장하면서 발생한다. 미생물이 점착물질을 분비해 부착하는 방식을 물리적 접근이라고 하며, 미생물이 만든 물질을 고분자 내에 침투시키는 방식을 화학적 접근이라고 한다. 고분자 내로 침투가 어려운 경우, 효소를 이용해 플라스틱 표면에서 물성약화를 일으키는 효소적 접근을 사용한다.

4.3 고분자의 바이오분해

바이오분해(biofragmentation) 단계는 주로 효소에 의해 고분자가 단량체로 전환되는 단계로서, 가수분해 효소, 산화 환원 효소가 대표적으로 작용한다. 가수분해 효소는 글리코사이드, 에스터, 펩타이드 결합 등과 같은 도메인 구조를 가수분해 매커니즘을 이용하여 분해한다. 미생물 밖에서 발생하는 엑소반응(exo-reaction)은 단량체로 분해하지만, 미생물 내의 엔도반응 (endo-reaction)에서는 플라스틱 입자들이 미생물에 흡수되려면 추가 과정이 필요하다. 산화 환원 효소, 과산화 효소가 알코올 혹은 과산화 그룹을 형성해 고분자의 분해를 유도할 수 있다.

4.4 고분자의 동화작용

동화작용(assimilation)은 형성된 고분자 단량체와 플라스틱 미세입자들이 미생물에 흡수되는 과정으로, 단량체는 세포 내에서 산화되어 ATP(adenosine tri-phosphate)를 생산하는 등 대사 과정에 사용된다.

4.5 고분자의 광물화작용

광물화작용(mineralization)은 미생물에 흡수된 단량체 혹은 플라스틱 미세입자들이 이산화 탄소, 질소, 물 등 산화 대사 물질로 배출되는 과정으로, 생분해 고분자는 분해되어 자연으로 돌아간다. 생분해에 영향을 미치는 요소는 고분자 사슬(분자량, 화학구조, 택티시티 등), 결정화 정도, 고분자 조성에 따른 영향, 온도, pH, 습도, 산소 함량 등과 같은 환경이 있다.

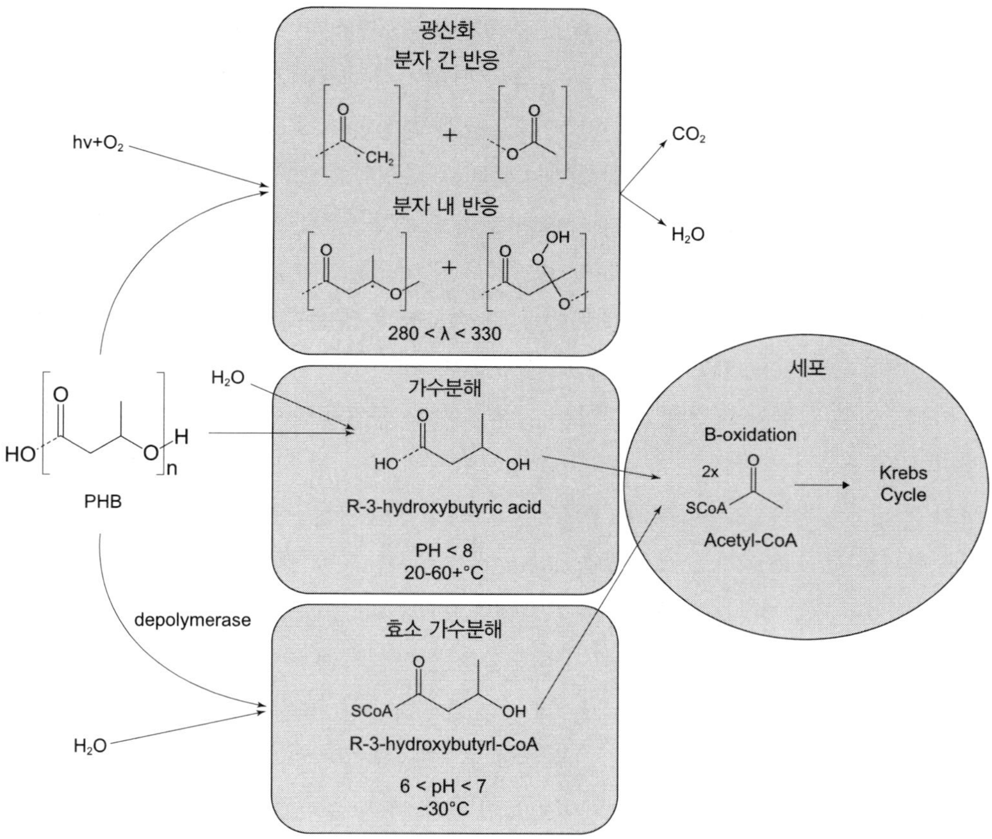

그림 29 자연환경에서의 PHB 분해와 바이오동화에 대한 주요경로와 최적조건
(출처: M. Michalak et al., 2016)

4.6 생물학적 분해 메커니즘(효소 분해 + 미생물 기반)

물리적 분해가 파도나 마찰 날씨 변화로 인해 플라스틱이 작은 조각으로 분해되는 것이고, 자외선이나 태양광에 의해 플라스틱이 분해되는 것이 화학적 분해라면 생분해, 즉

생물학적 분해는 미생물에 의한 생분해 과정을 의미한다. 물리적 및 화학적 분해로 구조도 약해지고, 표면적도 넓어진 입자 상태에서는 미생물의 접근이 더욱 용이하다. 생물학적 분해 과정은 미생물이 플라스틱 표면에 부착되어 효소를 분비하면 플라스틱의 화학 결합이 분해되어 더 작은 조각들로 분해되고, 미생물의 에너지원이나 탄소원으로 사용된 후 무기물 형태로 전환되는 과정이다. 이러한 분해는 온도, pH, 산소, 자외선 등의 환경적 요인에 많이 영향을 받으며, 해양 환경은 온도가 낮고, 산소 농도도 제한적임에다 광 노출도 제한되기에 플라스틱 분해 속도가 다른 환경의 속도보다 느리다.

해양에서의 생분해 과정도 생물학적 물성약화, 바이오분해, 동화, 광물화의 4단계로 이루어진다. 생물 분해 과정에서는 효소 분해기술을 동반하며, 미생물을 기반으로 하는 생분해 과정에서 핵심적이다. 생물 물성약화 단계에서는 플라스틱 표면에 플라스틱 분해 능력을 가진 미생물이 부착하여 바이오필름을 형성한다. 효소 분해기술을 포함한 생물학적 분해 과정에서는 바이오필름에서 분비된 세포외 효소가 플라스틱의 다양한 표면구조와 플라스틱을 구성하는 긴 사슬 구조의 고분자를 작은 분자량인 올리고머로 분해한다. 생성된 올리고머들은 동화작용 단계에서 미생물 내부로 흡수되어 에너지 생산을 위한 대사 회로, 주로 β-산화 경로 및 TCA 회로를 통해 동화되고, 마지막 단계에서는 올리고머가 CO_2, CH_4, H_2O로 분해하여 광물화된다.

바이오필름은 해양 환경에 존재하는 많은 미생물 군집들로 인해 플라스틱 표면에 형성된다. 미생물이 부착되고, 효소들을 분비하고 증식하며 형성되어 바이오필름 내 미생물의 다양성은 환경 조건에 따라 다르다. 강의 하구에서 관찰된 PP, PE, PET, PVC 바이오필름에서는 *Flavobacteriace*와 *Rho-dobacteraceae*가 흔히 발견되었던 반면에, 지중해에서 발견된 PVC 바이오필름에서는 *Flavobacteriaceae, Planctomucetaceae, Colwelliaceae*가 우세하였다. 미생물들이 바이오필름을 형성하며 분비한 효소는 플락스틱의 고분자 사슬의 화학 결합을 분해하는 데 관여하기 때문에 플라스틱 생분해에 중요한 역할을 하고 있다. 카복실산 에스터 가수분해 효소와 폴리에틸렌테레프탈레이트 분해효소(PETase), 플라스틱을 먹는 페테이스보다 6배 빠른 슈퍼효소(가수분해)인 MHETase(그림 30, 2016년 발견) 등의 효소가 있다. MHETase 효소는 PET 분해 산물인 2-하이드록시에틸 테레프탈산을 PETase에 의해 에틸렌글라이콜과 테레프탈산으로 분해한다. 이러한 효소 쌍인 PETase와 MHETase는 박테리아 *Ideonella sakaiensis*가 플라스틱 PET를 유일한 탄소원으로 살 수 있도록 한다. 이러한 효소 중에서 산업적/실용적 측면에서 가장 많이 이용되는 PET 플라스틱 분해 효소가 가장 많이 연구되고 있다.

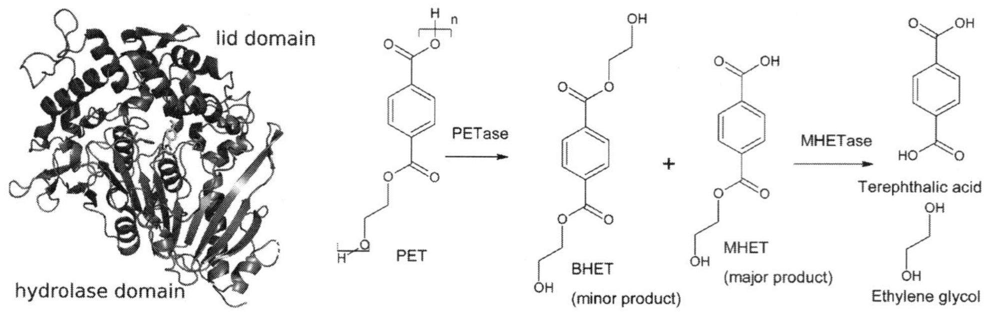

그림 30 (a) MHETase의 화학구조, (b) PET 효소에 의한 PET 고분자 분해 경로
(출처: Gottfriedpalm, CC BY-SA 4.0, Wikimedia Commons)

PET 분해 경로의 첫 번째 효소인 PETase는 플라스틱을 중간체 MHET(모노-(2-하이드록시에틸)테레프탈산)와 소량의 BHET(비스-(2-하이드록시에틸)테레프탈산)로 분해한다. MHETase는 MHET의 에스터 결합을 가수분해하여 테레프탈산과 에틸렌글라이콜을 형성한다.

천연 기질 MHET 외에도 발색 기질인 MpNPT, 모노-파라-나이트로페닐- 테레프탈레이트도 잘 가수분해되며, 이를 사용하여 효소 활성을 측정하고 동역학 매개변수를 결정할 수 있다. 탄나제 계열에서 가장 가까운 기질인 페룰레이트 및 갈레이트 에스터는 전환되지 않는다. 널리 사용되는 에스터레이스 효소 기질인 파라-나이트로페닐 아세테이트와 같은 지방족 모노카복실산의 파라-나이트로페닐 에스터도 가수분해되지 않는다.

네이티브 효소는 BHET, 모노(2-하이드록시에틸)-아이소프탈레이트(MHEI), 또는 모노(2-하이드록시에틸)-퓨라노에이트(MHEF)에서 작동할 수 없다. MHEI는 아이소프탈레이트 공단량체를 사용하기 때문에 산업용 PET 분해 산물일 가능성이 높다. MHEF는 PETase에 의한 PEF 분해 산물이며, 단백질 공학 연구는 이러한 장벽을 극복하는 것을 목표로 하고 있다.

4.6.1 폴리스타이렌 분해 메커니즘

폴리스타이렌(PS)은 스타이렌 단량체로 구성된 방향족 고분자이며, 시장 수요가 높음에도 불구하고, 방향족 화학구조의 특성으로 인하여 생분해가 잘되지 않기 때문에 세계적으로 중요한 환경 문제를 유발하는 플라스틱이다. 폴리스타이렌의 미생물 기반 분해 과정에서는 스타이렌 시스(cis)-글라이콜 경로와 스타이렌 옥사이드 경로가 주요 대사 경로에 의한 분해와 기타 PS 분해 경로가 있다. 스타이렌 시스-글라이콜 경로에서는 스타이렌 이산소화효소(SDO)에 의해 스타이렌 방향족 고리가 수산화되어 스타이렌 시스-글라이콜이 생성되고, 여러 효소에 의하여 아세틸-CoA으로 전환되어 최종적으로

TCA 회로로 들어가 분해된다. 스타이렌 옥사이드 경로에서도 스타이렌 모노옥시제네이스 효소(SMO)에 의해 스타이렌이 스타이렌 옥사이드로 변환되고, 변환된 스타이렌 옥사이드는 스타이렌 옥사이드 이성질화효소(SOI)에 의해 페닐-아세트알데하이드로 분해된다. 페닐 아세트알데하이드는 여러 효소에 의해 아세틸-CoA로 전환되어 TCA 회로에서 완전히 광물화되어 분해된다. 폴리스타이렌 분해는 스타이렌 단량체를 생성되며, 최근에 스타이렌을 *Pseudomonas putida CA-3*에 의해 PHA로 전환하는 기술을 개발하여 PS에 의한 환경 오염 문제를 해결할 가능성을 보여주고 있다(그림 31).

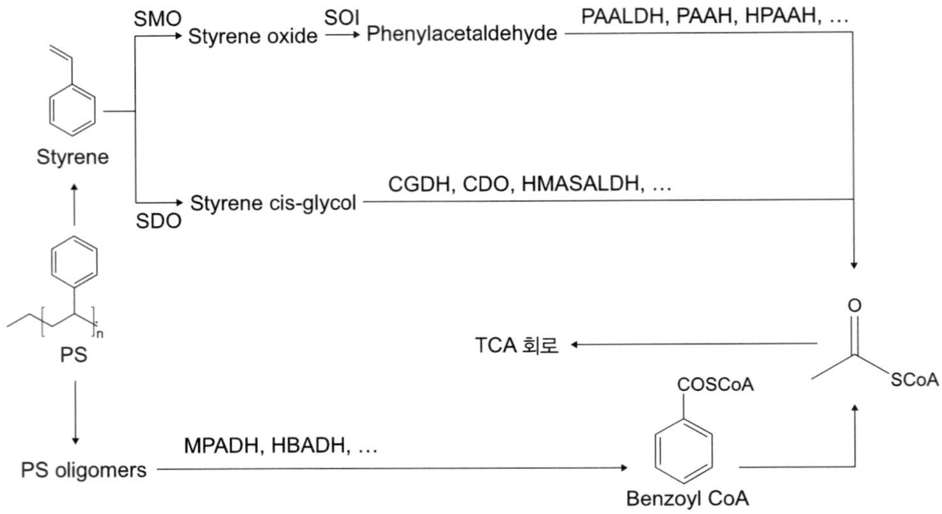

그림 31 폴리스타이렌 분해 경로

4.6.2 해양에서 발견된 플라스틱 분해 미생물

1) 세균에 의한 플라스틱 분해

세균이 플라스틱 표면에 부착해 바이오필름을 형성하고 효소를 분비하여 플라스틱 분자를 작은 조각으로 분해한다. 플라스틱의 분해는 여러 환경 조건에 의해 영향을 받는다. 산소가 존재하는 호기성 조건에서는 산소를 전자 수용체로 사용해 CO_2, H_2O로 분해하는 데 반해, 산소가 없는 혐기성 조건에서는 질산염, 황산염, CO_2 등을 전자 수용체로 사용해 CH_4, CO_2, H_2O 등을 생성한다. 이 과정에서 쓰이는 분해효소(예: 라이페이스, 프로테이스 등)들이 플라스틱의 고분자 구조를 절단해 단량체로 전환시킨다. 플라스틱 분해 세균 중에서는 *Pseudomonas* 종이 가장 주목을 받고 있으며, 해양에서 플라스틱 바이오필름에서 흔히 발견되는 효소이다. 그러나 바이오필름에는 여러 미생물이 모여 있기 때문에 각각 효소들에 의한 플라스틱 분해를 연구하는 필요도 있다. 예를 들어 해양 모래 시료에서 착출한 *Pseudomonas aestusnigri* 효소를 새로운 카복실산 에스터 가수분해 효소로 사용해 PET가 분해됨이 확인되었다. 또 브라질 심해 퇴적물에서 얻은 *Pseudomonas rhodesiase* 효소가 고밀도 폴리에틸렌(HDPE) 플라스틱에 바이오필름을 형성시켜 플라스틱 표면에 구조적 변화를 일으킨 연구 결과도 있다. 플라스틱의 분해에 사용된 세균에는 Bacillus 종, Alcanivorax 종, 방선균 등이 있다.

2) 진균에 의한 플라스틱 분해

플라스틱 표면에 부착해 플라스틱으로 침투하는 진균은 섬유상 네트워크 구조를 통해 플라스틱 속을 이동하며, 다른 미생물이 도달하기 어려운 장소에서 성장할 수 있기에 플라스틱 분해에 중요한 역할을 한다. 플라스틱 내부로 침투한 진균은 효소를 분비하여 플라스틱의 화학적 결합을 절단하며, 여러 효소를 합쳐 더 효율적으로 분해를 유도하기도 한다. 라케이스 효소는 폴리에틸렌과 폴리염화바이닐을 분해하며, 라이페이스와 에스터레이스 효소는 폴리에틸렌테레프탈레이트와 폴리유레테인 플라스틱을 분해한다. 홍해 연안에서 얻은 Penicillium 진균은 저밀도 폴리에틸렌 필름에 부착해 번성하여, 6주 동안 플라스틱 중량을 22%나 감소시킨다고 보고되었다.

3) 조류에 의한 플라스틱 분해

조류는 플라스틱 표면에 부착하여 산화 반응과 효소 작용으로 플라스틱을 분해한다. 예를 들어, PETase 같은 효소를 분비해 플라스틱을 분자 수준에서 절단하고, 산화 반응을 통해 저분자량 화합물을 생성한다. 현재까지의 연구 사례는 많지 않으나, 해양 규조류가 생산한 PETaseR280A-FLAG 효소에 의한 PET 분해가 보고된 바 있다.

4.7 해양 생분해 조건

생분해가 환경적 요인에 의해 받는 영향을 받기 때문에 해양에서 플라스틱의 생분해 조건을 생각해 볼 수 있다. 이와 같은 조건으로 온도, 미생물 농도, 산소 농도, 자외선 노출을 상정해보고자 한다.

4.7.1 온도에 의한 분해

플라스틱은 온도에 의해 분해도가 달라지며, 일반적으로 온도가 낮아질수록 플라스틱의 분해도가 감소한다. 20°C 이상의 온도가 생분해에 적합하고, 10°C 이하의 비교적 온도가 낮은 지역에서는 생분해가 어렵다.

4.7.2 미생물 농도에 의한 분해

해양 환경에는 다양한 미생물이 존재하지만, 토양에 비해 농도가 낮기 때문에 생분해가 상대적으로 낮다. 또한 플라스틱의 성분에 따라 미생물에 의한 분해성이 차이가 발생하며, 해양 위치에 따라 미생물 종과 분포가 다르기 때문에 생분해성에 영향을 준다.

4.7.3 산소 농도에 의한 분해

플라스틱의 생분해를 일으키는 미생물은 호흡하기 위해 산소를 소모한다. 해양 환경에서는 수심이 깊어지면 산소 농도가 낮아지기 때문에, 산소 농도가 높은 해양 표면에서 플라스틱 생분해가 더 활발하게 일어난다.

4.7.4 자외선 노출에 의한 분해

플라스틱의 물성약화 단계에서 비생물학적 물성약화 과정으로 광분해가 포함되어 있으므로, 자외선 강도가 높으면 플라스틱의 생분해가 높다. 자외선 강도는 수심이 깊어질수록 약해지고, 해당 지역의 위도와 날씨가 플라스틱의 분해에 영향을 준다. 따라서, 자외선이 많이 노출되는 지역의 해수면에서 플라스틱의 생분해가 활발하게 일어난다.

4.8 해양에서의 생분해 기술 한계

플라스틱이 실제로 자연환경에서 효율적으로 분해될 수 있는지를 대해 검토하고 대응할 필요성이 있다. 해양 환경에서의 플라스틱 생분해성 측정 시험방법은 시험조건의 일관성을 유지하기 어렵다. 즉, 해양 환경을 일정하게 구현하기 어렵기 때문에 생분해성, 분해 가능성을 정확히 평가할 수 있는 표준방법을 적용하기 어렵고, 이러한 조건에서의 연구 결과들을 직접 비교하기가 어려운 문제점이 있다. 일부 인증된 표준방법이 있으나, 실제 해양 환경과는 다른 조건에서 플라스틱 분해성을 평가하기 때문에 해양에서의 플라스틱 분해성을 제대로 평가할 수가 없다. 게다가, 연구가 단기간에 진행되기 때문에 생분해성 플라스틱들이 장시간 해양환경에 노출될 경우에 일으킬 수 있는 플라스틱 분해에 미치는 영향에 대한 데이터를 구축하기 어렵다. 생분해성 플라스틱은 여러 환경적 요소(온도, pH, 산소, 미생물의 존재 유무 등)에 따라 분해 속도가 크게 달라지기 때문에 실험결과의 신뢰성에 의문이 있다.

PHA 고분자는 저온에서는 생분해가 거의 일어나지 않기 때문에, 따뜻한 열대 환경에서 생분해가 더 빠르게 진행된다. PLA 플라스틱도 산업용 퇴비화 조건에서는 분해가 잘 진행되지만, 해양 환경에서는 PLA 고분자 분해 조건이 잘 충족되지 않아 분해가 아주 천천히 진행되거나 잘 분해되지 않고 잔류하게 된다. 완전분해가 되지 않은 생분해성 고분자들은 미세입자의 플라스틱으로 전환되어 오히려 환경오염을 더욱 심화시킬 수 있다. 또한, 생분해성 고분자들은 분해되면서 분해 부산물이 생성되고, 유해한 분해 산물들이 생성될 수 있다. 이러한 플라스틱 실험결과의 한계들을 해결하기 위해서는 표준화된 시험 방법을 개발하거나 장기적 실험을 통해 분해 산물의 독성(체내 독성, 유전독성, 아급성, 만성 독성 등)을 확인하는 등 생체적합성에 대한 다양한 평가가 필요하다. 최근에는 생분해성 고분자 각각의 단점들을 보완하기 위해 생분해성 고분자들을 물성에 따라 블렌딩(blending)하거나, 생분해성 고분자 플라스틱에 친수성 충진제를 첨가해 복합 고분자 플라스틱을 제조하여 생분해성을 높이려는 연구들이 진행되고 있다.

생분해성 플라스틱은 '특정 조건에서 생분해성'으로 표현해야 한다는 의견도 제시되고 있다. 미국 ASTM에서는 생분해성 플라스틱을 '산업용 퇴비화 가능', '해양 생분해성', '토양 생분해성' 등의 범주로 분류하고 있다. 대부분의 인증된 생분해성 플라스틱은 호기성 또는 산업용 혐기성 조건에서만 효율적으로 생분해된다. 높은 온도와 이상적인 수분 함량의 환경에서는 효율적이지만, 저온의 해양 환경에서는 플라스틱 생분해를 위한 단위당 미생물이 적다. 생분해성 플라스틱의 생분해는 산업용 퇴비화에서 75일 동안 72.3%인 반면에, 해양 환경에서는 155일 동안 47.1%의 생분해 결과를 보여준다. 대부분의 생분해성 플라스틱의 밀도가 해수보다 높으므로 플라스틱이 바다의 바닥으로 가라앉아 낮은 온도의 비효율적 환경에 노출될 수 있다.

현재 플라스틱의 생분해성 연구는 토양, 담수 환경에 초점을 맞추고 있다. 그러나 바다에서의 플라스틱 폐기물 문제가 심각하게 대두되고 있는 현실이므로, 해양 환경에서의 생분해성 플라스틱 연구가 필요하다. 해양 환경에서 플라스틱의 생분해 효율을 높이는 연구가 주된 목표가 될 것이다.

CHAPTER

03

다당류 생분해성 고분자

1 감자 유래 고분자

감자 유래 고분자는 감자 전분을 기반으로 친환경 고분자 플라스틱을 제조하는 데 사용되고 있으며, 플라스틱 쓰레기 문제를 줄이고 지속 가능한 소재로 적용되고 있다.

1.1 감자 유래 고분자(전분)의 특징

감자 전분은 아밀로스와 아밀로펙틴으로 구성된 탄수화물이다. 열과 물을 가하면 점성을 띠며, 플라스틱과 유사한 성질을 가지고 있다. 분해가 빠르고, 환경에 유해한 화학물질을 사용하지 않아 생분해성이 뛰어나다.

1.1.1 화학적 특징

감자의 주 구성성분은 입자성을 가진 유일한 탄수화물인 전분의 중심부에 따라 규칙적인 배열을 하고 있으며, 아밀로스(그림 1)와 아밀로펙틴(그림 2)이라는 두 가지 다당류로 구성된다. 아밀로펙틴은 이중 나선 구조로 존재하여 열역학적으로 큰 안정성을 가진다. 전분의 무정형 구조는 수분이 쉽게 침투할 수 있는 공간을 제공하여 높은 점성을 제공

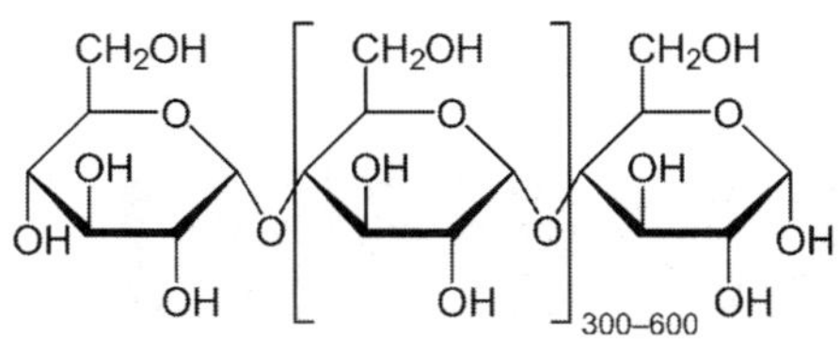

그림 1 아밀로스의 구조

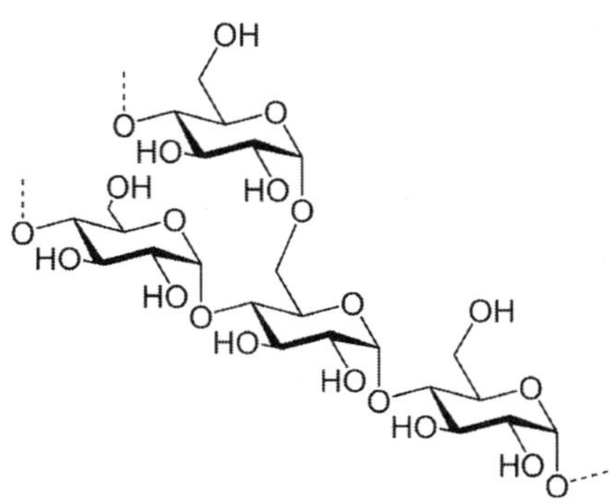

그림 2 아밀로펙틴의 구조

한다. 대기 중에서 대기와의 수분 평형성을 유지하기 위하여 호화 현상이 일어나기 때문에 산업적으로 가공 시 매우 중요한 조절 요건이 될 수 있다.

1.1.2 물리적 특징

전분의 입자 크기, 열적 안정성 그리고 하이드로젤화 특성은 감자 기반 플라스틱의 물리적 특징이다. 건조된 상태의 전분은 열적으로 안정하여 다른 플라스틱 소재와 가공을 하더라도 열 손상을 최대로 줄일 수 있다. 친수성의 전분 입자를 사용하여 기존 소수성 플라스틱 표면에 코팅하면 다양한 물질의 보관 및 활용성이 우수하다. 또한 전분의 젤화 특성은 감자 기반 바이오플라스틱의 가공성을 우수하게 하지만, 내수성은 부족하여 물리적 강도가 떨어지는 단점이 있다.

1.2 전분 기반 생분해성 고분자의 제조와 응용

감자 전분을 물, 글리세롤 등의 가소제와 혼합하여 열을 가하면 유연성과 내구성을 갖춘 소재가 형성된다. 전분에 생분해성이 높은 다른 고분자(PLA 등)를 혼합하여 기계적 성질을 개선할 수 있으며, 압출, 사출 성형 등을 통해 다양한 형태의 제품을 제작할 수 있다. 아밀로펙틴 고분자는 포장재, 비닐봉지, 일회용 식기 등의 일회용 제품으로 활용하고 있다. 농업 분야에서도 생분해성 멀칭 필름, 화분, 씨앗 코팅재 등으로 활용되며, 의료 분야에서는 생체 적합성과 생분해성을 활용한 봉합사, 약물전달 시스템으로 활용한다.

감자 유래 고분자는 생분해하기 때문에 환경에 부담이 적고, 재생가능 자원으로 사용할 수 있어서 지속 가능성이 증대된다. 독성도 낮아 인체 및 자연에 비교적 안전하다. 그러나 전분 고분자는 기계적 강도와 내구성이 전통 플라스틱에 비해 낮고, 수분에 취약해 사용 범위가 다소 제한된다. 또한 제조 비용이 상대적으로 높기 때문에 산업적으로 활용하는 데는 한계점이 있다. 이에 따라 전분 고분자를 나노셀룰로스 강화물질로 사용하는 등 복합 소재의 개발로 기계적 특성 및 내수성을 개선하고 있다. 감자 외에도 옥수수, 고구마 등의 전분을 활용한 생분해성 소재 연구도 병행되고 있으며, 다양한 응용 가능성이 있어서 감자 유래 생분해성 고분자는 환경 문제 해결에 필수적인 지속가능한 소재가 될 것으로 기대되고 있다.

2 젤란 검

젤란 검(Gellan gum) 고분자(그림 3)는 일반적으로 고분자 사슬에 부착된 아세테이트 그룹의 수에 따라 저아실(low acyl)과 고(high)아실의 두 가지 범주로 분류된다(그림 4). 저아실 젤란 검 고분자는 단단하고 비탄력적이며 부서지기 쉬운 젤을 형성하는 반면에, 고아실 젤란 검 고분자는 부드럽고 탄력 있는 하이드로젤을 형성한다.

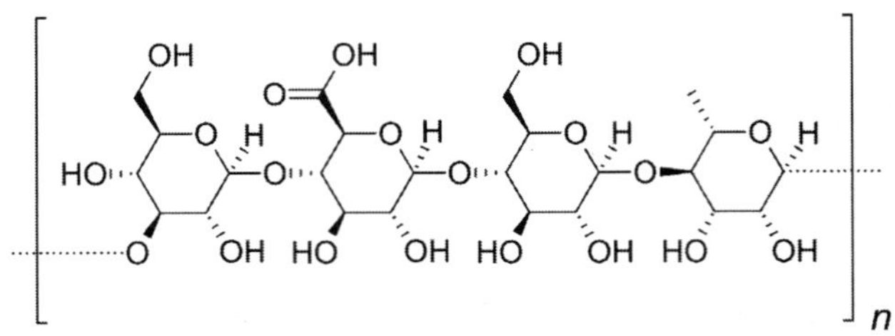

그림 3 젤란 검 화학 구조. 반복단위 [D-Glc(β1 → 4) D-GlcA(β1 → 4) D-Glc(β1 → 4) L-Rha(α1 → 3)]$_n$

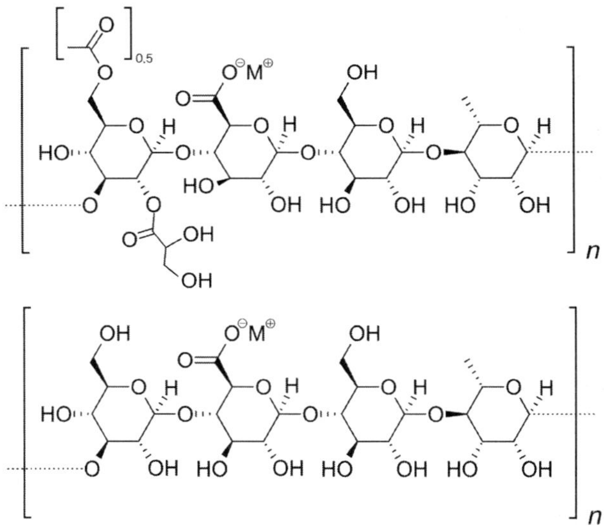

그림 4 고아실 젤란 검(위)과 저아실 젤란 검(아래)

젤란 검은 박테리아 *Sphingomonas elodea*에 의해 생성된 수용성 음이온성 다당류 고분자이다. 젤란 생성 박테리아는 1978년 펜실베니아의 자연 연못의 백합식물 조직에서 발견 및 분리되었다. 젤란 검은 처음에 미생물 배양에서 한천 대신 하이드로젤(gel)화제로 사용되었으며, 120°C의 열에도 견딜 수 있는 호열성 미생물 배양에 특히 유용한 젤화제로 사용되었다. 정확한 질감과 품질은 존재하는 2가 양이온의 농도에 따라 다르지만, 동일한 젤 강도에 도달하기 위해 한천의 절반을 사용하였다. 젤란 검은 또한 페트리 접시의 식물세포 배양에서 젤화제로 사용되며, 매우 투명한 젤을 제공하여 세포와 조직의 현미경 분석에 사용하고 있다. 이끼 *Physcomitrella patens*에 대한 실험에서 젤화제(한천 또는 젤라이트)의 선택이 식물세포 배양의 식물 호르몬 민감성에 영향을 미치고 있다.

젤란 생산은 상업용 바이오검 하이드로콜로이드 제품으로 개발되었다. 미국 Kelco사는 전 세계적으로 젤란 검에 대한 식품승인을 획득하였고, 일본 시장에서도 식품승인을 획득하는 프로세스가 현지 식품 및 음료 제조업체에서 수행되었다. Kelco사는 대부분의 식품 등급 젤란 검을 생산했으나, Royal(네덜란드 과학 및 식품 영양 대기업) DSM 부문에 진입한 이후에는 식품 등급 젤란 검을 조달하고 있다.

젤란 검을 생분해시킴으로써 젤란 검의 젤화점을 완전히 변형시켰고, 과아이오딘산염 산화제-소듐을 이용하여 젤란 검을 보다 더 작은 사슬로 분해하였으며, 분자량 및 가교 알데하이드 그룹의 증가시켰고, 젤화 온도는 37.51°C로 최적화시켰다. 젤란 하이드로젤은 다목적 다당류로서 주사 가능한 연골 세포 전달체로 사용될 가능성이 있으며, 생분해성, 호환성, 빠른 젤화와 같은 특성, 양이온의 존재, 높은 수분 함량 및 무독성의 물성을 보유특성을 이용하여 조직공학 및 재생의학 응용분야에 적용할 수 있다.

3 덱스트란

3.1 개요

덱스트란(Dextran, $H(C_6H_{10}O_5)_xOH$)은 유산균인 *Leuconostoc mesenteroides*와 *Streptococcus mutans*에 의해 생성되는 세포외 다당류 고분자이다. 구조적으로는 주로 α-1,6-글리코사이드 결합과 소량의 α-1,2, α-1,3, α-1,4 분지 결합이 포함된 α-D-글루칸으로 구성되어 있다(그림 5).

덱스트란은 루이 파스퇴르(Louis Pasteur)가 와인의 미생물 산물로 발견했으나, 알렌 진(Allene Jeanes)이 박테리아를 이용한 공정을 개발하여 대량생산하고 있다. 덱스트란은 현재 특정 유산균에 의해 자당에서 생산되며, 생성된 덱스트란의 구조는 박테리아의 과, 종, 균주에 따라 다르다. 에탄올을 사용하여 단백질이 없는 추출물로부터 부분 침전에 의해 분리시키고, 일부 박테리아는 프럭탄을 공동 생산하여 덱스트란 분리를 복잡하게 제조할 수 있다. 덱스트란은 당밀과 같은 자당 함유 배지에서 상업적으로 생산되며, 공정 매개변수는 덱스트란의 수율 및 분자량에 영향을 미친다. 2백만 Da의 독특한 고분자량 덱스트란은 최적화된 조건에서 15% 자당을 포함하는 배지에서 생산하고 있다. 덱스트란은 자당 용액의 점도를 높이고 배관을 더럽히기 때문에 설탕의 정제 과정에서 복잡한 오염 물질의 고분자이다.

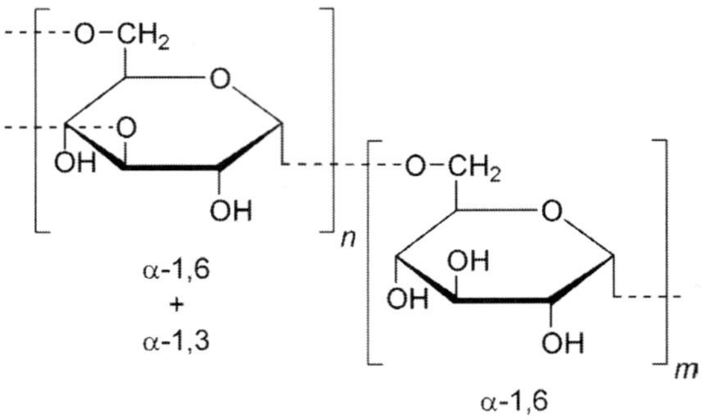

그림 5 덱스트란

3.2 산업적용

덱스트란은 *Leuconostoc sp.* 박테리아 세포외 다당류 고분자로서 수용성이 높고 항원성이 낮아 혈류에서 안정한 생물학적 물성을 가진다. 덱스트란 수용액은 적당한 점도와 젤화 거동으로 인해 약물전달에 적합한 나노전달체이며, 화학적 조성과 사용된 가교제에 따라 다양한 접근 방식으로 제조된다. 덱스트란 제제는 혈관 혈전증을 감소시키기 위해 미세외과에서 일반적으로 사용된다. 혈소판, 적혈구 및 혈관 내피의 결합을 통해 전기 음성도를 증가시키고, 적혈구 응집 및 혈소판 접착성을 방해하는 항혈전 물성을 가지기 때문이다. 덱스트란은 또한 VIII-Ag Von Willebrand 인자를 감소시켜 혈소판 기능을 감소시키는 특성이 있다. 덱스트란을 투여한 후 형성된 응고는 변경된 혈전 구조로 인해 더 쉽게 용해되며, α-2 항플라스민을 억제함으로써 플라스미노겐 활성화제 역할을 해 혈전을 용해한다.

덱스트란은 3k Da~2M Da 분자량의 고분자이다. 더 큰 분자량의 덱스트란(>60,000 Da)은 신장에서 잘 배출되지 않기 때문에 대사될 때까지 몇 주 동안 혈액에 존재하며, 항혈전 및 콜로이드 효과가 연장된다. 덱스트란-40(MW: 40,000 Da)은 항응고 요법에서 가장 많이 사용되는 고분자이며, 덱스트란-40 고분자의 70%는 정맥 주입 후 첫 24시간 이내에 소변으로 배설되고 나머지 30%는 며칠 더 남아 있다. 또한 덱스트란은 윤활제로 일부 안약에 사용되며, 철과 같은 다른 요인을 용해시키기 위한 특정 정맥 주사액(철 덱스트란(Iron Dextran))으로 사용되고 있다. 덱스트란이 포함된 정맥 주사 용액은 부피 확장제와 비경구 영양의 수단 모두로 사용하여 체내에서 세포에 의해 포도당과 유리수로 소화되는 삼투압적으로 중성인 유체를 제공하고 있다. 대체 혈액을 사용할 수 없는 응급 상황에서 손실된 혈액을 대체하기 위해 종종 사용되지만, 필요한 전해질을 제공하지 않으므로 저나트륨혈증 등의 기타 전해질 장애를 유발할 수 있다.

실험실 및 연구실에서, 덱스트란은 생물학적 분자에 삼투압을 적용하기 위한 삼투압 스트레스 기술에 사용되고 있으며, 일부 크기 배제 크로마토그래피 매트릭스에도 사용되고(예: 세파덱스), 생물반응기 적용을 돕기 위해 입자 형태로 사용된다. 덱스트란은 바이오센서의 고정제로 사용되었고, 초기 엔도솜에 우선적으로 결합시키며, 형광 표지된 덱스트란을 사용하여 이러한 엔도솜을 현미경으로 시각화할 수 있다. 금속 나노입자를 산화로부터 보호하고 생체적합성을 향상시키는 안정화 코팅으로 적용할 수 있으며, 플루오레세인 아이소싸이오사이아네이트와 같은 형광 분자와 결합된 덱스트란은 이미징을 위한 확산성 분자의 농도 구배를 생성하고 구배 기울기의 후속 특성화를 허용하는 데 사용할 수 있다. 형광 표지된 덱스트란 용액은 혈관 투과성을 분석하기 위한 관류로 사용될 수도 있다. 덱스트란은 산업용 세포 배양을 위한 마이크로전달체를 만드는 데 사용되며, 경구 투여된 덱스트란 황산 소듐은 염증성 장 질환의 동물 모델에서 대장염을 유도하는 데 사용된다.

덱스트란 사용과 관련된 부작용은 비교적 적으나, 부작용은 매우 심각할 수 있다. 아나필락시스, 체적 과부하, 폐부종, 뇌부종 또는 혈소판 기능 장애가 포함되며, 덱스트란 삼투효과의 합병증은 급성 신장 손상을 유발한다고 보고되고 있다. 또한 당뇨병, 만성 신장질환, 혈관장애의 병력이 있는 환자가 가장 많기 때문에, 만성 신장 질환 환자에게 덱스트란 요법은 피하도록 권장하고 있다.

덱스트란은 유기용매와 동시에 적용하는 산처리와 덱스트란 효소를 사용하여 분해를 유도할 수 있다. 덱스트란(MW: 1백만 Da)을 혈액 대체물질로 사용할 때는 Dextranase (α-1,6-d-glucan-6-glucanohydrolase 효소)를 이용하는 것이 효과적이다.[1]

1 *Int J Biological Macromol.*, 169(2021), 60-66

4 레반

4.1 개요

레반(Levan)은 많은 식물과 미생물에 존재하는 자연발생 프럭탄(Fructan) 다당류 고분자로 2,6 베타 글리코사이드 결합으로 연결된 단당류인 과당을 단량체로 하고 있다. 레반은 상대적으로 낮은 분자량의 분지형(branch) 및 선형 구조를 모두 가질 수 있는 고분자이다. 분지형 레반 고분자는 길이가 9 단위인 기초 사슬을 가진 매우 작은 구형 구조를 형성하고(그림 6 참조), 2,1 분지는 메틸 에터가 구형을 형성하고 생성한다. 레반의 끝은 또한 글루코실 잔기를 포함하는 경향이 있으며, 분지형 레반은 선형 구조보다 더 안정적인 구조를 가진다(Öner, E. T. et al., 2016). 그러나 가지의 양과 중합의 길이는 종에 따라 변하는 경향이 있으며, 가장 짧은 레반은 2개의 과당 분자와 말단 포도당 분자의 사슬인 6-케스토스 화학 구조를 가지는 고분자이다.

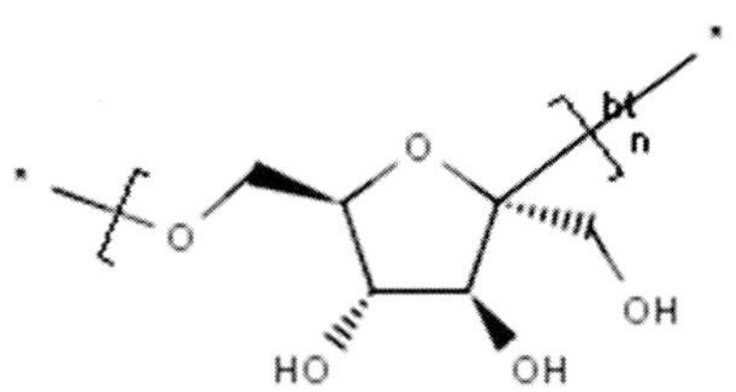

그림 6 레반의 구조

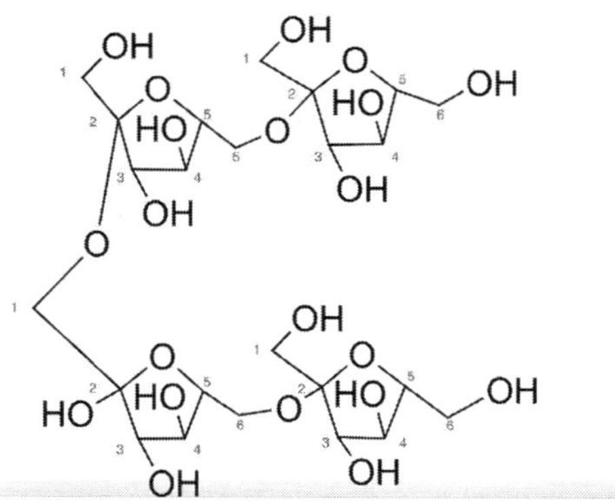

그림 7 베타 2,1 글리코사이드 결합을 가진 분지형 레반
(출처: Pardeep, CC BY-SA 4.0, Wikimedia Commons)

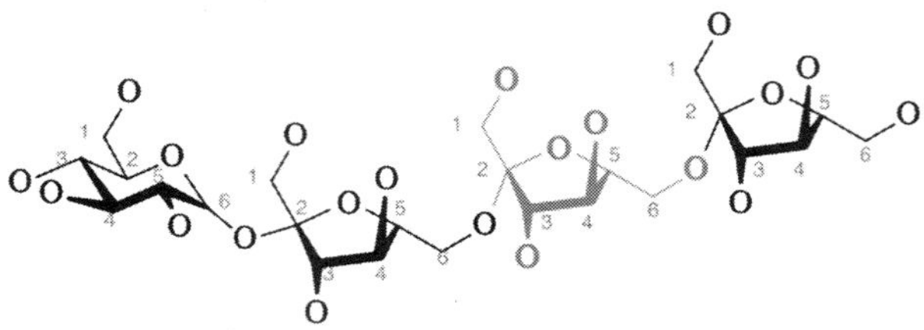

그림 8 베타-2,6 글리코사이드 결합을 가진 선형의 레반
(출처: Ayacop, CC BY-SA 4.0, Wikimedia Commons)

4.2 합성과 응용

레반은 고세균, 균류, 박테리아 및 제한된 수의 식물 종에서 합성되며, 레반과 같은 과당은 포도당과 과당을 포함하는 이당류인 자당에서 합성된다. 식물에서 액포는 프럭탄이 생산되는 곳이며, Sucrose:sucrose/fructan 6-fructosyltransferase는 액포에서 fructosyltransferase 효소로 베타 2,6 연결을 생성하여 선형 형태의 레반을 형성한다. 박테리아는 또한 levansucrase로 알려진 fructosyltransferase 효소를 사용하여 레반을 형성하고, 선형의 주사슬에서 2,1 연결을 형성하여 분기점이 발생시킨다. 많은 박테리아가 세포 외부에서 레반을 생성하며, 온도, 산소 농도, pH 및 기타 요인에 민감하다. 박테리아의 레반 생산은 일반적으로 박테리아 수 증가의 신호이며, 대두 점액질을 파쇄하여 생산하기도 한다.

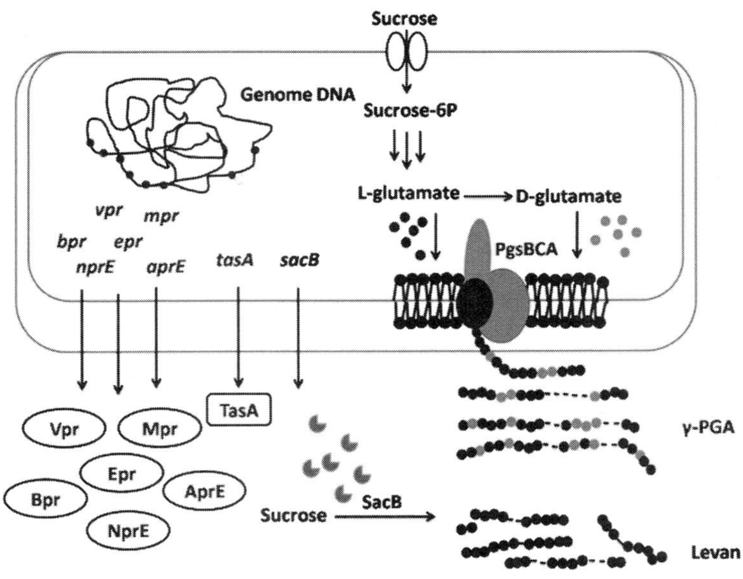

그림 9 *Bacillus amyloliquefaciens* 및 *Bacillus amyloliquefaciens*에서 레반 생합성과 관련된 대사 경로
(출처: Jun Feng, 2015)

레반은 베타-2,6 결합으로 인해 물과 기름에 모두 용해되나 수온에 따라 용해도가 달라지며, 에탄올, 메탄올, 아이소프로판올과 같은 많은 유기 용매에 불용성인 고분자이다(Srikanth, R. *et al.*, 2014). 레반의 분지는 높은 인장 및 응집력을 갖도록 하는 반면, 하이드록실기는 다른 분자와의 접착에 기여한다. 용액의 점도에 대한 물질 효과의 척도인 고유 점도 n은 레반의 경우 매우 낮은 경향이 있으므로, 제약산업에서 활용할 수 있다.

레반은 프리(pre)-바이오틱 효과, 콜레스테롤 저하 능력 및 접착 특성으로 인해 식품산업에서 사용된다. 인간이 섭취하는 음식에서 소량으로 자연적으로 발생하며 많은 유제품에 섬유질이나 감미료로 포함되어 있다. 상업용 무알코올 음료는 초고과당 시럽에도 레반을 사용하며, 병원성 박테리아의 개체 수를 감소시키기 때문에 장에서 특히 중요할 수 있는 유용한 박테리아 성장 및 증식을 유발한다(Ritsema, T. *et al.*, 2003). 레반은 모발 관리 및 피부 미백 등의 화장품산업에 사용될 수 있다. 헤어케어 제품에서 레반은 다양한 젤과 무스에 사용되는 모발 유지 효과를 생성하는 필름을 형성하는 역할과 함께, 멜라닌 생성을 담당하는 효소 tyrosinase의 활성을 감소시켜 멜라닌 생성을 억제하기 때문에 피부 미백제로도 사용된다(Öner, E. T. *et al.*, 2016).

레반은 의약부분에서 화상 조직, 항염증 및 수상배양에 사용된다. 레반을 박막으로 결합함으로써 회복 및 치유 과정을 증가시키는 메탈로프로테이네이스 효소를 활성화할 수 있으며(Sözgen, G. *et al.*, 2018), 염증의 경우에는 응집 세포와 상호작용하고 혈관에 대한 접착에 영향을 주어 축적을 감소시킨다(Apostolopoulos, Nikos C., 2018). 수상배양의 결과에 따르면 레반이 포함된 다이어트에서는 대식세포 제거를 더 쉽게 허용하는 바이러스 응집을 증가시킬 수 있다.

5 알지네이트(알긴산)

알지네이트/알긴산(alginate, alginic acid)은 해조류, 특히 갈조류의 세포벽에서 발견되는 천연 고분자로, 생분해성 특징으로 인하여 생체재료 분야에서 독보적인 위치를 차지하고 있다. 우수한 생체적합성, 비독성, 상대적으로 저렴한 가격과 온화한 조건에서 이온성 가교결합 능력으로 인해 다양한 생체의학 분야에서 각광받고 있다.

5.1 알긴산의 구조 및 특성

알긴산은 α-L-굴루론산(G, guluronic acid)과 β-D-만누론산(M, mannuronic acid) 단위가 1→4 결합으로 연결된 선형 이종 다당류 고분자이다(그림 10). 두 단량체가 생성하는 블록 형태의 반복 단위가 존재하며, G 블록(GGGGG), M 블록(MMMMM), 혼합 블록(GMGMG)의 세 가지 배열로 고분자를 구성한다. 알긴산의 물리화학적 특성, 특히 젤화 능력은 이러한 G 블록의 함량과 분포에 크게 좌우된다. G 블록의 함량이 높을수록 더욱 강하고 견고한 하이드로젤을 형성하는 경향이 있다.

알긴산은 수용액에서 점성을 가지며, 특정 이온(주로 칼슘 이온, Ca^{2+})과 만나면 빠르게 젤을 형성하는 능력이 뛰어나다. 이러한 젤화 메커니즘은 칼슘 이온이 여러 G 블록 사슬 사이에서 이온성 가교를 형성하여 소위 '계란 상자(egg-box)' 모델을 형성하는 방식으로 설명된다(그림 11). 이러한 가교 반응은 pH나 온도 변화 없이 온화한 생리적 조건에서 발생하므로, 민감한 생체 분자나 세포를 손상시키지 않고 캡슐화하는 데 이상적이다.

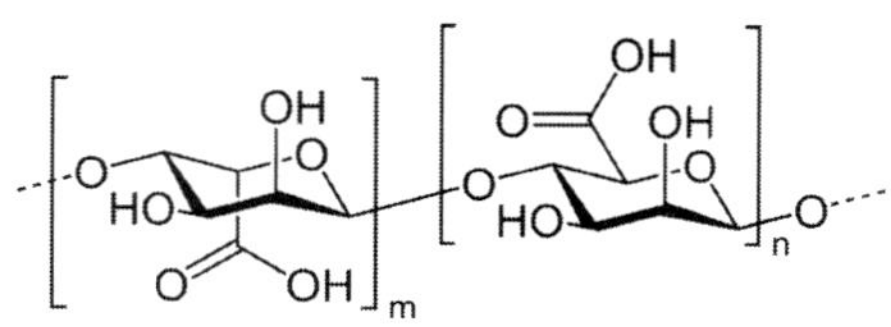

그림 10 알긴산의 화학 구조

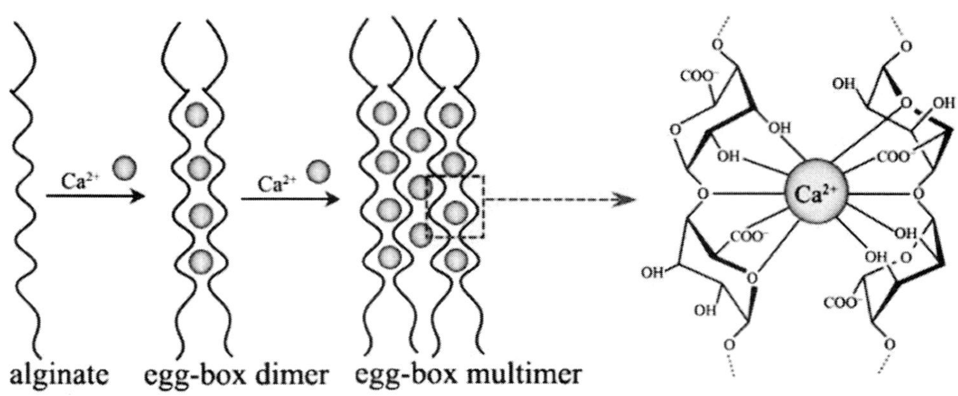

그림 11 알긴산의 계란 상자 모델에 의한 젤 형성
(출처: Zhang, X., *et al.*, 2022)

5.2 알긴산의 추출 방법

알긴산은 주로 갈조류(phaeophyceae)로부터 추출되며, 일반적인 추출 과정은 다음과 같다.

① **전처리(pre-treatment)**: 채취한 갈조류를 세척하여 불순물을 제거하고, 건조시킨 후 분쇄하여 표면적을 넓힌다. 필요에 따라, 산성 용액(염산, HCl)으로 전처리하여 단백질, 미네랄, 색소 등을 제거하여 알긴산의 순도를 높인다.

② **알긴산 추출**: 분쇄된 갈조류를 묽은 알칼리 용액(예: 탄산 소듐, Na_2CO_3)에 넣고 가열하여 알긴산을 가용성 형태인 알긴산 소듐(sodium alginate)으로 전환시킨다. 이러한 추출 과정에서 셀룰로스와 같은 불용성 물질은 침전물로 남는다.

③ **고체-액체 분리**: 알긴산 소듐 용액을 여과하거나 원심분리하여 불용성 잔류물을 제거한다.

④ **침전**: 분리된 알긴산 소듐 용액에 강산(염산, HCl)을 첨가하여 알긴산을 불용성 형태로 침전시키며, 알긴산은 섬유 형태의 백색 침전물로 얻어진다. 또는 칼슘 이온(예: 염화 칼슘, $CaCl_2$)을 첨가하여 알긴산 칼슘 형태로 침전시키기도 한다.

⑤ **정제 및 건조**: 침전된 알긴산을 증류수로 세척하여 잔존하는 산 혹은 염을 제거한 다음에, 유기 용매(예, 에탄올)로 탈수하여 알긴산 고분자 분말을 획득한다. 정제 공정에 따라 알긴산의 품질(예: 분자량, G/M 비율)에 영향을 주며, 제품의 특성과 적용 분야(예, 식품, 환경, 의료용)를 결정하는 중요한 요소가 된다.

5.3 알긴산 하이드로젤 제조 방법

알긴산 하이드로젤은 매우 간단하고 온화한 조건에서 제조되는 이온성 소재이며, 알긴산 고분자의 가장 일반적인 제조방법은 다음과 같다.

① **알긴산 용액**: 알긴산 소듐(0.5~5%, w/v)을 멸균 증류수 또는 생리 식염수(PBS 완충 용액)에 용해하여 알긴산 용액을 제조한 다음에, 교반하여 완전히 용해된 점성의 알긴산 용액을 제조한다. 필요하면, 0.22 μm 필터로 여과하여 멸균된 알긴산 용액을 준비한다.

② **가교제 용액 준비**: 염화 칼슘($CaCl_2$)을 증류수에 용해시켜 알긴산 고분자 가교제 용액을 준비한다(0.1~1.0 M). 가교제의 농도를 고려하여 젤의 강도와 젤화 속도를

조절한다.

③ **하이드로젤 제조방법**

a) 방울 형성법: 알긴산 용액(세포 또는 약물 포함)을 가교제 용액에 주사기를 이용하여 한 방울씩 떨어뜨린다. 알긴산 방울이 가교제 용액에 닿는 즉시 표면에서 이온성 가교가 일어나 구형의 하이드로젤 입자가 형성된다.

b) 벌크 혼합법: 알긴산 용액과 가교제 용액을 직접 혼합하여 젤 형성을 유도하는 방법으로, 전체(bulk) 용액이 동시에 젤화되므로, 특정 형태의 젤을 합성하거나 3D 프린팅의 후처리 공정으로 사용된다. 젤화 속도를 컨트롤 하기 위해 가교제를 서서히 첨가하거나, 늦게 젤화되는 내부 가교법을 사용할 수도 있다.

c) 내부 가교법(internal gelling method): 알긴산 용액 내부에 가교제($CaCO_3$와 같은 불용성 칼슘염)와 글루콘-델타-락톤(Glucon delta Lactone, GDL)과 같은 산성 물질을 함께 복합하여, GDL이 서서히 가수분해되어 pH를 낮추고 칼슘염을 용해시킴으로써, 내부에서부터 알지네이트의 젤화를 유도한다. 이러한 방법은 보다 균질한 하이드로젤 형성과 세포 생존율 유지할 수 있으므로 생체재료 연구에 적용된다.

④ **세척**: 형성된 알긴산 하이드로젤을 멸균 증류수나 PBS 완충 용액으로 여러 번 세척하여 잔류 가교제나 불순물을 제거한다.

제시된 방법 이외에도, 알긴산의 화학 구조에 특정 화학 작용기를 도입하여 광 가교(photo-crosslinking) 또는 공유 결합을 통한 가교결합을 통해 보다 안정적이고 맞춤형 특성을 가진 하이드로젤을 제조할 수도 있다.

5.4 알긴산의 생분해성과 메커니즘

알긴산은 인체 내 면역 반응이 거의 없는 생체적합성이 우수한 생분해성 고분자이다.

5.4.1 생분해성

알긴산 젤의 분해 속도는 분자량, G/M 비율, 가교도, 젤의 형태(비드, 시트 등), 생체 환경 조건(pH, 효소 활성, 이온 농도)에 따라 변화되므로 합성 과정에서 조절할 수 있다. 일반적으로 G 블록 함량이 높고 분자량이 클수록, 보다 천천히 분해된다.

또한 알긴산의 분해 산물은 주로 이당류 또는 올리고당류로, 인체에 무해하며 인체 내에서 쉽게 대사되거나 배출된다.

5.4.2 생분해 메커니즘

알긴산 젤은 다음과 같은 분해 메커니즘을 통해 생분해되어 인체로부터 안전하게 제거된다.

① **이온 교환 및 용출**: 알긴산 젤 내의 칼슘 이온(Ca^{2+})이 주변 완충 용액의 단일가 이온(예: Na^{+}, K^{+})과 서서히 교환되면서 알긴산 사슬 간의 이온 결합 수가 감소되고, 젤이 팽윤되거나 용해되기 시작하는 것으로 알긴산 겔 분해의 주요 초기 메커니즘이다.

② **효소분해**: 알긴산 분해효소(alginate lyase)는 인체 내 존재하지 않으나, 특정 미생물(예: 박테리아) 생산 분해효소로 알긴산을 분해한다. 염증 반응 시 생성되는 자유 라디칼에 의한 알긴산 사슬의 산화 분해가 제안되고 있다.

③ **가수분해**: 알긴산의 글리코사이드 화학 구조는 중성 또는 약산성 조건에서 비교적 안정적이나, 특정 pH와 고온에서 가수분해 메커니즘으로 분자량이 감소되고 분해될 수 있다.

5.5 알긴산의 주요 응용 분야

알긴산은 생체의학 분야의 사용되는 생분해성 고분자로서, 다양한 산업분야에 응용된다.

① **세포 캡슐화 및 약물 전달체**: 알긴산은 세포나 단백질, 약물 등을 캡슐화하는 의료용 고분자로 사용되고 있으며, 세포치료제(예, 당뇨병 치료를 위한 췌장섬 세포 이식)와 서방성 약물전달체로 활용된다.

② **조직공학 구조체**: 알긴산 젤은 조직재생을 위한 3차원 조직공학 구조체로 사용된다. 연골, 뼈, 피부 등 다양한 조직공학 구조체로 활용되고 있으며, 젤의 기계적 물성과 다공성을 다양하게 조절하여 세포 성장 및 분화에 적합한 미세 환경을 조성할 수 있는 조직공학 고분자이다.

③ **상처 드레싱**: 알긴산은 우수한 흡수력과 젤 형성 능력으로 인해 습윤 환경을 조성하여 상처 치유를 촉진하는 드레싱 고분자로 사용되며, 출혈 조절에도 효과적이다(그림 12).

④ **바이오잉크**: 3D 바이오프린팅 분야에서 알긴산은 가장 널리 사용되는 바이오잉크 재료 중 하나이다. 낮은 점도로 프린팅이 용이하고, 이후 가교를 통해 구조적 안정

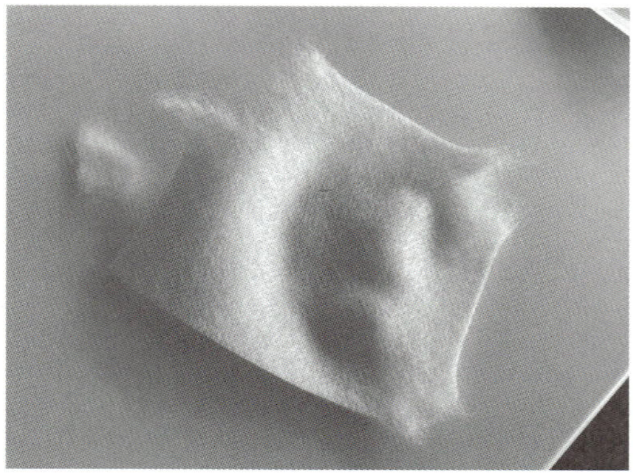

그림 12 알지네이트를 이용한 상처복원 드레싱 제품의 예
(출처: Korrupt, CC BY-SA 4.0, Wikimedia Commons)

성을 얻을 수 있어 복잡한 조직 구조를 형성하는 데 유리하다. 알지네이트와 다른 생체고분자(예, 키토산, 젤라틴 등)와 복합하여 바이오잉크를 제조하고, 연골, 혈관 등의 조직공학 구조체 제조에 활용된다(그림 13).

⑤ **의료용 임플란트 및 코팅**: 알긴산은 생체 내에서 안정성을 유지하면서도 필요한 경우 분해될 수 있어 단기 임플란트나 다른 의료기기의 생체 적합성 코팅으로 사용될 수 있다.

⑥ **식품 산업**: 증점제, 안정제, 겔화제로 사용되며, 특히 캡슐화 식품(예: 인공 캐비어) 제조에 널리 사용된다.

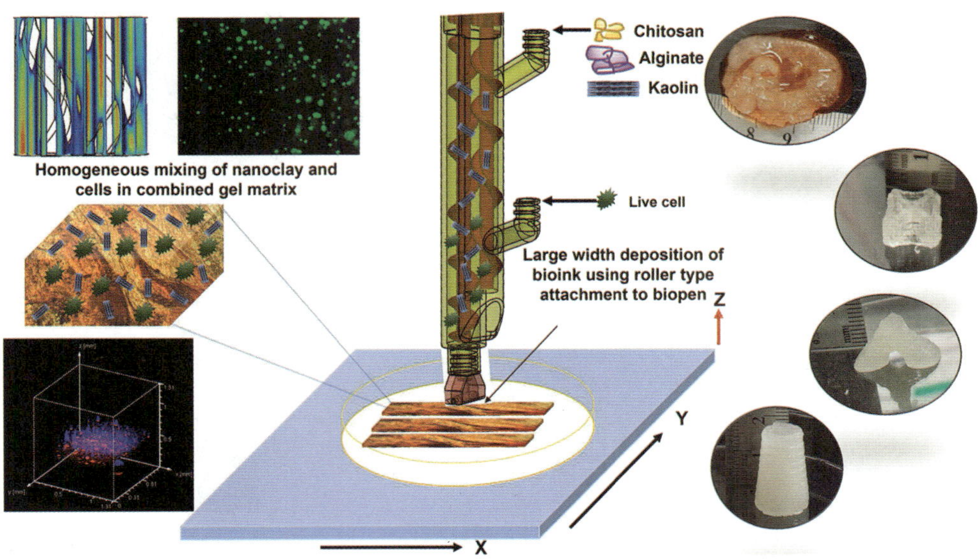

그림 13 알지네이트-키토산 하이드로젤의 3D 바이오프린팅
(출처: 노인섭 외, Carbohydrate Polymers, 317, 2023, 121046)

5.6 생분해성 하이드로젤 제조 방법

알긴산은 수용성 젤을 형성하므로, 일반적인 열가소성 플라스틱처럼 가공하기 어렵다. 기존의 석유 유래 합성 고분자 플라스틱을 대체하는 생분해성 플라스틱 소재로 사용하기 위해 다양한 시도를 하고 있다.

① **가소제 첨가**: 알긴산 필름의 취성을 개선과 함께, 유연성을 부여하기 위해 글리세롤, 소르비톨과 같은 가소제를 첨가하고 있다.

② **고분자 블렌딩/복합화**: Poly(lactic acid)(PLA), Poly(vinyl alcohol)(PVA), 폴리에틸렌글라이이콜(그림 14), 전분, 셀룰로스 등과 같은 다른 생분해성 고분자와 알긴산을 블렌딩하여 기계적 강도와 내수성을 향상시킬 수 있다. 예를 들어, 알긴산/PLA 복합 필름은 기존 플라스틱과 유사한 물성을 가지면서 생분해성을 제공할 수 있다.

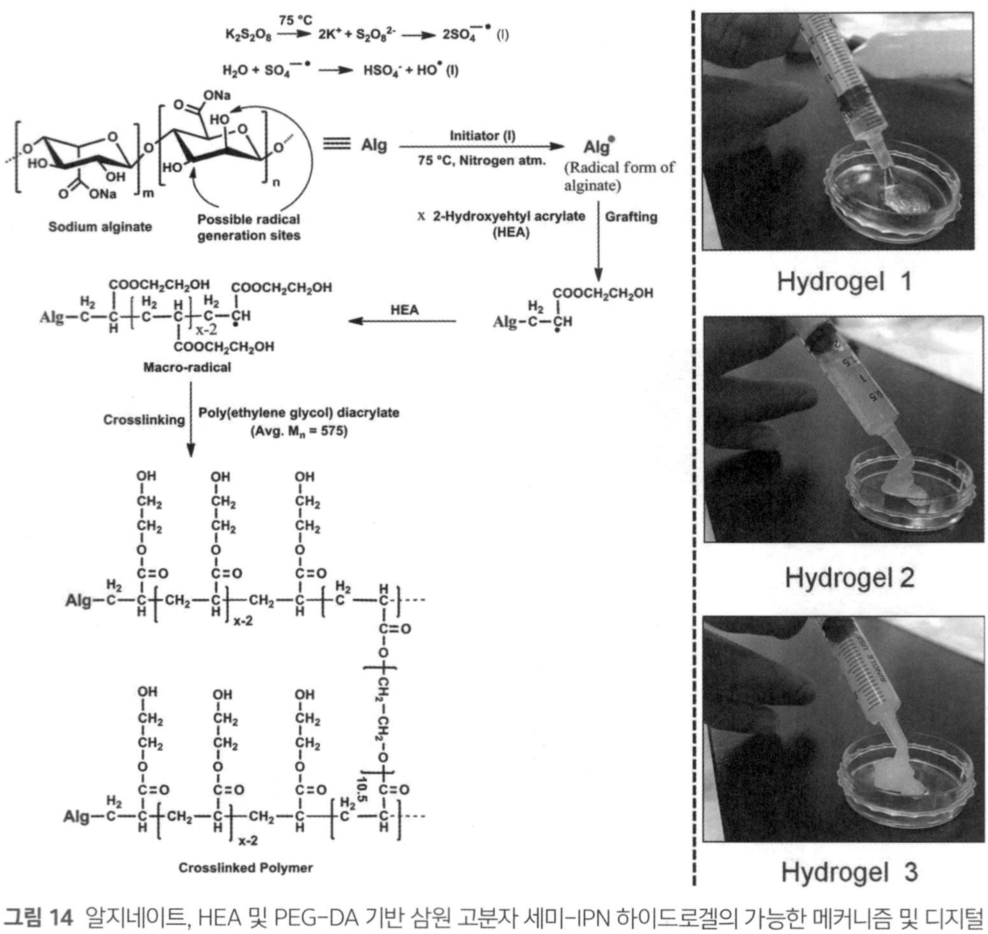

그림 14 알지네이트, HEA 및 PEG-DA 기반 삼원 고분자 세미-IPN 하이드로겔의 가능한 메커니즘 및 디지털 이미지(출처: 노인섭 외, Mater Sci & Eng: C 98(2019) 42-53)

③ **화학적 개질**: 알긴산의 수산기(-OH) 또는 카복실기(-COOH)를 에스터화 또는 아마이드화하여 소수성을 증가시키고 열가소성을 부여하여 용융가공하려는 연구가 진행되고 있다.

④ **공유 결합**: 글루타르알데하이드 혹은 에폭시 화합물을 사용하여 알긴산 고분자 사슬 간에 공유 결합을 유도함으로써 젤의 안정성과 기계적 강도를 높일 수 있다.

⑤ **나노 충전재**: 나노셀룰로스, 금속 산화물 나노입자, 나노클레이 등을 알긴산에 첨가하여 기계적 특성과 차단 특성이 향상된 알긴산 필름을 제조한다.

⑥ **필름 캐스팅 및 압출**: 화학적으로 개질된 알긴산, 알긴산-고분자 복합체, 알긴산-나노입자 복합체를 용액 캐스팅 또는 용융 압출과 같은 공정을 통해 필름, 코팅, 포장재 등의 제품으로 제조하여 식품, 환경 등의 산업에 적용하고 있다.

이같이 생분해성으로 전환된 알긴산 고분자는 일회용 포장재, 식품 포장재, 농업용 필름 등 다양한 분야에서 기존 고분자와 플라스틱을 대체할 수 있는 친환경 소재로 주목받고 있다.

5.7 산업 적용의 문제점

알긴산은 생분해성을 포함하여 우수한 물성을 가지고 있으나, 산업적으로 광범위하게 적용되기 위해서는 다음과 같은 몇 가지 해결해야 할 과제가 있다.

① **생산 단가 및 수율**: 고품질 알긴산의 대량 생산을 위한 추출과 정제 공정 개발이 필요하다. 특히 G/M 비율 등 특정 품질 특성을 가진 알긴산을 안정적으로 확보하는 것이 필요하며, 해조류 공급 및 가공 비용을 낮춰야 한다.

② **물성 제어의 어려움**: 천연 고분자의 특성상 배치(batch) 간의 품질 편차가 발생한다. 알지네이트 고분자는 분자량, G/M 비율, 점도 등의 미묘한 차이를 정밀하게 제어할 수 있는 기술이 필요하다.

③ **기계적 강도 및 내구성**: 순수한 알긴산은 일반적으로 기계적 강도와 내수성이 낮은 고분자이므로, 포장재와 같은 분야에서 적용할 수 있는 화학 개질이나 복합화 기술개발이 필요하다.

④ **가공성**: 용융가공이 어려운 알긴산을 기존 플라스틱 제조 설비와의 호환할 수 있는 가공성 기술개발이 필요하다.

⑤ **습도 민감성**: 친수성의 알긴산 고분자는 습도에 매우 민감하기 때문에, 높은 습도

환경에서는 물성이 저하를 막을 수 있는 알긴산 제품의 저장 및 사용 환경 개발이 필요하다.

⑥ **장기간 보존성**: 알긴산 젤 제품의 생체 내 안정성(이온 용출 등으로 인한 젤 분해)을 장기적으로 보장하는 기술개발이 필요하다.

⑦ **규제 승인**: 의료 및 식품 분야에서는 국민의 안전과 관련된 규제 기관(예: 식약처)의 엄격한 제품 안전성 및 유효성 검증과 승인 절차에 필요한 시간과 비용을 고려하여 알긴산 고분자 개발이 필요한 제품이다.

이러한 문제점들이 극복된다면, 알긴산은 바이오, 환경, 제약 등과 같은 다양한 산업 분야에서 중요한 생분해성 고분자로 성장할 수 있는 소재이다.

6 셀룰로스

6.1 나무 유래 셀룰로스

셀룰로스는 식물, 나무, 미생물의 발효로부터 얻어지는 β-D-글루코스 단위를 반복 단위로 가지며, 2개의 글루코스가 글리코사이드 결합으로 연결되며, 분자식이 $(C_6H_{10}O_5)_n$인 선형 고분자이다(그림 15). 셀룰로스는 분자 사슬 사이의 -OH 사이의 수소 결합으로 인해서(그림 16) 결정성이 높고, 강도가 우수하다. 셀룰로스를 가공할 때는 산이나 알칼리를 이용하여 수소 결합으로 인한 결정성을 파괴하면서 진행한다. 나노셀룰로스는 나노미터 크기 구조를 가진 셀룰로스로, 높은 강도와 투명성을 가지는 고분자이다. 나노섬유(nanofibril) 셀룰로스, 셀룰로스 나노크리스탈, 박테리아 유래 박막형 셀룰로스(bacterial cellulose)의 형태로 존재한다. 나노섬유 셀룰로스는 기계적 또는 화학적으로 처리하여 나노크기 섬유 형태로 제조한 것으로 높은 표면적과 강도 및 유연성을 가지는 고분자이다. 셀룰로스 나노크리스탈은 셀룰로스를 화학적으로 가공하여 결정성 부분만을 추출한 물질로서 높은 강도와 결정성을 가지며, 빛 반사 특성으로 인해 광학적으로 응용되는 고분자이다. 박테리아 유래 셀룰로스는 박테리아에 의해 생성된 나노구조의 셀룰로스로 높은 순도와 기계적 특성을 가진다.

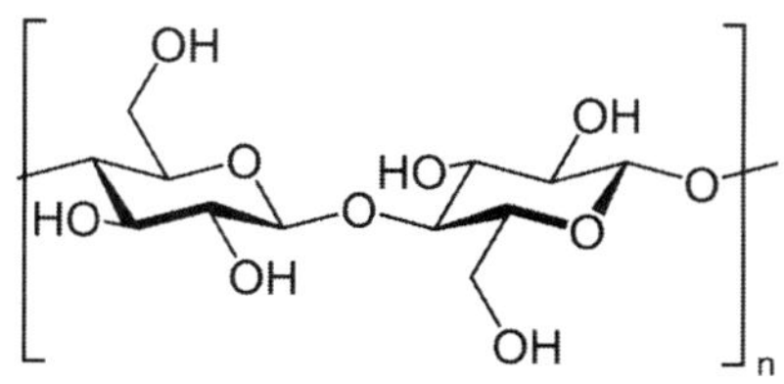

그림 15 셀룰로스 고분자

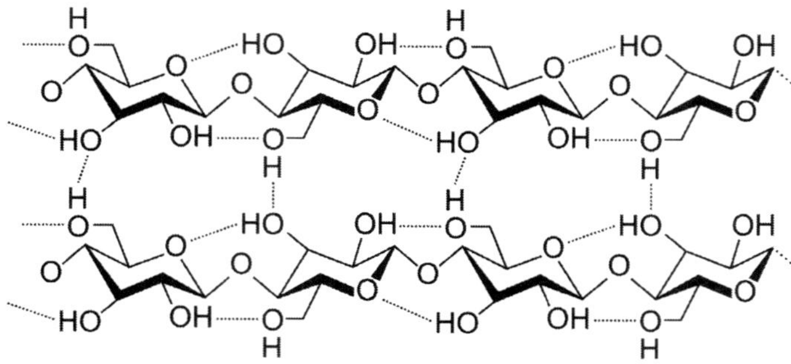

그림 16 셀룰로스의 고분자 내 및 고분자 사이의 수소 결합

셀룰로스를 알칼리 처리하여 가공하면 셀룰로스는 에터나 에스터 등의 유도체로 변형된다. 셀룰로스 고분자의 예시 중 하나로는 셀룰로스 아세테이트는 셀룰로스와 아세트산이 반응하여 생분해성 에스터의 고분자를 제조할 수 있다.

$$C_6H_{10}O_5\text{-}OH + CH_3COOH \longrightarrow C_6H_{10}O_5\text{-}OCOCH_3 + H_2O$$

셀룰로스는 고분자 사슬의 화학 구조가 수소 결합을 가지고 있으므로 사슬 사이의 결합력이 강하기 때문에 강도는 높으나, 고분자를 합성할 때 분산하기 어려운 단점으로 작용한다. 이러한 결정성으로 인하여 유연성이 부족하기 때문에 필름이나 얇은 플라스틱 시트를 제조하여 사용할 때에는 에스터화 반응을 거친 셀룰로스 아세테이트를 합성하여 사용한다. 이러한 결정성으로 인한 문제점을 해결하기 위한 방법으로, 폴리락트산 고분자(PLA)와 중합하여 셀룰로스-PLA 고분자를 제조하면 셀룰로스의 열가소성과 유연성 문제를 개선할 수 있다. 폴리카프로락톤(PCL)과 혼성하여 셀룰로스와 폴리카프로락톤 사이의 수소 결합을 유도하여 유연성과 기계적 물성을 가진 중합체를 제조하기도 한다.

6.1.1 나무 유래 리그닌계 고분자 복합재료

침엽수나 활엽수 등의 목질부를 처리하면 셀룰로스, 리그닌, 헤미셀룰로스 물질로 분리된다. 리그닌(lignin) 고분자는 다양한 구성성분 중에서 지용성의 페놀 화학 구조를 가지는 고분자 소재이다(그림 17). 리그닌은 종이 혹은 에탄올 등의 생산을 통해 식물에서 다당류를 추출하는 과정(황화 처리공정 혹은 황 없는 처리공정)에서 발생하는 부산물로, 생분해성을 지닌 천연 방향족 고분자이다. 화학펄프 산업에서 환경친화 고분자라는 사실 때문에 최근에 활용성이 확대되고 있으며, 생분해 과정에서 CO_2 방출은 중립적이다. PET와 같은 다른 생분해성 플라스틱 공정은 분해 미생물에 의해 생성된 폐기물로서 CO_2 및 물을 방출하는 특성과 비교하여 리그닌은 친환경 고분자 소재의 특성을 가진다. 리그닌은 분리 방법, 흡수된 물, 분자량 및 열 이력에 따라 유리 전이 온도(Tg)가 크게 다른 열가소성과 비결정을 가진 고분자이다. T_g와 분해 온도(T_d) 두 가지 온도를 가지며, 국소 완화(relaxation)만 제공할 수 있는 고분자이다.

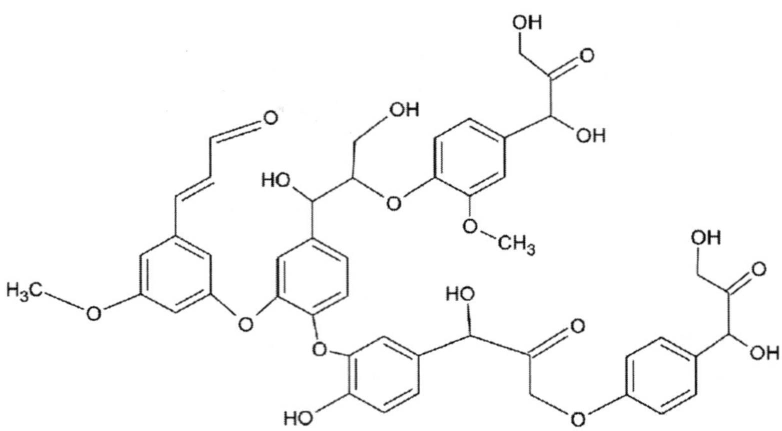

그림 17 리그닌 고분자
(출처: Zahed mahmood *et al.*, CC BY 3.0, Intech, 2018)

6.1.2 리그닌 고분자 분해 특성

다른 생체고분자(예: 단백질, DNA, 셀룰로스)와 달리 리그닌 고분자는 분해 저항성을 가진다. 산 및 염기 촉매 가수분해 반응 모두에 대해서 분해 저항성이 있으며, 리그닌 고분자의 분해성은 종과 식물 조직유형에 따라 다르다. 리그닌 고분자는 다른 세포벽 성분과 가교되어 있기 때문에(그림 14), 미생물 효소에 대한 셀룰로스 및 헤미셀룰로스에 대한 접근성을 방지하는 특성을 가지며, 바이오매스의 발효를 감소시키는 구조를 가진다.

리그닌 고분자의 분해효소는 리그닌-과산화효소, 망가니즈 과산화효소, 다용도 과산화효소 및 염료 탈색 과산화효소와 같은 헴 과산화효소 및 구리 기반 라케이스 효소가 포함된다. 리그닌-과산화효소 효소는 비페놀성 리그닌 고분자를 산화시키는 반면에, 망가니즈 과산화효소는 페놀성 리그닌 화학 구조만을 산화시킨다. 일반적으로 라케이스 효소는 페놀-리그닌 고분자에 대해서 산화 반응을 유도하지만, 일부 곰팡이 라케이스 효소는 합성 산화환원 매개체의 존재 하에서 비페놀-리그닌 고분자를 산화시킨다.

1) 곰팡이에 의한 리그닌 분해

리그닌 분해효소는 *Phanerochaete chrysosporium* 및 다른 백색 부패 균류에서 발견된다. *Ceriporiopsis subvermispora*와 같은 일부 백색의 썩은 균류는 리그노-셀룰로스의 리그닌을 분해할 수 있으나, 다른 균류들은 이러한 능력이 부족하다. 대부분의 곰팡이에 의한 리그닌 분해는 분비된 과산화효소를 포함하고 있으나, 많은 진균 라케이스 효소가 분비되어 페놀-리그닌 유래 화합물의 분해를 촉진하지만, 몇몇 세포 내 진균 라케이스가 포함된다. 곰팡이에 의한 리그닌 분해는 리그닌 과산화효소 및 기타 헴 과산화효소의 기능에 필요한 과산화 수소(H_2O_2)를 생성하는 보조효소의 활성에 의해 진행된다.

2) 박테리아에 의한 리그닌 고분자 분해

박테리아는 리그닌 고분자를 분해하는 곰팡이 효소가 부족하고, 리그닌 유도체(지방산, 퓨란 및 가용성 페놀류)는 박테리아의 성장을 억제한다. 그러나 박테리아에 의한 리그닌 고분자 분해는 상당히 광범위할 수 있으며, 특히 강, 호수, 개울과 같은 수생 시스템에서 육상물질(예: 낙엽)이 수로로 유입될 수 있다.

환경에서 리그닌 고분자는 박테리아를 통해 생물학적으로 또는 비생물학적(광 처리에 의한 화학 구조 변경)으로 발효될 수 있다. 빛을 포함하여 박테리아 군집 구성, 광물 결합, 수화, 가수분해, 고온처리 및 산화-환원 상태를 포함한 다양한 환경 요인이 리그닌 고분자의 생분해성에 영향을 미친다(그림 18).

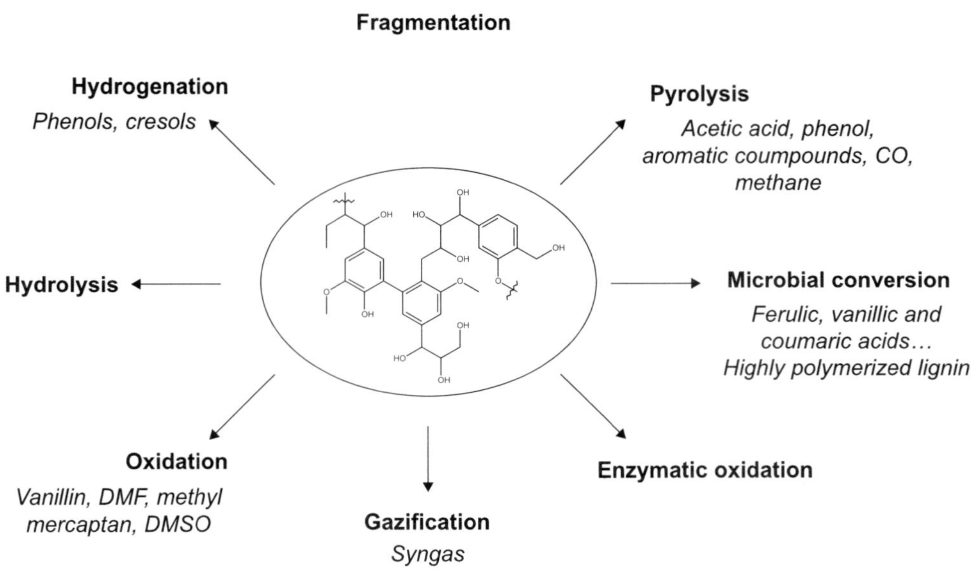

그림 18 리그닌의 분해

3) 리그닌 고분자의 개질

리그닌 고분자의 개질은 반응성 작용기, 필름 형성능력, 높은 탄소 비율을 포함하는 고분자의 화학 구조와 비교하였을 때 유사한 화학적 특성을 가진다. 고분자와 함께 사용되는 다양한 화학 혼합물과 복합되어 안정한 방향족 고리 분자를 포함하고 있으며, 탄성과 점성이 있으나 액체 상태에서 부드럽게 흐르는 물성을 가진다. 리그닌 고분자는 본질적으로 항균성이기 때문에 플라스틱의 물성을 개질시킬 수 있는 특징이 있다. 리그닌은 바이오매스로부터 얻어진 물질을 화학 처리하지 않은 상태에서 필러, 첨가물, 항산화, UV 멸균, 계면활성제로 사용하고 있으며, 화학적 처리를 통하여 연료, 벌크와 미세화합물 및 고분자로 활용된다.

리그닌 고분자의 -OH 작용기를 이용하여 황메틸화, 아민화, 하이드록시알킬화, 알킬화/탈알킬화, 질산화, 할로젠화 반응을 유도할 수 있으며, 리그닌의 -OH 작용기를 직접적으로 에스터화, 에터화, 산화-환원, 페놀화, 아이소사이안화네이트와의 반응, 실릴화 반응을 유도시켜 그 물성을 개질하고 있다.

4) 리그린 고분자 플라스틱의 산업적용

현재 천연섬유/고분자 복합재료는 낮은 기계적 특성 및 내수성으로 인하여 내장재나 비(non)구조재에 한정되어 사용하고 있다. 천연섬유는 고분자와의 접착성을 높이기 위한 전처리 비용이 많이 소요되므로 유리섬유에 비해 가격이 비싸다. 또 열분해 온도가 낮으므로 200℃ 이하에서 가공해야 한다.

전 세계적으로 연간 7천만 톤 이상 생산되는 리그닌 고분자는 생산량의 약 95%가 소모되고, 나머지 5%는 첨가제, 분산제, 결합제 및 계면활성제와 같은 제품으로 사용된다. 최근에는 리그닌 고분자에 대해 화학 물질과 바이오 기반 고분자 생산의 관점에서 사업화를 추진하고 있다. 예를 들어, 리그닌 플라스틱의 페놀과 BTX로의 해중합을 이용하여 다양한 정밀화학 소재와 벌크화학 물질로 사용하고 있으며 고기능성 고분자 합성을 위한 바닐린, DMSO, 폴리올로 사용하고 있다.

6.2 박테리아 배양 셀룰로스

6.2.1 셀룰로스 생산 미생물

셀룰로스 합성 미생물은 동식물 이외의 생명체에서 자체적으로 셀룰로스를 생산할 수 있는 유익한 미생물이며, 아세토박터는 가장 널리 사용되는 미생물로, 산성 환경에서 성장하며 포도당과 다른 당을 셀룰로스로 전환한다. 글루코노아세토박터는 식물성 셀룰로스와 비슷한 구조를 가진 셀룰로스를 합성하며, 물과 잘 결합하여 수분을 효과적으로 유지할 수 있는 능력이 뛰어난 셀룰로스를 생산한다.

6.2.2 효소에 의한 셀룰로스 합성과정

1) 효소에 의한 셀룰로스 합성

생물은 세포 내에서 당 전이효소의 촉매작용에 의한 in vivo 반응으로 셀룰로스 다당류를 생산한다. 당 뉴클레오타이드인 UDP-Glucose를 기질로 사용하여 당 전이효소의 일종인 셀룰로스 합성효소의 촉매작용를 사용하여 셀룰로스 생합성 한다. 합성효소는 식물세포나 초산균 등의 세포막 중에 존재하여, 셀룰로스 사슬을 세포의 외측을 향해서 생산한다(그림 19). 분리된 생성효소를 이용해서 in vitro에서 반응으로 생성되는 고분자는 합성 셀룰로스 이외에 다량의 (1→3)글루칸이 함유된다.

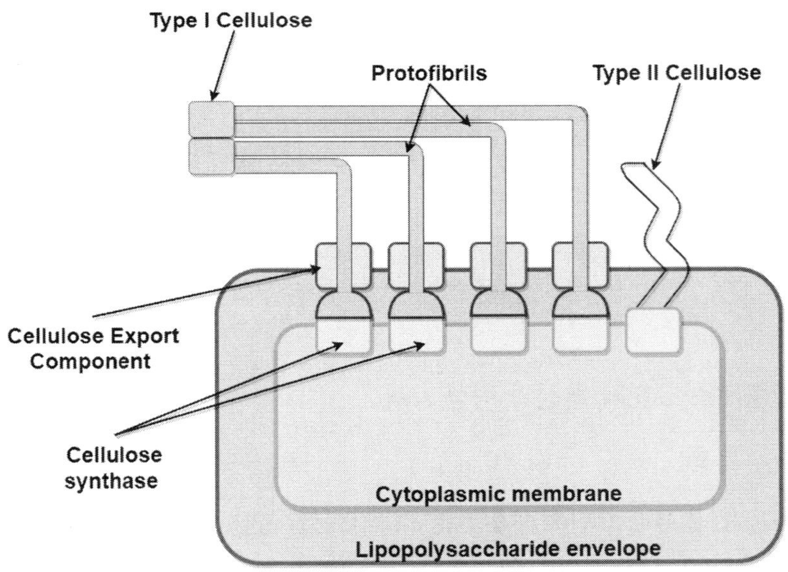

그림 19 박테리아-셀룰로스의 형성과 조립

2) 가인산 분해효소에 의한 셀룰로스 합성

당 전이효소를 이용하는 생합성 경로와는 달리, 가인산 분해효소를 사용하는 합성법은 비생합성 경로에 의한 셀룰로스 합성법이다. 가인산 분해효소는 당사슬을 가인산분해하고, 단당-1-인산 에스터를 생성하는 반응의 촉매로는 셀로비오스 인산효소(cellobiose phosphorylase) 및 셀로덱스트란 인산효소(cellodextrin phosphorylase) 등이 있다. 생성물인 -glycosy-1-인산(Glucose-1-P)의 1-인산 에스터의 낮은 결합 에너지의 가역 반응이므로 Glucose-1-P를 기질로 하여 셀룰로스 고분자의 수소 결합을 이용하여 높은 밀도로 결합시켜 규칙적인 배열인 결정성 영역과 무질서한 배열인 비결정성 영역을 형성한다.

박테리아-셀룰로스 고분자는 물리적, 기계적 성질을 결정하는 나노구조를 가지며, 배양 반응기의 종류에 따라 형태를 조절할 수 있다. 동결건조하여 하이드로젤 또는 건조 상태로 생성물을 얻는다. 식물 셀룰로스와 비교하여 박테리아-셀룰로스는 더 얇고, 3D 나노섬유 화학 구조는 표면적 대 부피 비율을 증가시켜 인접 구성요소와 강력하게 상호작용한다. 이에 따라 높은 기계적 강도와 중합도 및 결정도(약 90%)를 가지며 수분 보유력을 제공한다. 발효된 리그닌(유리 리그닌, 헤미셀룰로스, 펙틴 등)은 무독성과 생분해성을 가지므로 조직재생을 위한 상처치유 고분자로 사용된다. 또한, 고분자 사슬의 하이드록실 작용기를 이용하여 다양한 생체 고분자와 화학적으로 혼성화하거나 그라프트하여 나노복합체 고분자 제조에 사용된다.

배양조건, 미생물의 종류, 성장 배지에 포함된 영양소 등 요인을 변화시켜 인장강도, 중합도, 결정화도, 흡습성과 같은 박테리아-셀룰로스 고분자의 특성을 조절할 수 있다. 박테리아-셀룰로스의 탈수/재수화가 인장 강도에 미치는 영향, 고분자 처리방법이 기계적 특성에 미치는 영향, 미생물 유형 및 건조 방법이 Young's modulus 값에 미치는 영향 등 다양한 조건의 변화에 따른 특성 변화가 연구되고 있다. 또한 박테리아-셀룰로스에 알지네이트를 함침시켜 수분 보유력을 향상시킬 수 있고, 박테리아-셀룰로스 필름에 왁스(밀랍)를 첨가하면 소수성이 증대된다. 박테리아-셀룰로스 섬유 사이에 콜라젠을 혼입하여 박테리아-셀룰로스 기반 콜라젠 섬유를 생성하면 세포적합성과 열적 안정성을 향상시킬 수 있다.[2]

6.2.3 셀룰로스 고분자 특성과 형성 방식

1) 셀룰로스 특성

셀룰로스는 D-글루코스 단위체에서 유도된 것으로서 β(1→4)-글리코사이드 결합을 통해 축합되는 고분자이다. 고온에서 산으로 처리하면 화학적으로 분해되어 글루코스 단위체를 만들 수 있는 사슬 구조를 가지며, 수소 결합을 통해 배열된 결정성 영역과, 무질서한 배열인 비결정성 영역을 형성한다. 셀룰로스는 식물세포가 팽압에 저항할 수 있는 힘을 제공한다. 또한 크기와 모양을 유지시키고 분열, 분화하는 데 도움을 주어 식물 성장의 방향을 결정한다. 셀룰로스는 높은 결정성으로 인해 높은 인장 강도를 가지므로, 외부 압력에 대해 안정적이다.

2 Choi, S.M 외 (2022). "Bacterial Cellulose and Its Applications." *Polymers*, 14, 1080.

2) 나노 셀룰로스 고분자 제조

① **기계적 방법**

수소 결합을 물리적으로 끊어내면 대부분 나노셀룰로스 섬유가 제조된다. 마찰력을 이용하여 나노크기로 쪼개는 나노-그라인더, 높은 압력으로 셀룰로스 섬유를 미세하게 쪼개는 고압 호모게나이저 방법, 초음파 에너지를 사용하여 섬유 사이의 결합을 끊고 나노섬유로 분리하는 초음파 처리방법을 사용한다.

② **화학적 방법**

나노셀룰로스의 −OH기를 카복실기(−COOH)로 치환시킴으로써, 분자 표면의 카복실기 이온의 음이온성으로 인한 정전기적 반발력으로 나노셀룰로스를 제조할 수 있다. 다른 방법으로는 셀룰로스 고분자와 클로로아세트산의 반응으로 생성되는 카복실메틸기가 수계에서 $-CH_2COO-$ 형태로 나노셀룰로스를 형성하기 위한 정전기적 반발력을 생성하는 특성을 이용할 수 있다(카복시메틸화법). 이 방법에서는 카복실메틸기 치환 정도에 따라 고분자의 물성을 조절할 수 있다.

③ **생물학적 방법**

식물을 사용하는 방법 이외에도 박테리아 종을 발효하여 나노셀룰로스를 생산할 수 있다. 박테리아-셀룰로스 고분자는 탄소와 질소가 함유된 배지에서 배양되면 흰색 피막이 배양액 표면에 생성시켜 합성한다. 생성된 셀룰로스 고분자는 우수한 기계적 강도를 가지며, 매우 섬세하고 순수한 셀룰로스로 이루어진 3D 네트워크 구조를 가진다. 보통의 식물 유래 셀룰로스는 주로 셀룰로스, 헤미셀룰로스, 리그닌으로 구성되며, 박테리아 유래 셀룰로스는 순수한 셀룰로스를 합성한다.

6.2.4 셀룰로스의 종류

미세결정 셀룰로스는 자연 셀룰로스를 산으로 처리하여 결정질 부분만 남긴 고분자이며, 미세한 입자로 제조되어 물과 결합하면 젤 상태로 변해 안정제로 적합하다. 나노셀룰로스는 나노크기로 분해하여 얻은 물질로, 나노섬유-셀룰로스와 나노크리스탈-셀룰로스가 있다. 이들은 강도가 크며 투명성이 있고, 표면적이 넓기 때문에 복합소재나 바이오소재 등 다양한 첨단 소재로 사용하고 있다. 이외에도 앞서 언급한 카복시메틸-셀룰로스 고분자와 아세틸화-셀룰로스 고분자 등이 있다. 아세트산과 반응시켜 제조된 아세틸화-셀룰로스 고분자는 높은 투명도의 필름에 활용되고, 열가소성을 가져 성형성이 우수하다.

6.2.5 미생물 유래 셀룰로스의 산업적용

1) 식품소재

식이섬유 박테리아-셀룰로스는 1992년부터 미국 FDA(Food and Drug Administration)에서 "일반적으로 안전한 것으로 인정된" GRAS 등급의 고분자이다. 높은 순도로 인해 다양한 잠재력을 가진 식품소재로 활용되고 있다. 배양 배지의 색상 및 풍미와 같은 현장 변화를 획득하는 능력 및 쉬운 생산공정 특성으로 인해 식품 및 식품산업에서 보조제로 사용되고 있다.

① 전통 디저트

박테리아-셀룰로스는 젤 형성, 유화 및 수분 유지 특성을 가진 고분자이다. 식품에 박테리아-셀룰로스를 첨가하여 견고함, 형태 유지 및 질감을 향상시키며, 특정한 맛과 향을 첨가하여 식품의 품질을 향상시킬 수 있다. 코코넛 물로 발효시킨 1 cm 두께의 젤 시트를 설탕 시럽에 담그는 필리핀의 달콤한 토착 디저트 식품인 "나타 데 코코"의 원료도 박테리아-셀룰로스의 일종이다. 나타 데 코코를 파인애플로 만들면 "나타 드 피나"가 된다. 이같이 다양한 수액이나 과일 주스 제조의 원료로 셀룰로스를 사용하고 있다.

티크바스(Teekvass) 또는 차(녹차) 균류는 찻잔에서 재배되어 러시아와 중동의 일부 지역에서 제공되며 유사한 발효 셀룰로스 물질이다. 한국에서도 ㈜자담에서 고부가가치 기능성 식품인 박테리아-셀룰로스를 생산하고 있으며, 감귤의 일종으로 바이오-셀룰로스를 합성하여 이를 이용한 항비만 효능 소재도 개발되었다.

② 저칼로리 및 저콜레스테롤 소재

박테리아-셀룰로스는 수분 보유력과 부드러운 질감으로 인해 비칼로리 재료로 사용되었고, 식물성 셀룰로스보다 수분흡수, 양이온 교환능력, 지질혈액, 콜레스테롤 저하효과가 높아 무지방, 저콜레스테롤, 저칼로리 식품 등 식품 첨가물 소재로 활용된다. 햄버거 패티, 소시지와 같은 저지방 육류 제품 및 유화 육류 제품의 지방 대체제로 고려되기도 한다. 식품에 첨가하였을 때 상 분리를 방지하고 에멀션 안정성을 향상시키기 때문에 아이스크림에 포함되어 칼로리를 낮추고 녹는점과 질감 특성을 향상시키는 소재로 활용된다. 최근에는 체내에서 콜레스테롤을 흡수하거나 결합하여 콜레스테롤 함량을 낮추는 소재로 밝혀졌다. 박테리아-셀룰로스 젤은 단단하고 연체동물(오징어)의 질감을 가지고 있으나, 알지네이트와 염화 칼슘 또는 당-알코올로 제조하여 수분 함량이 높은 씹는 질감 특징을 통해 저칼로리 디저트나 샐러드 등의 식품소재로 각광받고 있다.

③ 식품 첨가물 및 식이 보조제 소재

박테리아-셀룰로스는 식품산업에서 안정제, 현탁제, 증점제, 젤화제 등으로 활용할 수 있다. 이에 따라 열 안정성 현탁제 및 깨지기 쉬운 식품의 보강재로 사용되었다. 예를 들어 두부에 박테리아-셀룰로스를 첨가하면 젤 강도를 높여 두부의 식감이 향상되고, 두유로 만든 부드러운 치즈와 같은 질감을 제공한다. 초콜릿 음료와 크림소스에 박테리아-셀룰로스를 추가하여 사용되며, 온도, pH 값 및 동결/해동 조건에 대한 안정성을 향상시키는 식품 첨가물 이외에도, 혼합 제품의 칼로리 제한 없이 사용가능한 식품 첨가물 고분자이다.

④ 식품 포장재 소재

식품 포장재 소재는 가격이 저렴한 폴리에틸렌, 폴리프로필렌, 폴리스타이렌, 폴리염화바이닐, 폴리에틸렌테레프탈레이트 등이 쓰인다. 이들 플라스틱 생산량의 약 90%를 차지하고 있으나, 생분해되지 않는 환경문제로 인하여 지속 가능한 포장재가 요구되고 있다. 최근에는 생분해성 필름이 개발되고 있으나, 생분해성 플라스틱을 완전히 대체할 수는 없다. 박테리아-셀룰로스는 다른 다당류 기반 고분자와 차별화되는 물성을 가진 생분해성 고분자 플라스틱 소재로 주목받고 있다.

다공성의 얇은 네트워크 구조를 가진 박테리아-셀룰로스는 공기 중에 존재하는 불순물, 미생물, 곰팡이 등을 걸러내기 때문에 식품 저장과 유통 기한을 연장할 수 있는 식품 포장재로 사용될 수 있다. 그 예로, *Gluconacetobacter hansenii* HE1 균주를 사용하여 제조된 박테리아-셀룰로스는 식품 저장 수명연장을 위한 식품 포장 고분자 플라스틱으로 사용된다. 소시지를 감싸는 박테리아-셀룰로스 필름은 미생물, 곰팡이 등의 공기 중 오염물질을 걸러낼 수 있고, 이는 석유화학 유래 클린랩 성능(1.2×10^4 cfu/mL, 2.7×10^5 cfu/mL)보다 우수하다.

식품 포장용 필름에서 강화 재료로 사용하기 위해 결정 영역을 분리하여 박테리아-셀룰로스 나노결정(BCNC) 플라스틱 연구에서 나노입자(AgNPs)와 키토산 분산액으로 박테리아-셀룰로스 나노결정 고분자 필름을 개발했다. 키토산과 박테리아-셀룰로스 나노결정 사이의 수소 결합에 의해 제조된 복합필름은 항균활성, 차단성, 인장강도가 향상되었으며, 박테리아-셀룰로스 나노결정이 옥수수 전분 필름의 보강 충전제로 사용되었다. 박테리아-나노셀룰로스가 15wt% 함유된 나노복합 폴리바이닐알코올 필름은 순수 폴리바이닐알코올에 비해 열 안정성, 인장 강도 및 탄성 계수 등의 물성이 향상되었으며, 박테리아-셀룰로스 나노섬유와 복합된 타피오카-전분-키토산 기반 복합필름에서도 인장 강도와 내열성이 향상되었다.

2) 의료산업 소재

박테리아-셀룰로스는 세포 접착, 증식, 이동 및 분화를 자극하여 재상피화를 촉진한다.

이런 특성으로 인하여 상처치유, 조직공학 및 약물전달과 같은 생물 의학 분야에서 많은 관심을 기울이는 생분해성 고분자이다. 박테리아-셀룰로스는 또한 생체재료의 기본 요구조건인 무독성과 같은 주요 특성을 가지므로, 요도, 피부, 신경, 인공 각막, 치과 임플란트 및 혈관이식과 같은 생체재료 기기에도 사용할 수 있다. 피부와 같은 상처 부위에서 습기를 유지하면서 기체 분자의 교환능력, 낮은 조직 접착력 및 세포와 박테리아-셀룰로스 사이의 계면 부착력과 같은 물성은 생체 내 이식재의 요구조건을 충족한다.

① 상처 드레싱

상처치유는 지혈, 염증반응, 세포증식, 신생조직의 성숙이라는 4단계를 포함하는 복잡한 과정이다. 상처를 드레싱하는 소재의 상처치유 촉진 기능은 상처 유형, 병리학적 상태에 따라 선택한다. 이상적인 상처 드레싱은 습한 환경을 유지하고, 삼출물을 흡수하고, 혈관신생을 촉진하고, 기체 교환, 상처 부위의 단열, 미생물 감염을 방지할 수 있는 생체재료여야 한다. 무독성, 무부착, 무알레르기성 등의 특성을 제공해야 하며, 외상 없이 제거가 용이해야 하고, 재상피화, 자가분해성 괴사조직 제거할 수 있어야 한다.

박테리아-셀룰로스의 -OH 그룹과 나노피브릴 네트워크 화학 구조는 물 분자를 쉽게 포획할 수 있으며, 피부 표면을 모방할 수 있는 특성으로 인하여 상처치유에 좋은 환경을 제공하는 고분자이다. 박테리아-셀룰로스가 물리적 장벽 역할을 함과 동시에 상처치유를 촉진하는 물리화학적 특성이 있으며, 항균 약물 및 기타 항균제가 함유된 박테리아-셀룰로스의 생물학적 기능화는 상처치유 동안 상처 주변의 박테리아를 죽이기 때문에 더 유익하다. 심각한 부상에서 더 빠른 조직재생을 유도하는 시너지 특성을 더욱 보여준다.

알지네이트, 키틴, 키토산, 콜라젠, 젤라틴 등과 같은 천연 고분자와 함께 셀룰로스를 사용하는 다양한 상처 드레싱이 개발되었다. 키토산과 박테리아-셀룰로스를 복합한 키토산-박테리아-셀룰로스 복합체는 박테리아-셀룰로스 단독에 비해 흡수성을 촉진한다. 게다가 키토산이 N-아세틸-베타-D-글루코사민으로 분해되면 섬유아세포 성장과 콜라젠 침착을 더욱 촉진하는 기능을 제공한다. 예를 들면, 시프로플록사신(Cip)이 탑재된 키토산-박테리아-셀룰로스 복합 패치는 인간의 섬유아세포와 세포적합성을 제공하고, Cip를 방출하여 키토산이 *Pseudomonas aeruginosa* 및 *Staphylococcus aureus*에 대해 잠재적 상처치유에 대한 항균 활성을 시너지를 제공하며, 박테리아-셀룰로스에 가소제로 글리세린을 첨가하면 화상 상처에 보습 효과를 제공한다.

하이드로젤은 피부의 재상피화를 선호하는 습한 환경을 제공할 수 있으므로 상처 드레싱 응용 분야에서 광범위하게 사용되었다. 화상 상처 드레싱용 전자빔 조사방법을 사용하여 박테리아-셀룰로스-아크릴산 하이드로젤이 개발되었다. 또한, 박테리아-셀룰로스 매트릭스에 은 나노입자(AgNP)를 함침하여 상처치유 소재로 사용할 수 있다. 은 이온은 세포막의 파괴와 DNA 복제 및 전사를 통해 다양한 병원체에 대한 항균 활성을 갖고 있고, 활성 산소(ROS)의 방출을 촉진하고 박테리아를 죽일 수 있다. 또한 은 나노입자가 함침된 복합재료는 투명하므로 상처치유의 진행 상황을 시각화할 수 있다.

BioFill™(브라질), Dermafill™(브라질), Membracel®(브라질) 드레싱 제품은 환자의 화상과 궤양을 치료하기 위해 상처 드레싱에 셀룰로스 매트릭스를 사용하여 일부 통증과 불편함을 즉각적으로 중단시킨다. BioFill® 드레싱은 효과적인 상처치유 특성을 보여주었고, 건조되지 않은 셀룰로스 매트릭스로 상처 삼출물을 빠르게 흡수하여 상처치유를 더 빠르게 한다.

② 연골 조직재생

관절 연골은 한번 손상되면 연골의 자가복구 재생능력이 제한되어 있기 때문에 연골 조직재생은 바이오의료 분야에서 큰 관심분야이다. 최신 연골 재생 전략은 연골세포가 부착할 수 있고, 이동 및 증식하여 세포외 기질(단백질-다당류)을 생성할 수 있는 생체재료 개발에 달려 있다. *Gluconacetobacter xylinus*(*G. xylinus*)에서 분비되는 박테리아-셀룰로스의 생산과 연골 연골세포의 세포증식 적용결과에 따르면, 환자 연골의 글루코사미노글리칸을 모방하기 위해 박테리아-셀룰로스 고분자 화학 구조에 인산 및 황산을 화학적으로 개질하여 더 나은 연골세포 증식 유도기술을 적용하였다.

③ 골 조직재생

골은 주로 콜라젠 단백질과 하이드로옥시아파타이트(hydroxyapatite) 나노복합체로 구성되어 있으며, 지금까지 골 재생을 위한 자연적인 골 환경을 모방하는 다양한 골 복합재료를 개발해 왔다. 수산화 인회석과 박테리아-셀룰로스 구조체 조합을 통해 생체모방 환경을 제공하는 새로운 골 임플란트 소재에 성장인자를 제공하여 골아세포 또는 간엽줄기세포의 골 재생을 촉진한다. 골 재생을 위한 환경에 부합하기 위해 천연/합성 고분자와 나노충전제 및 성장인자를 조합하여 다양한 박테리아-셀룰로스 구조체를 제조하여 조직공학 연구에 사용하고 있다. 박테리아-셀룰로스 구조체는 분화 배지를 사용하여 골세포 및 연골세포로의 증식 및 분화를 위해 중간엽 줄기세포(MSC)에 인산 칼슘으로 코팅된 광물화된 다공성 박테리아-셀룰로스 구조체를 제공하여 조골세포 표현형을 향한 MSC의 증식 및 분화를 제공하는 데 사용되었다. 하이드로옥시아파타이트와 박테리아-셀룰로스의 조합은 조골세포의 부착과 성장을 상당히 향상시키는 것을 보여주었다.

박테리아-셀룰로스 및 하이드로옥시아파타이트 복합재는 생체친화성이 우수하나 기계적 강도가 낮아 골 조직공학에 응용되는 데 한계가 있다. 따라서 최근에는 폴리카프로락톤, 젤라틴, 박테리아-셀룰로스 및 하이드로옥시아파타이트 복합재료로 조합하여 골조직 공학용 3D 프린팅 구조체를 제작하고, 인간 조골세포의 부착과 증식을 유도하여 골 조직재생을 유도하였다. 다른 한편으로는 박테리아-셀룰로스 및 하이드로옥시아파타이트 복합재를 더 나은 생체 활성물질로 개질하기 위해 항체-골형성단백질(BMP-2)을 로딩하여 우수한 생체적합성과 조직재생을 유도하고 있다.

④ 인공혈관

혈관이 손상되거나 질병에 걸린 혈관을 대체하기 위해 지금까지 다크론(Dacron), ePTFE(expanded polytetrafluoroethylene), 폴리유레테인 등이 인공혈관으로 사용되고 있다. 박테리아-셀룰로스를 인공혈관으로 사용하는 연구도 진행되고 있다. 즉, *Gluconacetobacter xylinus*와 *Acetobacter xylinum* 박테리아에 의해 생산된 박테리아-셀룰로스는 높은 파열 압력, 높은 수분 함량, 높은 결정도 및 콜라젠과 유사한 초미세 고순도 섬유 구조를 포함한다. 이를 동맥 이식 및 혈관 조직공학 소재로 개발하고 있으며, 내피세포 및 평활근 세포의 배양은 우수한 생체적합성 및 부착성을 나타냈다.

3) 제지 산업 소재로서의 박테리아-셀룰로스

박테리아-셀룰로스는 펄프 및 제지 산업에 무한한 잠재성을 가진 생분해성 고분자 플라스틱이다. 박테리아-셀룰로스는 미세한 셀룰로스 미세섬유 클러스터로 구성되어 있기 때문에 제지용 바인더로 사용되고 있으며, 종이로 사용했을 때 펄프의 강도와 내구성을 크게 증가시킨다. 보존문서 수리 및 장수명 통화를 위해 강도가 높은 특수 용지로 사용할 수 있다. 지금까지는 식물성 셀룰로스를 주성분으로 하는 목재 바이오매스로부터 종이를 대량으로 생산해 왔으나, 1886년 Adrian J. Brown에 의해 식초 발효 초산균에 의해 생성되는 박막 성분이 셀룰로스를 처음 발견한 이후 기존의 식물성 셀룰로스에서는 얻을 수 없는 새로운 기능성의 생분해성 고분자 플라스틱으로 제조하여 제지 산업에 적용하고 있다. 박테리아-셀룰로스는 생분해성 등의 독특한 구조와 물성을 가지고 있어 토양에서 1개월 이내에 완전히 분해되며, 기계적 강도는 신문지 또는 아라미드 섬유의 수배에 이르고, 독특한 구조와 속성을 제공한다. 또한, 면 린트 펄프와 박테리아-셀룰로스의 혼합물을 여과하여 제조한 복합 시트의 영률과 인장 강도가 크게 향상되었고, 펄프지의 접힘 내구성도 크게 향상되었다.

6.2.6 미래 전망

지속 가능한 친환 소재인 박테리아-셀룰로스는 생체적합성, 무독성, 생분해성, 기체투과성, 현탁 안정성, 저점도, 고점도 등 고유의 고유한 특성으로 인해 최신 흐름에 가장 적합한 생분해성 고분자 플라스틱이다. 박테리아-셀룰로스의 우수한 수분 보유 능력 및 산/염/에탄올에 대한 내성 등은 재활용이 가능하면서도 환경친화적이며 석유 기반 고분자를 대체할 수 있는 소재이다. 그러나 산업 및 연구 분야의 광범위한 응용 분야에 적합하지만 박테리아-셀룰로스는 대규모 생산 및 상업용 응용하려는 경우에는 높은 제조 비용과 낮은 수율의 한계가 있다. 즉, 박테리아-셀룰로스의 생산 수율을 높일 수 있는 효율적인 접근전략과 노력이 여전히 필요하다. 정적 발효에 의한 박테리아-셀룰로스 생산은 노동집약적이며 시간이 많이 소요되는 공정이기 때문에 생산능력이 제한적이다. 반면에 교반기를 이용한 발효 공정은 박테리아-셀룰로스를 대량 생산할 수 있음에도 불구하고, 박테리아의 비셀룰로스(non-cellulosic) 돌연변이로 인해 박테리아-셀룰로스 수율을 감소시키는 문제점이 있다. 따라서 박테리아-셀룰로스 균주의 고수율 분리, 새로운 배양 배지와 반응기 개발, 자동화 장비 사용 등과 같은 다양한 접근방법을 통해 박테리아-셀룰로스의 생산 효율과 수율을 향상시킬 필요가 있다. 또한 식물성 셀룰로스에 비해 가격이 비싸고, 코코넛 워터를 포함한 산업 폐기물은 마케팅 요구사항이 증가하면서 대중화되고 있다. 이러한 상황을 고려하여, 액체 폐수 또는 과일 주스와 같은 새로운 비용 효율적인 영양 공급원을 박테리아-셀룰로스 생산에 활용하는 것도 고려해야 할 것이다.

6.3 콤부차 미생물(박테리아-효모) 공생 배양 셀룰로스

6.3.1 SCOBY 배양에 의한 셀룰로스의 합성 방법

Symbiotic culture of bacteria and yeast(SCOBY)는 일반적으로 차 곰팡이(tea fungus)로 불리는 것으로, 실제로는 "미생물막 내에 아세트산 박테리아와 호압 효모의 공생적 성장"을 의미한다. 생종하는 박테리아는 스코비 발효음료의 인기 원인 중 하나인 프로바이오틱으로 언급된다. SCOBY 셀룰로스(그림 20)는 콤부차에 발효 기질과 당을 첨가한 후, 그늘에서 적정온도로 일정기간 발효시켜 만드는 간단한 과정으로 생산되는 생분해성 고분자이며, 사용되는 재료 및 발효 조건에 따라 SCOBY 미생물적 구성을 다양하게 조절할 수 있다. 콤부차 셀룰로스 생산과정은 큰 장비와 접근하기 어려운 재료가 필요하지 않으며, 사용된 재료의 특성과 비율에 차이가 있으나, 표준 프로세스가 사용되고 있다.

콤부차 셀룰로스 제조과정은 차를 준비하는 것부터 시작하며, 찻잎(녹차, 홍차 또는 우롱차)을 주입한 다음에 설탕을 첨가하고, 실온에서 박테리아와 효모(SCOBY)를 셀룰로스 필름을 접종한 공생 배양(그림 21)을 통해 합성한다. 합성한 셀룰로스 필름에는 초산균과 효모가 우세하다. SCOBY는 발효를 담당하고 음료의 특성을 부여한다. 일부에서는 발효과정을 시작하는 데 사용할 수 있는 스타터로 이전에 발효된 차를 사용하기도 한다.

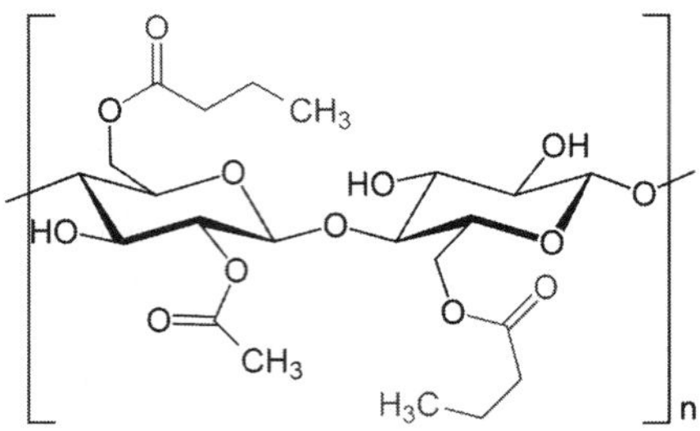

그림 20 콤부차 셀룰로스(셀룰로스 아세테이트 뷰티레이트)의 화학 구조

그림 21 콤부차에서 박테리아를 배양하여 셀룰로스를 추출하는 과정. (a) 접종 후 배양 30일 정도가 지났을 때의 모습, (b) 위에서 본 SOCBY 셀룰로스 필름, (c)~(d) 건조 및 분쇄하여 얻어진 콤부차 박테리아 셀룰로스(출처: Sonthirat Charoenrak *et al.*, 2023)

1) 박테리아

콤부차 배양에 우세한 박테리아는 *Acetobacter* 및 *Gluconobacter* 속에 속하는 아세트산 및 글루콘산 생산 물질이다. *Acetobacter xylinum*은 *Gluconacetobacter xylinus*로 재분류되었고, 최근에는 *Komagataeibacter xylinus*로 재분류되었다. 아세트산과 글루콘산을 생성할 뿐만 아니라 환경의 주요 박테리아임이 입증되었으며, 셀룰로스 필름의 필수 화합물인 셀룰로스를 만든다. *Gluconacetobacter sp. A4*는 D-glucaric acid에서 파생된 성분인 D-saccharic-1,4-lactone acid(DSL)를 생성하며 간에서 독성 화합물의 형성을 방지한다. 캐나다, 미국, 영국의 콤부차 시료에서 우세한 박테리아는 글루코나세토 박터와 락토바실루스이고, 아세토박터는 가장 빈도가 낮은 그룹이었다. 다른 발효

온도(20 및 30°C)에서도 글루코나세토박터가 우세하였으나, 아세토박터의 농도는 발효 24시간 후에 더 낮은 수준(각각 약 80 및 10%)을 보여주었다. 7일 후, 글루코나세토박터는 박테리아 개체군의 90% 이상을 차지했으며, Acetobacter의 농도는 시간이 지남에 따라 감소하여 21일 후에 약 3~5% 수준에 도달하는 반면에 발효가 끝날 때까지 변하지 않았다.

그 외에도 *Acetobacter xylinum, Acetobacter pasteurianus, Acetobacter acetic, Bacterium gluconicum, Gluconobacter oxydans*가 발견되었다. *Leuconostoc, Allobaculum, Ruminococcaceae, Enterococcus, Propionibacterium, Bifidobacterium, Thermus*와 같은 일부 박테리아도 검출되었지만 다른 박테리아만큼 많이 발생하지는 않았으며, *Acetobacter intermedius*, 질소를 고정하는 *Acetobacter nitrogenigens*, 셀룰로스를 생산할 수 있는 *Gluconacetobacter* 콤부차 세포가 분리되었다.

2) 효모(이스트)

콤부차 배양에서 사용되는 효모는 *Brettanomyces/Dekkera, Candida, Koleckera, Mycotorula, Mycoderma, Pichia, Saccharomyces, Schizosaccharomyces, Torulospora, Zygosaccharomyces* 속을 포함하여 콤부차에서 분리된 매우 다양한 효모 종을 나타낸다. *Brettanomyces* 속에서는 *B. intermedius, B. bruxellensis, B. claussenii*가 동정되었다. 칸디다 속의 종은 *C. famata, C. guilliermondii, C. obtusa, C. stellate, C. guilliermondii, C. colliculosa, C. Kefyr, C. krusei*를 포함한다. *Saccharomyces* 속의 효모는 *S. cerevisiae, S. bisporus*가 보고되었다. 다만 *Sacchromycodes* 속은 *Sacchromycodes ludwigii* 및 *Sacchromycodes pombe, Schizosaccharomyces pombe*만이 발견되었다. *Zygosaccharomyces* 속에서는 *Zygosaccharomyces rouxii, Zygosaccharomyces bailii, Zygosaccharomyces kombuchaensis sp.* 등이 발견되었다. *Torula, Torulopsis, Torulaspora delbrueckii, Mycoderma, Pichia, Pichia membranefaciens, Kloeckera apiculata, Kluyveromyces africanus* 종의 효모도 보고되었고, *Zygosaccharomyces*는 스코비, Dekkera, Pichia 종에서 각각 6% 및 5% 존재비의 상대 비율이 84.1%인 주요 효모로 관련된다.

삼투압 효모 종(*Saccharomyces cerevisiae, Zygosaccharomyces spp., Torulaspora delbrueckii, Schizosaccharomyces pombe* 등)이 종종 발효를 시작하며, 내산성 종(Brettanomyces spp., Candida stellata 및 기타)이 이후에 나타나는 것으로 알려져 있다. 특징적인 향과 풍미의 형성에 기여하여 발효를 방해할 수 있는 박테리아의 성장 위험을 최소화하기 때문에 Saccharomyces와 non-Saccharomyces 효모 사이의 상호작용은 콤부차의 혼합 발효공정에서 유리하다.

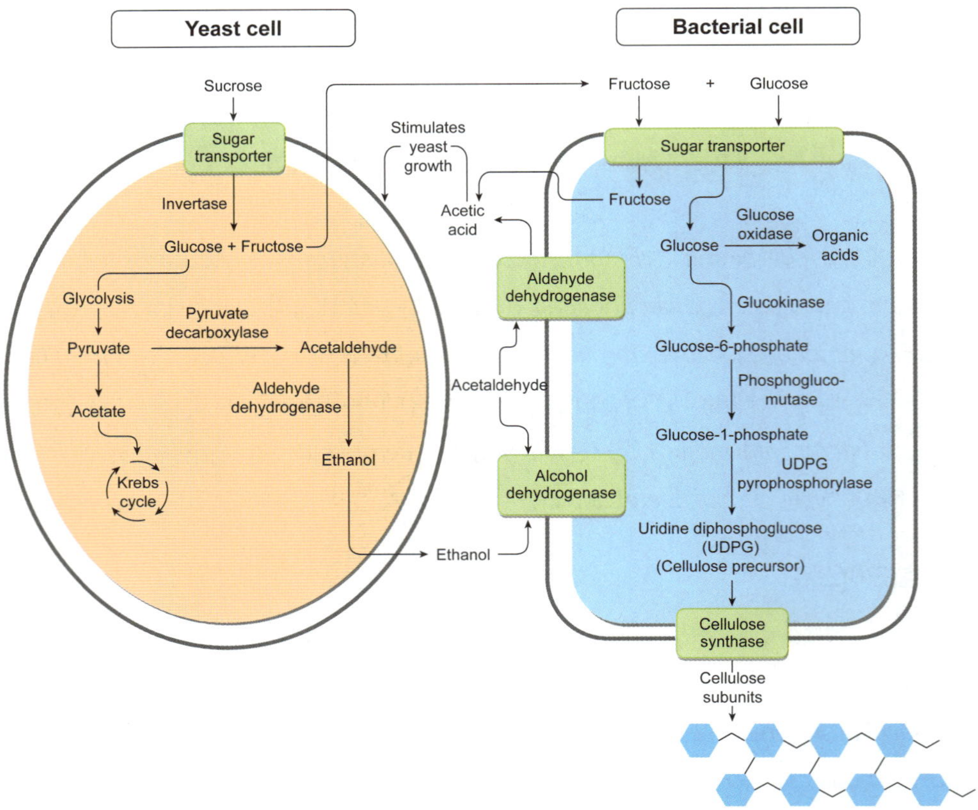

그림 22 스코비 셀룰로스 제조공정(박테리아와 효모의 공생 배양에 의한 기질의 대사)

6.3.2 콤부차 셀룰로스의 화학조성

콤부차의 화학 성분은 양적으로나 질적으로 다양하다. 발효 시간, 초기 차에 사용된 기질, 접종물에 존재하는 미생물과 같은 여러 요인에 따라 달라지나, 유기산, 비타민, 폴리페놀, 아미노산과 같은 일부 성분은 대부분 존재한다(표 1).

6.3.3 콤부차 셀룰로스의 산업적용

박테리아 셀룰로스로 만든 최초의 상업적으로 이용 가능한 제품 중 하나는 1990년대 필리핀에서 시작된 '나타 데 코코'였으며 수년에 걸쳐 일본, 한국, 미국과 같은 다른 국가로 전파되어 인기를 얻었다. 나타 데 코코는 *Komagataeibacter xylinus*(구 *Acetobacter xylinum*)가 코코넛 물을 발효시켜 합성한 셀룰로스 필름이다. 나타(Nata)라는 용어는 라틴어에서 유래한 것으로('뜨다'를 의미) 코코넛 물, 파인애플 주스(Nata de Pinha), 유청(Nata de Whey)과 같은 기타 배양 배지의 표면에 형성된 셀룰로스 필름을 나타낸다. 나타 데 코코는 셀룰로스의 두꺼운 층 형태로 생산되며, 이를 작은 균일한 입방체로 잘라

표 1 콤부차 셀룰로스의 화학 조성

Group	Compound	Quantity	Initial Sacrose (g/L)	Fermentation Time (days)
Organic acids	Acetic acid	5.6 g/L	70	15
	Acetic acid	8.36 g/L	100	18
	Acetic acid	11 g/L	100	30
	Gluconic acid	39 g/L	100	60
	Gluconic acid	0.0160 g/L	70	21
	Lactic acid	0.18 g/L	100	18
Vitamin	Vitamin B1	0.74 mg/mL	70	15
	Vitamin B2	0.08 mg/mL	70	10
	Vitamin B6	0.52 mg/mL	70	15
	Vitamin B12	0.84 mg/mL	70	15
	Vitamin C	0.03 mg/mL	70	10
Others	Ethanol	5.5 g/L	100	20
	Proteins	3 g/L	100	12
	Poliphenols	7.8 mM GAE	100	15
Minerals	Cu, Fe, Mn, Ni, Zn	0.1~0.4 μg/mL	70	15
Anions	F^-, Cl^-, Br^-, I^-, NO_3^-, HPO_4^-, SO_4^-	0.04~3.20 mg/g	100	7

출처: S.A. Villarreal-Soto 외, J. Food Sci. 83 (3) (2018), 580-588

세척하고 물에 끓인 후 식품용 설탕 시럽으로 요리한다. 저칼로리 디저트, 샐러드, 과일 칵테일, 과일 젤리 등 식품에 사용된다.

콤부차 필름은 차 외에 다른 기질을 발효시키는 데 사용되었고, 콤부차와는 다른 특성을 지닌 제품으로 가공되었다. 예를 들어, 반탈지 우유와 다양한 기원의 콤부차(홍차, 녹차, 예루살렘 아티초크 추출물)를 발효시켜 요구르트와 유사한 음료를 생산했고, 콤부차 필름을 사용하여 간장을 발효시켜 새로운 기능성 음료로 가공했고, 선인장 배 주스를 기질로 사용하여 콤부차에 있는 미생물 군집으로부터 영양 특성이 강화된 신선한 음료를 개발했다.

콤부차에서 아세트산 박테리아의 발효로 형성된 다른 셀룰로스 필름 용도는 이 물질이 화학적 안정성, 분자 구조 및 강도로 두드러지기 때문에 셀룰로스 필름을 폐수에서 비소, 크로뮴, 구리와 같은 금속 오염 물질을 제거하는 생물 흡착제로 사용했다. 또한 사료 내 필름의 15%(w/w) 농도로 육계 사료의 단백질 보충제로 콤부차 바이오매스를 사용하였으며, 콤부차 셀룰로스 필름 사용의 대안을 제공하기 위해 나타 데 코코와 유사한 나타 데 콤부차를 생산했다. 하이드로콜로이드(한천, 한천, 로커스트 빈 검 및 카라기난) 디저트 및 식용 검 생산에도 사용된다.

박테리아에 의해 합성된 셀룰로스는 식물 셀룰로스와 동일한 분자 구조를 가지고 있으나, 박테리아-셀룰로스는 순도, 중합도, 결정도, 인장 강도, 흡수성, 수분 보유 능력 및 생물학적 적응성이 더 높아 생체적합성, 생분해성 및 재생성을 제공하는 고분자이다. 이러한 고유한 특성으로 인해 화상 및 기타 피부 병변의 치료 또는 연골 및 골 복원에도 생물 의학 분야에서 사용할 수 있으며, 미세수술 절차에서 인공혈관으로 사용이 보고된다. 최근에는 3D 바이오프린팅에 적용연구(그림 23)와 함께 구두와 옷 제품으로도 사용되고 있다(그림 24).

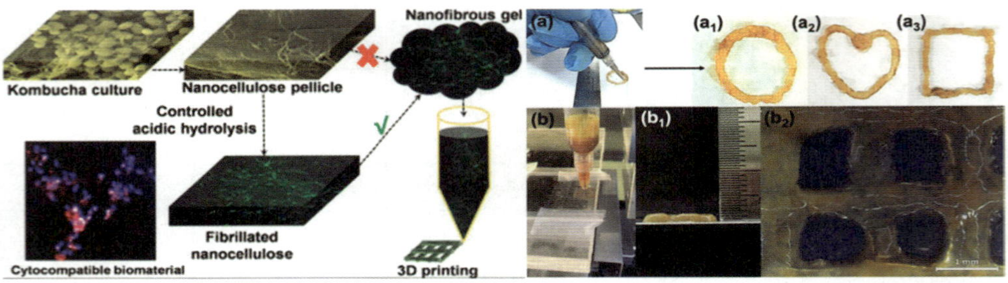

그림 23 콤부차 셀룰로스 젤의 3D 바이오프린팅
(출처: 노인섭 외, Mater Sci & Eng: C, 119, 2021, 111552)

그림 24 SCOBY 셀룰로스를 활용하여 만들어진 섬유와, 이를 통해 제작된 구두
(출처: Christopher Gannon, Iowa State University 제공)

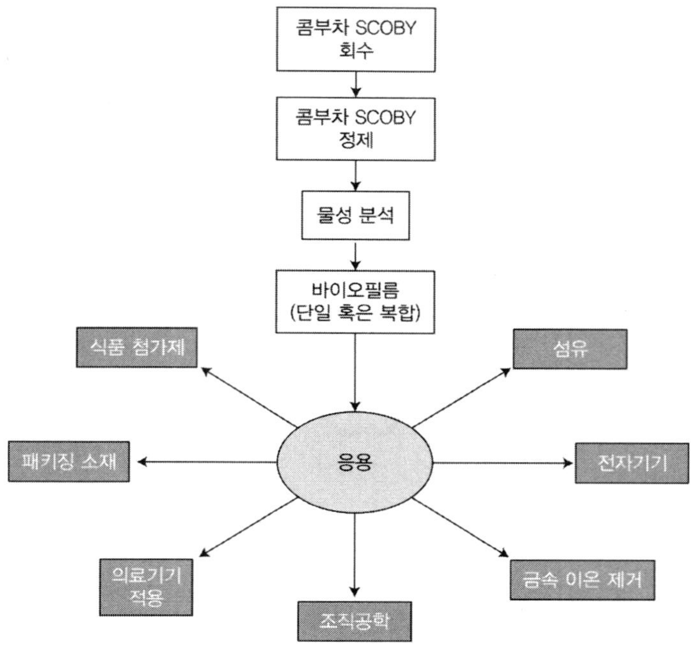

그림 25 콤부차 스코비의 배양, 정제, 분석 및 바이오필름 콤포지트 제조에 의한 활용 요약

7 잔탄 검

잔탄 검(xanthan gum, $C_{35}H_{49}O_{29}$ 단량체, 934 g/mol)은 일반적인 식품첨가물을 포함하여 많은 산업적 용도를 갖는 다당류이다(그림 26). 성분의 분리를 방지하는 효과적인 증점제, 유화제 및 안정제인 다랑류로서, 발효 과정을 통해 단순 설탕에서 생산할 수 있으며, 사용되는 박테리아 종인 *Xanthomonas campestris*의 이름으로부터 유래된 고분자이다.

식품산업에서 잔탄 검은 샐러드드레싱과 소스에 흔히 사용되고 있으며, 유화제는 아니지만 유화액을 안정화시켜 유분의 분리방지에 사용된다. 잔탄 검은 향신료와 같은 고체 입자를 부유시키는 데 도움이 되는 분자이고, 아이스크림에서 원하는 질감을 제공하는 데 도움이 되며, 치약에서도 성상을 균일하게 유지하기 위해 바인더로 잔탄 검을 포함하는 경우가 많다. 노른자에서 발견되는 지방과 유화제를 대체하기 위해서도 사용되는데, 이는 주로 계란 흰자로 만든 상업용 달걀 대용품의 점도를 개선하기 위한 용도이다. 일반적인 사용 수준에서 음식 혹은 음료의 색이나 맛을 변화시키지 않기 때문에, 연하장애(음식물의 유기적인 움직임에 장애가 발생하여 음식물을 삼키지 못하거나, 음식

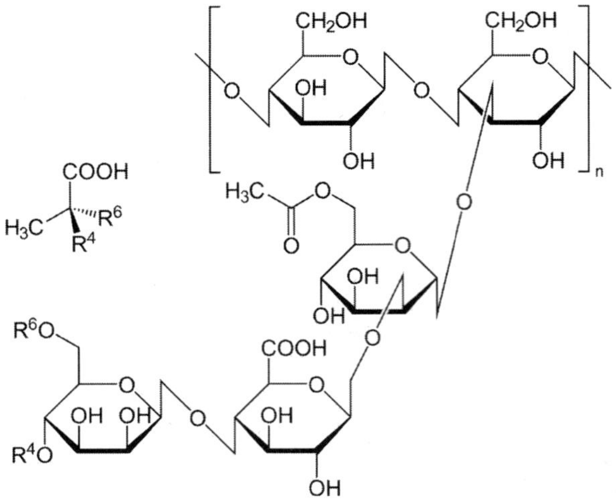

그림 26 잔탄 검의 구조식

물 기도로 넘어가게 되는 장애)가 있는 사람들에게 액체의 농도를 높게 만드는 방법으로 사용되는 고분자이다. 글루텐이 없는 베이킹에서 잔탄 검을 사용하여 글루텐으로 얻을 수 있는 끈적임 특성을 반죽에 제공한다. 잔탄 검은 대부분의 식품에서 0.5% 이하의 농도로 사용되며, 소스, 드레싱, 베이커리 제품, 육류 및 가금류 제품, 제과 제품, 유제품, 음료 등과 같은 광범위한 식품에 사용된다.

석유산업에서 잔탄 검은 드릴링 머드를 두껍게 하기 위해 대량으로 사용되며, 드릴 비트로 절단된 고체를 표면으로 운반한다. 잔탄 검은 우수한 '로우 엔드' 레올로지를 제공하며, 순환이 멈추면 고체는 드릴링 유체에 부유 상태로 남아있다. 수평 드릴링의 광범위한 사용과 드릴링 된 고체의 제어 요구를 충족하기 위해 사용이 확대되었고, 수중에서 부은 콘크리트에 첨가하여 점도를 높이고 유실을 방지하는 역할을 한다.

화장품 산업에서 잔탄 검은 젤 합성 소재로 사용되며, 액적 유착을 향상시키기 위해 수중유 에멀션에도 사용된다. 조직공학 분야에서는 3D 조직 구조체형성을 위한 하이드로젤 및 구조체 제조를 위한 다당류 고분자로 연구 중이다. 잔탄 검 용액의 점도는 전단속도가 높을수록 감소하는 특성을 보이는 전단박화 또는 유사가소성 물성을 가지는 고분자로서, 혼합, 흔들거나 씹는 등 전단력을 받은 제품이 얇아지는 물성을 가지나, 전단력이 제거되면 점도를 회복하게 된다. 이러한 물성을 이용하여 샐러드드레싱에 잔탄 검을 첨가하면, 병(bottle)에 넣었을 때 혼합물이 충분히 균질하게 형성된다. 그러면서 흔들고 부을 때는 전단력이 가늘어지기 때문에(shear thinning) 쉽게 부을 수 있게 된다. 병에서 나오면 전단력이 제거되고 다시 점도가 높아져 샐러드에 달라붙는다.

8 커들란 검

커들란 고분자는 무색무취의 분말로, 표 2에 3가지 다른 커들란 화합물의 화학 구조와 화학식을 나타내었다. 커들란은 β-(1,3)-글리코사이드 결합 방식으로 연결된 D-글루코스 반복단위를 가지는 단일 고분자이며, 표 2에서 보듯이 이를 생성하는 박테리아에 따라 구분된다. 커들란의 일반 분자식은 $(C_6H_{10}O_5)_n$이며, 약 135개의 글루코실 잔기로 구성되어 있다. 적외선 스펙트럼은 890/cm에서 β-배열 젤의 피크를 나타내고 α-배열 젤은 840/cm에서 피크를 나타낸다. 0.3 M의 알칼리 용액에서 커들란의 분자량은 5.3×10^4~2.0×10^6 Da이다. β-(1,3)-글루칸 다당류의 종류에는 다양한 구조적 변형이 있으며, 커들란 고분자는 β-(1→3)-glycosidic linkage가 있는 중성 젤의 범주에 속하거나 succinoglycan으로 알려진 거의 10%의 석신산(succinate)을 포함하는 inter- 및 intra-chain (1→6)-linkage를 거의 포함하지 않을 수 있다.

표 2 다양한 박테리아 종을 이용하여 생성된 커들란의 구조형태와 화학 구조

출처: Chaudhari V. *et al.*, 2021

분자 형태	구조식	박테리아
(1, 3)-β-D-글루칸(선형)	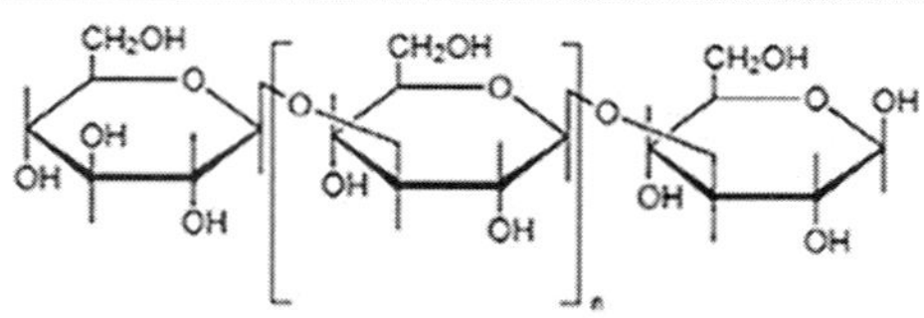	*Agrobacterium sp.*
(1, 3, 1, 2)-β-D-글루칸(가지형)	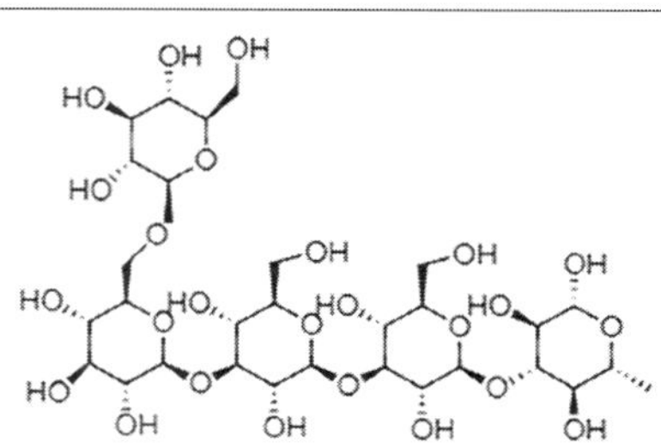	*Streptococcus sp.*
β-(1, 3, 1, 6)-β-D-글루칸(고리형)	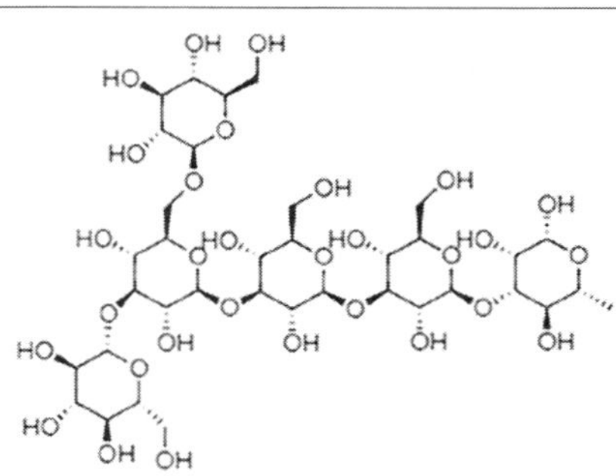	*Rhizobium sp.*

커들란은 박테리아, 효모, 진균류를 이용하여 합성하고 있으며, 합성에 사용된 미생물 종과 수율은 표 3과 같이 보고되고 있다.

표 3 미생물 종에 따른 커들란 합성 및 수율

기원	미생물 종	수율(농도)
박테리아	*Alcaligenes spp*	72 g/L
	Agrobacterium spp	41.24 g/L
	Paenibacillus spp	6.89 g/L
	Rhizobium spp	31 g/L
효모	*Saccharomyces cerevisiae*	5-90%
	Candida albicans	N/D
진균류	*Aureobasidium pullulan*	33 g/L
	Poriacocos	90% 건조 중량

출처: Front. Nutr. 8:646988. doi: 10.3389/fnut.2021.646988

8.1 커들란의 생합성

세포외 다당류의 생합성은 다음의 세 단계로 나눌 수 있다. 첫째로, 다당류는 세포내 형성 및 세포로부터의 압출을 위해 기질을 흡수한다. 둘째로, 기질 인산화를 포함하는 능동 수송 및 그룹 전위를 통해 탄수화물 기질이 세포에 도달한다. 마지막으로 기질은 이화 작용 경로나 다당류 합성 경로를 따라 유도되어 고분자가 된다. 커들란의 생합성에서, uridine diphosphate (UDP)-glucose는 효소 UDP-glucose pyrophosphorylase에 의해 glucose-1-phosphate가 UDP-glucose로 전환되는 과정을 통해 합성되는 1차 전구체를 먼저 구성한다. 고분자 구조는 단당류가 UDP-포도당에서 담체 지질로 전이되는 조합에 의해 생성되며, 추가 사슬 인장 후 세포에서 압출되고 회수된다(그림 27).

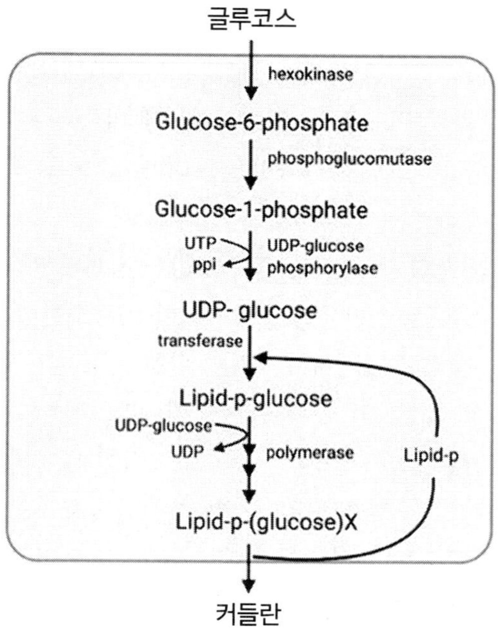

그림 27 Diagrammatic representation of the biosynthesis of curdlan
(출처: Chaudhari V. *et al.*, 2021)

8.2 응용

커들란은 β-(1,3)-글루칸(12)과 연결된 D-글루코스의 단일 고분자로 구성되며, 커들란의 독특한 열적 특성은 바이오필름 제조에 활용되어 단층 및 다층 식품 포장에서 수분 차단 능력과 열 안정성을 향상시킨다. 커들란은 높은 열 안정성 외에도 낮은 동결 온도에서도 안정성을 가지고 있어 냉동식품 포장에도 유용하다. 최근 연구에서 5% 카프로락탐을 함유한 커들란 바이오필름은 다른 필름에 비해 기계적 강도 및 기타 물리적 특성이 더 우수한 물성을 보였다.

커들란은 열적 특성에 따라 저경화성 젤과 고경화성 젤을 형성할 수 있다. 저경화성 커들란 젤은 커들란 수용액을 60℃까지 가열한 후 열적 가역적 과정을 거쳐 40℃로 냉각할 때 생성되며, 고경화성 커들란 젤 열적 비가역적 과정에서 커들란 수용액이 > 80℃로 가열될 때 생성된다. 화학적으로, 낮은 세트(low-set) 커들란 젤에서는 단일 나선 구조의 분자들이 수소 결합을 통해 마이셀 간 가교를 형성하는 반면, (다른 조건에서는) 커들란 마이셀이 삼중 나선 구조를 이루어 소수성 상호작용으로 가교되기도 한다. 커들란 젤은 인도메타신(indomethacin), 살부타몰 설페이트(salbutamol sulfate) 및 프레드니솔론(prednisolone)과 같은 여러 약물의 캡슐화에 사용되어 이러한 약물이 지속 방출되도록 하며, 제약산업에서 공고분자를 그래프팅 하는 데도 사용된다.

커들란은 새로운 세포외 다당류 중 하나로서 다당류 기반 멤브레인 필름을 생산할 수 있으며, 가스 차단 특성을 가진다. 독성이 없기 때문에 미국식품의약국(FDA)에 의해 식품 첨가물로 승인되었다. 올리고당인 커들란은 프리바이오틱 잠재력이 있으므로 유용한 장내 미생물의 성장을 촉진하는 데 사용할 수 있다.

커들란은 항HIV, 면역 조절 및 항종양 활성과 같은 광범위한 약물요법에도 기능성을 보여주었다. 최근 연구에 따르면 커들란은 말라리아 메로조이테스(merozoites)의 침입을 억제할 수 있으므로 강력한 말라리아 치료를 위한 보조 후보로 평가되었다. 또한, 커들란은 인간 면역 결핍 바이러스(HIV) 및 뎅기열 바이러스에 대한 잠재적인 항바이러스 활성을 나타냈고, 커들란의 살균 바이러스 활성을 고려할 때, 커들란은 중증급성호흡기증후군(SARS), 중동호흡기증후군(MERS) 및 중증급성호흡기증후군 코로나바이러스-2(SARS-코로나 2/COVID-19) 치료제로서의 가능성도 있다.

식품산업에서는 증점제, 질감제, 안정제로 사용되며, 젤라틴 특성을 가진 영양 섬유로 물에서 불용성인 선형 다당류이다. 세균, 효모 등을 포함한 비병원성 미생물 진균류에 의하여 세포 외 천연 고분자 물질에 속하는 커들란 검은 고분자량 잔류 당 고분자의 천연 고분자이다. 탄수화물로 분류되며, β(1→3) 연결된 포도당 잔기로 구성되고, 수용액에서 가열하면 탄성 젤을 형성하며, 주된 박테리아원은 *Alcaligenes faecalis var. myxogenes* 및 비병원성 *Agrobacterium* 종이다. 커들란 필름(커들란 복합필름)의 일부를 개질하면 더 높은 인장 강도, 연신율, 향상된 점도, 우수한 수분 장벽 물성을 가지도록 할 수 있다. 커들란 필름은 과일의 선도 유지에 도움을 주며, 구조의 강성과 안정성을 주기 때문에 음식의 질감을 개선하기 위해서도 사용된다.

의료용에서 β-글루칸은 조직 과립화, 콜라젠 침착 및 피부 재상피화를 촉진하는 대식세포의 침투를 증가시켜 상처 회복을 증대시킨다. 커들란 기반 창상 드레싱은 창상 프로테이스에 대한 안정성과 저항성이 우수하고 세균 감염을 예방하며 창상 치유에 효과적이다. *S. cerevisiae*에서 분리한 커들란을 함유한 3% 크림을 적용한 결과에 따르면, 90일 치료 후 궤양이 55% 감소하였다. 인체에서 곰팡이 β-D-글루칸은 혈중 콜레스테롤을 감소시키며, 세포에서 포도당 흡수를 개선하여 상처 치유를 돕는 연구도 보고되었다.

8.3 생분해성

커들란 다당류는 산성 조건에서 가수분해를 유도할 수 있으며, 산 촉매 가수분해 메커니즘은 세 단계를 포함한다(그림 28). 첫째, 글리코사이드 결합은 가교 산소에서 양성자화시키며, 새로운 비환원 말단기가 C-1에서 탄소 양이온과 함께 연속적으로 형성되고, 이는 물에 의해 빠르게 공격받아 환원 말단기를 형성한다. 산 촉매 가수분해는 생물 의학 응용 분야에서 큰 관심을 받는 커들란 올리고머를 얻기 위해 널리 사용된다. 폼산, 황산, 트라이플루우오로아세트산(TFA) 및 HCl이 커들란 가수분해를 촉매하는 데 사용된다. 90% 폼산을 사용하여 100°C에서 20분 동안 커들란을 가수분해하면 β-글루칸 수용체에 대한 길항제로서 저분자량(MW) 유도체를 제조할 수 있다. 폼산에 의해 분해된 커들란 고분자의 가수분해물은 B- 및 T-림프구의 증식을 촉진하는 면역자극제로도 사용된다. 커들란의 포도당으로의 전환은 100°C에서 2~3시간 동안 70% trifluoroacetic acid(TFA)를 사용하여 가수분해 한다.

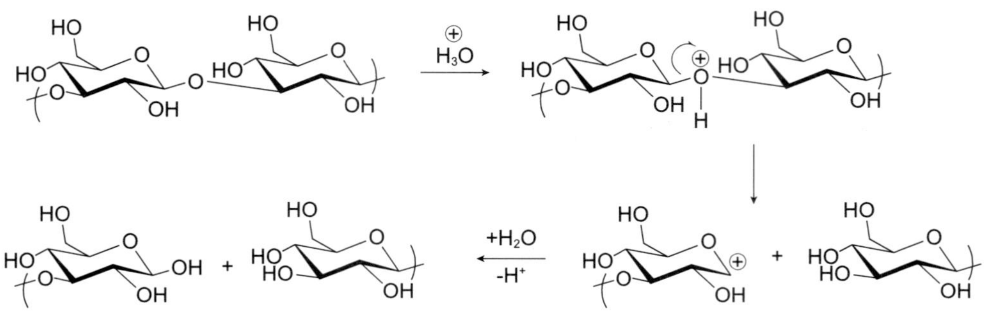

그림 28 커들란의 가수분해 메커니즘

곰팡이, 효모 또는 박테리아에 의해 생성된 일부 β-(1,3)-글루카네이스 및 글루코시데이스 효소는 커들란을 분해할 수 있다. 다른 조건에서 효소는 커들란을 두 종류의 이당류인 라미나리비오스(수율 31%)와 젠티오비오스(수율 29.4%)로 가수분해하였다. β-(1,3)-글루카네이스 효소가 먼저 커들란을 포도당과 laminari-oligosaccharides로 가수분해하면, laminari-oligosaccharides는 β-글루코시데이스에 의해 젠티오비오스로 전환된다. *Streptomyces sp.* W19-1의 커들란 분해효소 생성으로, β-라미나리비오스 옥타아세테이트는 커들란 가수분해(효모 세포벽 촉매 효소인 키탈레이스에 의해 분해됨) 및 후속 아세틸화에 의해 >50% 수율로 가수분해하였다.

또한, 진공 열분해는 알칼리 분해에 대해 입증된 '박리' 메커니즘에 의해 커들란을 분해할 수 있다(그림 29). 각 AGU(반복단위)가 다당류 사슬에서 제거되면 다음 반복단위가 노출되고, 동일한 분해 과정을 거친다. 커들란 고분자의 반복단위를 하나씩 감소시키기 때문에 이 반응은 분자량을 급격하게 감소시키지는 않는다.

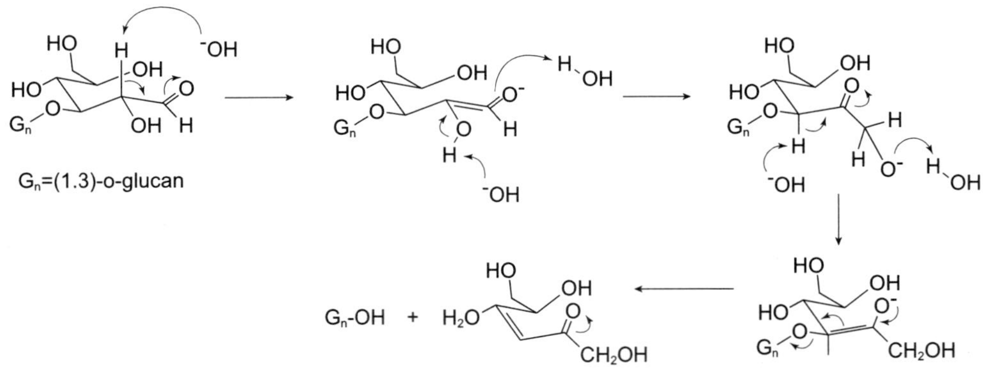

그림 29 사슬의 환원 말단에서 시작되는 커들란의 알칼리 분해에 의한 '박리' 메커니즘
(출처: Carbohydr. Res.1982, 106, 83-91)

9 코코넛 유래 생분해성 고분자

코코넛에서 유래한 생분해성 고분자는 코코넛의 천연 물질(주로 코코넛 껍질, 섬유, 오일 등)을 이용해 제조된 천연고분자로, 자연에서 분해되어 친환경 생분해성 고분자로 주목받고 있다. 코코넛 유래 고분자는 생분해성과 재생 가능성이 특징이며, 다양한 응용 분야에서 활용이 가능하다.

9.1 코코넛 유래 생분해성 고분자의 원료와 특성

코코넛 껍질과 섬유에는 리그닌, 셀룰로스 등이 함유되어 있어 생분해성 복합재료로 제조가능한 천연고분자가 된다. 또한 코코넛 오일인 지방산을 추출하여 생분해성 폴리에스터나 기타 고분자 합성에 활용할 수 있다. 농업 및 산업 공정에서 나오는 코코넛 물질의 부산물들도 원료로 사용하고 있다.

9.1.1 화학적 특성

코코넛의 주된 구성물질은 리그닌, 셀룰로스, 리그노-셀룰로스 복합체로써 주로 코코넛의 펄프 공정에서 부산물로 배출된다. 리그노-셀룰로스가 사슬 복합체를 형성하면서 큰 매트릭스를 형성하여 기계적 강도를 형성한다(그림 30). 그러나 코코넛 기반 고분자는 생성 플라스틱 내 수분의 침투성으로 인하여, 기타 리그닌 기반 원료(야자수, 바나나 등)

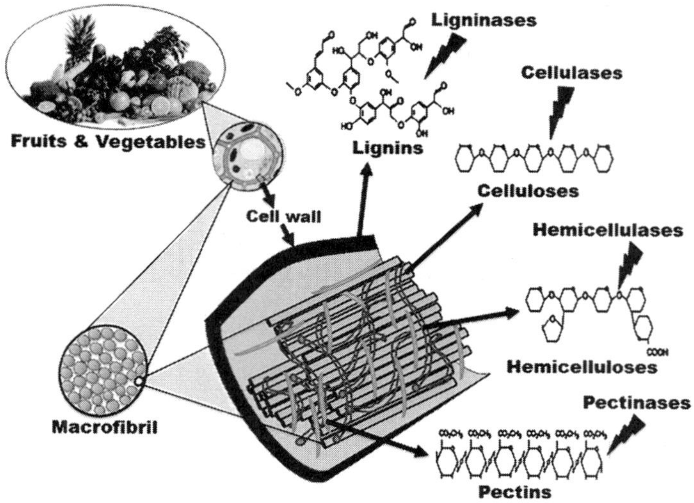

그림 30 리그노-셀룰로스 화학 구조
(출처: Sazzad Hossen Toushik *et al.*, 2017)

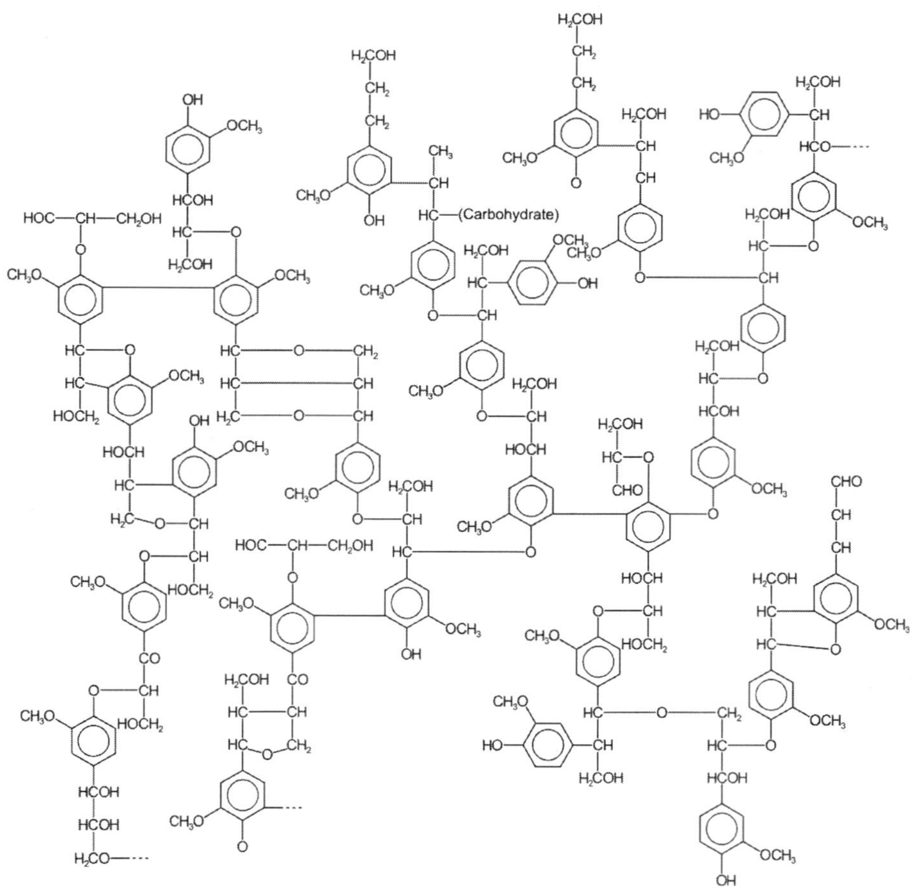

그림 31 리그닌 화학 구조
(출처: Karol Głąb, CC BY-SA 3.0, Wikimedia Commons)

보다 생분해성이 낮다. 즉, 높은 리그노-셀룰로스 함량은 복합체의 구조에 수분 침투를 저지하여 분해 속도를 저지하는 것이다. 반면에 코코넛의 지방산(RCOOH)은 유연성을 높이는 역할을 한다.

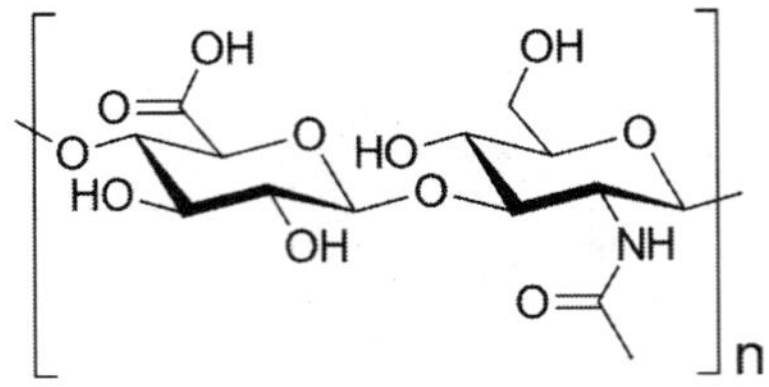

그림 32 셀룰로스 화학 구조

9.1.2 물리적 특성

코코넛 섬유는 섬유질 밀도가 높고 열 안정성이 뛰어나기 때문에 코코넛 유래 바이오플라스틱은 고온에서 변형이 적고, 기계적 강도가 높다. 또한 다른 원료보다 수분 흡수성이 낮아 물리적 안정성이 상대적으로 우수하다.

코코넛의 주성분인 리그닌이 기존의 PLA 고분자와 혼합되면 열적 특성이 변화된다. 즉, 아세틸화-리그닌으로 인해 기존 PLA 분자량이 증가하여 고분자의 내열성이 증가될 수 있다. 또한 코코넛 원료의 리그닌 함량 정도와 공정에 따라 중량값을 증가시킴으로써 매트릭스의 사슬 길이를 증가시켜 높은 섬유질 밀도를 가지도록 개질할 수 있다.

9.2 주요 특징

코코넛 유래 고분자는 미생물에 의해 분해되어 물, 이산화 탄소, 바이오매스로 전환되기 때문에 친환경성 소재이다. 또한 다른 바이오플라스틱과의 혼합을 통해 물성과 내구성을 개선할 수 있으며, 그 소재인 코코넛은 비교적 저렴하고 지속 가능한 공급원이므로 원가 절감에 유리하다.

9.3 제조공정 및 활용 분야

코코넛 오일에서 지방산을 추출해 폴리에스터, 폴리우레탄 등의 합성에 사용할 수 있다. 또 코코넛 섬유와 생분해성 고분자(PLA, PHA 등)를 혼합하여 복합재 제조로 활용하고 있다. 압출 성형, 사출 성형 등의 가공방법을 통해 다양한 제품이 제작되고 있으며, 포장재, 농업용 플라스틱, 일반생활용품, 의료용 등 다양한 분야에 활용된다. 생분해성 비닐봉투, 용기, 포장 필름, 생분해성 멀칭 필름, 농업용 포장재, 화분 등의 농업 분야에 적용하고 있으며, 사용 후 자연 분해되어 퇴비로 전환 가능하다.

생활용품, 친환경 제품, 일회용 식기류 등으로 일반 생활용품으로 사용하고 있으며, 생분해성 복합재료로 건축 자재, 방음재 등의 건축 및 산업에 사용된다. 고부가가치 산업 분야에 대한 응용으로는 생분해성 의료용 기구(봉합사, 임플란트 등), 약물전달 시스템에서 생분해성 바이오 기반 고분자로의 사용 등이 있다.

코코넛 유래 생분해성 고분자는 환경문제 해결과 지속 가능한 발전을 위해 중요한 역할을 한다. 이를 고려하여 기술 개발, 원가 절감, 생산 공정 최적화를 통해서 상업적으로 확대하려는 노력이 곳곳에서 진행되고 있다.

10 후코이단

후코이단(fucoidan)은 갈조류의 세포벽에서 적절하게 발견되는 황산화 다당류의 일종이다. 최근 수십 년 동안 *Pelvetia canaliculata, Fucus evanescens, Cladosiphon okamuranus, Dictyota menstrualis, Analipus japonicas, Chorda filum*과 같은 다양한 갈조류에서 후코이단 함량이 분석되었다. *Ecklonia radiata*의 경우 19.0%, *Cladosiphon sp.*의 경우 51.2%의 푸코스 함량으로 구성된다. 1,4- 및 1,3-α-L-푸코스 잔기 함량이 다른 약 16개의 후코이단 분획과 아세틸화 및 황산화 정도의 고분자를 푸쿠스에서 얻는다. 수포성, 건조 푸쿠스 추출물의 후코이단 함량은 75.6~80.3%로 다른 단량체 조성(푸코스 35.5~43%, 자일로스 0.9~2.3%, 만노스 1.3~3.5%, 포도당 2~3.9%, 갈락토스 1.3~4.3%, 우론산 1.7~3.4%)으로 구성된다.

이러한 고분자량 다당류 화합물은 주로 세포벽에 존재하며, 파도의 작용을 견딜 수 있는 유연성과 강도를 제공하고, 세포의 이온 균형을 유지하며, 식량 저장고 역할을 하는 특성을 가진다. 후코이단의 화학적 조성은 종, 나이, 계절 및 지리적 위치 등과 같은 다양한 요인에 영향을 받으며, 매우 복잡한 화학 구조를 포함하나 몇 가지 공통적인 특성이 발견되었다. 사슬 내 H-결합 네트워크를 형성하는 하이드록실(-OH) 그룹이 풍부하여 본질적으로 친수성이라는 것이다. 또한 단단하고 뻣뻣한 특성으로 인해 증점제로 적합하다.

후코이단의 분자량은 약 1,000,000 g/mol이다. 수용성 분지형 매트릭스 폴리사카라이드 설페이트 에스터 고분자로, 주로 α-(1,2) 결합을 갖는 L-푸코스 결합 블록이 주성분이다. 5~20% 후코이단으로 구성된 갈조류 후코이단의 40%는 황산염 에스터이다. 후코이단은 항혈전, 항응고, 항종양, 항바이러스, 항산화, 면역조절, 항염 등의 생물학적, 생리학적 활성이 있는 것으로 확인되었으며, 농도가 높을수록 치료 물성이 높아진다. 또한 후코이단은 위 점막에 대한 위액의 단백질 분해 활성을 방지하며, 헬리코박터 파일로리 감염으로부터 위를 보호하여 위암 위험을 낮출 수 있음도 밝혀졌다.

10.1 후코이단의 생물학적 특성

후코이단에는 황산염 그룹이 존재하며, 이 그룹의 위치가 기능적 특성을 향상시키는 중요한 역할을 한다. 갈조류에 존재하는 후코이단은 강력한 생물학적 활성을 가지고 있다(표 4). 그러나 후코이단의 화학조성은 수확 시기, 종, 추출 절차 및 기후 조건과 같은 요인의 수에 따라 다르기 때문에 새로 발견된 각각의 후코이단은 독특한 화학 구조를 가지며, 식품 및 사료 산업, 화장품 및 의약품의 새로운 성분으로 사용될 수 있다.

10.2 후코이단의 약리학적 작용 및 잠재적 응용의 메커니즘

후코이단의 약리학적 작용 메커니즘에 따르면, 조류는 지방산, 스테롤, 방향족 유기산, 폴리케타이드, 알코올, 케톤, 할로겐화 푸라논, 플로로탄닌, 펩타이드, 폴리아세틸렌, 테르펜, 인돌 알칼로이드, 시키믹산, 하이드로퀴논 및 알데하이드 후코이단, 라미나린과 같은 다당류를 이용하여 세포막, DNA 및 박테리아 세포벽의 화합물과 연결되는 세포 표면의 당단백질 수용체로 인해 항균 작용을 하여 세포막 투과성, 단백질 누출 및 박테리아 DNA 결합을 증가시킨다. 해조류의 냉수 및 온수 추출 다당류(갈색 [Dictyopteris membranacea] 및 적색 [Pterocladia capillacea])는 디스크 확산 분석에서 *Gram (+) S. aureus* 및 *Bacillus cereus, Gram (−) E. coli* 및 *Pseudomonas fluorescens*의 성장을 방지한다. 또한, 표준 항생제와 비교하여 *P. capillacea*는 *S. aureus* 성장을 예방하는 활성을 약 56.8% 증가시켰으며, 갈조류에서 *Sargassum swartziire*로 추출한 황산화 다당류는 인간의 일부 병원성 균주의 그람(− 및 +) 박테리아를 모두 억제했다. 활성 화합물의 약동학적 거동은 약물 승인 및 개발에 중요하며, 후코이단 함유 식물의 전통적인 사용은 후코이단을 함유한 새로운 영향을 미치는 의약품의 지속적인 개발을 위한 실질적인 지원을 제공한다.

표 4 후코이단의 다양한 생물학 특성

출처	활성	효과
Ecklonia cava	항응고	세린 단백질 효소 II, X 및 VII의 생물활성 저해
Undaria pinnatifida	항바이러스	HSV-1에 의한 감염으로부터 쥐를 보호하는 허피스 바이러스 1형과 2형의 증식을 방해
Dictyota mertensii, Lobophora variegate, Spatoglossum schroederi, and Fucus vesiculosus	면역조절	HIV 역전사 방해
E. cav	항염증	LPS 동화된 RAW 264.7 세포에서 면역반응을 억제
F. vesiculosus	항염증	LPS에서 유래된 마이크로글리아 세포에 대한 면역반응 억제
U. pinnatif ida	항알러지	정상 BALB/c 생쥐에서 Th1 세포반응 증가와 생쥐 세럼에서 면역글로빈 E 레벨을 낮추는 Th2 세포반응을 저해
Laminaria japonica	항산화	Cu2+ 에 의해 유발되는 저밀도 지질당 산화를 방해하는 산소라디칼과 과염산의 희생
F. vesiculosus	항비만	지방 축적 방해
Cladosiphon okamuranus	항종양	세포사멸 유도
C. okamuranu	위 보호	위 암 세포의 성장 저해

출처: Muhammad Saeed et al, A comprehensive review on the health benefits and nutritional significance of fucoidan polysaccharide derived from brown seaweeds in human, animals and aquatic organisms. Aquaculture Nutrition. 2021;27:633-654

10.3 후코이단의 제한점

지난 수십 년 동안 알려진 갈조류 유래 후코이단 고분자의 유익한 효과에도 불구하고 축산 및 가금류 산업에서 사료 보충제로 사용하는 데는 여전히 많은 제한이 있다. 동물 연구가 상당히 수행되었음에도 불구하고, 문헌의 상반된 결과로 인해 유익한 효과에 대한 합의를 도출하기가 어려우며, 상충되는 결과는 생리학적 변화와 사용한 동물의 연령, 실험 조건, 해조류 유래 다당류의 투여량 및 순도, 해조류 다당류에 존재하는 활성 분자의 함량 및 사료 조성의 차이와 같은 다양한 원인으로 인한 것으로 추정된다. 가금류에서 이러한 다당류를 사용하는 데 사용할 수 있는 데이터가 적어서 추가적인 연구가 필요하다.

10.4 후코이단의 화학 개질

후코이단의 화학적 개질 방법으로는 sulfur trioxidase-trimethylamine을 이용한 후코이단의 화학 개질(그림 33), sulfur esterase를 이용한 후코이단의 화학 개질(그림 34), 아세트산 무수물을 이용한 후코이단의 화학개질 방법이 보고되었다(그림 35).

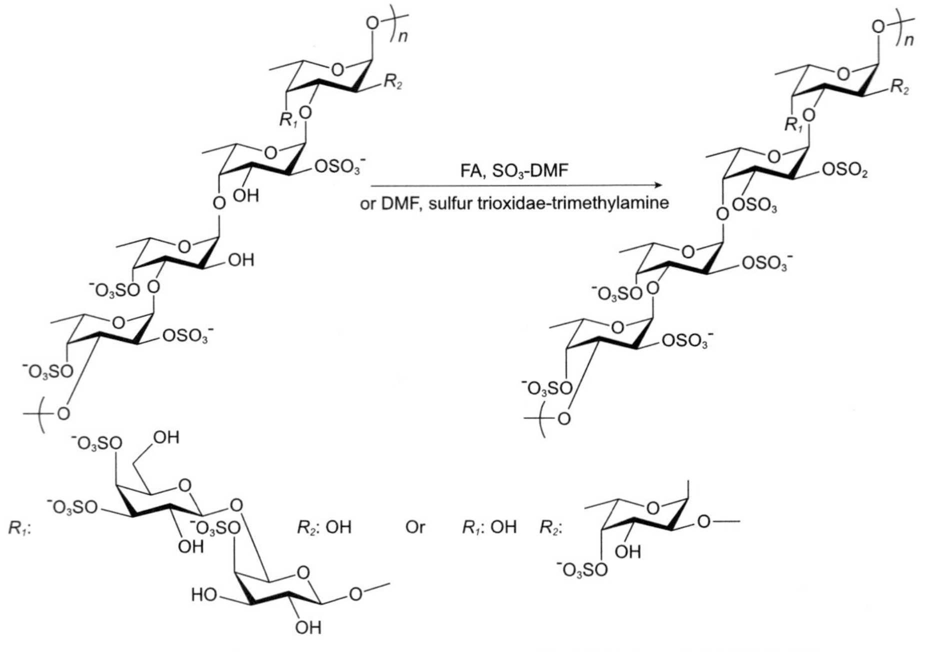

그림 33 sulfur trioxidase-trimethylamine을 이용한 후코이단의 화학개질
(출처: Jing Wang, Quanbin Zhang, 2017)

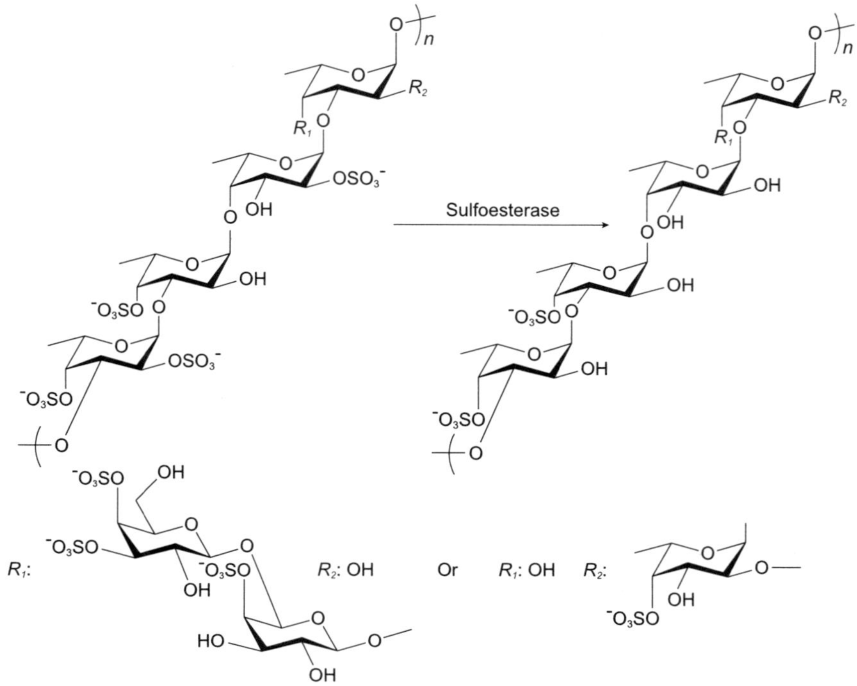

그림 34 sulfur esterase를 이용한 후코이단의 화학개질
(출처: Jing Wang, Quanbin Zhang, 2017)

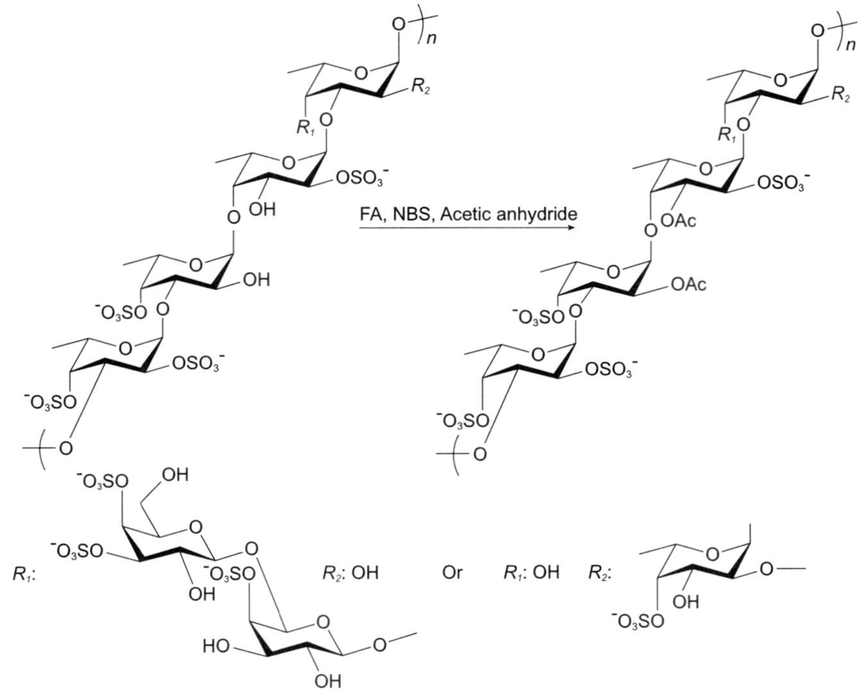

그림 35 아세트산 무수물을 이용한 후코이단의 화학개질
(출처: Jing Wang, Quanbin Zhang, 2017)

10.5 후코이단의 분해 방법

후코이단은 효소 분해, 화학 분해, 물리 분해 및 과산화 수소 방법으로 분해된다. 후코이단 분해효소라고 불리는 가수분해 효소가 후코이단을 더 작은 분자로 분해한다. 분해 과정은 조건이 온화하고 부산물이 적으며 선택성이 좋다. 화학적 분해 방법은 간단하고 저렴하며 산업에서 사용하기 쉽다. 물리적 분해방법은 감마선 조사를 통해 후코이단을 분해하는 방법이다. 과산화 수소 방법으로도 후코이단을 분해할 수 있으며, 분해에 대한 다양한 반응 조건의 영향이 연구되었다.

11 히알루론산

히알루론산(hyaluronic acid)은 동물 등의 피부, 연골, 관절, 닭 볏 등에 많이 존재하는 천연고분자로, 고분자 사슬에 수산화기(-OH)가 많은 친수성 고분자이다. 동물의 피부에서 보습 작용을 하며 화학 구조식은$(C_{14}H_{21}NO_{11})_n$이다. 히알루론산(HA)은 미생물(*Streptococcus zooepidemicus, Escherichia coli, Bacillus subtilis* 등)의 발효를 통해서도 생산되며 분자량(MW)은 UDP-N-acetylglucosamine 농도에 의해 조절된다. 척추동물이든, 박테리아이든 관계없이 화학 구조가 동일하며(그림 36), 신체 대부분의 세포는 특정 시점에서 HA를 합성할 수 있다.

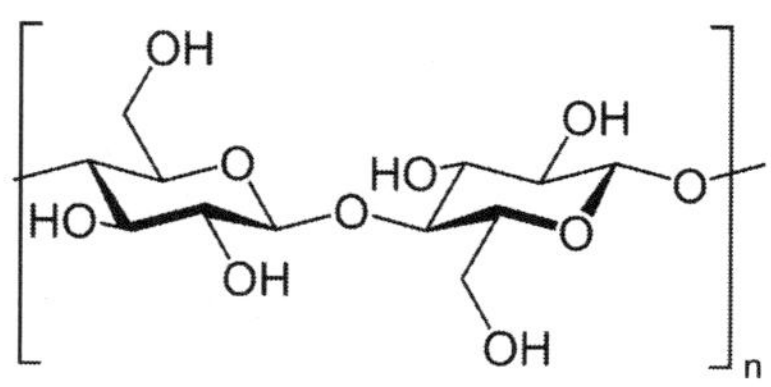

그림 36 히알루론산 고분자의 화학 구조

11.1 이화학적 및 생물학적 물성

히알루론산(HA)은 β-1,4-D-글루쿠론산 및 β-1,3-N-아세틸글루코사민 반복단위의 뚜렷한 물리화학적 특성을 갖는 천연 발생 비황화 글리코사미노글리칸(GAG) 비단백질 고분자이다. 히알루론산은 우수한 점탄성, 높은 수분 보유력, 높은 생체적합성 및 흡습성을 가지며, 0.1%의 낮은 농도에서 HA 사슬은 높은 점도를 제공한다. 이러한 특성으로 인해 히알루론산은 윤활제, 완충제, 조인트 구조 안정제, 수분 균형 및 흐름 저항 조절기 역할을 한다.

평균 체중이 70 kg인 사람은 약 15 g의 히알루론산을 가지고 있다. 관절, 피부, 눈 및 기타 신체 기관 및 조직(결합, 상피 및 신경)에 존재하며, 가장 많은 양의 히알루론산 고분자는 피부(총 HA, 활액, 유리체 및 탯줄의 약 절반)에 존재한다. HA는 세포외기질(ECM)의 중요한 구성 요소이며 세포 증식, 이동 및 형태 형성에 기여한다. 관절강 내에서 히알루론산 분자는 주로 B형 활막세포에 의해 합성되고, 분자량은 5천~2천만 Da이다.

히알루론산 고분자는 히알루로난 합성효소(HAS)에 의해 합성된다. 척추동물은 3개의 동위효소(HAS-1, HAS-2 및 HAS-3)를 가지고 있다. 초기 다당류에 글루쿠론산과 N-아세틸글루코사민을 반복적으로 추가하여 히알루론산의 분자량을 늘린다. hyaluronidase 효소에 의해 이화되며 연골에서 HA의 분자량은 나이가 들면서 감소한다.

히알루론산은 ECM 분자 및 세포 표면 수용체에 결합하여 조직의 거시 및 미시 환경을 제어한다. 이를 통해 세포 행동을 조절하며, 3가지 주요 부류의 세포 표면 수용체에 결합할 수 있다. (1) CD44(세포막 당단백질), (2) 히알루로네이트 매개 운동성 수용체(RHAMM), (3) 세포간 접착 분자-1(ICAM-1). CD44는 히알루론산 결합으로 인식되는 가장 널리 분포된 세포 표면 수용체로, 오스테오폰틴, 콜라젠 및 MMP 효소(matrix metalloproteinases)를 비롯한 여러 다른 리간드와 상호작용한다. 히알루론산는 CD44 및 RHAMM HA 수용체를 통한 신호전달을 억제할 수 있다(그림 37).

고분자량과 저분자량의 히알루론산은 CD44 수용체와의 상호작용을 통해 뚜렷한 분자 및 세포 메커니즘과 다양한 생물학적 효과를 갖는 것으로 알려져 있다. CD44 매개 신호전달은 연골세포 생존 경로와 세포자멸사(연골절제) 경로 모두에 영향을 미친다. 자유 라디칼 과정에서 생성된 히알루론산 조각은 CD44 의존성 메커니즘에서 산화 질소(NO)의 생성을 증가시킬 가능성이 있다.

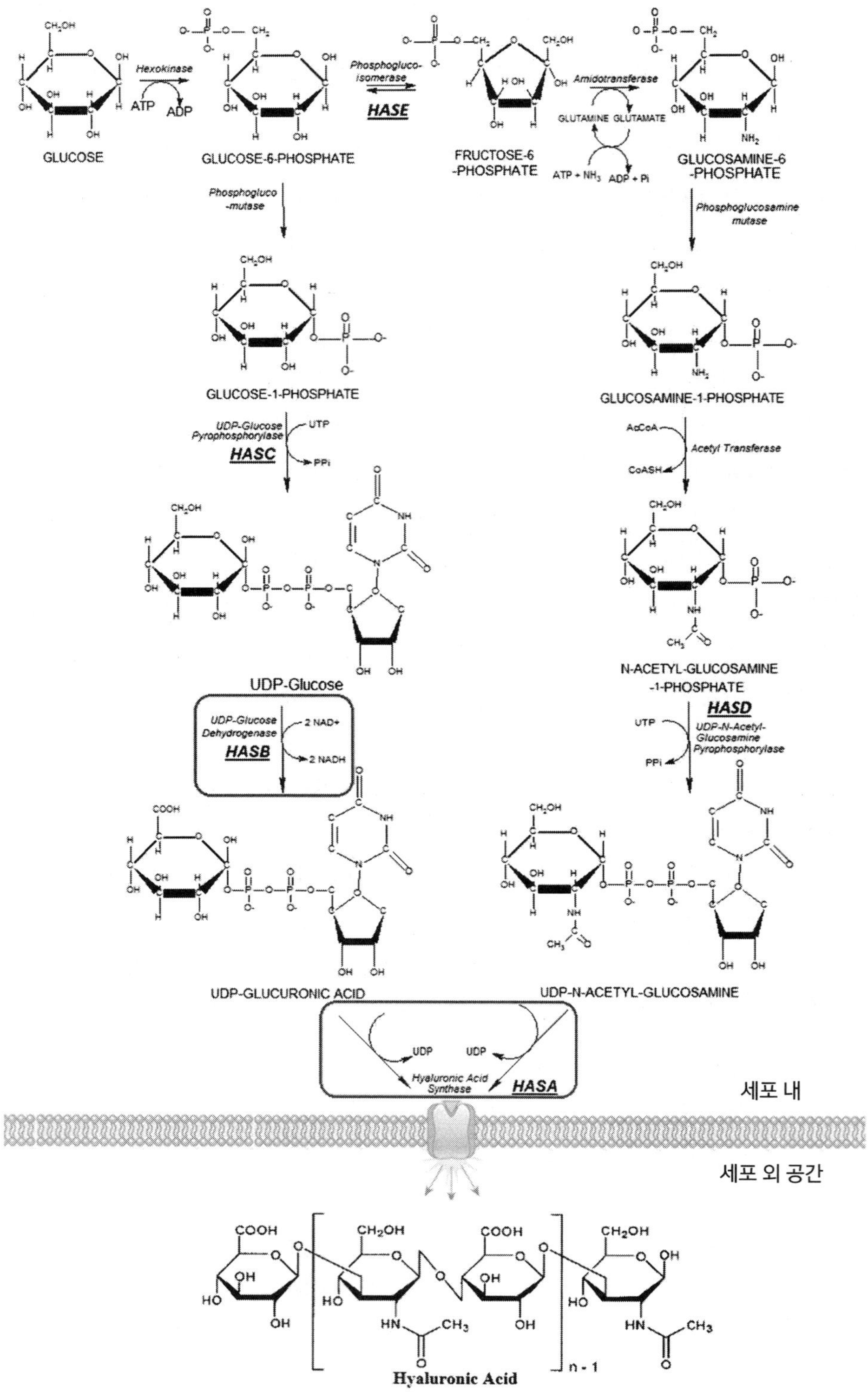

그림 37 히알루론산 생산의 신진대사 경로. *K. lactis*의 대사에는 존재하지 않지만(초록색) 히알루론산 합성에 필요한 효소이다. (출처: Antonio M. V. Gomes *et al.*, 2019)

11.2 히알루론산의 화학 개질

히알루론산 개질은 세포와 양립할 수 없는 비가역 반응조건과 반응화합물을 사용하여 진행하므로, 히알루론산 유도체를 제조한다. 예를 들어, 강한 염기성 조건에서 하이드록시기는 또한 다이바이닐설폰, 비스글리시딜에폭사이드(DEO, BDDE), 에피클로로하이드린과 같은 다른 에폭사이드와 반응하여 가수분해에 보다 안정적인 에터 결합을 형성할 수 있다(그림 38).

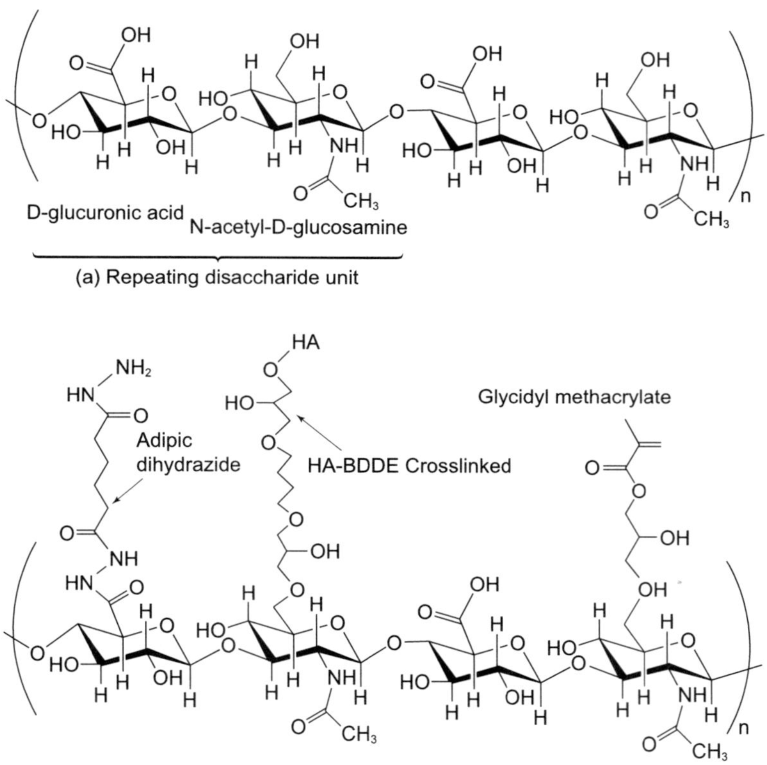

그림 38 히알루론산 화학 구조식 및 화학적 개질. (a) 글루쿠론산과 N-아세틸-D-글루코사민 이당류 반복 단위를 갖는 히알루론산의 화학 구조, (b) 카복실산 그룹(아디프산 다이하이드라자이드) 및 하이드록시기(HA-BDDE 가교 및 글라이시딜 메타크릴레이트)에 의해 개질된 히알루론산 화학 구조. (출처: Ferdous Khan *et al.*, 2013)

또한 히알루론산은 산성 매질에서 글루타르알데하이드와 반응하여 아세탈 또는 헤미아세탈 연결을 유발할 수도 있다. 가교제인 에피클로로하이드린을 사용하여 히알루론산-아가로스 복합소재를 합성할 수 있으며, 분해 속도를 제어할 수 있다. 비슷한 방식으로 에틸렌글라이콜 다이글리시딜 에터를 가교제로 사용하여 연골재생을 위한 히알루론산-콜라젠 복합 하이드로젤의 기계적, 물성, 분해 및 생물반응을 개선한다. 히알루론산

분해 속도를 줄이고 하이드로젤 기공 크기를 조절하기 위해 글루타르알데하이드, EDC, 다이바이닐설폰을 가교제로 사용하여 단순히 용액 젤화하여 구조체를 제조할 수도 있다.

히알루론산 고분자 사슬 사이의 직접적인 가교 반응은 또한 카보다이이미드(일반적으로 이염화 에틸렌 또는 EDC)를 가교제로 사용한다. 반응이 진행되더라도 EDC 가교제가 카복실산을 활성화하면서 아실리소우레아 활성 에스터를 제공하는데, 이는 근처의 수산기와 반응하여 분자간 가교를 생성한다(그림 39). 이 반응은 중성 pH의 온화한 조건에서 진행되며 쉽게 분해될 수 있는 생물학적 거대분자와 호환되고, 히알루론산은 콜라젠과 가교 결합하여 기계적 안정성을 높이고 생물학적 적합성을 향상시킨다. 이러한 구조체는 혈관신생을 촉진하며, 조정 가능한 다공성의 히알루론산-젤라틴 구조체의 생물학적 성능은 L929 섬유아세포의 존재하에 세포독성을 나타내지 않는 것으로 연구되었다. 따라서 주로 복부 또는 골반 개복술의 유착방지제로 사용되는 히알루론산-

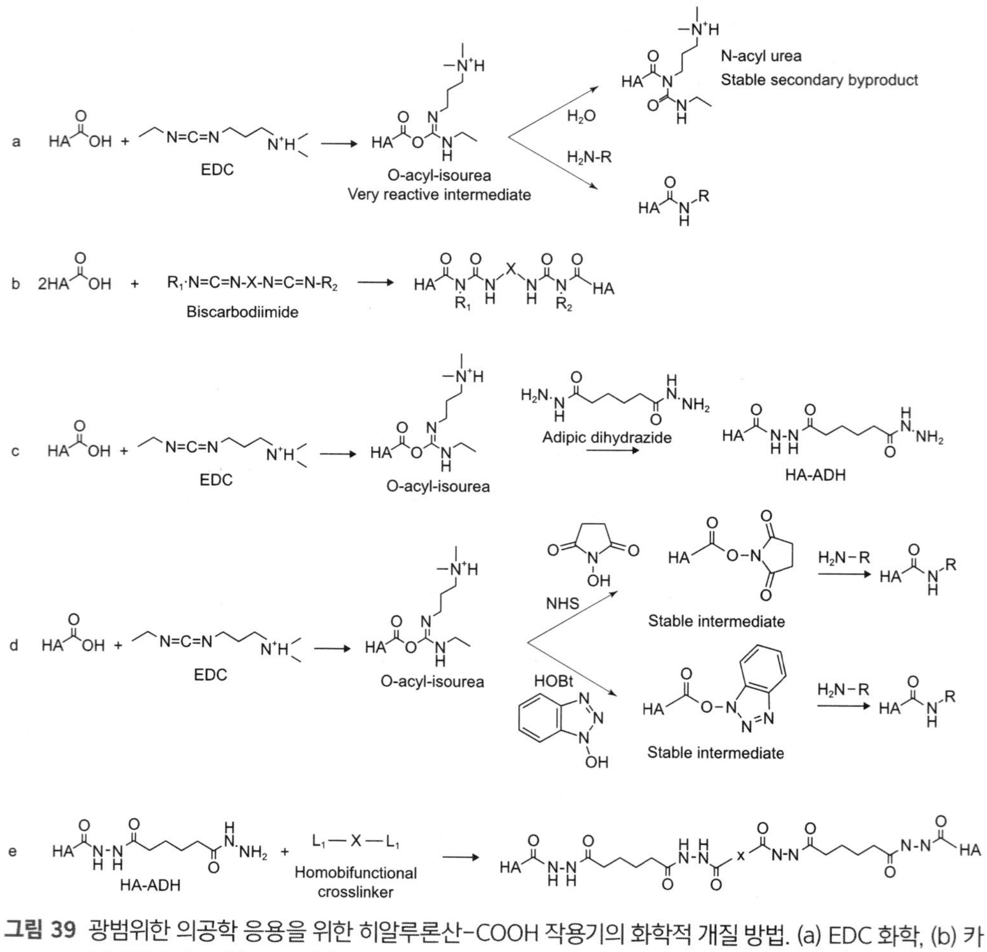

그림 39 광범위한 의공학 응용을 위한 히알루론산-COOH 작용기의 화학적 개질 방법. (a) EDC 화학, (b) 카보다이이미드, (c) EDC 화학, (d) EDC 화학, (e) 동일한 2개 작용기를 가진 가교 결합제.
(출처: Carole E.Schanté *et al.*, 2011)

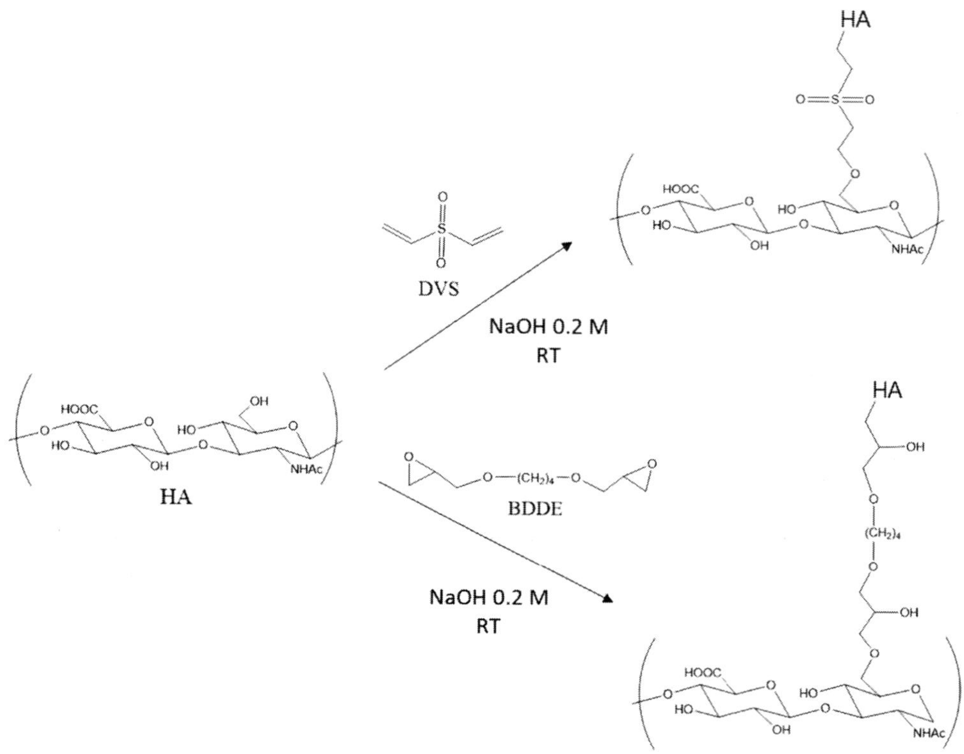

그림 40 히알루론산의 -OH와과 다이바이닐설폰(DVS) 혹은 비스글리시딜에폭사이드(BDDE) 결합에 의한 히알루론산 개질 (출처: E. López-Ruiz *et al.*, 2019)

카복시메틸셀룰로스(Seprafilm®, SanofiAventis, NJ, USA)로 구성된 필름은 EDC 가교 반응을 이용하여 화학적으로 합성하고 있다.

최근에는 온화한 조건에서 세포의 존재하에 하이드로젤을 형성할 수 있는 히알루론산 유도체의 개발에 중점을 두고 있으며, 조직공학 또는 세포전달을 위한 3D 세포구조를 생성하는 장점이 있다. 일반적으로 히알루론산은 독성 부산물을 생성하지 않고 생리학적 조건에서 진행되는 가교 반응에 의해 생물학적 환경에서 하이드로젤을 생성할 수 있는 유도체를 생성하도록 화학적으로 개질된다. 첫 번째 예 중 하나는 히알루론산과 아디프산 다이하이드라진의 커플링 반응으로, 온화한 조건에서 진행되어 생리학적 조건에서 안정한 히알루론산-하이드라존 유도체를 생성하며 세포 존재하에 하이드라진 그룹을 통해 알데하이드 가교제와 쉽게 반응할 수 있다(그림 41). 이러한 HA 하이드라존 유도체는 폴리(에틸렌글라이콜)-알데하이드 및 제니핀과 같은 다양한 알데하이드와 결합되어 조직공학 응용에 적합한 물질을 생성한다. 온화한 조건에서 이황화 결합의 형성 또는 싸이올 그룹의 친핵성 부착을 기반으로 하는 싸이올 화학은 생리학적 조건과도 호환된다(그림 42).

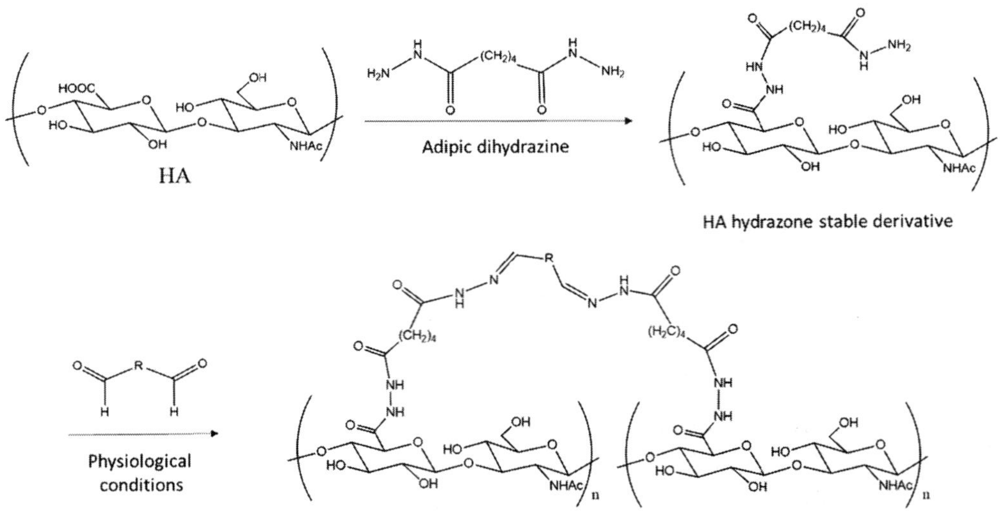

그림 41 아디프산 다이하이드라자이드를 이용한 히알루론산 카복실산의 반응과 생리 환경에서 다이알데하이드 화합물의 반응을 통한 히알루론산 고분자 사이의 가교 결합 (출처: E. López-Ruiz *et al*., 2019)

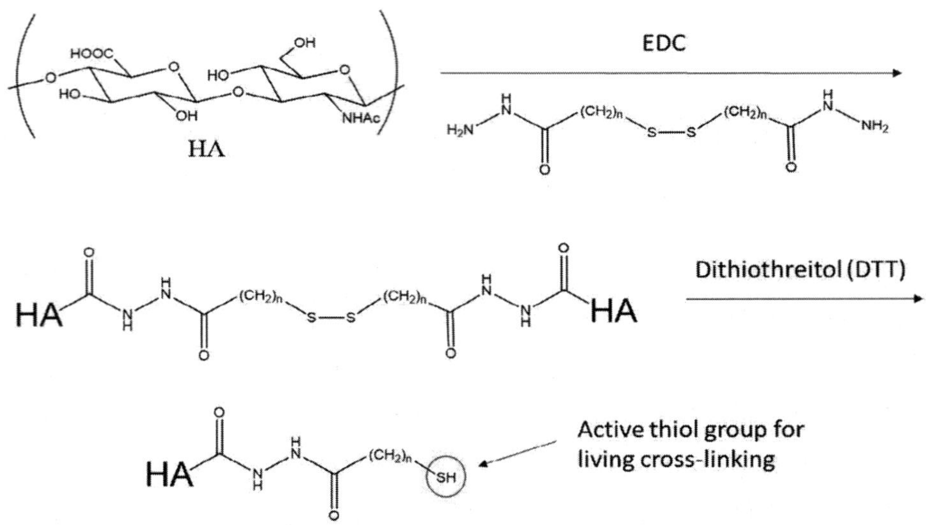

그림 42 EDC 화학 반응을 이용한 히알루론산 카복실산의 다이아민 화합물과의 반응 유도 및 다이싸이오트레이톨(DTT)에 의한 환원 반응을 통한 히알루론산-SH 화합물 제조반응 (출처: E. López-Ruiz *et al*., 2019)

기계적으로 안정적인 하이드로젤을 생성하기 위해 HA는 소수성을 증가시키려는 의도로 개질된다. 이러한 유형의 유도체의 예로는 HA-카복실레이트를 벤질에스터로 부분 에스터화한 결과인 HYAFF®(Haemo Pharma GmbH, Hornstein, Austria) 생체 재료가 있다(그림 43). 에스터화 정도는 소재의 물리화학적 특성을 개질하여 다양한 응용 분야에 적합하다. 이러한 히알루로난 에스터는 멤브레인과 섬유를 생산하기 위해 쉽게 조작될 수 있으며, 다공성 물질을 얻기 위해 동결건조되거나 마이크로 미립구를 생산하기 위해 합성될 수 있다. 에스터화 정도가 높으면 히알루론산 유도체는 물에 불용성이며 고체 형태로 연골 및 뼈 결함의 복원을 위한 인간 섬유아세포, 연골 세포 및 골수 유래 MSC의 성장을 위한 구조체로 사용된다. 또한 PCL과 결합된 히알루론산 제품(HYAFF®) 생체재료는 양 반월판 조직의 생체 내 재생을 위한 우수한 생체재료로 임플란트가 제자리에 유지되고 우수한 조직 내부 성장을 보인다. 상업적으로 이용 가능한 또 다른 예는 헥사데실아민을 사용한 HA의 부분 아미드화에서 파생된 히알루론산 제품(HYADD®4, Fidia Pharma USA)으로, 관절 내 체류 시간의 향상을 나타내는 점탄성 하이드로젤을 형성한다.

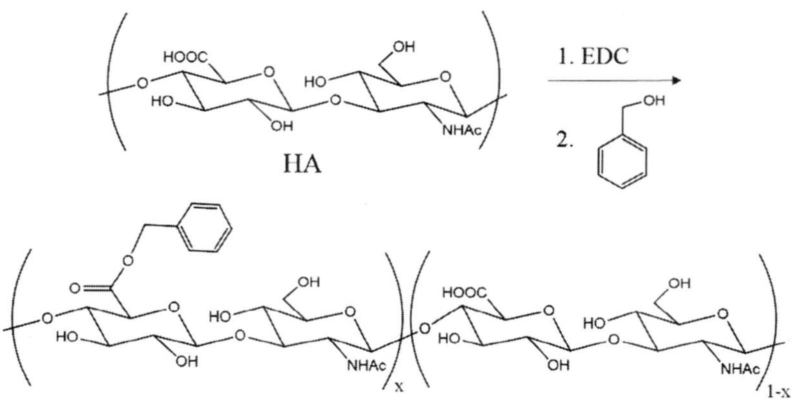

그림 43 히알루론산과 벤질알코올과의 에스터화에 의한 히알루론산 유도체(HYAFF) 제조.
(출처: E. López-Ruiz *et al.*, 2019)

11.3 산업적용

세포 치료와 조직공학은 매우 활발한 연구 및 사업화 분야이며, 최근에 놀라운 속도로 임상시험이 진행되고 있다. 현재 전 세계적으로 수행되고 있는 줄기세포에 대한 총 6,085건의 임상시험 중에서 16건이 대부분이 골관절염 및 연골 재생에 초점을 맞춘 다양한 치료 용도에 대해 히알루론산과 함께 줄기세포의 효능과 안전성을 평가하고 있다(표 5). 연골치료에 히알루론산 고분자의 점성 보강은 골관절염 환자의 비수술적 관리에서 인기 있는 치료제이며(그림 44), 히알루론산은 많은 OA(관절염) 치료에서 줄기세포 이식의 효능을 비교하기 위한 활성 대조군으로 사용된다. 현재 임상시험에서 세포와 함께 히알루론산의 사용 증가는 일반적으로 전달 방법을 개선하고 생체 내에서 세포의 생존 및 보유를 향상시킬 필요성에 대응하는 방법이다.

표 5 히알루론산과 줄기세포를 사용한 임상시험

임상 단계	적용	치료	목적	세포 종류
II	무릎 관절의 연골 장애	관절강에 히알루론산과 PB 줄기세포 주입	환자의 관절 연골재생을 비교하기 위해 관절경 연골하 드릴로 치료한 연골병변, PBSC가 있거나 없는 HA의 수술 후 IA 주사	PBSCs
I/II	관절염	생체 외(ex vivo) 배양된 BM-MSC(용량 그룹: 1천만 및 1억 세포)의 IA 주사 후 HA의 IA 주사 (Hyalone®)	HA와 조합된 다양한 용량의 BM-MSC에 대한 IA 투여의 안전성, 실행 가능성 및 효과를 결정	자가 골수 중간엽줄기세포(자가 BM- MSCs)
II	관절염	30 mg/2mL HA에서 BM-MSC의 단일 IA 이식(Orthovisc®)	경증에서 중등도의 골관절염 환자의 치료를 위한 자가 BMMSC의 IA 이식의 효능을 결정	자가 골수 중간엽줄기세포
II	무릎 관절염	Stempeucel®의 단일 IA 용량(용량 그룹: 25, 50, 75 및 1억 5천만 세포)에 이어 2mL HA(20mg) 주사	안전성, 잠재적 효능 및 적절한 용량을 평가하기 위해 무릎 관절의 골관절염 환자에서 Stempeucel®의 IA 투여 후 HA 투여	동종 골수 중간엽줄기세포
I/II	부분 내측 반월판 절제술 후 회복	2 mL(20 mg)의 히알루론산 소듐, 인간 혈청 알부민(1.2%) 및 PlasmaLyte A에 현탁된 BM-MSC(용량 그룹: 5천만 및 1억 5천만 세포) 제제인 Chondrogen™ IA 주사	Chondrogen™이 반월판 절제술 후 무릎 수술 후 치료에 안전하고 효과적인지 확인	동종 골수 중간엽줄기세포
N/P	관절 연골 결손	Hyalofast® 구조체(HA의 벤질 에스터)당 2 mL의 BMAC 주입 후 결함을 덮기 위해 이식	무릎의 증상이 있는 연골 결손 치료에서 미세 골절과 비교하여 원스텝 관절경 시술에서 BMAC와 함께 Hyalofast®의 효율성을 평가	BMAC
I/II	전방십자인대 손상, OA	HA와 결합된 MSB-CAR001(중간엽 전구체 세포, Mesoblast, Ltd)의 두 가지 다른 단일 용량을 무릎 관절에 단일 주입	단기간 전방십자인대 재건술을 받은 환자에서 MSB-CAR001의 안전성 및 유효성 평가	동종 MPCs
II	퇴행성 디스크 질환	HA 운반체의 MPC(용량군: 6백만 및 1,800만 세포)를 퇴행성 요추 디스크의 수핵에 주입	중등도의 퇴행성 디스크 질환으로 인한 만성 요통이 있는 대상에서 HA 운반체와 결합된 면역 선택 된 동종 MPC의 두 가지 용량을 비교하기 위해	동종 MPCs

III	퇴행성 디스크 질환	Rexlemestrocel-L (용량: 6백만 세포 2mL) 단독 또는 1% HA와 함께 통증 IVD에 주사	만성 요통이 있는 피험자에서 메조블라스트의 Rexlemestro-cel-L 단독 또는 HA와 병용 투여의 안전성 및 유효성 평가	동종 MPCs
I	허리 통증	지방 유래 MSC(용량군: 2×10^7 및 4×10^7 cells/mL/vial)의 수핵 중심에 Tissuefill® 1mL/주사기의 단일 주사	요추 IVD 변성을 동반한 만성 요통 환자에서 자가 지방 유래 MSC 이식술의 안전성 및 유효성 평가	자가 지방 유래 MSC
I/II	퇴행성 관절 무릎 연골	연골 결손 cm^2 당 Cartistem® (UCB-MSC와 히알루론산 소듐) 0.5 mL의 단일 용량	노화, 외상 또는 퇴행성 질환으로 인한 무릎 관절 연골 결손 치료에서 Cartistem®의 안전성과 효능을 확인하기 위해	UCB-MSCs
N/P	전방십자 인대의 부상	인간 UCBMSC와 히알루론산 소듐의 조합인 Cartistem®의 단일 용량	UCB-MSC를 이용한 전방십자 인대 손상의 치유력 향상 평가	UCB-MSCs
I	지방이 영양증 (Lipodys-trophies), 미용시술	HA와 관련된 자가 지방 조직의 MSC로 구성된 충전제의 경피(transdermal) 주사	지방이영양증 치료를 위한 자가 지방 줄기세포 이식의 효능 및 안전성 연구	지방 조직의 자가 MSC
I	노화 주름, 여드름, 함몰 흉터	UC-MSC 및 HA의 경피 주사	주름, 여드름, 움푹 팬 흉터 개선을 위한 UC-MSC와 HA로 구성된 주사형 필러제의 안전성 및 유효성 평가	UC-MSCs

자료: E. Lopez-Ruiz, *et al.*, 2019

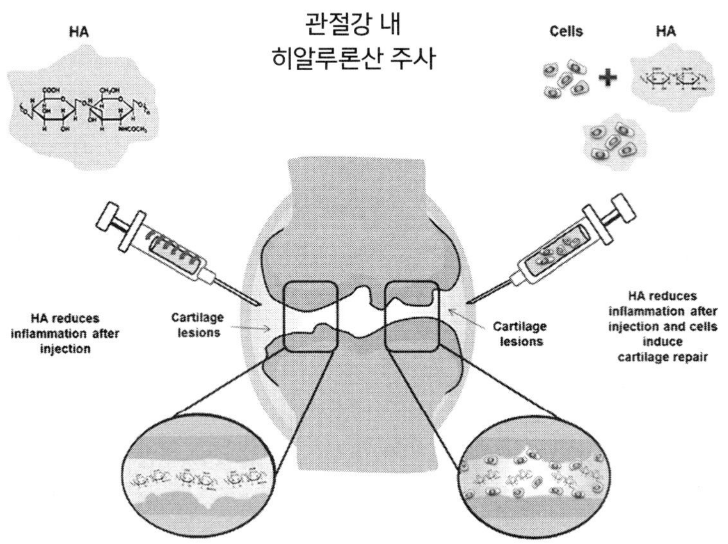

그림 44 무릎 관절염 통증치료를 위하여 관절공간(관절강)에 윤활제로서의 히알루론산을 주사하여 사용 (출처: E. López-Ruiz *et al.*, 2019)

11.4 히알루론산의 분해

히알루론산은 비효소적 방법과 효소적 방법(hyaluronic acid enzyme)으로 분해할 수 있다. 이를 통해 히알루론산의 성분을 한 형태에서 다른 형태로 변화시킬 수 있다. 히알루론산 분해효소(hyaluronidase)는 세포 외 조직망의 주요 구성 성분을 분해하며, 히알루론산 고분자를 초저분자량(평균 분자량 1000 이하)으로 분해한다. 이렇게 생성된 저분자량 히알루론산은 pH, 열 등에 높은 점도 안전성을 갖고 화장품의 다른 성분과 상용성이 우수하다.

효소 반응을 통핸 분해로는 모든 크기의 히알루론산을 분해하는 산성 활성 리소좀 효소(HYAL1)와 고분자량 히알루론산을 중간 크기의 조각으로 분해하는 산성 활성 효소(HYAL2)를 이용한다. 비효소 반응으로는 산성 및 알칼리성 가수분해, 초음파를 이용하여 히알루론산을 분해하는 비효소 반응, 열분해, 산화제에 의한 히알루론산을 분해하는 비효소 반응이 있다. 분해에 영향을 미치는 요인으로는 온도가 있다. 실온에 보관한 히알루론산 시료는 처음 8~11일 동안 안정적이며 그 후 미생물이 히알루론산을 분해하는 온도에 의한 영향이 있다. 냉장고에 보관한 히알루론산 시료는 최대 60일 동안 안정적이다. 또한 과민성 염증 반응은 히알루론산 분해를 일으킬 수 있고, 조직 외상은 히알루론산 분해를 유발하며, 알츠하이머병과 같은 신경 퇴행성 질환은 히알루론산 분해를 유발할 수 있다.

11.5 향후 전망

세포치료 및 조직공학에서 히알루론산 유용성을 넓힐 목적으로 히알루론산의 기계적, 화학적 및 생물학적 특성을 조절기술이 개발되고 있다. 줄기세포와 히알루론산 또는 히알루론산 유도체의 조합을 기반으로 하는 임상시험도 증가하고 있다. 시험관 내 또는 생체 내 적용을 위해 단독으로 또는 세포와 조합하여 히알루론산 유도체를 사용하는 장점을 보여주고 있으며, 히알루론산 고분자 사슬은 화학적 변형이 가능한 여러 부위를 제공하여 고유 조직 특성 재현을 목표로 하는 다양한 유도체를 개발하고 있다.

현재는 히알루론산 가교 결합의 안전성을 개선하고 체류 시간을 연장하는 새로운 제형을 개발하는 것이 주요한 과제이다. 히알루론산 하이드로젤의 기계적 특성을 개선하기 위해 가교된 히알루론산의 농도를 조절하여 손상 조직에 맞게 분해 속도를 조절할 수 있는 구조체가 개발되고 있다. 우수한 기계적 특성을 제공하기 위해 히알루론산과 다른 고분자(예, 카복시셀룰로스)를 결합한 복합 고분자도 합성하고 있다(그림 45).

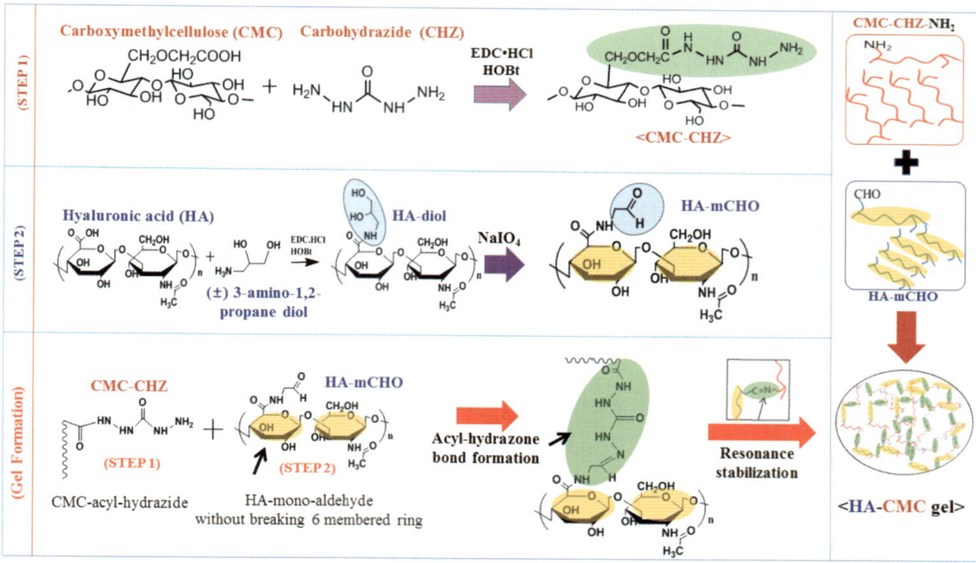

그림 45 히알루론산과 카복시 셀룰로스의 화학개질을 통한 *in situ* 하이드로젤 합성
(출처: 노인섭 외, 2020)

생체적합성 및 생물학적 세포 반응 향상을 위해서 히알루론산과 피브로넥틴, 라미닌 또는 작은 펩타이드와 같은 물질의 조합을 사용하고 있다. 특히, 탈세포화된 조직은 히알루론산과 함께 처리되어 젤을 생성하여 세포에 기계적, 생물리학적 및 생화학적 신호를 제공할 수 있는 유망한 생체재료이다. 또한, 내인성 줄기세포를 특정 손상 부위로 안내하거나 조직재생을 촉진하기 위해 약물, 플라스미드 또는 성장인자와 결합된 히알루론산 하이드로젤의 사용도 강조되고 있다. 히알루론산으로 만든 바이오프린팅 조직공학 구조체 또는 하이드로젤에서 줄기세포를 투여하거나 성장시킬 가능성은 이 분야에서 높은 기대를 불러일으켰으며, 외과적 임플란트 후 생체 내 세포 분화를 가능하게 한다.

차세대 제품 개발을 위한 방편으로, 물리화학적 및 생물학적 기능을 향상시키기 위해 히알루론산 고분자를 통합함으로써 전도성 고분자의 기능화를 꾀하고 있다. 이는 천연 전기활성 조직의 구조와 기능을 모방하는 새로운 이방성 구조체를 제공할 수 있다. 현재, 히알루론산 또는 골수 중간엽세포에서 파생된 중간엽세포와 히알루론산 또는 그 유도체의 조합을 포함하여 점성 보충을 위한 히알루론산을 기반으로 하는 새로운 제제는 잠재적으로 더 나은 기능적 결과를 제공하여 연골 조직의 재생을 제공할 수 있다. 또한, 임상시험은 히알루론산 제제와 함께 줄기세포의 효능 및 안전성을 평가하는 데 중점을 두고 있으며, 주로 연골 및 피부 재생 또는 복원에 관한 연구결과는 히알루론산과 줄기세포의 조합이 안전하고 세포 생존 및 조직 회복을 시켜 통증 감소 및 치료 효능을 향상시킨다.

마지막으로, 히알루론산 기반 구조체 제작을 위해 새로운 기술도 사용되고 있다. 3D 바이오프린팅 기술의 개발은 조직공학의 우수한 도구로 부상했다. HA는 모든 조직의 3D 구조를 모방하는 능력이 있으므로 HA 기반 바이오잉크, 세포 및 생체재료의 조합은 천연조직과 유사한 특성을 가진 모방 조직을 얻을 수 있게 한다. 이 기술 역시 임상 적용을 가속화하는 연구가 수행되고 있다. 새로운 히알루론산 기반의 기능화된 고분자의 합성 및 3D 바이오프린팅을 위해 세포외기질을 모방한 바이오잉크 소재로서 히알루론산 또는 히알루론산 유도체를 다양한 재료 및 세포와 함께 사용하는 것은 재생의학 목적을 위한 미래 연구의 초점이 될 것이며, 줄기세포와 히알루론산 기반 치료법의 임상 전환은 향후 몇 년 안에 현실이 될 것으로 예상된다(그림 46).

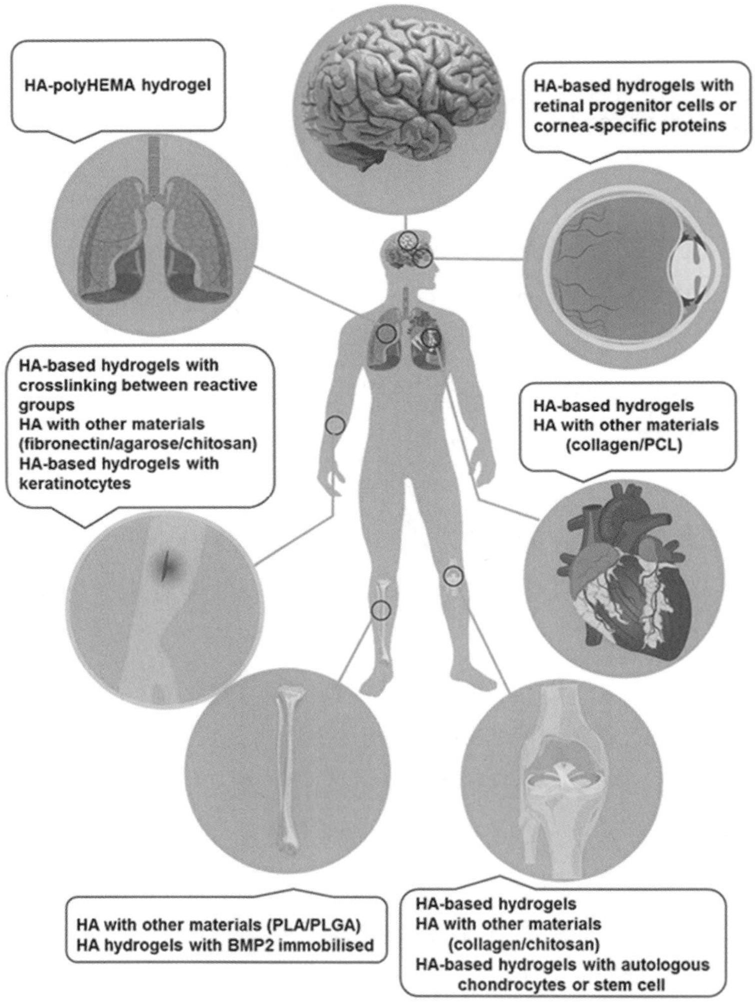

그림 46 조직공학과 재생의학에서 치료제로 히알루론산 기반의 구조체 적용예시. 히알루론산이 연골, 골, 피부, 신경, 심혈관, 폐 조직의 치료와 재생 및 안과수술 용도로 사용되는 핵심 생체생분해성 고분자이다. (출처: E. López-Ruiz *et al.*, 2019)

12 풀루란

풀루란(pullulan, $(C_6H_{10}O_5)_n$)은 α-1,4-;α-1,6-글루칸으로도 알려진 말토트라이오스 단위로 구성된 수용성의 다당류 고분자로서 백색 분말이다. 말토트라이오스의 3개의 포도당 단위는 α-1,4 글리코사이드 결합으로 연결되어 있는 반면, 연속적인 말토트라이오스 단위는 α-1,6 글리코사이드 결합으로 서로 연결되어 있다(그림 47). 풀루란은 곰팡이 *Aureobasidium pullulans*에 의해 전분에서 생성되며, 주로 세포에서 건조와 포식에 저항하는 데 사용되며, 또한 세포 안팎으로 분자의 확산을 촉진한다.[3]

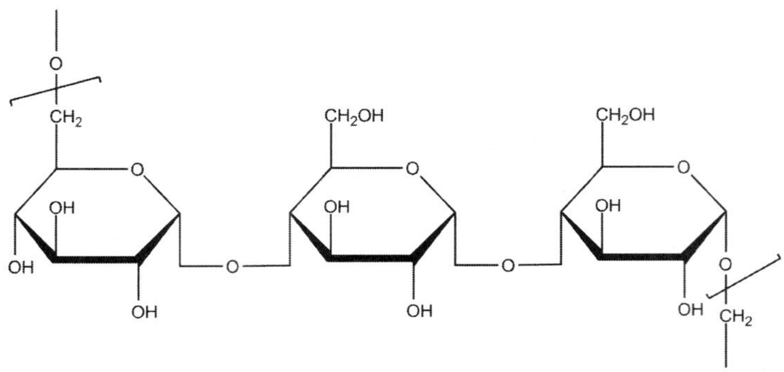

그림 47 풀루란의 화학 구조

12.1 물성

건조된 풀루란 고분자는 흰색에서 회백색의 무미, 무취 분말이다. 물에 5~10%로 용해될 때 점성의 비흡습성 용액을 형성하며, 섭씨 250°C에서 분해되기 시작하고, 섭씨 280°C에서 완전히 분해된다. 물에 잘 녹고 묽은 알칼리성이며, 알코올 및 기타 유기 용매에는 불용성이고 다이메틸설폭사이드 및 폼아마이드에서 용해될 수 있다. 풀루란은 높은 수용성으로 인해 약물 운반체로 사용될 수 있으며, 혈장 내 약물의 조절 방출을 돕는다. 분자량이 5000~9,000,000 g/mol 범위이고, 직선형 비분지형 사슬이 있으며, 'random-coil' 특성을 갖는 매우 유연한 고분자이다(침전 계수 및 고유 점도 측정에 따라 다름). 풀루란은 무독성, 비돌연변이, 비발암성, 무취, 무미, 식용이며, 상당한 기계적 강도와 접착성, 필름 형성성, 효소 매개 분해성과 같은 기타 기능적 특성을 가진다. 풀루란은 생분해

3 Carbohydrate Polymers 95 (2013), 540-549.

성 고분자이며, 산소 불투과성이고, 인간 장의 소화효소에 의해 공격받지 않으므로 약물의 경구전달을 위한 운반체로 사용될 수 있다. 풀루란 용액은 아라비아고무와 유사하게 상대적으로 점도가 낮으며, 음료 및 소스의 저점도 충전제로 사용할 수 있다. 풀루란 용액의 점도는 열, pH 변화 및 염화 소듐을 포함한 대부분의 금속 이온에 따라 변하지 않는다.[4]

12.2 생산

풀루란은 일반적으로 유전적으로 변형되지 않은 비병원성 및 비독성 *A. pullulans* 균주를 사용하여 특정 매개변수에서 액화 전분을 발효시켜 산업적 규모로 생산하고 있다.

12.2.1 발효에 의한 풀루란 생산

풀루란의 생산은 발효 매개변수, 즉 형태학적 상태 및 곰팡이 균주에 따라 달라진다. 상업적 생산에서 덱스트란의 전분 가수분해물로 구성된 배지에서 10~15% 농도로 배양된다. 발효 배지는 펩톤, 인산염, 기초염으로 구성된다. 배양 배지의 pH는 초기에 pH 6.5로 조정되며, 처음 24시간 동안 pH 3.5로 떨어진다. 배양 배지의 최대 성장은 75시간 이내에 발생하며, 최적의 풀루란 수율은 약 100시간 이내에 얻을 수 있다. 배양물을 교반하고 통기하며 온도를 30°C의 온도로 유지시키며, 초기 기판의 70% 이상의 수율을 얻을 수 있다. 상대적으로 멜라닌이 없는 고분자량 풀루란을 얻는 데는, 배양조건 및 균주선택이 중요한 매개변수로 작용된다. A. 풀루란스 세포는 희석된 배양액의 여과에 의해 배지에서 제거되며, 활성탄으로 처리하면 멜라닌이 제거된다. 풀루란은 유기 용매, 특히 알코올로 침전시켜 회수 및 정제하며, 한외여과 및 이온 교환 수지를 사용하여 2차 정제한다. 풀루란의 생산방법으로는 코코넛 부가 생성물, 비트(beet) 당밀, 농업산업 폐기 탄수화물을 이용하고 있다.

12.2.2 풀루란의 생합성

1) *A. pullulans*에 의한 세포외 다당류 생합성

풀루란 생합성에 대한 두 가지 다른 엑소폴리사카라이드 생성에 대한 관찰에 따르면, 생합성 고분자 중에서 하나는 풀루란이고, 다른 물질은 수불용성 젤리 같은 물질로 관찰

4 Pullulan: An exopolysaccharide and its various applications (Vipul D.PrajapatiGirish K.JaniSimin M.Khanda, Carbohydrate Polymers, 95(1), 2013, 540-549

되었다. 전자현미경 연구에 따르면 풀루란과 불용성 다당류는 모두 비성장 배지에서 주요 다당류 생산자로 간주되는 세포인 *chlamydospores*의 외부 표면에 국한되어 있고, 고밀도의 주변층은 포도당과 만노스로 구성된 (1→3)-글루칸의 내부층을 덮고 있는 망상구조로 배열된 풀루란 사슬로 관찰되었다. 글루칸과 같은 젤리의 생합성 메커니즘은 풀루란과 관련이 있지만, 불용성 엑소폴리사카라이드는 A. 풀루란들의 유전형에 의존한다는 표시가 있다. 특히, 환경 조건, 예를 들어 pH 또는 세포의 형태학적 변화가 세포외 기질의 연관성은 아직 명확하지 않다.

2) pH와 세포형상의 영향

상대적으로 낮은 초기 pH(pH 2.5)는 풀루란의 합성을 억제하지만, 불용성 글루칸의 생성을 자극한다. 풀루란 생산을 위한 최적의 pH 값은 5.5~7.5 사이이다. 바이오매스 성장을 위해 설정된 최적 pH가 4.5 이하라는 점에 주목하라. 풀루란 합성 및 세포 덩어리 성장에 대한 최적 pH 값의 이러한 차이는 두 공정의 독립적인 특성과 간접적으로 상관된다. 풀루란 합성을 담당하는 정확한 세포 유형이 여전히 논쟁의 대상이기는 하지만, 형태와 배양물의 다당류 생산능력 사이의 관계는 다당류 합성과 특정 세포 형태와 관련 있다. 많은 연구에서 풀루란 합성은 A. 풀루란스의 효모 유사 형태에서만 발생하지만, 다른 여러 연구에 의하면 다당류 합성 능력이 클라미도포자 집단의 특징이었기 때문에, pH가 세포의 형태학적 변화를 유발하여 생합성 경로를 추가로 분화시킬 수 있다는 것이 설득력 있는 것으로 판단된다. 중성 pH에서 효모 유사 세포는 매우 높은 분자량의 풀루란을 생성하는 반면, 균사체 및 효모 유사 세포형태의 조합배양은 높은 풀루란 농도에 유리할 수 있다.

3) 생합성 메커니즘

박테리아에서 세포외 다당류 생합성의 생화학적 메커니즘에 관한 많은 연구가 수행되었으나 *A. pullulans*의 풀루란 생합성 메커니즘에 대해서는 상대적으로 거의 이해되지 않고 있다. *A. pullulans*의 풀루란 생합성 및 조절이 밝혀지면 분자적 방법을 사용하여 풀루란 수율을 높이는 것이 매우 쉬울 것이다. 풀루란은 아데노신 삼인산(ATP)과 우리딘 이인산(UDP)-포도당이 반응 혼합물에 첨가될 때 *A. pullulans*의 무세포 효소에 의해 자당으로부터 합성될 수 있다(그림 48).

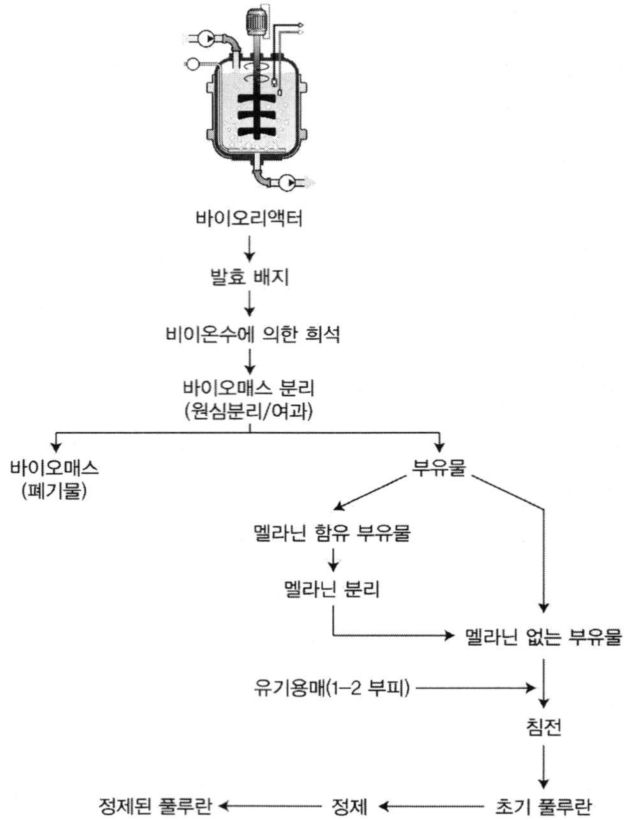

그림 48 풀루란 합성 공정
(출처: YassineMrabet, CC BY-SA 3.0, Wikimedia Commons(바이오리액터))

4) 응용

풀루란은 대부분 무맛이지만 식용이 가능하다. 풀루란의 주요 상업적 용도는 다양한 구취 청정제 또는 구강 위생 제품에 사용되는 식용 필름의 제조이다. 약물 캡슐에 젤라틴의 비건 대용품으로 사용될 수도 있다.

최근 의공학 분야에서 풀루란의 사용이 확장되고 있으며, 이는 풀루란의 비면역원성, 무독성, 생체적합성 및 불활성 특성으로 인한 것이다. 혈청 내 풀루란의 변성 속도는 덱스트란보다 빠르다. 풀루란은 접착력이 있어 섬유, 압축 성형 및 강한 산소 방지 필름을 형성하는 데 사용할 수 있다. 또 용해도를 조절하거나 반응성 그룹을 도입하기 위해 쉽게 유도체화된다. 결과적으로 풀루란과 그 파생 고분자는 식품, 제약 및 산업 분야에 다양하게 응용하고 있으며, 다형성(polymorphic) 곰팡이 *Aureobasidium pullulans*의 일부 균주에 의해 수용성의 세포외 다당류로 합성된다.

이처럼 고유의 특성으로 인해 식품 및 제약 산업 등에서 오랫동안 상업적으로 많은 관심을 받은 풀루란의 독특한 특성은 글리코사이드 결합에 기인한다. 풀루란은 코코넛 부산물, 사탕무 당밀, 농업 산업 폐기물의 발효에 의해 합성되며, 화학 반응을 통해 쉽게 유도체화할 수 있다. 생체의학 및 제약 분야, 조직공학, 이식 분야에서 응용하고 있으며, 약물의 간 및 종양 표적 전달에 사용된다.

12.3 풀루란의 화학 개질

기본 구조식 [α-D-Glucopyranosyl-(1→4)-α-D-Glucopyranosyl-(1→4)-α-D-글루코피라노실-(1→6)]n을 가지는 풀루란 고분자는 주로 아우레오바시디움 풀루란에서 생산된다. 단량체 구성으로 인해 재생 가능한 기원, 생체적합성 및 친수성 특성과 같은 특성이 있으며, 작용기의 화학 개질을 통해 새로운 기능도 유도하고 있다. 단량체 단위당 하이드록시기로 구성된 분자 구조는 황산화, 산화, 에터화, 인산화, 에스터화 반응을 통해 서로 다른 원자 그룹과의 결합을 형성하고, 새로운 기능을 유도하는 반응성 부위를 제공한다. 아세틸화를 통한 에스터화에 의한 풀루란의 화학적 개질은 수소 결합을 형성하는 능력을 감소시키며, 풀루란-아세테이트와 같은 소수성 유도체 합성이 가능하다 (그림 49). 마찬가지로, 고분자 사슬의 공간 배향 변화는 무엇보다도 열적, 형태적, 기계적 특성을 변경한다. 풀루란-아세테이트의 극성특성은 약물의 제어 방출을 위한 자가 응집 나노입자의 제형화에서 중요하며, 의공학 응용을 위한 나노섬유의 개발 및 식품코팅으로 사용하기 위한 바이오필름의 제조에 필수적이다.

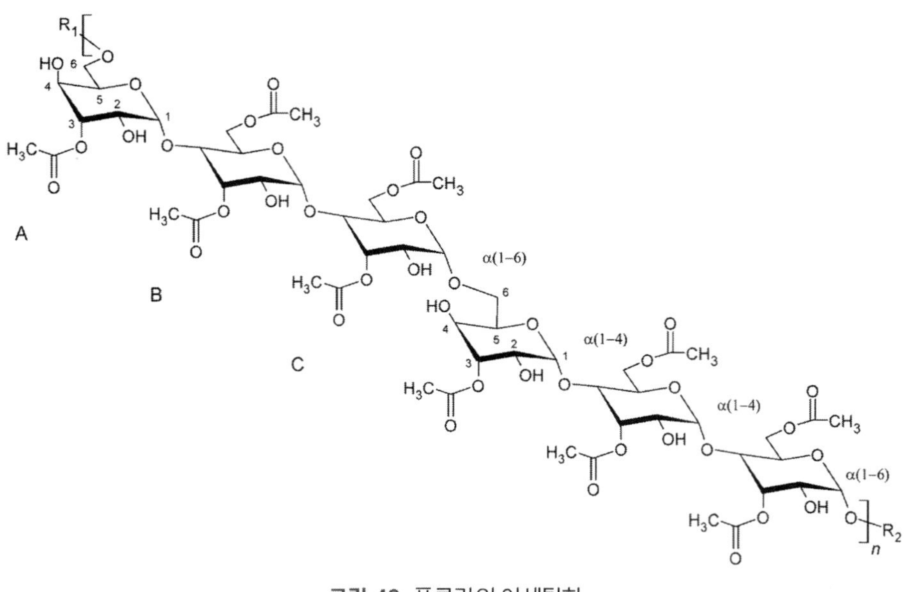

그림 49 풀루란의 아세틸화
(출처: YaFabian Hernandez-Tenorio *et al.*, 2022)

다당류 풀루란 고분자는 클릭 화학을 통해 주사슬에 폴리(3-하이드록시뷰티레이트-co-3-하이드록시발레레이트)를 결합시켜 화학적으로 개질할 수 있다(그림 50). 아자이드 결합된 풀루란을 사용하고 트랜스-에스터화 반응을 통해 PHBHV-alkyne을 합성한 다음, Pull-g-PHBHV 합성을 위해 기능화된 고분자를 CuAAC를 통해 결합시킨다. 그래프트된 고분자 화학 구조는 13C-NMR 및 FTIR를 이용한 화학적 분석과, DSC나 TGA, XRD와 같은 재료의 열 및 결정도 지수의 분석이 수행되었다. 새로 개질된 풀루란 고분자는 생분해성이 뛰어나며 결정화도가 감소되는 등 의공학 분야에의 적용성이 개선되었다. 풀루란 주사슬에 그래프트되는 고분자의 양과 크기를 모두 제어할 수 있으며, 풀루란의 하이드록시기가 더 이상 변형되지 않고 잔존함을 보장하여 다당류의 친수성을 유지하게 된다. 또한, 풀루란과 PHBHV는 모두 생체적합성과 생분해성이 있어 의공학

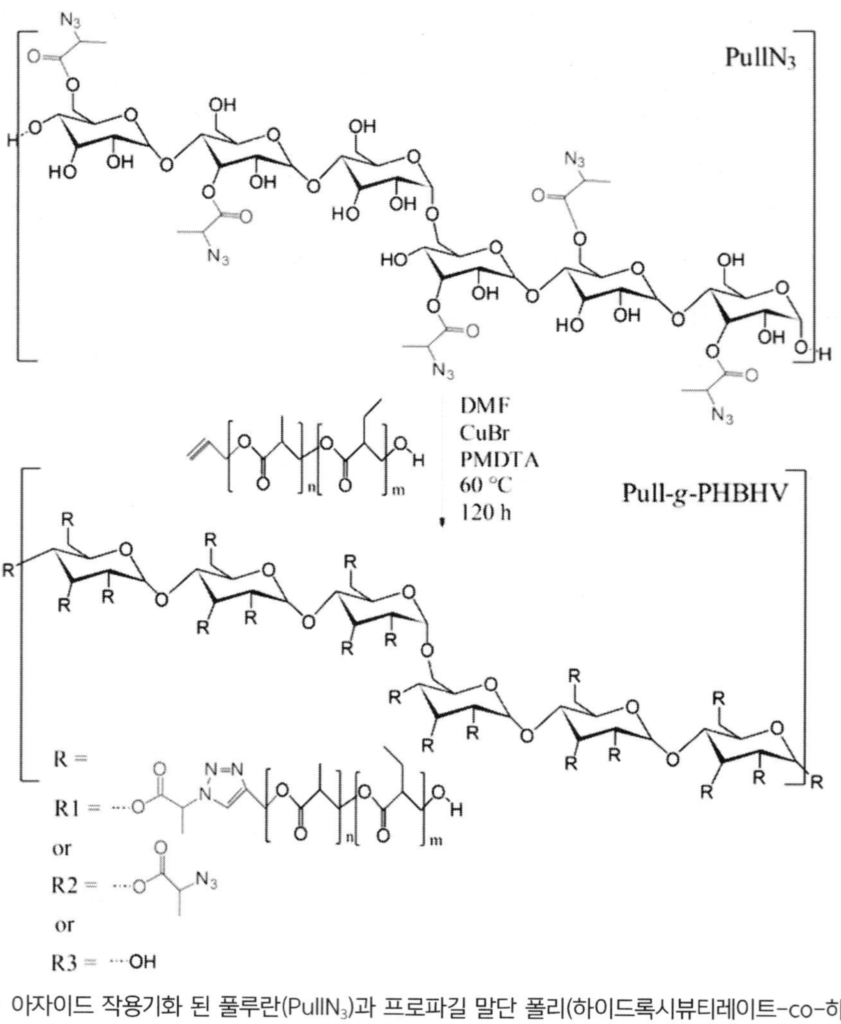

그림 50 아자이드 작용기화 된 풀루란(PullN$_3$)과 프로파길 말단 폴리(하이드록시뷰티레이트-co-하이드록시발레레이트) 사이의 사이클로 첨가 반응 (출처: Layde T. de Carvalho *et al.*, 2020)

분야에 큰 잠재력을 가진 고유한 생체재료를 개발할 수 있다. 활성 성분의 캡슐화 및 제어된 방출 시스템 평가를 위한 입자화가 가능함에 따라 Pull-g-PHBHV 그래프트 공고분자는 주로 약물전달 시스템으로서 의생명 분야에 적용할 가능성이 크다.

그림 51은 7개의 상호 관련된 키워드 그룹이 식별된 동시 발생 분석에서 얻은 키워드의 서지(bibliometric) 네트워크를 보여준다. 그룹화된 주제는 *A. pullulans*(노란색 노드)에서 풀루란의 생산과 관련이 있으며, 약물 달, 나노제형(나노젤, 나노입자, 나노섬유) 및 조직공학(파란색, 하늘색 및 빨간색 노드)을 포함하는 풀루란 및 그 유도체의 가장 널리 사용되는 응용 프로그램이다. 또한 나노입자, 하이드로젤, 조직공학 및 약물전달의 제형에 사용되는 이온 유도체인 카복시메틸-풀루란을 발견했고, 전분, 덱스트란, 키토산과 같은 기타 다당류도 바이오 소재 발을 위해 풀루란 및 그 유도체와 함께 사용된다. 반면에 보고된 주요 키워드는 동시 발생을 기반으로 설정되었으며 Scopus에 따라 출판된 문서에서 풀루란, 다당류, *Aureobasidium pullulans*, 약물전달 시스템 및 나노입자가 더 근접하게 사용된 단어이다. 또한, 서지 분석에 설명된 정보를 통해 A. Pullulans ATCC 15233에서 생산한 풀루란의 변형 유형을 천연 풀루란과 다른 잠재적 물리화학적 특성을 가진 풀루란 아세테이트와 같은 소수성 유도체로 선택할 수 있다.

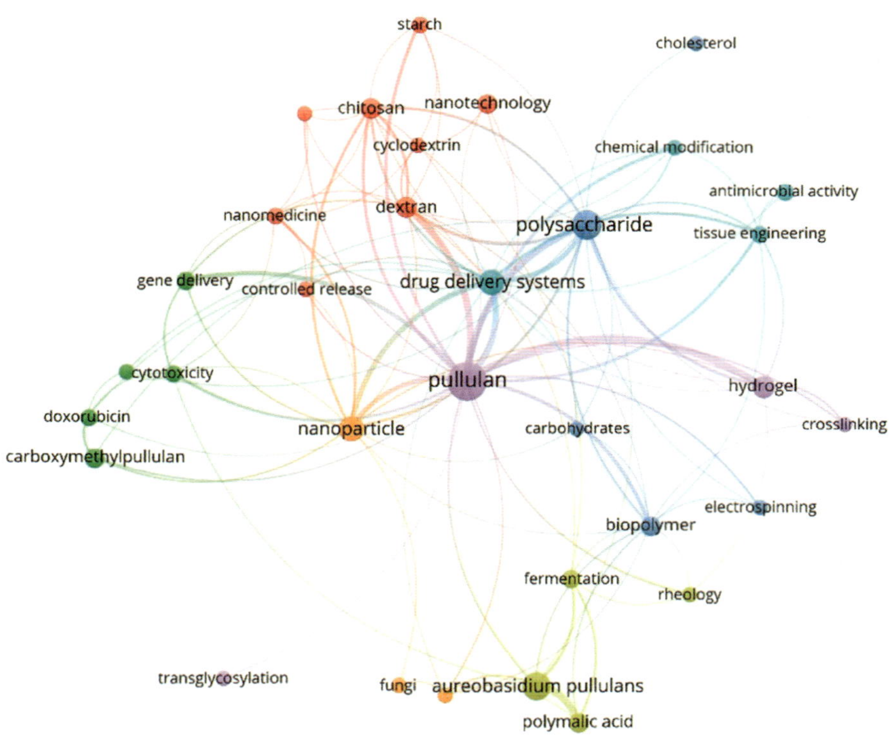

그림 51 풀루란의 응용 예시

(출처: YaFabian Hernandez-Tenorio *et al.*, 2022)

12.4 풀루란의 생분해

풀루란은 플루라네이스, 글루코아밀레이스, 네오플루라네이스와 같은 효소에 의해 분해될 수 있는 생분해성 고분자이다. 생분해 속도는 풀루란을 다른 물질과 혼합하여 제어할 수 있다. 풀루란의 생분해는 α-(1-6)-글루코사이드 결합을 가수분해하여 말토트라이오스를 생성하는 풀루라네이스에 의해 진행되며, 풀루란을 비환원 말단에서 가수분해하여 포도당을 생성하는 글루코아밀레이스 효소와, 풀루란의 α-(1-4)-글루코사이드 결합을 가수분해하여 파노스를 생성하는 네오풀루라네이스 효소에 의해 이뤄진다.

13 사탕수수 유래 생분해성 고분자

지속 가능성과 환경보호를 목표로 하는 사탕수수 유래 생분해성 고분자 소재가 개발되고 있다. 폴리락타이드, 폴리에틸렌/바이오 폴리에틸렌, 폴리하이드록시알카노에이트(PHA) 등과 같은 고분자 및 Poly(butylene adipate terephthalate) (PBAT)와 혼합된 생분해성 고분자를 생산하는 데 사용되고 있으며, 주된 제조 방법과 관련 고분자와 특징들을 알아보자.

13.1 폴리락트산(PLA)

사탕수수에서 추출한 당분을 발효하여 폴리락타이드[젖산, poly(lactic acid)]을 얻고, 이를 중합하여 PLA 고분자를 제조한다. 폴리락타이드는 100% 생분해성이며, 열가소성의 고분자로서 포장재, 3D 프린팅 필라멘트, 섬유 등에 활용한다. 상대적으로 낮은 열 안정성과 강성의 물성을 갖고 있다. 폴리락타이드 고분자는 음식 포장재, 일회용 식기, 의료용 제품(봉합사, 조직 지지체 등) 등의 소재로 적용하고 있다.

13.2 바이오폴리에틸렌

바이오 폴리에틸렌(Bio-PE)은 사탕수수에서 에탄올을 생성한 후, 이를 통해 에틸렌을 생산하여 PE를 합성하고 있는 고분자이다. 기존 석유 기반 PE와 화학적 구조는 동일하지만, 탄소 배출량이 적으며, 생분해는 되지 않으나, 재활용이 가능하므로 플라스틱병, 파이프, 포장재 등에 활용되고 있다.

13.3 PHA

사탕수수에서 얻은 당분을 미생물이 대사하여 생성되는 폴리(하이드록시알카노에이트[Poly(hydroxy alkanoate), PHA]는 100% 생분해되는 소재이다(그림 52). 물속 및 토양에서 자연 분해되며, 기계적 물성이 우수하며 의료용 제품, 포장재, 농업용 필름 등 다양한 용도에 적용하고 있다.

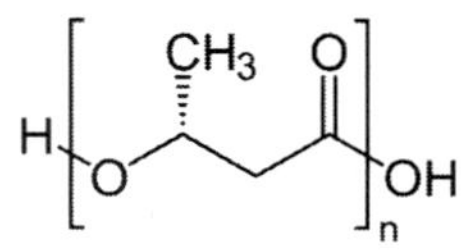

그림 52 폴리(하이드록시알카노에이트) 화학 구조

13.4 PBAT

Poly(butylene adipate terephthalate), 즉 PBAT는 기존 생분해성 고분자 폴리락타이드(PLA)의 한계(강성 부족, 열 안정성 낮음)를 개선하기 위해 PLA와 혼합하여 사용된다. 복합 플라스틱은 강성과 유연성을 조화롭게 제공할 수 있으며, 퇴비화 시설에서 분해할 수 있기 때문에 생분해성 필름과 비닐봉지로 활용하고 있다. 복합체는 탄소 중립(사탕수수가 성장하면서 이산화 탄소를 흡수함)에 장점이 있으며, 폐기 시 발생하는 환경 오염을 감소시키고, 화석연료 의존도를 낮출 수 있다.

그러나 생산 비용이 기존 석유 기반 플라스틱보다 높고, 대량 생산에 필요한 에너지와 물 소비가 크며, 일부 생분해성 고분자는 특정 조건에서만 분해되는(예: 산업적 퇴비화 시설) 단점이 있다. 그럼에도 불구하고, 사탕수수 유래 생분해성 고분자는 지속 가능한 대안을 제공하며, 특히 순환경제와 환경보호 목표를 추구하는 산업에서 점점 더 중요한 역할을 하고 있다.

13.5 타피오카 유래 생분해성 고분자

타피오카 유래 생분해성 고분자는 주로 타피오카의 주성분인 전분(starch)을 기반으로 한 생분해성 소재를 의미한다. 타피오카 전분은 감자, 옥수수, 밀 등 다른 전분원과 유사하지만, 특정 특성과 유리한 가공성을 가지고 있어 생분해성 고분자 개발에 적합하다. 타피오카는 카사바(cassava) 뿌리에서 추출되며, 높은 전분 함량과 순도가 특징이며, 분자 구조가 단순하고 가공 과정에서 쉽게 변형될 수 있어 고분자 형태로 전환이 용이하다.

13.5.1 화학적 특징

타피오카의 주성분인 아밀로스와 아밀로펙틴은 규칙성이 높은 구조를 가지는 것이 특징이며, 다른 전분을 함양한 원료보다 전분 함량이 높아 고밀도의 다당류 폴리머를 형성(젤화)할 수 있어 가공 시에 전달되는 열에 대한 안정성이 굉장히 높은 편이다. 또한 타피오카 유래 전분은 주로 식물 추출을 기반으로 하고 있어 독성이 적기에 생체 내에 활용하거나 식품에 사용하는 생분해성 고분자로 주로 사용한다.

13.5.2 물리적 특징

타피오카 전분은 미세한 입자 크기와 투명성에서 감자전분과 차별된다. 타피오카 전분의 평균 입자 크기는 5~35로, 매우 미세한 구조를 가지기 때문에, 가공 후 플라스틱의 표면 입자감이 적고 투명도가 높다는 장점이 있다. 타피오카 전분은 젤화 과정에서 열과 수분에 의해 가교 구조를 형성하게 되어 높은 생분해성과 가공성을 가지게 된다.

타피오카 전분의 생체적합성은 매우 뛰어나며, 전분을 이용해 만든 고분자 구조의 특징으로 인해 다양하게 활용될 것으로 기대하고 있다. 전분의 내부 구조는 내부 공간, 내외부를 이어주는 통로 그리고 외부의 작은 구멍이 있다. 이러한 구조는 무정형 구조를 만듦으로써 구조적인 안정성을 주며, 내부 공간을 통해 약물전달을 위한 매개체로써 사용할 수 있을 정도로 높은 활용도를 보여준다.

13.5.3 제조 공정

타피오카 유래 생분해성 고분자 제조는 일반적으로 1) 타피오카 뿌리에서 전분을 물리적 또는 화학적 방법으로 추출하는 전분 추출 공정, 2) 전분에 글리세롤과 같은 가소제를 첨가해 유연성을 부여하는 가소화 공정, 3) 고분자 형태로 가공하기 위해 플라스틱화 및 필름화 공정 및 4) 폴리락트산(PLA) 등 다른 생분해성 고분자와 혼합하여 성능 향상의 추가 변형 공정으로 구성된다.

타피오카 유래 생분해성 고분자는 재생 가능 자원을 기반으로 제조하고, 자연 분해가 가능하기 때문에 기존 석유 기반 플라스틱의 환경적 문제를 완화할 수 있는 고분자임에도, 물리적 특성이 기존 플라스틱에 비해 약하고, 높은 습도에서 안정성 문제가 있으며, 제조 비용이 상대적으로 높은 단점이 있다. 그럼에도 불구하고, 타피오카 유래 생분해성 고분자는 지속 가능한 소재 개발을 위한 유망한 대안으로, 특히 친환경 포장재와 일회용 제품 분야에서 많은 주목을 받고 있다.

14 갑각류 유래 생분해성 고분자(키토산)[5]

키토산 고분자는 자연에서 얻을 수 있는 생체 고분자 중 하나로, 갑각류(새우, 게 등)의 껍질, 곤충의 외골격, 곰팡이의 세포벽 등에서 주로 추출되며, D-글루코사민과 N-아세틸글루코사민으로 이루어진 선형 다당류 고분자이다. 셀룰로스 다음으로 지구상에 풍부하게 존재하며, 생체친화성, 생분해성, 항균성 등 다양한 우수한 특성으로 인해 의료, 식품, 환경 등 다양한 분야에서 활용된다.

14.1 키토산의 구조와 특징

키틴(그림 53)이라는 물질에서 아세틸기를 제거하여 얻어진 키토산(그림 54)은 양이온성을 띠고 있어, 다양한 기능성을 나타낸다. 키틴과 탈아세틸화된 유도체인 키토산은 N-아세틸-2 아미노-2-데옥시-D-글루코스(글루코사민, GlcN)와 2-아미노-2-데옥시-D-글루코스(N-아세틸-글루코사민, GlcNAc) 잔기의 다양한 양의 (β1→4) 연결 잔기로 구성된 선형 다당류 계열이다. 키토산은 1차 아민 양성자화를 통해 수용성 산성 매질에 용해된다. 반면 키틴의 경우 아세틸화된 잔기의 수가 많아 고분자가 수용성 산성 매질에 용해되는 것을 방지한다.

키틴은 갑각류의 외골격, 곤충의 큐티클, 조류 및 균류의 세포벽에서 발견되므로 자연에 매우 풍부한 생체 고분자이다. 상업용 키토산 시료는 주로 갑각류 공급원에서 키틴을 화학적으로 탈아세틸화하여 생산된다. 최근에는 균류에서 추출한 키토산이 채식주의 수요에 힘입어 시장에서 관심을 얻고 있으며, 점도가 낮다는 측면에서 더 잘 제어되고 매우 높은 탈아세틸화 정도를 나타낸다. 키틴과 키토산 고분자가 보여주는 수많은 생물

5 Aranaz I, Alcantara AR, Civera MC, Arias C, Elorza B, Heras Caballero A, Acosta N., "Chitosan: An Overview of Its Properties and Applications." Polymers (Basel). 2021 Sep 24;13(19):3256. doi: 10.3390/polym13193256. PMID: 34641071; PMCID: PMC8512059.

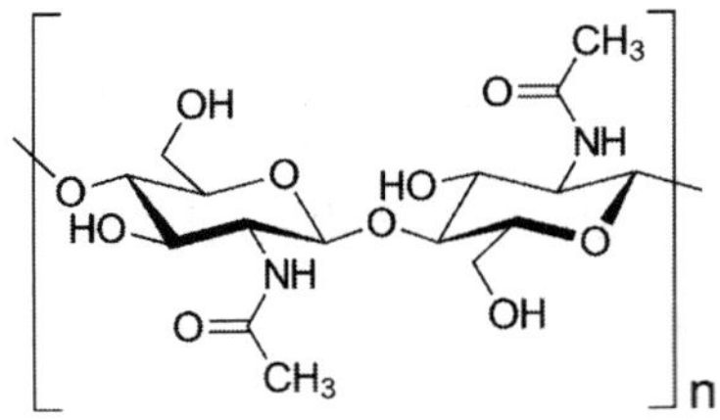

그림 53 키틴의 구조

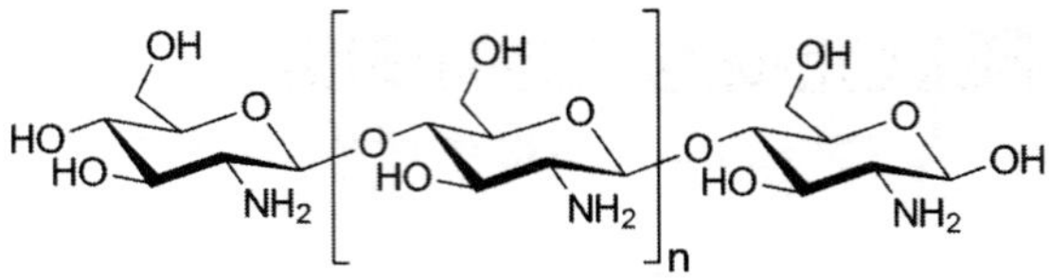

그림 54 키토산 구조

학적 및 기술적 특성은 물리화학적 특성(주로 분자량 및 아세틸화 정도)과 밀접하게 관련되어 있다.

키토산은 키틴의 화학 구조에서 아세틸 분자를 제거하여 생성된 천연고분자이며, 아세틸기의 제거 정도에 따라 키토산의 물성이 달라지므로 이를 기준으로 키토산을 분류한다. 키토산은 자연에서 유일한 폴리양이온이며, 전하 밀도는 아세틸화 정도와 매질의 pH에 따라 달라지고, 중합체의 용해도는 아세틸화 정도와 분자량에 따라 달라진다. 키토산 올리고머는 산성에서 염기성(즉, 생리적 pH 7.4)까지 넓은 pH 범위에서 용해된다. 반면에 더 높은 분자량을 가진 키토산은 높은 탈아세틸화 정도에서도 산성 수성 매질에만 용해된다. 중성 및 염기성 pH에서 용해도가 부족하여 중성 생리적 조건(즉, pH 7.4)에서 일부 응용 분야에서 키토산을 사용하는 데 방해가 되기 때문에 용해도를 가진 많은 수의 키토산 유도체를 합성하고 있다.

14.2 키토산의 기술적 특성

14.2.1 용해도

키토산은 키틴의 탈아세틸화에 의해 생산되는 과정에서 일부 N-아세틸글루코사민 부분이 글루코사민 단위로 전환된다. 키토산 구조에 많은 양의 양성자화된 $-NH_2$기가 존재하기 때문에 pKa 값이 약 6.5이므로 산성 수용액에서 용해된 모든 아미노기의 약 50%가 양성자화되면 키토산이 용해된다.

키토산 용해도는 고분자 분자량, 아세틸화 정도, pH, 온도, 고분자 결정성과 같은 다양한 요인에 따라 달라진다. 키틴의 균일한 탈아세틸화(알칼리 처리, 0°C)는 28%로, 낮은 수용성 아세트산 용액에 용해되는 고분자를 생산할 수 있게 하며, 이 값은 불균일한 탈아세틸화(알칼리 처리, 고온)에서는 도달하지 못하고, 탈아세틸화가 49%이므로 물에 용해된다. 이러한 거동은 균일한 탈아세틸화가 글루코사민 단위 수의 증가와 고분자의 결정 구조 변형으로 이어진다는 사실에 의해 설명된다. 키틴은 탈아세틸화 정도에 따라 결정 크기와 결정 완벽성이 달라지고, β-키틴에 가까운 새로운 결정 구조의 존재까지 다양하다. 키토산 용해도에 대한 결정성과 분자 간 또는 분자 내 힘의 역할로 인해 모체 키토산 고분자는 무수 아세트산으로 반쯤 2차 산-아세틸화되거나 균일한 조건에서 완전히 N-탈아세틸화된다. 2차 산-아세틸화 후 고분자의 용해도는 pH 7.4까지 확장되고, 완전히 탈아세틸화된 키토산의 용해도 범위가 약간 감소하는 결과를 보인다. 낮은 용해도는 탈아세틸화 후 고분자 결정성이 증가하여 글루코사민 부분의 증가 효과를 상쇄하기 때문이다. 반대로, 반-아세틸화된 고분자에서는 결정성이 감소하는 것이 관찰된다. 요소나 구아니딘 염산염과 같은 수소 결합 파괴제를 사용하면 키토산의 용해도 범위가 변경되며, 수소 결합의 화학적 및 물리적 파괴를 조합하여 광범위한 용해도가 달성된다.

14.2.2 점도

키토산 고분자의 점도는 고점도 용액을 관리하기 어렵기 때문에 기술적 관점에서 매우 흥미로운 매개변수이며, 점도 측정법은 절대적인 방법은 아니지만 간단하고 빠른 방법이기 때문에 키토산의 분자량을 결정하는 강력한 도구로 사용된다. 이때는 용매에 특정한 상수를 결정해야 한다. 평균 분자량은 이 매개변수를 고유 점도와 연관시키는 Mark-Houwink-Sakurada 방정식에 의해 결정된다.

$$\eta = KMv^{\alpha} \quad \text{식-(1)}$$

여기서 K와 α는 실험적으로 결정해야 하는 상수이며, 용매 구성, pH 및 이온 강도에 따라 여러 가지 K와 α 값이 보고되었다.

키토산 점도는 고분자의 분자량과 탈아세틸화 정도에 따라 달라지며 키토산의 분자량이 감소함에 따라 감소한다. 점도는 고분자 분해로 인해 고분자 보관 중에 감소하기 때문에, 용액에서 고분자의 안정성을 결정하는 데 사용할 수 있다. 전단 점도는 키토산 탈아세틸화 정도에 따라 증가하며, 동일한 속도에서의 전단 점도는 다른 탈아세틸화 정도(91% 대 75%)를 가진 두 키토산 고분자에서 비교하여 고유 점도로 표현된다. 즉, 전단 점도는 탈아세틸화 정도가 가장 높은 키토산에서 더 크다. 이는 곡선을 평가했을 때 두 키토산 고분자 모두에서 직선이 관찰되는 특성으로 인해 산성 매질에서 아민 양성자화로 인해 양이온성 폴리-전해질이기 때문이다. 따라서 탈아세틸화 정도가 높을수록 고분자 사슬에서 더 많은 글루코사민 단위가 발견되어 더 큰 전하 밀도로 이어지기 때문에 더 큰 사슬 확장이 예상된다.

14.2.3 키토산 화학

키토산에서 발견되는 반응기는 1차 아미노 그룹(C2)과 1차 및 2차 하이드록실 그룹(C6, C3)이다. 글리코사이드 결합과 아세트아마이드기도 작용기로 간주될 수 있고, 이러한 작용기 그룹은 많은 수의 변형을 허용하여 새로운 특성과 거동을 가진 키토산 유도체 고분자를 생산한다(그림 55).

키토산 유도체는 키토산의 용해성이나 생분해성과 같은 특성을 개선하거나 새로운 기능이나 특성을 도입하기 위해 생산되었다. 예를 들어, 수용액 매체에서 용해성은 탈아세틸화, 탈중합 또는 4차화 등의 공정을 통해 개선되었다. 키토산의 개질 후 새로운 키토산의 예로, 6-O-황산염 키토산은 신경 세포 분화를 촉진하는 반면 인산화된 키토산은 부식 억제 기능을 제공한다.

분해성 글리코사이드 결합이 존재하기 때문에 키토산을 분해하여 분자량을 줄일 수 있다. 키토산 분해(고분자 크기)를 제어하면 용해도나 점도와 같은 일부 특성을 제어할 수 있다. 또한 키토산의 생물학적 및 기술적 특성을 조절할 수 있다. 키토산 분해는 산 가수분해, 산화-환원 또는 아질산 탈중합, 초음파 분해 또는 특정 및 비특정 효소를 사용한 효소 분해와 같은 다양한 메커니즘을 통해 유도할 수 있다. 키토산에는 -D-D-,

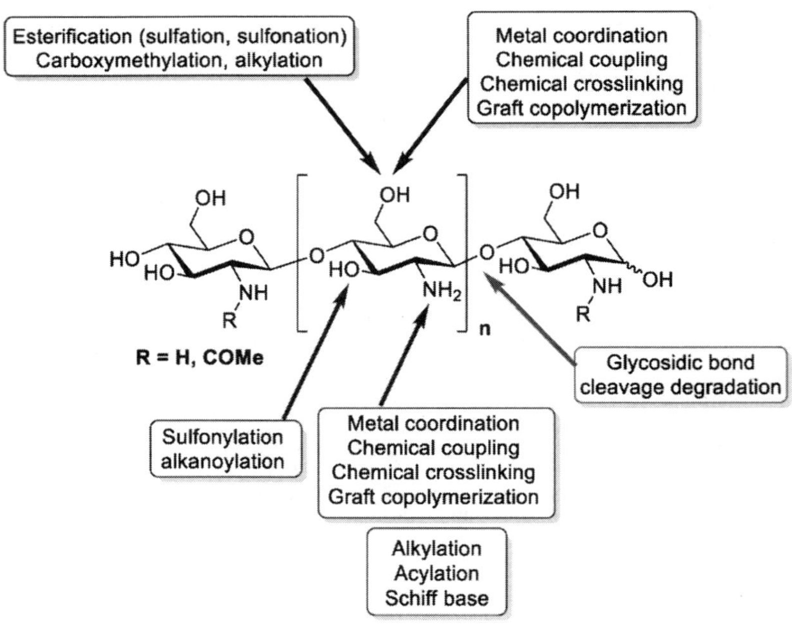

그림 55 키토산 화학반응

-A-A-, -A-D-, -D-A-의 네 가지 유형의 글리코사이드 결합이 있다(여기서 A와 D는 각각 N-아세틸글루코사민과 글루코사민 단량체를 나타낸다). 공정에 따라 특정 결합이 끊어지는 경우가 많으므로 다른 방법을 선택하여 동일한 모체 키토산에서 다른 고분자를 생산할 수 있다. 화학적 및 물리적 분해 방법은 효소에 의한 분해 방법보다 선택성이 낮으나, 공정 매개변수를 제어함으로써 키토산 고분자의 크기를 어느 정도 제어할 수 있다. 키토산의 초음파 분해는 회수된 고분자의 아세틸화 정도나 다분산도에 영향을 미치지 않기 때문에, 중합체의 적당한 분해가 가능하다. 키토산 분해 속도는 모체 키틴의 아세틸화 정도에 따라 달라지며, 초기 분자량에는 영향을 받지 않는다.

다른 한편으로, 과산화 수소는 초음파 방법보다 더 빠른 방식으로 키토산의 무작위 분해를 일으켜 상당수의 단량체와 키토올리고당을 생성하며, 그 구성은 온도와 H_2O_2 농도에 따라 달라진다. 아질산 키토산 분해는 HNO_2가 글루코사민의 1차 아민을 공격하고 이어서 글리코사이드 결합이 절단되기 때문에 다소 특이적 반응이라고 볼 수 있다. 화학 공정은 다량의 단량체(D-글루코사민)를 생성하고 의도된 최종 생성물이 저분자량 키토산이 아니라 키토올리고당인 경우 수율이 낮다. HNO_2는 새로운 환원 말단에서 2,5-언하이드로-D-만노스의 형성을 유발하는 문제가 있다. 키토산이 HCl에 의해 분해될 때, 고분자는 잔류물 사이의 O-글리코사이드 결합의 가수분해가 되며, N-아세틸 결합도 늦은 속도로 가수분해될 수 있다. D-D 및 D-A 글리코사이드 결합의 가수분해 속도는 A-A 및 A-D의 가수분해보다 낮으므로, 환원 말단에서는 아세틸화된 단위가 지배적이다. 메탄올을 사용한 조절된 침전 방법을 사용하여 낮은 분자량 올리고머가 거의 없는 최대 16의 고분자 중합도를 갖는 키토올리고당을 좋은 수율로 얻을 수 있다.

키토산의 특정 효소 분해는 키토사네이스 및 키티네이스라는 효소 계열에서 발생한다. 키토사네이스는 부분적으로 아세틸화된 키토산의 β-1,4-글리코사이드 결합의 엔도 가수분해를 촉매하여 단량체 방출이 거의 없는 키토산 올리고당(COS)을 방출하는 글리코실 가수분해효소이다. 키토사네이스는 -DD·DA- 패턴 또는 -DD·DD- 패턴의 글리코사이드 결합을 절단하여 키토산을 특이적으로 가수분해한다. 키티네이스는 A-A 및 A-D 결합을 모두 분해할 수 있고 D-D 결합에는 활성을 나타내지 않는 글리코실 가수분해효소이다. 키티네이스는 작용 모드에 따라 두 가지 주요 범주(엔도-키티네이스 및 엑소-키티네이스)로 분류할 수 있다.

비특이적 효소, 즉 무차별 효소라고도 불리는 효소도 키토산을 분해할 수 있으며, 프로테이스, 라이페이스, 셀룰레이스, 헤미셀룰레이스 계열에 속한다. 라이소자임은 중합체 생분해와의 관계로 인해 가장 많이 연구된 효소 중 하나이며, A-A-A-A-패턴 또는 A-A-A-D-패턴의 글리코사이드 결합을 절단하여 키토산을 가수분해하는 프로테이스 효소이다. 그러나 A-D-A-패턴 또는 D-D-A-A는 라이소자임에 의해 가수분해되지 않거나 매우 느리게 가수분해된다. 라이소자임 외에도 펩신, 파파인, 프로네이스와 같은 다른 단백질 분해효소는 키토산의 탈중합을 일으켜 저분자 키토산(4~10 kDa)을 주요 생성물로 만들고, 키토-올리고당과 단량체를 소량으로 만들어 낸다. 파파인과 펩신이 유사한 작용 패턴을 가진다. 두 효소 모두 모체 키토산과 비교했을 때 저분자량 키토산 아세틸화 정도를 감소시켰다. 중합도 2~6은 상층액 단량체(D 및 A)와 올리고머에서 검출되었고, 프로네이스는 글루코사민이 검출되지 않았기 때문에 다른 거동을 보였다. A-A 및 A-D를 통해 선택성을 보였으며, 환원 말단에 A 단량체가 있는 생성물을 생성했다.

중성 프로테이스는 탈아세틸화 정도에 따라 키토산을 분해하며, 중합도가 높을수록 K_m이 높아지고 V_{max}가 낮아진다. 분해하는 동안 회수된 저분자량 키토산의 중합도가 감소한다. 부분적으로 가수분해된 키토산을 분석한 결과, 중성 효소는 D-D 및 A-D β-1,4-글리코사이드 결합을 분해하여 환원 말단에 A 잔기를 갖는 헤테로 올리고당 혼합물을 생성했다. 고분자량 키토산 고분자는 효소의 친화성이 낮고 분해 속도가 더 느리다. 반면에, 헤미셀룰로스 분해와 관련된 효소인 헤미셀룰레이스는 키토산의 탈아세틸화 정도에 따라 키토산 분자량을 감소시키는 능력을 보였으며, 중합도가 85%인 키토산 고분자를 테스트했을 때 더 낮은 분자량의 고분자를 만들었다.

라이페이스는 키토산을 가수분해하는 능력이 있으나, 분해 속도는 프로테이스나 헤미셀룰레이스 같은 다른 효소보다 느리다. 상업용 라이페이스는 반응 온도를 제어하면 엑소 및 엔도 절단 모드 모두에 작용할 수 있고, 분자량이 낮은 키토산 또는 키토올리고당을 생성한다. 최종 고분자는 엑소 유형 모드에서 키토산에 작용했음을 나타내는 반면에, 가수분해 중 점도가 급격히 감소한 것은 초기 가수분해 단계에서 엔도 분할이 발생했음을 나타냈다. 따라서 반응 시간을 제어함으로써 최종 생성물을 높은 중합도 또는 단량체를 갖는 올리고머로 분해할 수 있다. 고분자의 다분산성은 사용된 효소에 따라 달라졌고, 밀 배아의 라이페이스는 매우 넓은 분자량을 갖는 고분자를 생성한 반면에, 다분산성을 더 잘 제어한다.

14.3 생물학적 특성

키틴, 키토산, 올리고당 및 유도체는 항종양, 항균, 항산화 및 항염증 활동을 포함한 많은 생물학적 활성을 가지므로 치료용 고분자로 사용될 수 있다. 오늘날까지 키토산과 키토산 염산염은 규제 기관에서 부형제로만 허용되고 질병 치료용 약물로는 허용되지 않고 있다.

14.3.1 항균 활성

키토산, 키토산 유도체 및 키토올리고당은 박테리아, 필라멘트 균류 및 효모를 포함한 다양한 미생물에 대해 항균 활성을 가지고 있다. 키토산은 박테리아가 키토산을 배지에서 제거한 후에도 자랄 수 있기 때문에 성장 억제 활성이 있는 것으로 보인다. 세포가 키토산에 적응하면 내성 집단이 나타날 수 있으므로 이는 중요한 특성이다.

키토산은 pH 6.5 이상에서 용해도가 낮기 때문에 키토-올리고당은 물에 녹는 특성을 이용하여 폴리양이온성 살생제로 사용하는 것이 가능하다. 황산염 키토산, N-트라이메틸 키토산, N-다이에틸메틸 키토산 또는 2,6-다이아미노 키토산과 같은 키토산 용해성 유도체도 산성 환경을 사용하지 않고 항균 활성이 있다. 이러한 항균 활성으로 인하여 키토산은 식품, 섬유, 화장품 산업 등 다양한 분야에 적용된다.

키토산은 이동 염기를 형성하는 능력이 있으므로, 피라졸 고리 및 푸라닐, 피리딜 또는 싸이오페닐 부분을 포함하여 헤테로-고리 부분을 기반으로 하는 새로운 키토산 유도체가 개발되었다. 이러한 유도체는 수용성 매체에서 더 높은 용해도를 나타내지 않으나, 모체 키토산과 비교했을 때 그람 양성 미생물에 대한 성능이 향상된다.

14.3.2 항산화

산화 스트레스와 알츠하이머병, 파킨슨병, 헌팅턴병, 근위축성 측색경화증, 암 등 여러 질병 간의 관계로 인해 항산화제가 관심을 받고 있다. 이는 또한 당뇨병과 같은 다른 질병의 합병증과도 관련이 있다. 키토산은 아미노기와 여러 개의 하이드록시기를 함유하고 있고, 소거 능력을 나타내는 자유 라디칼과 반응할 수 있다. 키토산 황산염이나 N-2 카복시에틸 키토산과 같은 일부 키토산 유도체는 향상된 항산화 활성을 나타냈다. 키토올리고당도 갈산이나 페놀 화합물로 키토산 고분자를 개질하는 것과 같이, 항산화 활성을 향상시키기 위해 화학적으로 키토산을 개질하였다.

14.3.3 항염증

염증 과정은 조직 손상과 관련된 신체의 자동적인 생리적 반응이며, 염증 반응의 주요 목표는 순환 백혈구와 혈장 단백질을 감염 또는 조직 손상 부위로 가져와 가능한 경우 원인 물질을 제거하고 치유 과정을 시작하는 것이다. 염증은 생존에 필요하지만 매우 심하거나, 원인 물질을 근절할 수 없거나, 숙주를 향해 염증이 발생하면 염증 과정이 손상을 일으킬 수 있다. 염증 과정은 자유 라디칼 생성과 밀접한 관련이 있으며, 키토산의 분자량이 감소하고 키토-올리고당이 더 높은 활동을 보일 때 더욱 활성된다.

셀룰로스로 키토산(300 kDa)을 분해한 후, 중간 분자량, 저분자량 및 키토-올리고당을 갖는 분해된 중합체의 활성을 지질-다당류로 유도된 쥐 대식세포 모델에서 NO(산화질소) 분비, 사이토카인 생성 및 미토겐 활성화 단백질 키네이스 경로 측면에서 테스트했을 때, 키토산(모체, 중간 및 낮음)은 NO 생성을 상당히 억제했다.

14.4 키토산의 산업적용

14.4.1 약물전달체

키토산은 인체에 무해하며, 생체조직과 잘 접착되어 조직공학, 약물전달 시스템 등에 활용될 수 있는 생물학적 및 물리화학적 특성을 보여준다. 키토산의 주요 특징인 양이온성 아미노기는 제어된 약물 방출, 점막 접착, 현장 젤화, 형질감염, 투과 향상 및 유출 펌프 억제와 같은 특성을 가진다. 더욱이, 중추 신경계(CNS)의 생물의학적 구현으로 인해 혈액 뇌 장벽(BBB)을 통과할 수 있는 능력 키토산의 능력에 관심이 증가했다.

키토산 염(키토산 염산염)은 2002년 약전에 의해 승인되었고, 거의 10년 후에 유럽 약전 6.0과 미국 약전(USP) 34-NF의 29번째 판에 부형제로 처음 소개되었다. 이후로 약물전달에서 키토산의 사용과 관련된 논문발표가 급격히 증가되어 현재도 많은 관심을 받고 있다.

이외에도 키토산은 빠른 상처 치유 촉진 및 감염 예방을 위한 상처 드레싱, 인공 장기 개발, 연골 재생 등에 사용되는 조직공학 소재이다. 또한 의료기기 코팅, 인공 피부 등에 사용되는 생체 재료이며, 보존료, 항산화제, 젤화제 등에 사용되는 식품 첨가제로도 기능한다. 다이어트 식품, 면역력 증강 식품 등 기능성 식품으로도 자리 잡았으며, 중금속 흡착, 오염 물질에도 효과가 있어 수질 정화물질로의 활용도도 있다. 농약을 대체할 수 있는 토양 개량제, 보습제 및 항균제로 사용되는 화장품 및 기능성 섬유 등 그 활용은 무궁무진하다.

따라서 키토산은 지속 가능한 미래를 위한 친환경 소재로 주목받으며, 연구 개발이 활발하게 진행되고 있다. 특히 나노기술과의 융합을 통해 키토산의 기능을 더욱 향상시키고, 새로운 응용 분야를 개척하려는 노력이 진행되고 있다. 개인 맞춤형 치료를 위한 새로운 의료 소재로 활용되는 맞춤형 의료분야, 다양한 외부 자극에 반응하는 스마트 소재로의 스마트 소재분야, 플라스틱 대체, 바이오 연료 생산 등에 활용되는 친환경 산업 소재로서 점점 각광받고 있는 것이다.

14.4.2 식품 포장재로의 적용

키토산의 특성은 독립적이 아니라 상호 의존적이며 키토산의 고유한 특성은 주로 키틴 구조의 탈아세틸화 결과로 형성된 키토산 사슬의 아민기의 존재에 기인한다. 아민기의 양성자화 정도는 키토산 사슬의 전하 밀도를 결정하며, 이는 수용성 매체에서 키토산의 용해도에 직접적인 영향을 미친다. 또한 pH를 변화시키면 아민기의 양성자화가 변하여 키토산의 전하 밀도와 용해도가 달라질 수 있다. 게다가 키토산의 사슬 형태도 전하 밀도의 영향을 받는데, 유사하게 하전된 그룹으로 인해 사슬에 반발력이 생겨 사슬이 확장된다. 따라서 사슬 형태는 식품 포장과 관련하여 중요한 가치를 갖는 키토산 필름의 기계적 특성과 차단 특성에 영향을 미친다. 더 높은 탈아세틸화도에서 사슬 간 상호작용이 더 유리하여 용액의 동적 유동학이 향상되기 때문에 탈아세틸화도와 그에 따른 용해도는 필름 형태가 의존하는 필름 형성 용액의 유동학을 결정하는 중요한 요소이며, 키토산 필름의 항균 활성도 탈아세틸화도에 따라 달라진다. 즉, 키토산의 하전된 아미노기가 음전하를 띤 미생물 세포막과 상호작용하여 분해되고 미생물 세포가 죽는 것을 담당한다. 이러한 하전된 작용기는 키토산에 특징적인 이온 결합 특성을 부여하며, 폴리머가 활성 성분인 금속 이온이나 나노입자와 결합하여 복합체를 형성하는 데 도움이 된다. 따라서 하전된 아민기가 존재하기 때문에 키토산은 활성 및 항균 식품 포장에 적합한 고분자로 사용한다. 겔화 또는 가교 결합 특성은 식품포장 측면에서 키토산의 또 다른 중요한 특성이다. 겔화가 일어나려면 탈아세틸화된 그룹의 부분 아세틸화가 수행되거나, 키토산 사슬 사이에 가교 결합을 형성하는 데 책임이 있는 적절한 가교 결합제가 첨가된다. 필름을 형성하기 위해 건조될 때 겔화된 키토산은 적절한 내수성과 수분 차단 특성이 식품 포장재로 적합하다.

식품 포장재로 사용되는 중요한 특성은 생분해이며, 식품 포장재의 역할이 끝나면 자연으로 돌아가고 도시 고형 폐기물로 축적되지 않아야 한다. 키토산의 효소 분해 특성은 키토산을 식품 포장 목적으로 적합한 재료로 만들고 있으며 키토산을 분해하는 가수분해 효소는 자연에 널리 분포되어 있기 때문에 식용 코팅 및 필름에도 활용할 수 있다. 체액에 존재하는 라이소자임은 키토산을 쉽게 소화할 수 있으므로 음식과 함께 섭취하기에 적합하다. 키토산 유연한 키토산 포장재는 나노물질이 포함된 필름, 점토가 포함된 필름, 다당류 입자, 섬유 및 수염이 포함된 필름, 천연 오일 및 추출물이 포함된 필름, 가소제 및 가교제가 포함된 필름, 항균제가 포함된 필름으로 제조하고 있다.

식용 필름은 필름 형성 고분자 매트릭스, 용해되는 용매 또는 필름에 통합된 필러, 가소제, 가교제 또는 생물학적 활성제와 같은 첨가제 등 식품 등급 구성 요소로만 구성된 필름을 사용하고 있다. 식용 코팅과 달리 유연한 필름은 별도로 생산된 후 식품 표면에

도포되거나 식품 포장이 이루어지는 밀봉 가능한 파우치인 독립형 구조를 가진다. 반면에 식용 코팅은 침지, 분무 및 팬닝과 같은 여러 가지 방법을 통해 식품 표면에 직접 형성되거나, 회전 용기에 식품 재료와 코팅 용액을 모두 섞은 후 건조하여 사용한다. 식용 코팅은 한계가 있으며 기존 포장재를 완전히 대체하기에 적합하지 않으나, 식품과 환경 간의 수분, 향 및 가스 교환을 조절하고 식품 표면을 오염 및 변색으로부터 보호하여 식품의 유통기한을 연장할 수 있는 잠재력이 있다.

키토산은 식용 코팅에 단독으로 또는 다른 생체고분자나 첨가제와 함께 널리 사용된다. 가공되지 않은 또는 가볍게 가공된 과일, 채소, 생선 및 육류 제품에 식용 코팅을 하기 위해 키토산 물질이 활용된 연구도 있다. 키토산을 올레산과 결합하여 냉장 보관된 딸기를 코팅했을 때, 코팅이 딸기의 기계적 특성과 색상을 보존하는 것이 관찰되었으며, 딸기를 곰팡이 병원균으로부터 보호하여 유통기한이 연장되었다. 식용 키토산 코팅은 또한 미생물 성장을 억제하여 슬라이스 과일의 유통기한을 향상시킨다. 또한 키토산 코팅은 미생물 공격을 감소시키고 황변 및 개화 꽃을 억제하여 감각적 속성의 유지를 촉진했다. Ag-키토산 복합 나노 구조가 포함된 키토산 코팅된 과일은 미생물에 의한 열화에 더 강했고, 그람 양성균과 그람 음성균 모두에 대해 항균 효과를 보였다. 버섯에 키토산-구아검 복합 코팅을 사용하여, 장기 보관 시 버섯의 특성을 유지하는 데 성공함으로써 키토산의 식용 코팅은 포장재로 적합한 플라스틱이라는 것을 입증했다.

CHAPTER

04

단백질 생분해성 고분자

1 콜라겐

콜라겐(collagen)은 척추동물에서 28개의 종류가 있고, 각각의 콜라겐 고분자들은 고유한 특성과 기능을 가진다. 콜라겐은 결합조직의 주요 구조 성분으로, 특히 근육, 골, 피부, 연골과 같은 하중을 받는 부분에서 로프 모양의 단백질이 하중을 전달한다(그림 1). 콜라겐 I형은 피부, 근육, 골에서 가장 풍부하고, III형과 V형은 상대적으로 적으며, 연골은 주로 II형으로 구성되어 있다.

거의 모든 조직에서 다른 종류의 콜라겐을 볼 수 있고, 이들은 그물망 또는 진주 목걸이 같은 형태로 존재한다. 모든 콜라겐은 부분적으로 삼중 나선으로 구성되며, 동일하거나 매우 유사한 폴리펩타이드 사슬에 의해 형성되어 동종/이종 삼량체(trimer)를 만든다. 일반적으로 1개의 콜라겐 분자는 1개의 고분자이며, 삼중 나선으로 콜라겐을 형성한다. 콜라겐 분자의 모든 삼중 나선 고분자는 세 번째 위치마다 글라이신이 반복되는 $(Gly\text{-}X\text{-}Y)_n$ 구조를 가지며, X와 Y는 각각 21개의 아미노산 중 하나로 구성된다. 글라이신은 가장 작은 아미노산이며, 글라이신의 -H 측쇄는 항상 삼중 나선의 가운데에 위치한다. X와 Y는 보통 프롤린과 하이드록시프롤린이며, 글라이신과는 다르게 -H 측쇄는 중심축에서 돌출되어 있다. 콜라겐 구조에 따라 콜라겐의 형상이 다르다(표 1). 예를 들어, 콜라겐 I, II, III, V, XI, XXIV, XXVII 형상은 피브릴 구조를 가지고 있는 반면에, 콜라센 XV, XVIII은 멀티플렉신 구조를 가지고 있다.

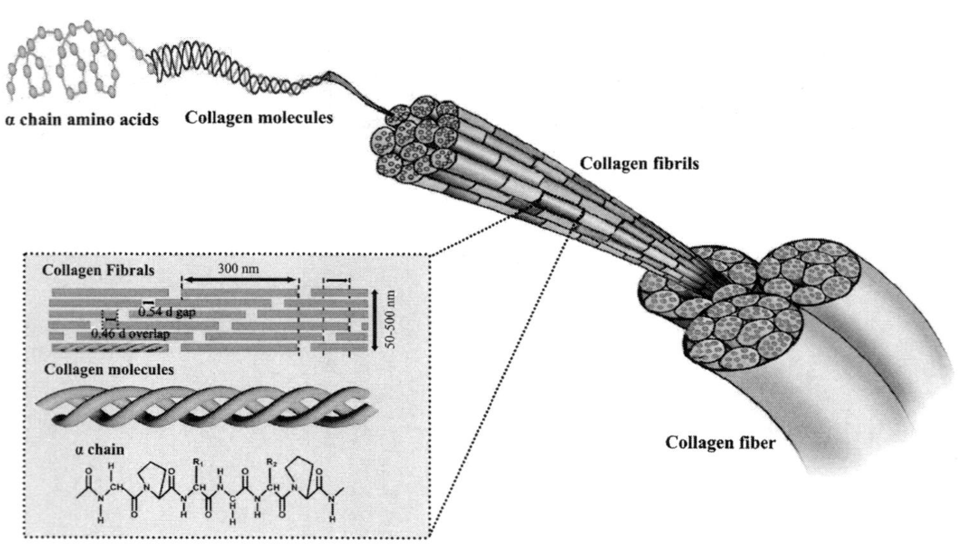

그림 1 콜라겐 섬유의 구조
(출처: Shahzad Farooq *et al.*, 2024)

표 1 콜라젠 구조에 따른 콜라젠 타입

콜라젠 구조	콜라젠 형상
피브릴	I, II, III, V, XI, XXIV, XXVII
피브릴 결합(fibril associated, FACIT)	IX, XII, XIV, XVI, XIS, XX, XXI, XXII
네트워크	IV, VI, VIII, X
중심축 피브릴	VII
트랜스맴브레인 콜라젠	VIII, XVII, XXIII, XXV
멀티플렉신(multiplexin)	XV, XVIII

1.1 콜라젠의 특성

하중을 견디는 역할을 하는 콜라젠 섬유의 기계적 특성은, 콜라젠 섬유의 분포가 갈라짐 등의 변형을 보이는지, 혹은 하중을 잘 견딜 수 있는지를 결정한다. 콜라젠 섬유는 하중을 견디는 방향으로 정렬되기 때문에 잠재적인 하중을 예측할 수 있으므로, 종류별로 다르게 나타나는 콜라젠 섬유의 직경과 배향은 그 조직의 구조적 안정성을 결정한다. 의료 분야에서 콜라젠이 활용될 때 이러한 불균질성은 샘플링 부위와 섬유 배향에 따라 기계적 안정성의 차이를 만든다. 예를 들면, 주로 세로 방향으로 정렬되는 근육의 콜라젠 섬유에서 적은 양의 콜라젠은 가로 및 수평 방향으로도 존재하기도 한다. 세로 섬유는 서로 교차하여 나선형 구조를 만들며, 움직일 때 세로, 가로, 수평 및 회전력의 일부를 완충할 수 있다. 또한, 근육의 콜라젠 섬유는 피부 섬유와 달리 구부러져 있으나, 피부 섬유는 평평하다.

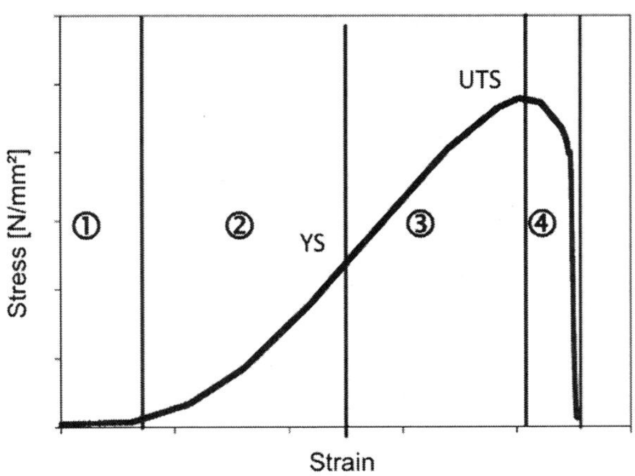

그림 2 하중을 받는 콜라젠 변형 곡선

콜라젠의 하중에 따른 변형 곡선은 S자형이며(그림 2), 각 영역은 다른 구조적 수준에서의 효과를 보여준다. 약한 변형의 1번 영역에서는 피부에서 콜라젠 분자가 평행으로 배열하는, 즉 전체적인 구조가 펴지는 현상이 일어나고 근육과 심낭에서는 갈지(之)자 패턴으로 배열된 분자가 늘어지며 섬유/분자와 같은 모든 구조적 수준에서 구부러짐이 나타난다. 2번 영역에서는 변형이 증가함에 따라 기울기가 선형으로 변하며, 프로테오글리칸에 의해 탄성 네트워크의 과부하를 막고 섬유의 탄성 영역에서 에너지 저장 특성이 조절된다. 3번 영역에서는 변형이 점점 강해져 콜라젠 분자가 서로 미끄러져 섬유가 늘어나고, 4번 영역에서는 교차 결합이 깨지기 시작하면서 피부와 같은 조직에서의 갈라짐과 같은 현상이 층마다 나타난다. 이때 모든 층은 동일한 탄성을 보이지 않으며, 장력 측정 중에는 곡선이 갑작스럽게 감소하지 않고, 약간의 진동과 함께 단계적으로 감소한다. 따라서 결합 조직의 물리적 안정성은 섬유성 단백질 네트워크에 의존한다. 수화된 조직에서는 가교 밀도(환원 가능, 성숙한 가교)가 조직이 더 부서지기 쉬운지, 아니면 크리프를 허용할 수 있는지를 결정한다. 화학적 가교는 특히 습윤 상태에서 조직을 추가로 안정화시킨다.

해양유래, 동물 유래 콜라젠 등을 가공하려면 콜라젠의 다양한 구조적 수준의 열 안정성을 고려해야 한다. 콜라젠을 가열하면 특정 온도에서 삼중 나선이 분리된다. 변성온도 T_D는 다양한 가공 상태 또는 조직 수준에 따라 다르며 효소 분해 거동, 습한 상태에서의 기계적 안정성, 세포와의 상호작용 및 항원 특성과 밀접하게 관련된다. 완전히 수화된 가용성 콜라젠(1)의 T_D는 포유류의 체온과 비슷하며, 온혈 동물의 콜라젠은 36~40°C의 변성 온도를 보인다. 변온동물은 서식지에 맞게 더 낮은 변성 온도를 가질 수 있다.

1.2 합성 메커니즘 및 제조방법

세포 내 콜라젠 합성은 세포 안쪽과 바깥쪽에서 복잡한 단계를 거쳐 합성된다(그림 3). ① 세포질 내에 존재하는 소포체에서 콜라젠 α-사슬(Preprocollagen)의 mRNA가 리보솜에서 번역된다. 콜라젠 합성과정에서 중요한 아미노산 측쇄는 글라이신, 프롤린, 라이신이며, 반복적인 Gly-X-Y 서열로 구성되며, X와 Y는 주로 프롤린과 라이신이다. ② 번역이 끝난 후 소포체 내에서 프롤린과 라이신 측쇄가 수산화(hydroxylation)된다. 이때 비타민 C가 필수적인 보조인자이며, 하이드록실레이스 효소가 관여한다. 수산화된 프롤린과 라이신은 콜라젠 삼중 나선 구조의 안정성에 기여한다. ③ 수산화된 라이신 측쇄에 설탕이 첨가되어 갈락토스와 글루코스로 글리코실화가 이루어진다. ④ 세 개의 우회전

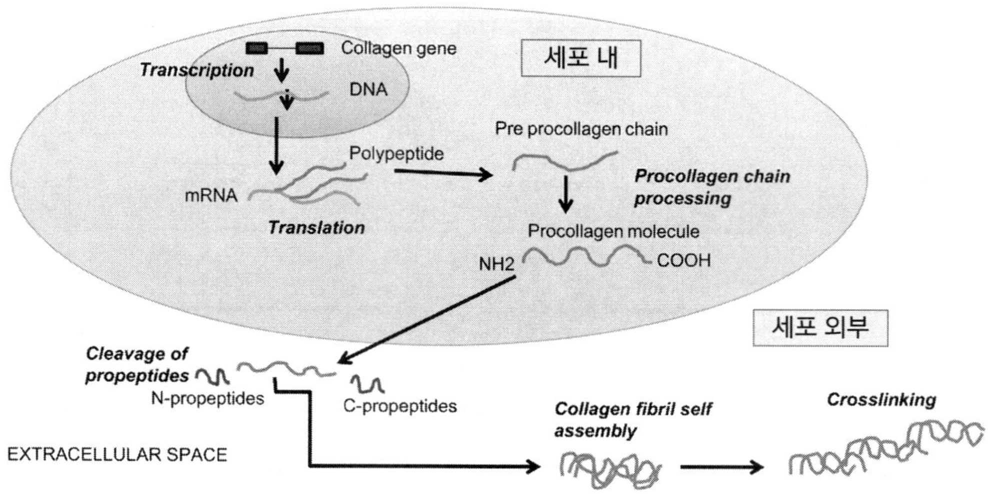

그림 3 세포 내 콜라겐의 합성 메커니즘

나선형 α-사슬이 꼬여 좌회전 삼중 나선을 이루며 프로콜라젠이 형성된다. ⑤ 프로콜라젠이 세포 바깥쪽으로 배출되어 세포외 공간으로 이동하며, 세포외 공간에서 콜라젠 펩티데이즈 효소가 프로콜라젠의 N-말단과 C-말단 부위를 절단하여 Tropocollagen을 형성한다. ⑥ 모든 Tropocollagen은 효소 라이실 옥시다이제 효소와 구리에 의한 공유결합으로 인해 가교결합 하여 콜라젠 섬유의 강도와 안정성을 부여한다.

해양 유래 콜라젠은 물고기, 오징어, 새우, 달팽이, 해양 스펀지 등의 생물에서 효소처리, 산염기 처리, 이산화 탄소 처리 등의 다양한 방법으로 추출할 수 있다. 콜로이드 특성을 이용하여 발효, 필름, 폼(form), 젤 형성 등의 방법을 통하여 음료수, 밀크제품, 필름, 고기제품, 음식물 등으로 제조하여 판매하고 있다(그림 4).

1.3 응용 분야

콜라젠은 화장품, 식품, 의료기기, 포장재 등의 다양한 분야에 적용된다. 의료용 지혈제 콜라젠은 스펀지나 분말 형태로 가공되어 혈전을 유도하고, 창상피복재로 사용되는 콜라젠은 시트 형태나 하이드로겔 형태로 적용하여 빠른 조직복원을 촉진시킨다. 골이식재 콜라젠은 다공성 구조체로 골 결손 부분을 채우고 새로운 조직으로 재생시킨다. 최근에는 콜라젠-(메타)아크릴레이트를 합성하여, 광가교결합 혹은 자가결합방법을 이용한 주사형 하이드로젤, 3D 바이오프린팅 소재 등으로 활용되고 있다. 또한 콜라젠을 알지네이트, 히알루론산, 키토산 등과 같은 다른 생체재료 고분자들과 화학적 및 물리적

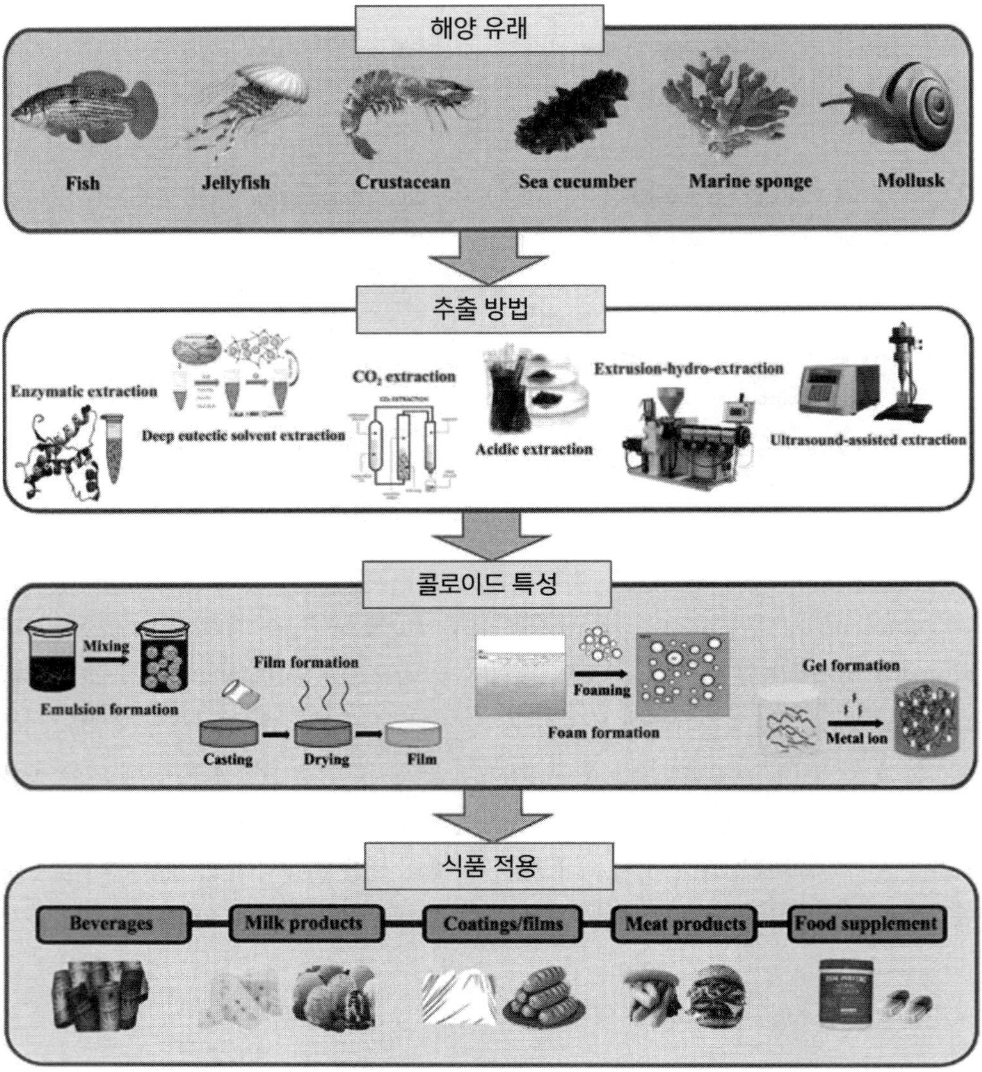

그림 4 해양 유래 콜라젠 제조와 식품분야 적용(Collagen & Leather 6, 11 (2024))

결합을 유도하여 하이드로젤을 제조하고, 세포를 혼합시켜 바이오잉크를 제조한 다음, 3D 바이오프린팅 및 전기방사 등의 기술을 사용하여 다양한 조직공학 구조체를 제조하여 조직재생에 적용하고 있다.

콜라젠은 피부 진피층의 주성분이며, 수분을 끌어당기는 기능을 활용한 피부 보습과 탄력 회복, 콜라젠 재생을 이용한 잔주름 개선 등의 효과를 활용하여 점막케어, 손톱케어, 피부케어, 구강케어, 모발케어와 같은 화장품 산업에서도 사용된다. 분자의 형태로 피부 깊숙이 침투하여 탄력을 높이는 데 도움을 주고, 고분자의 형태로 피부 표면에 보호막을 만들어 뛰어난 보습 환경을 만들어준다.

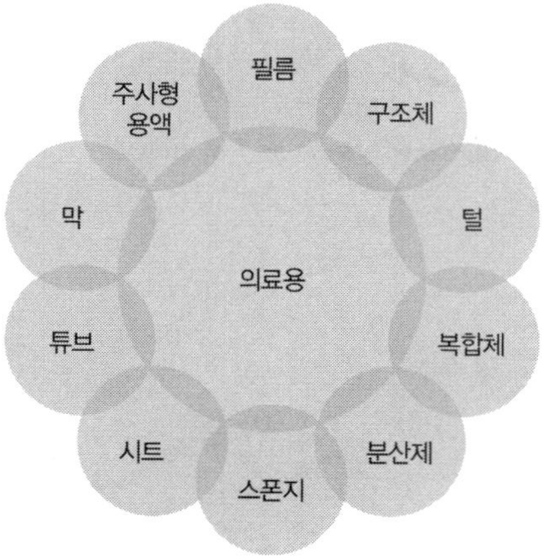

그림 5 의료용 콜라젠

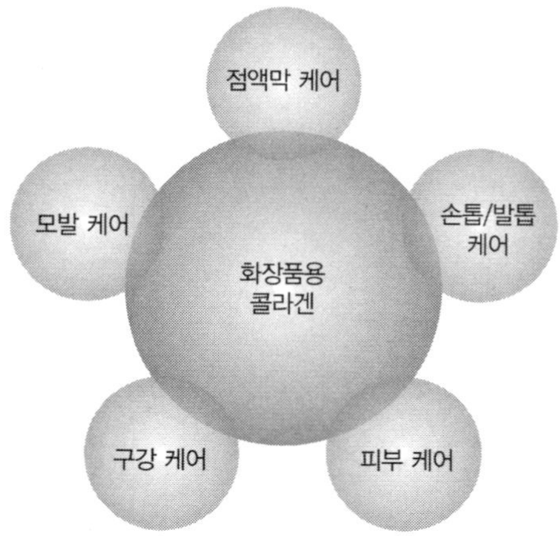

그림 6 화장품 콜라젠

콜라젠은 식품산업에서도 중요한 역할을 하고 있는데, 젤라틴이나 펩타이드로 변형되어 피부와 관절과 기능을 좋게 만드는 건강기능식품으로도 사용되며, 콜라젠을 이용한 식용 필름은 환경친화적인 포장재 연구가 진행되고 있다.

2 젤라틴

젤라틴은 콜라젠을 변형한 고분자로, 생체적합성과 환경적으로 오염을 거의 발생시키지 않는 자연 친화적 특성을 가진다. 젤라틴의 낮은 면역원성으로 인한 인체 적용에서의 안전성은 미국식품의약국(FDA)에서 승인된 고분자이다. 콜라젠에 산성·알칼리성, 추출, 열처리 등 다양한 방식의 가수분해를 진행하면 콜라젠 조직의 구조가 알파-사슬, 베타-사슬, 감마-사슬 등의 형태로 변형되어 젤라틴이 생성된다(그림 7).

2.1 특성

콜라젠과 마찬가지로 추출한 원료(말, 소, 돼지, 양, 어류 등의 결합 조직), 조직의 근원(피부, 근육, 비늘, 골 등), 추출한 동물의 연령과 건강 상태, 그리고 적용된 추출 방법(산, 알칼리, 열 등)이 모두 젤라틴의 특성에 영향을 미친다. 그 화학 구조는 글라이신, 세린, 하이드록시프롤린, 글라이신, 프롤린, 라이신 등으로 구성된 고분자이다(그림 8).

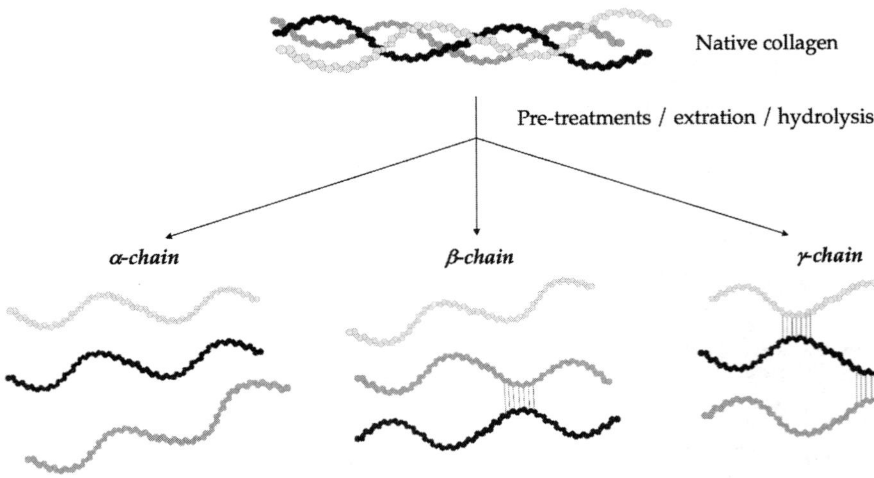

그림 7 콜라젠으로부터 변성된 젤라틴의 물리적 구조
(출처: Francesca Milano *et al.*, 2023)

양쪽성 젤라틴 고분자는 화학적으로 한 분자 내에서 양이온성 작용기와 음이온성 작용기를 동시에 포함하고 있으며, 콜라젠과 마찬가지로 $(Gly\text{-}X\text{-}Y)_n$ 삼중체 반복단위 사슬 구조를 가진다. 사슬의 3분의 1은 글라이신이며, 다른 3분의 1은 프롤린이나 하이드록시프롤린으로 구성된다. 프롤린과 라이신 잔기의 4-하이드록시프롤린과 ε-하이드록시라이신으로의 수산화는 거의 전적으로 콜라젠에만 존재하는 변형이다. 젤라틴은 약 1:1:1의 비율로 양이온과 음이온 그룹 및 소수성 그룹을 가지고 있다. 따라서 젤라틴의 폴리펩타이드 사슬의 약 13%는 양전하를 띤 아미노산 잔기(주로 라이신과 아르기닌 잔기), 약 12%는 음전하를 띤 아미노산 잔기(주로 글루탐산과 아스파트산)와 약 11%는 소수성 잔기(류신, 이소류신, 메티오닌, 발린)로 구성되어 있다.

젤라틴의 유변학적 특성(젤 강도, 점도)과 열 안정적 특성(젤화 시작 온도, 용융 시작 온도)은 기본적인 물리화학적 특성(용해도, 투명도, 색상, 냄새, 맛 등)과 함께 젤라틴의 상업적인 품질을 결정하는 중요한 특성이며, 세계적으로 표준 젤 강도는 "Bloom 값"이라는 파라미터를 통해 결정된다. pH 5 미만인 강한 산성 조건과 pH 9를 초과하는 강한 염기 조건일 때 Bloom 값은 감소한다. pH 5~9 범위에서는 젤 강도에 유의미한 변화 없이 안정적으로 유지되기 때문에 젤 강도 확인을 위해서는 pH 4.6에서 7.0 사이에서 Bloom값 측정이 수행된다.

젤 강도 이외의 다른 중요한 물리적 특성인 젤라틴의 점도는 농도, 온도, pH에 따라 달라진다. 젤라틴 점도는 해당 용액에서 고분자의 농도가 증가할수록 증가하고, 온도와 pH에도 비례한다. 젤라틴 고분자의 열 안정성은 농도, 분자량 분포, Bloom 값(젤 강도)과 같은 여러 변수에 의한 영향을 받는다. 그러나 젤라틴의 용융점은 일반적으로 포유류

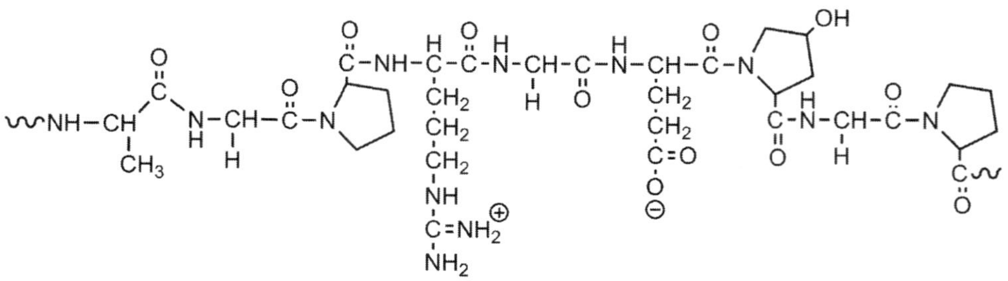

그림 8 젤라틴 고분자의 화학적 구조(글라이신, 세린, 하이드록시프롤린, 글라이신, 프롤린, 라이신 등으로 구성된 고분자).

유래 젤라틴(소, 말 등)의 경우 28~31°C 범위이고, 상대적으로 분자량이 적은 어류 유래 젤라틴은 11~28°C 범위에서 발견된다. 일반적으로 포유류 유래 젤라틴의 분자량이 크기 때문에, 젤 강도, 젤화점, 용융점이 어류 유래 젤라틴보다 훨씬 높다. 포유류 젤라틴의 일반적인 젤 강도, 젤화점, 용융점 온도는 각각 100~300 Bloom, 20~25°C, 28~31°C 범위인 반면에, 어류 젤라틴의 경우 약 70~270 Bloom, 8~25°C, 11~28°C 온도를 나타낸다.

젤 강도와 점도와 연관된 젤라틴의 또 다른 대표적인 특징은 온도와 수분에 따른 가역적 상태 변화이다. 젤라틴은 고온의 수용액 상태에서는 점성을 띤 액체 상태로 존재하다가 온도가 낮아지면 젤 형태로 변화하는 등 분자 수준에서 결합과 해리의 반복이 일어난다. 젤라틴 농도와 젤 강도의 비례 관계에 있어 용액에서 젤라틴의 농도가 높아질수록 물 분자와의 상호작용이 증가하여 높은 강도의 젤이 형성된다. 낮은 온도에서 젤라틴 사슬은 무질서-질서 전이가 발생하고, 수소 결합의 형성을 통해 열가역적 네트워크를 이룬 상태를 형성하고 유지하며, 높은 온도(>40°C)에서는 단일 코일로 졸(sol) 상태의 용액으로 존재한다. 특정 임계 농도(일반적으로 약 1%) 이상에서는 온도가 30°C 이하로 냉각될 때 무질서한 열가역적 젤로 전환된다.

젤라틴은 낮은 비용, 쉬운 가용성, 생분해성, 낮은 면역원성과 같은 많은 장점을 가지고 있으며, 세포 부착을 촉진할 수 있는 특정 아르지닌-글라이신-아스파트(RGD) 서열의 존재 덕분에 높은 생체적합성과 세포부착과 증식 등의 생물학적 활성을 가진다. 또한 화학적 변형(가교제나 표적 리간드와의 결합 등)이 용이한 다양한 작용기를 가지고 있어, 생의학, 제약, 화장품, 식품 분야에서 다양한 응용을 위한 매트릭스 제조에 널리 사용된다(젤라틴의 특성은 표 2를 참조하라).

표 2 젤라틴의 특성

주제	세부 내용
화학 특성	1. 양쪽성 고분자: 양이온성 및 음이온성 작용기 모두 포함 2. (Gly-X-Y)n 반복 사슬구조 조성: 글리신(약 1/3), 프롤린 및 하이드록시프롤린(약 1/3)
유변학 특성	1. 수산화 프롤린 및 라이신 잔기 존재 2. 1:1:1 비율의 양이온(라이신, 아르기닌), 음이온(글루탐산, 아스파르트산), 소수성 그룹(류신 등) 포함
열 안정성	1. 젤 강도(Bloom 값): pH 5-9에서 대체로 안정적 2. 점도: 농도 증가 시 증가, 온도 및 pH 증가 시 감소
온도 및 수분 반응	1. 영향을 받는 요소: 고분자 농도, 분자량, Bloom 값 2. 용융점: 포유류 젤라틴(28-31°C), 어류 젤라틴(11-28°C)
젤라틴 특성 비교	1. 액체(고온)와 젤(저온) 상태의 가역적 변화 2. 30°C 이하에서 무질서-질서 전환과 수소 결합 네트워크 형성

2.2 젤라틴 합성 메커니즘

젤라틴 합성은 콜라겐의 삼중 나선 구조 해체 과정이라고 볼 수 있다. 고온의 열처리 과정을 통해, 콜라겐 분자 내의 펩타이드 결합이 끊어지면서 선형 구조의 젤라틴 분자가 생성되며, 최종 제품의 품질이 결정되는 중요한 단계이다. 열처리 과정은 보통 40~60°C의 온도 범위에서 이루어지며, 콜라겐의 삼중 나선 구조가 풀어지면서 단일 사슬 형태로 전환된다. 너무 높은 온도는 단백질의 변성을 초래할 수 있으며, 너무 낮은 온도에서는 3중 나선 구조 해체가 불완전하게 일어날 수 있다.

콜라겐의 가수분해 전환은 폴리펩타이드 사슬과 자연적 구조 조직을 파괴하기 때문에 젤라틴은 정확한 분자량을 가진 단일 화학 물질이 아니라, 특정 범위에 속하는 다양한 분자량을 가진 폴리펩타이드 사슬의 혼합물로 구성되며, 제조 공정에 따라 젤라틴은 다양한 분자량을 가진 사슬을 가진다. 즉, (i) 80~125 kDa의 단일 α-사슬, (ii) 160~250 kDa의 공유 결합으로 교차 결합된 2개의 α-사슬(β-사슬), 또는 (iii) 240~375 kDa의 3개의 공유 결합으로 교차 결합된 α-사슬(γ-사슬)을 형성한다. 따라서 젤라틴의 구조적 조직이 콜라겐의 변성 정도에 따라 고도로 조직화된 천연 콜라겐과 다르며, X선 회절은 젤라틴에서 특정한 섬유상 구조를 보여준다. 젤라틴의 농도와 2차 구조 형성에 필요한 온도 및 에너지에 따라, 젤라틴의 폴리펩타이드 사슬은 젤화 과정 중 다양한 공간 배열과 상호작용을 가질 수 있다.

가수분해를 거친 젤라틴의 제조공정은 크게 산성 처리법과 알칼리성 처리법으로 분류된다. 산성 처리로 얻어진 젤라틴을 상업적으로 Type A 양이온성 젤라틴이라고 한다. 주로 어류의 연조직을 처리할 때 사용되며, 반응 속도가 빠르다는 장점이 있다. 일반적으로 pH 4~5 정도의 약한 산성 조건에서 진행되며, 글루타민과 아스파라진의 아마이드기가 카복실기로 전환되어 단백질의 등전점이 더 높은 값으로 이동한다. 산성 처리법은 일반적으로 24~48시간 정도의 처리 시간이 필요하고, 생성된 젤라틴의 겔 강도가 상대적으로 약하다는 단점이 있다.

알칼리 처리된 젤라틴은 상업적으로 Type B 음이온성 젤라틴이라고 하며, 소 혹은 돼지의 강한 결합조직을 처리할 때 pH 8~9 정도의 약알칼리성 조건에서 진행된다. 아스파라진과 글루타민 아마이드기가 부분적으로 제거되기 때문에 아스파트산과 글루탐산의 함량이 증가한다. 카복실기의 증가로 인해 Type B 젤라틴은 음전하를 띠게 되며, 더 낮은 등전점을 가진다. 알칼리 처리 방법은 처리 시간이 길어 보통 3~4개월이 소요되지만, 높은 강도의 젤라틴을 얻을 수 있는 장점이 있다. 특히 알칼리성 처리로 얻어진 젤라틴은 겔 강도가 높고 열 안정성이 우수하여 고품질의 젤라틴 제품 제조에 적합하다.

따라서 추출 공정의 유형과 매개변수에 따라 젤라틴은 서로 다른 등전점을 가질 수 있으며, 이는 자유 카복실기와 아미노기의 해리 정도에 따라 달라진다. 상업적으로 분류한 기준으로 Type A, B 젤라틴이 파생되었고, 각 type의 젤라틴을 만들기 위한 두 가지 처리 방법은 각각의 장단점이 있어, 실제 산업 현장에서는 원료의 특성과 최종 제품의 요구사항에 따라 적절한 처리방법을 선택하거나 두 방법을 필요에 따라 조합하여 사용한다. 최근에는 효소 처리법이나 초음파 처리법 등 새로운 처리 방법도 연구되어 Type A, B 처리법의 단점을 보완하고 제품의 품질 향상을 위한 노력이 계속되고 있다.

2.3 젤라틴 응용 분야

젤라틴은 생체적합성과 친환경 특성 이외에도 가공이 용이하며 무색, 무미의 특성이 있어 식품분야, 화장품분야, 의약분야, 산업용 바이오소재 분야 등에서 폭넓게 활용되고 있다. 가장 대표적인 응용 분야는 식품 산업으로, 다양한 디저트류 제조에 필수적으로 사용된다. 실제로 젤라틴은 식품 분야에서 농축제(예: 과자류와 잼류), 음료의 청징제[1], 유화제(예: 제과류), 안정제(예: 아이스크림, 크림치즈, 코티지 치즈, 식품 거품 및 샐러드), 질감 개선제, 그리고 육류와 제과류의 코팅제 등 매우 광범위하게 사용된다.

1 와인, 맥주, 과일 및 채소 주스 양조 과정에서 나온 부유물이나 입자를 응집해 제거하기 위해 첨가하는 물질

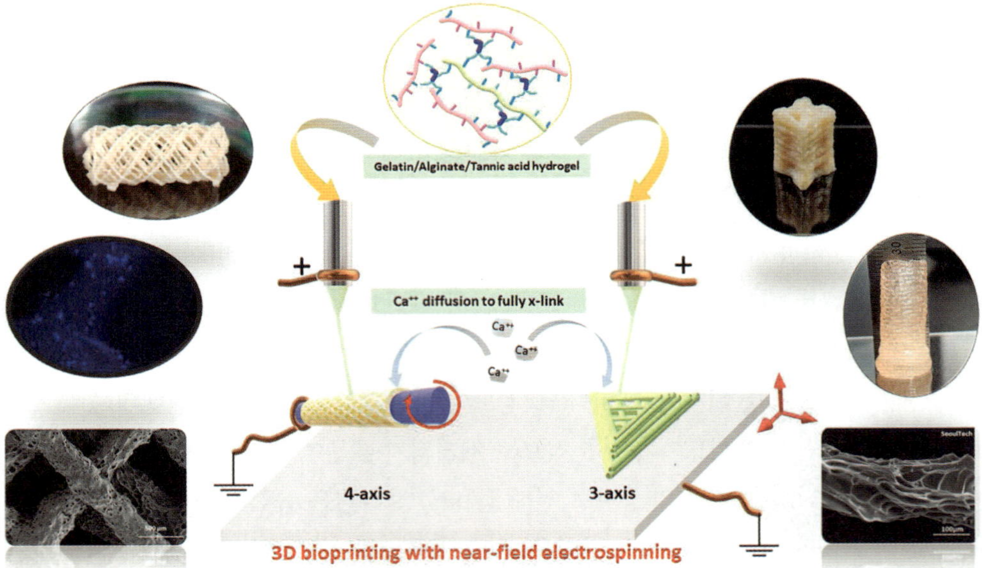

그림 9 젤라틴-알지네이트 고분자를 전기방사-3D 바이오프린팅 복합기술을 이용하여 튜브, 별, 다공성 튜브 등의 조직공학 구조체 제조방법(노인섭 외, *Carbohydrate Polymers*, 348, Part A, 15 January 2025, 122853).

화장품 분야에서는 젤라틴의 보습 작용을 활용하며, 페이스크림, 샴푸, 바디로션, 헤어 스프레이, 자외선 차단제 등과 같은 다양한 크림성분의 젤화 성분으로 사용된다. 또한 젤라틴의 가수분해물은 항노화 효과를 활용한 영양화장품 제조에 널리 사용된다.

제약 분야에서는 의약품 생산의 결합제, 백신의 안정제, 캡슐과 연고 개발 재료, 임플란트와 상처 드레싱의 매트릭스, 그리고 혈장 증량제 등의 분야에서 젤라틴이 가장 많이 사용되며, 경질 캡슐과 연질 캡슐 제조 모두에서 젤라틴이 주요 원료로 사용된다. 젤라틴 캡슐은 복용되었을 때 체내에서 빠르게 용해되어 원하는 신체 부위에서 약물을 방출할 수 있으며, 위산에 대한 저항성도 우수하기 때문에 물의 방출을 조절하는 매트릭스로도 사용되어, 서방형 제제의 개발에도 활용된다. 생체 적합성과 생분해성 고분자인 젤라틴은 다른 물질들과 혼합되어도 젤라틴 고유의 특성과 성질이 유지된다. 젤라틴의 화학적 물성은 의료분야에서의 상업적 용도를 높였고, 약물전달 시스템과 조직공학 및 재생의학에서 인공 구조체 제조에 젤라틴이 적용된다.

산업용으로는 접착제, 코팅제, 필름 등 다양한 제품의 원료에서 젤라틴이 광범위하게 사용된다. 특히 세계적으로 친환경 소재에 대한 수요가 증가하는 추세이므로 이에 적합한 젤라틴이 주목받고 있다. 또한 젤라틴을 화학적으로 개질(젤라틴-아크릴레이트)하거나, 다른 고분자들과 공중합하여 3D 프린팅용 바이오잉크를 개발하는 연구도 활발하게 진행되고 있다(그림 9).

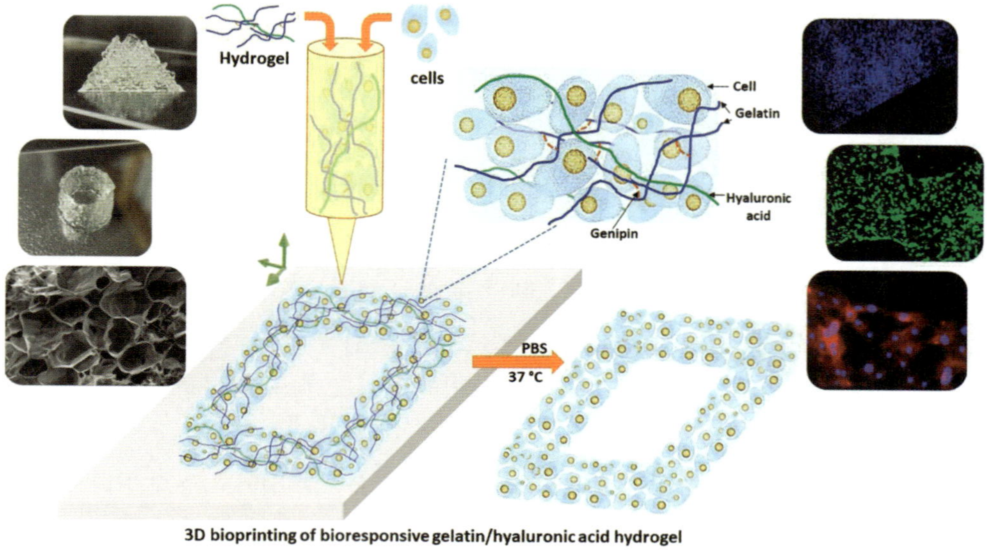

그림 10 젤라틴-히알루론산 하이드로젤 합성과 3D 바이오프린팅 예 (노인섭 외, Gels 2023, 9(8), 601; https://doi.org/10.3390/gels9080601)

이처럼 젤라틴은 콜라젠으로부터 추가적인 처리·공정을 통한 추출 용이성과 전반적인 상업 분야에 광범위하게 사용되는 점, 미래산업 소재로의 응용가능성 등을 볼 때 매우 중요한 생분해성 고분자로 인식되고 있다. 특히 바이오의약품 및 의료용 친환경 소재에서 젤라틴의 활용도는 계속 증가할 전망이며, 생분해성으로 인한 환경친화적인 특성 때문에 젤라틴의 중요성은 나날이 증가할 것으로 예상된다.

3 실크 피브로인

실크 피브로인은 누에고치로부터 추출되는 천연 단백질 고분자로서, 분비샘에서 극성과 친수성 조건에서 합성된다. 원사는 표면에 세리신 층이 있는 2개의 평행한 피브로인 섬유로 구성되며, 원사에서 세리신을 제거하기 위해 검을 벗긴 후 얻은 피브로인 섬유는 광택이 나고 촉감이 부드러운 섬유산업 고분자이다. 또한 실크 피브로인은 강도, 인장력, 생체적합성, 생분해성 및 열적 안정성 등의 기계적 물성과 생체적합성 우수하여 다양한 바이오의료 및 친환경 고분자 소재이다. 주로 글라이신과 알라닌 같은 아미노산이 반복적으로 배열된 단백질의 구조적인 특성이 실크 특유의 높은 강도와 탄성을 갖도록 한다. 실크 피브로인은 생체 내에서 분해와 흡수가 용이하므로, 조직재생, 약물전달,

생분해성 봉합사 등 의료용 생체재료로 널리 활용되고 있다.

3.1 피브로인 특성

실크 피브로인 고분자의 가장 중요한 특성은 강도와 탄성을 모두 갖춘 독특한 물리적 성질과 생분해성이다. 실크 피브로인은 390 kDa의 H-chain, 26 kDa의 L-chain, P25로 알려진 30 kDa의 작은 당단백질 3가지가 주요한 반복단위 구조인 고분자이다. 반복 구조의 상호작용에 의해 사슬이 접히고 포장되어 2가지 접힘 모델, 즉 α-나선 형태와 β-병풍 형태를 형성한다(그림 11).

단일 사슬의 α-나선은 폴리펩타이드 주쇄가 중심 구조를 형성하고 측쇄가 나선 밖으로 확장되는 3D 나선 형태를 형성하면서 카복실기와 아미노기 모두 수소 결합으로 서로 연결되어 안정한 3D 구조가 만들어진다. 실크 피브로인의 우수한 기계적 특성을 담당하는 주요 구조적 구성요소인 β-병풍은 수소 결합을 형성한다(그림 11). 수소 결합, 반데르발스 힘, 소수성 상호작용을 포함한 분자 내 또는 분자간 힘을 통해 β-병풍 결정체로 조직화될 수도 있다. 이는 반평행으로 배열되어 큰 안정성을 제공하며, 고강도, 고탄성의 성질을 동시에 제공한다. 자연적으로 생산된 실크 피브로인은 300~740 MPa의 높은 인장강도를 가지며, Kevlar와 같은 합성 섬유를 능가하는 큰 파단 변형률과 높은 인장력을 갖는다(표 3).

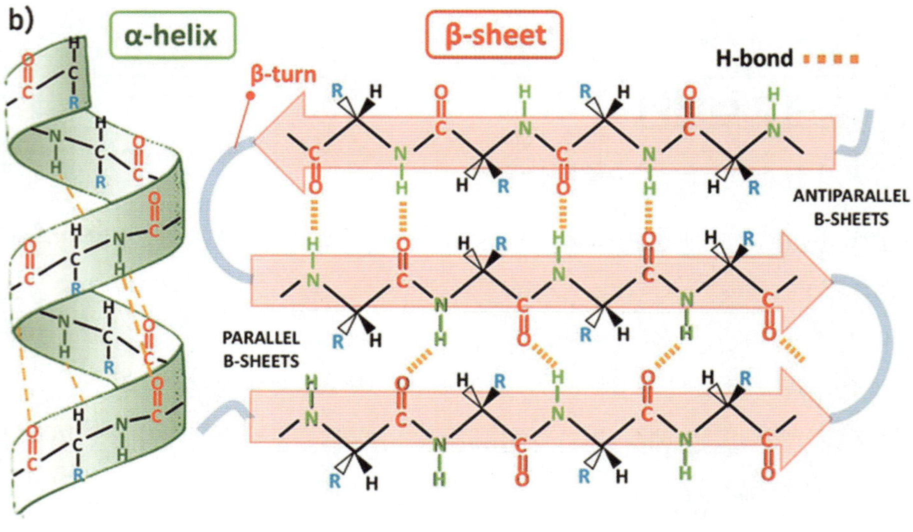

그림 11 실크 피브로인 고분자의 2가지 접힘 모델
(출처: Ander Reizaba *et al.*, 2022)

표 3 실크 피브로인과 다른 천연섬유 및 합성섬유의 기계적 물성 비교

물질	영률(GPa)	최대강도(MPa)	파단 변형률(%)	인장력(MJm^{-3})
실크 피브로인	10~17	300~740	4~26	70~78
콜라젠	0.0018~0.046	0.9~7.4	24~68	-
양모	0.5	200	50	60
나일론	1.8~5	430~950	18	80
케블라	130	3600	2.7	50
폴리프로필렌	4.6	490	23	-

실크 피브로인 단백질 고분자는 물에 용해되지 않는 성질을 지니면서도 실크 피브로인에 존재하는 극성 잔류물로 인해 일정한 양의 수분을 흡수할 수 있는 특이한 물성을 가진다. 결정 영역의 뭉쳐져 있는 부분에는 물의 접근이 방해받기 때문에 비결정 영역에 물이 축적되는 특성으로 다양한 습윤 환경에서도 안정적으로 형태를 유지할 수 있고, 피부에 직접적으로 사용하는 재생소재나 상처치유 패치 등에 적합하다. 실크 피브로인 고분자는 생체적합성이 뛰어나기 때문에 사람의 몸에 삽입될 때 면역반응을 유발하지 않고, 시간이 지나면서 생분해되어 따로 제거할 필요가 없으며, 분해된 후에 체외로 배출되면서 유해한 부산물을 생성하지 않는다. 또한 기체 투과성도 뛰어나 특정한 의학적 응용에 매우 적합하다. 실크 피브로인은 기체 장벽으로 사용할 수 있으며 β-sheet 함량을 조절하여 기체 투과도에 변화를 줄 수 있기 때문에, 실크 피브로인 인공 피부나 상처 드레싱은 산소와 수분의 투과도를 적절하게 조절해 상처 치료를 촉진할 수 있으며, 광학기기나 센서 등에서도 활용성이 높다. 실크 피브로인 필름은 높은 투명도를 가지면서도 뛰어난 기계적인 특성을 유지할 수 있기 때문에 콘택트렌즈나 각막 이식용 재료 등의 개발에 활용될 수 있다.

3.2 피브로인 고분자 합성 메커니즘

누에가 분비샘에서 만들어내는 실크 피브로인은 크게 단백질 합성, 변형 및 방출, 섬유화의 세 단계로 이루어지며, 각 단계가 진행되며 생화학적 반응과 물리적 변화를 거쳐서 질긴 실크 형태의 단백질 섬유가 합성된다(그림 12).

첫 번째 단계는 보통 posterior 실크선(silk gland)에서 이루어지며, 단백질 합성에 있어서 리보솜은 mRNA가 제공하는 정보에 따라 아미노산을 정확한 순서로 연결하고 배열을 유지시키는 중요한 역할을 담당한다. 실크 피브로인의 주요 구성 요소인 글라이신과

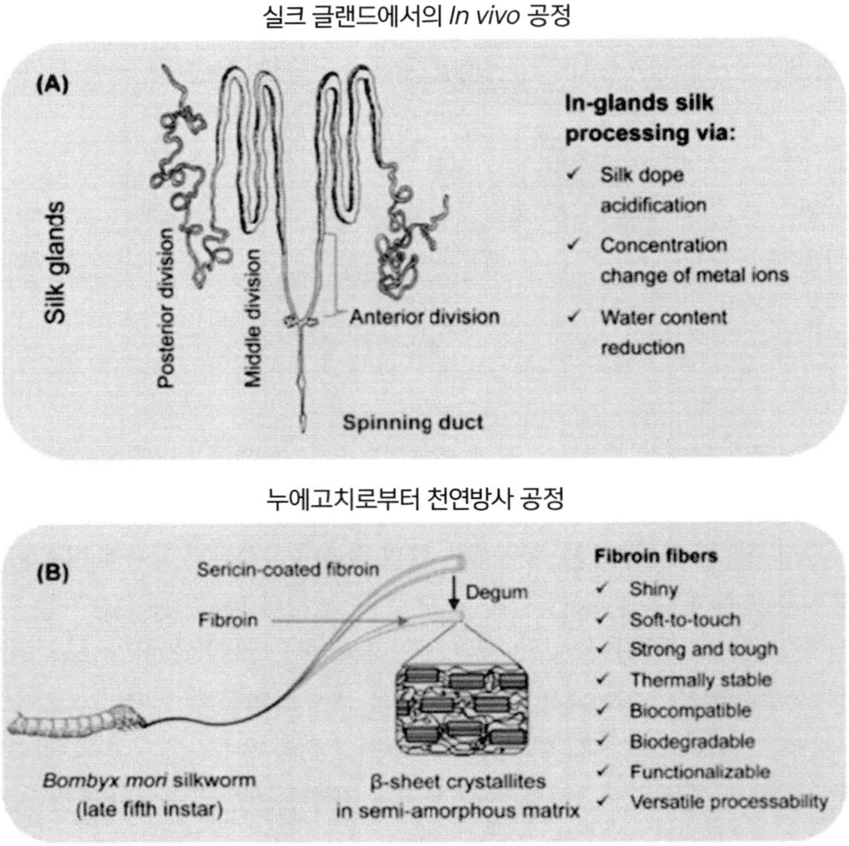

그림 12 생체 내 분비샘에서의 실크 피브로인 생산 과정(Ke Wang *et al.*, 2018)

알라닌이라는 아미노산의 반복 서열을 중심으로 고유한 단백질 구조가 합성된다. 이때 단백질은 수용성 상태이며 불규칙한 구조가 부분적으로 정렬된 2차 구조(보통 silk I)를 가지며 중간 실크선(middle silk gland)으로 이동한다. 이 과정에서는 RNA가 정보를 전달하는 체계가 중요하며, mRNA는 분비샘 내에서 단백질 서열에 대한 지시를 정확하게 전달하는 임무를 수행한다.

두 번째 단계인 변형 및 방출 단계는 silk I을 전달받아 중간 실크선에서 진행되며, 피브로인과 피브로인을 보호하는 세리신을 함께 분비한다. 앞서 posterior 실크선에서 형성된 단백질은 α-나선 구조로 접히고 이 구조는 실크 단백질의 초기 형태로, 실크선 내부에서 안정적으로 유지된다. 실크 피브로인은 H-chain의 C 말단에서 단일 이황화 결합을 통해 연결된 L-chain 폴리펩타이드와 연결된다. H-L 복합체를 형성한 후에 소수성 상호작용을 통해 당단백질 P25와 6:1의 비율로 결합하여 마이셀(micell) 형태를 이룬다. 방출 전 마이셀 단위의 형성은 방적 돌기(spinning)로 인한 많은 양의 피브로인 운반이 가능하도록 하며, 피브로인이 두 개의 얇은 필라멘트로 늘어나는 데 필요하고 반복되는 영역의 결정화를 촉진한다.

마지막 단계로 anterior 실크선에서 수행되는 섬유화 단계에서는 변형된 단백질 분자들이 배열되어 미세섬유를 구성한다. posterior 실크선에서 만들어진 단백질은 middle, anterior 실크선을 통과하면서 피브로인은 세리신과 결합한다. 실크 피브로인이 분비샘의 외부로 방출되는 과정에서 pH 변화와 전단력과 같은 외부 환경의 영향을 받게 된다. pH 및 이온 강도의 변화 흐름에 반대되는 압력 전선에 의해 생성된 전단 응력에 의해 결정화되어 섬유 방적 기관에서 속도 구배를 생성한다. 이 과정 전체에 걸쳐 실크 피브로인은 접힘에 의해 처음 형성됐던 α-나선 형태는 β-시트 형태로 전환되며, β-시트 형성 과정 동안 측쇄는 평면에서 벗어나 배향되고 추가 반복 영역이 결합되어 네트워크 형성을 촉진해 β 결정 영역이 제조된다. 이러한 공정은 결정, 비결정 영역의 비율, 친수성과 소수성의 비율, 결정 영역의 크기, 분포, 정렬 등에 따라 실크 섬유의 최종 물리적 특성이 결정된다.

3.3 실크 섬유의 응용 분야

실크 피브로인은 β-결정 < 가교 구조 < 나노섬유 < 브린(실오라기) < 섬유로 이루어진 계층적 구성으로 인해 원료로서 탁월한 특성이 있다. 기계적 견고성과 유연성 등의 특성으로 인해 보강재 또는 고품질의 생체적합성이 우수한 섬유로 응용된다. 실크 피브로인은 생물학적 시스템과 유리하게 상호작용하여 다양한 세포 유형과의 접착, 증식, 성장 및 기능을 촉진함으로써 우수한 생체적합성을 가지고 있으므로 다양한 조직공학 재생의학 분야 응용에 적합하다. 예를 들어, 골, 연골, 인대 등의 재생에 실크 피브로인 기반 구조체로 제조하여, 손상된 조직의 3차원적인 구조를 재현하여 새로운 조직의 성장을 유도하며, 시간이 지나면서 분해되는 생분해 고분자로 사용된다. 피부 재생 분야에서도 실크 피브로인은 수분 유지 능력과 산소 투과성이 뛰어나, 상처 치료나 피부 재생과 관련하여 장점이 많은 생분해성 고분자이다. 실크 피브로인을 기반으로 하여 제조된 창상 피복재는 상처의 습윤 환경을 유지하면서도 가스 교환을 적절히 하여 상처치유를 원활하게 하는 특성을 제공하며, 항균 성분과 결합해 감염 위험을 줄이는 데도 효과가 우수하다.

약물전달 시스템에서도 실크 피브로인 나노입자나 미세 캡슐은 여러 약물을 효과적으로 포장하고 전달할 수 있는 생체재료가 된다. 약물을 체내에서 느린 속도로 천천히 연속적으로 내보낼 수 있어, 오랜 기간에 걸쳐서 같은 농도의 약물 수치를 유지할 수 있는 약물전달체 소재로 사용된다. 특히 암을 치료하는 약물, 성장인자와 같이 민감한 생체 활성 물질의 전달에 용이하다. 또한, 실크 피브로인의 생체적합성은 약물의 부작용은 최대로 줄이고 치료 효과는 극대화할 수 있으며, 바이오센서, 인공 각막, 신경 재생 등 다양한 분야에서 연구되고 있다. 실크 피브로인의 고유한 물리화학적 특성으로 인해서 지속적으로 새로운 응용 분야가 개척되고 있으며, 의료 및 생명공학 분야에서 더욱 중요한 역할을 할 것으로 주목받고 있는 생분해성 고분자이다.

4 대두 유래 생분해성 고분자

대두(soybean) 유래 생분해성 고분자는 친환경적인 소재로, 지속 가능한 자원에서 유래하여 응용된다. 주로 대두 단백질이나 대두유와 같은 대두 부산물에서 얻은 성분을 사용하여 제조되는 플라스틱으로, 현재의 화석연료 플라스틱 제품들을 대체할 수 있는 친환경 천연고분자로 기대하고 있다.

4.1 화학적 특징

생분해성 고분자에 사용되는 대두는 주로 '대두박'을 활용한다. 대두로부터 기름 성분을 추출한 후 버려지는 부산물인 대두박은 높은 섬유질 함량을 가지고 있어 생분해성 플라스틱으로 적합하다. 주된 구성성분은 라이신과 류신 그리고 페닐알라닌, 티로신, 아스파트산, 글루탐산 등을 포함하는 스무 가지의 아미노산으로 이루어진 단백질이며, 트라이글리세라이드(RCO-O-R) 구조도 가진다(그림 13). 대두 단백질의 3차 구조(그림 14)는 열과 가교 반응에 의해 변형될 수 있으며, 생분해성 고분자로 제조하였을 때 높은 섬유질로 인해 다소 거친 표면이 나타낼 수 있다. 이는 DSM 공법(단백질을 추출하여 필름을 제조하는 공법)으로, 과거 알코올을 제조 용매로 선택한 것과 달리 물을 용매로 선택함으로써 친환경적인 공법으로 주목받고 있다.

4.2 물리적 특징

대두 단백질 유래 바이오플라스틱은 내수성과 내구성 측면에 그 장점이 우수하다. 기존의 대두 단백질 또한 습기에 대한 저항력이 굉장히 높고, 인장력이 우수하다. 기존 석유 유래 고분자의 장점인 충분한 인장력을 갖기 위해서(일정한 두께에서 인장력을 유지하

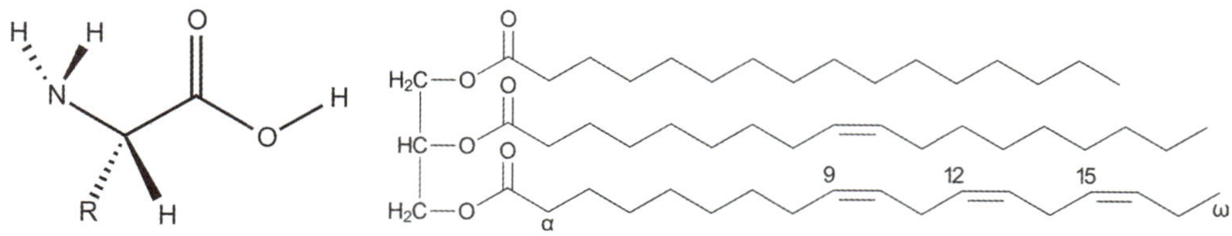

그림 13 아미노산과 트라이글리세라이드의 구조식

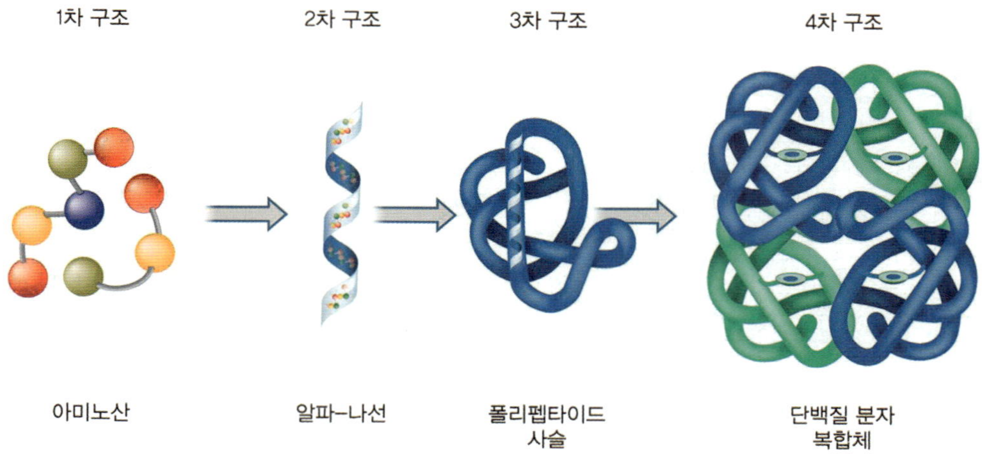

그림 14 단백질 합성 과정 및 구조

기 위하여), 필름 형성의 용매 농도와 점도를 주요 조절 인자로 활용하고 있다. 지나친 농도와 점도로 생분해성 플라스틱의 두께는 증가시킬 수 있으나, 이는 오히려 인장력을 감소시킬 우려가 있으므로 두께 조절이 필요하다. 대두 입자 사이에 글라이세롤 분자가 침투함으로써 균일한 두께와 최대의 인장력을 만족하게 할 수 있다. 또한 대두 유래 단백질 필름의 두께를 조절함으로써 빛의 투과도를 조절하여 다양한 색상의 필름을 만들어내는 부가적인 이득 또한 얻을 수 있으며, 균일 두께는 수분 방벽 효과를 증가시키는 긍정적인 효과 또한 얻을 수 있으나 열적 안정성이 낮아 고온에서 변형되는 문제점이 있다.

4.3 대두 유래 바이오매스 플라스틱의 응용

대두 유래 단백질 고분자는 높은 내구성과 유연성을 기반으로 코팅제, 접착제, 고분자 복합재료, 의료기기 및 조직공학 등에 활용할 수 있다. 생분해성 플라스틱 필름, 용기 등의 포장재, 멀칭 필름, 생분해성 포트 등의 농업분야, 폴리우레탄 폼 제품으로 건축 및 자동차 산업에 활용되고 있으며, 생체적합성 고분자로 활용하여 약물전달 시스템, 조직공학 고분자로 사용되고 있다. 특히, 충격과 마모에 강해야 하는 계기판과 실내 장식재로 자동차 부품으로 많이 사용되고 있으며, 내구성을 기반으로 포장재, 전자제품 케이스와 같은 분야에서도 활용된다. 높은 가공성으로 생분해성을 가진 3D 프린팅 고분자로도 주목받고 있다. 대두 유래 고분자는 주변 환경에서 쉽게 구할 수 있고, 재생 가능한 원료에서 생산이 가능하며, 사용 후 자연에서 분해되기 때문에 환경오염을 감소시키는 친환경 고분자로 기대된다.

5 폴리글루탐산

폴리글루탐산(PGA, $(C_5H_7NO_3)_n$)은 아미노산 글루탐산(GA)의 고분자로서 감마-PGA (poly(γ-glutamic acid), γ-PGA)의 글루탐산의 아미노기와 글루탐산 측쇄 말단의 카복실기 사이에 펩타이드 결합이 있는 형태이다. 청국장과 낫토의 주성분이며, 감마-PGA는 박테리아 발효에 의해 형성된다.

일반적으로 γ-PGA 고분자는 α-나선, β-병풍, 나선에서 랜덤 코일로의 전이, 랜덤 코일 및 편지봉투 형태의 5가지 형태로 존재한다. 형태는 pH, 고분자 농도 및 이온 강도와 같은 환경 조건에 따라 변경할 수 있다. 예를 들어, γ-PGA는 pH 7에서 대부분 α-나선 구조이지만, 더 높은 pH에서는 주로 β-병풍 기반 구조를 가진다. 거울상 이성질체 조성도 다양하며 발효 후 추출 과정을 통해 조작할 수 있다. 예를 들어, L- 또는 D-거울상 이성질체만 포함하는 γ-PGA는 에탄올에 용해되는 반면에, 등가 몰량의 L- 및 D-γ-PGA는 에탄올에 침전되므로 특성을 변경하기 위해 γ-PGA의 거울상 이성질체 구성을 조절하는 것이 가능하다.

γ-PGA 고분자의 분자량은 또한 특정 응용분야에 대한 특성과 효능에 영향을 미칠 수 있다. 미생물 유래 γ-PGA는 일반적으로 비교적 높은 분자량(MW~10^{5-8} Da)을 가지며, 이는 높은 점도, 관리할 수 없는 유변학과 어려운 수정으로 인해 산업적 응용을 제한할

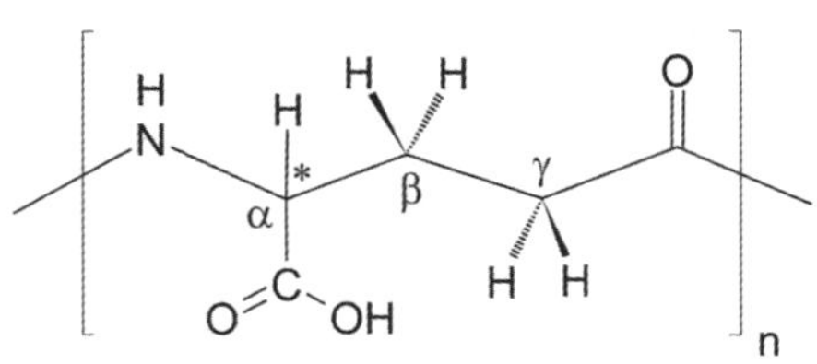

그림 15 폴리글루탐산(PGA, $(C_5H_7NO_3)_n$) 화학 구조

수 있다. 따라서 분자량이 다른 고분자는 목적에 따라 다양하게 요구될 수 있으며, 분자량 조절은 상업적인 개발에 있어 근본적이고도 실질적으로 중요하다. 최근에는 배지 조성, 알칼리 가수분해, 초음파 분해, 미생물 또는 효소 분해가 모두 γ-PGA의 분자량을 변경하는 데 사용되었으며, 초음파 조사는 효소 가수분해에 대한 대안을 제공하며, 고분자의 화학적 조성을 방해하지 않고 γ-PGA의 분자량과 다분산성을 줄일 수 있는 방법이다.

5.1 미생물 발효 합성

최근에 γ-PGA 고분자 합성에 관여하는 유전자 및 효소에 대한 정보가 보고되어 생산 시스템 설계에 사용되었고, 제안된 γ-PGA의 미생물 생합성 경로는 외인성 또는 내인성(α-형태이며, 직접적인 전구체로서의 케토-글루타르산)이 있다. 생합성은 라셈화, 중합, 조절, 분해의 4가지 단계로 나눌 수 있다. Exo-γ-글루타밀 펩티데이스(Ggt)는 글루타티온 대사의 핵심 효소이며 시험관 내에서 γ-글루타민산 다이- 및 트라이-펩타이드의 형성을 촉매하지만 생체 내에서 γ-PGA 합성에는 관여하지 않는 것으로 보인다.

5.2 감마-PGA 분해

*Bacilli*에서 γ-PGA를 분해는 endo-γ-glutamyl peptidase 효소와 exo-γ-glutamyl peptidase 두 가지 효소에 진행된다. Endo-γ-glutamyl peptidase 효소는 *B. subtilis* 및 *B. licheniformis*에 의해 배지로 분비될 수 있고, 고분자량 γ-PGA를 1~20 kDa의 단편으로 절단할 수 있다. 소수성 클러스터(10F-L-L-V-A-V-I-I-C-F-L-V-P-I-M24) 및 N-말단에 근접한 절단 부위(30A-E-A32)는 성숙한 효소가 배지로 분비된다. γ-PGA 고분자는 박테리아 표면에 고정되거나 배지로 방출될 수 있으며, γ-PGA 가수분해 효소를 억제하거나 녹다운하면 고분자량 γ-PGA가 생성될 수 있다. 실제로 exopeptidase 효소가 결핍된 *B. subtilis* 균주는 γ-PGA를 10^5 kDa보다 작은 분자량으로 절단할 수 없으며 야생형 균주보다 더 일찍 포자를 형성한다.

현재, γ-PGA 고분자는 *Bacillus* 종, *Fusobacterium nucleatum*, 일부 고세균 및 진핵생물에 의해 합성될 수 있지만, *Bacillus* 종이 생물학적 γ-PGA 고분자 생산 연구에 가장 널리 사용된다. 박테리아는 L-글루타메이트 의존성(*B. subtilis CGMCC 0833, B. licheniformis* P-104) 또는 비(non)-L-글루타메이트 의존성(예: *B. subtilis C1* 및 *B. amy-*

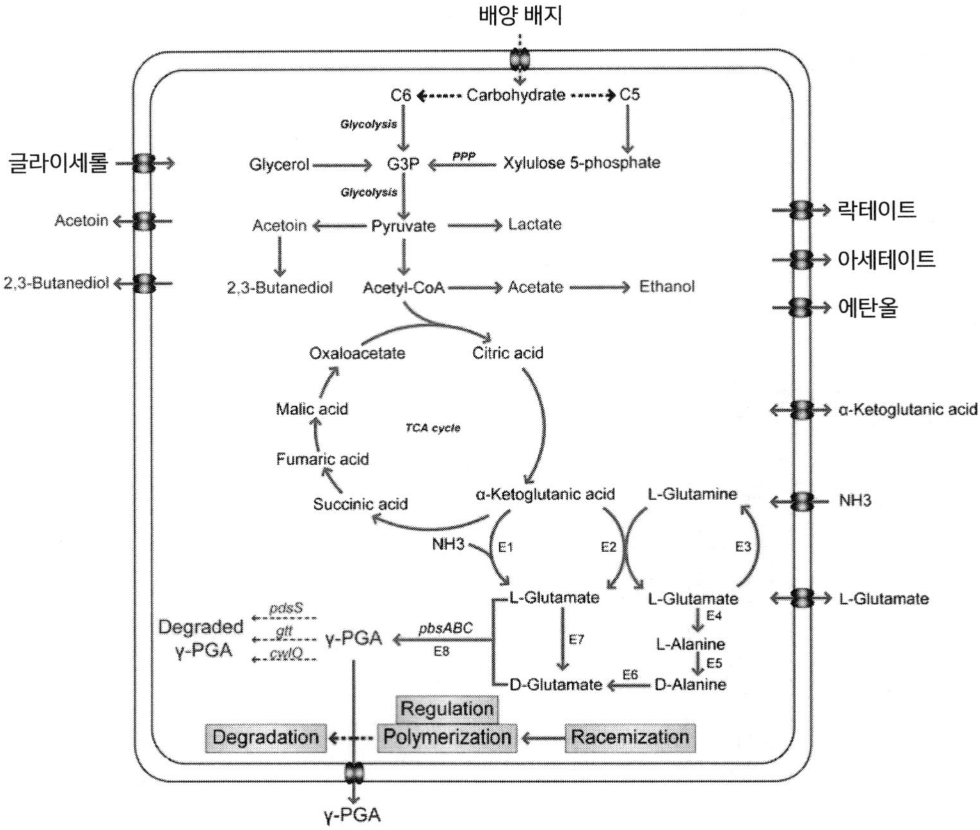

그림 16 γ-PGA 고분자의 미생물 생합성. 배지내 기질의 종류는 대부분 다양한 바이오매스 물질, 사탕수수 당밀, 농산업 폐기물이며 C6 및 C5 화합물로 분해되어 해당과정 및 오탄당 인산 경로를 통해 주요 탄소 대사로 들어갈 수 있다. 글리세롤과 citrate cycle의 대사 중간체도 후보 기질로 사용되었다. 주요 부산물은 아세토인과 2,3-뷰테인다이올로, 생산량이 적은 다른 부산물은 젖산염, 에탄올, 아세트산염이다. (PPP=오탄당 인산 경로, G3P=글리세르알데하이드 3-인산, E1=글루타메이트 탈수소효소(GD), E2=글루타메이트 2-옥소글루타레이트 아미노트랜스퍼라제, E3=글루타민 합성효소(GS), E4=L-글루탐산: 피루브산 아미노 전이효소, E5=알라닌 라셈제, E6=D-글루타민산), pyruvate aminotransferase, E7=방향 전환, E8=PGA 합성 효소. (출처: Luo, Z. *et al.*, 2016)

loliquefaciens LL3) γ-PGA 생성자이다. L-글루타민산 의존성 박테리아의 경우에는 L-글루타메이트 농도를 증가시켜 PGA 고분자 수율을 높일 수 있으나, 생산 비용을 크게 증가시킨다. 대조적으로, 낮은 생산 비용과 간단한 발효 과정으로 인해 L-글루타메이트 독립 생산자는 산업용 γ-PGA 생산에 더 바람직하지만, 낮은 γ-PGA 생산성으로 인해 제한을 받는다. 따라서 생산 비용(생산성 및 기질 모두 포함)은 미생물 γ-PGA 생산의 주요한 제한 사항이다. 이를 극복하기 위해서 γ-PGA 발효 연구는 γ-PGA 수율을 개선하고 거울상 이성질체 구성을 변경하며, γ-PGA의 분자량을 조작하기 위해 성장 조건을 최적화 연구가 주로 진행되고 있다. 또한 *B. amyloliquefaciens, B. subtilis* 및 *E. coli*와

같은 비(non)-글루타메이트 의존적 생산자의 유전 공학도 γ-PGA 생산을 증가시키는 방법으로 사용된다.

5.3 폴리글루탐산의 산업적용

감마-PGA 고분자는 식품, 의약품, 화장품에서 수처리에 이르기까지 다양한 잠재적 용도를 가지고 있다. 이성질체인 폴리(α-글루타민산)은 암 치료에서 약물전달 시스템으로 사용되고 있으며 제1형 당뇨병 치료에 사용되고, AIDS 백신생산에 사용하기 위한 연구도 진행 중이다. 멤브레인(막) 기공 표면에 부착하여 정밀여과 멤브레인에 공유 결합된 G-PGA는 초고중금속 흡착 능력을 보이고 있으며, G-PGA는 적합한 저압 한외여과 기술을 사용하여 물에서 0.99.8%의 납 이온과 결합하여 효율적으로 납을 제거하는 천연 고분자로 사용된다.

6 아이소소르비드 기반 생분해성 고분자(옥수수 유래)

포도당을 주원료로 하는 아이소소르비드 고분자는 고순도의 전분을 얻을 수 있는 전분 옥수수를 (1) 원료 추출 및 전환, (2) 중합, (3) 후처리 3단계 공정으로 제조한다. PLA처럼 옥수수 전분에서 포도당을 추출하고 있으나, 글루코스(포도당)를 수소화해 소르비톨(설탕과 비슷한 단맛을 내는 식품첨가물, 그림 17)로 전환한다는 차이점이 있다. 200~250°C의 고온에서 황산 등 강산 촉매를 이용하여 소르비톨의 탈수화 반응을 진행하면, 2개의 물 분자가 제거되어 아이소소르비드(그림 17)가 생성된다. 아이소소르비드는 고분자 중합 과정의 모노머(단량체)나 개질제로 사용하여 폴리에스터, 폴리우레탄, PLA 등과 결합하여 물성 개선제로 사용한다. 아이소소르비드 기반 플라스틱은 열가소성이 있어 원하는 형태로 합성할 수 있고, 후처리나 코팅을 통해 최종 제품의 성질을 개선하는 데 활용된다.

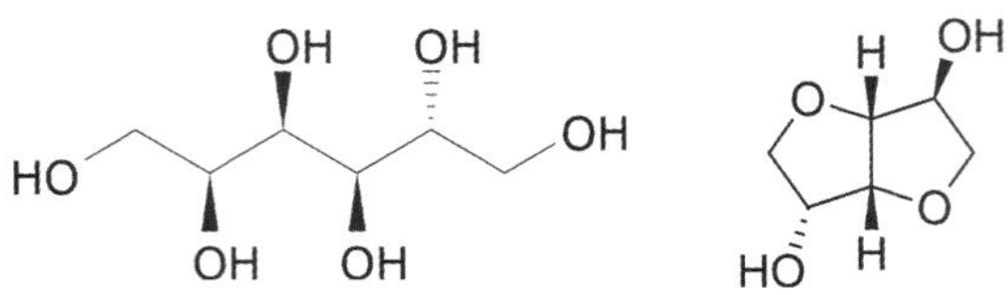

그림 17 소르비톨(왼쪽)과 아이소소르비드(오른쪽)의 화학 구조

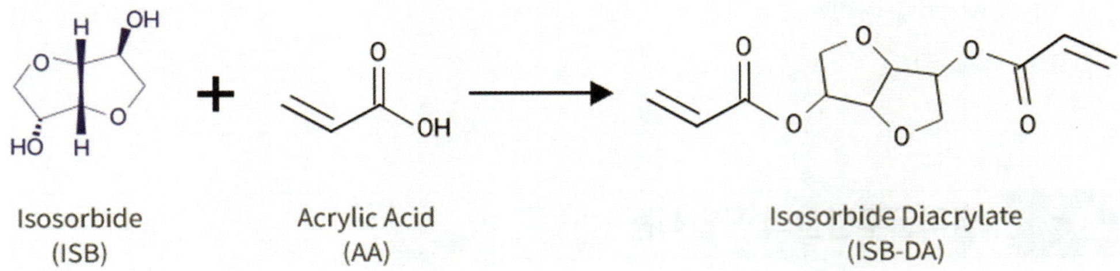

그림 18 아이소소르비드와 아크릴산을 이용한 다이아크릴레이트 합성
(삼양이노켐 홈페이지, https://www.samyanginnochem.com/kr/index)

아이소소르비드 유도체를 합성하여 다양한 생분해성 고분자 플라스틱을 제조하고 있다. 아이소소르비드 다이아크릴레이트는 경도가 향상되고 경화 속도가 빨라 경화 시 수축이 감소되어 변형이 적은 특성을 부여하며, 피부 자극 감소 및 옥수수유래 친환경 아크릴레이트로 사용되고 있다. 예를 들면, 아이소소르비드와 아크릴산을 반응시켜(그림 18) 제조하며, 다양한 물성(그림 19)의 바닥재(타일, 장판), 각종 코팅(목재, 데코용 필름), UV 잉크 및 인쇄, 페인트 및 도료 등의 제조에 활용하고 있다.

아이소소르비드에 산화 에틸렌(ethylene oxide), 산화 프로필렌(propylene oxide)을 첨가하여 아이소소르비드 폴리올(polyols)을 제조하여 폴리에스터 탄성체(elastomer), 폴리우레탄, 생분해성 고분자의 단량체 또는 첨가제로 활용하는 것이 가능하다(그림 20). 또한 DMI(dimethyl isosorbide) 화합물의 경우에는 화장품과 개인용품 원료 및 첨가제로 사용하고 있다. 또한 유기 용매나 물과의 혼합성이 우수하고, 산-염기 안정성이 우수하여 화장품과 개인용품, 친환경 에폭시, 친환경 가소제로 사용하고 있다.

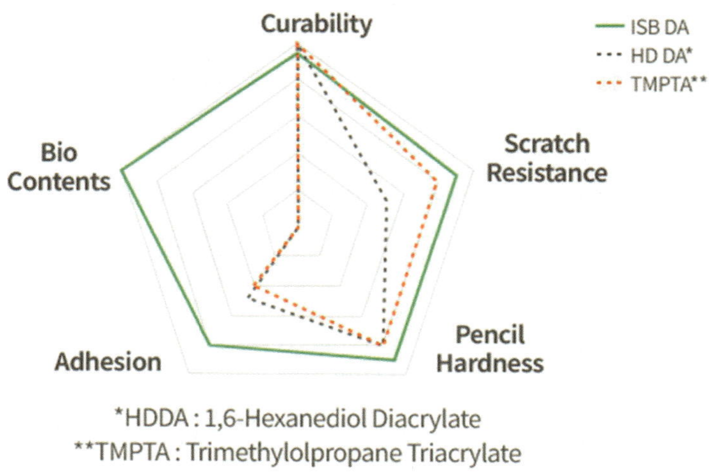

그림 19 아이소소르비드 다이아크릴레이트의 주요 특성
(삼양이노켐 홈페이지, https://www.samyanginnochem.com/kr/index)

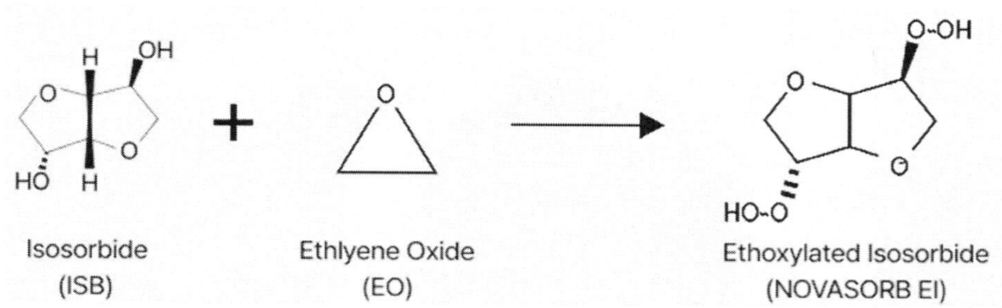

그림 20 아이소소르비드의 산화반응(에틸렌옥사이드)을 통하여 이소비드 폴리올 제조방법 예

아이소소르비드는 다이카복실산(예, 테레프탈산)과 높은 온도에서 반응시켜 에스터 결합을 형성하고, 고분자 사슬을 성장시켜 폴리에스터를 제조한다. 아이소소르비드를 폴리에스터 중합 과정에 첨가하여 기존의 폴리(에틸렌 테레프탈레이트)와 비교하여 결정성을 높이며, 강도를 높이면서 내열성을 높일 수 있다. 한국의 삼양사는 테레프탈산, 에틸렌글라이콜, 사이클로헥세인, 아이소소르비드를 이용하여 폴리(에틸렌-co-아이소소르타이드 테레프탈레이트), poly(ethylene-co-isosorbide terephthalate) (PEST) 고분자를 생산하고 있다(그림 21). 아이소소르비드 기반의 PEST 고분자는 기존 PET(폴리(에틸렌 테레프탈레이트))와 대비하여 내열 및 광학 특성이 우수하며, 우수한 내화학성 및 내스크래치성을 제공하며, PEST 분체도료는 고경도와 UV 수지로 적용할 수 있으며, PEST 생분해성 폴리에스터는 생분해도 조절된다.

또한 폴리카보네이트 고분자 합성과정에서 아이소소르비드를 소량 첨가하면, 유리 전이 온도(T_g)를 올려 생산되는 고분자의 내열성을 개선하는 데 사용하고, 아이소소르비드

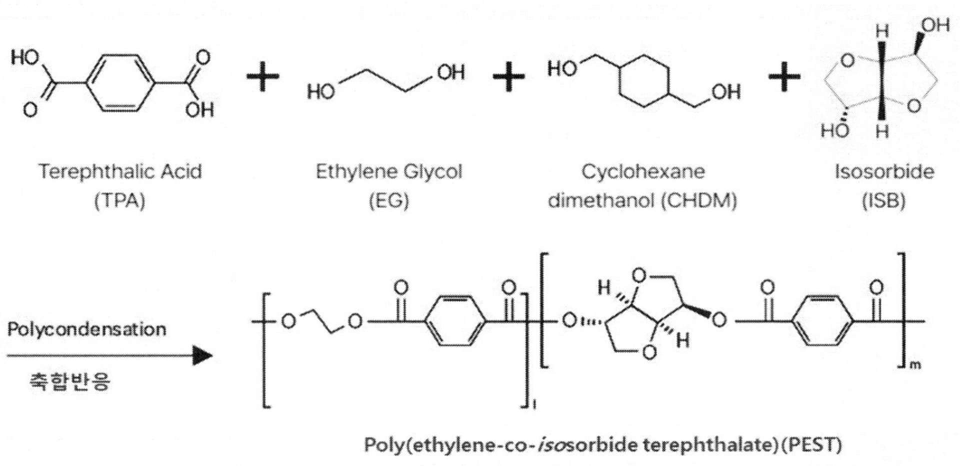

그림 21 아이소소르비드를 이용한 폴리(에틸렌-co-아이소소르비드 테레프탈레이트) 고분자(PEST) 제조 (삼양이노켐 홈페이지, https://www.samyanginnochem.com/kr/index)

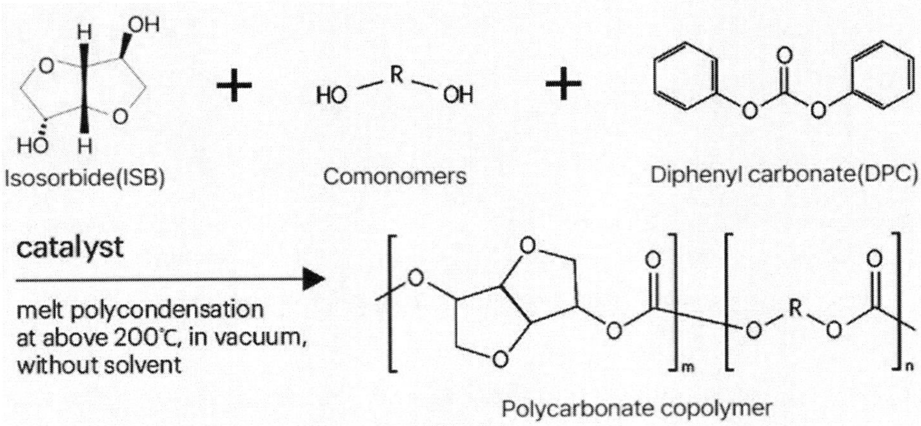

그림 22 아이소소르비드를 활용한 폴리카보네이트 공중합체 고분자 합성
(삼양이노켐 홈페이지, https://www.samyanginnochem.com/kr/index)

(ISB)의 고리 구조는 플라스틱의 강도를 높이고 유연성을 제공하여 플라스틱 제품의 내구성을 높여준다(그림 22).

아이소소르비드는 폴리우레탄과의 중합을 통해서 고분자의 기계적 강도를 높이고, 내화학성을 개선한다. 폴리우레탄 형성 과정에서, 아이소소르비드와 다이아이소사이아네이트를 반응시켜 강도 높고 유연한 폴리우레탄을 만든다. 즉, 아이소소르비드에서 합성한 폴리올, 아이소사이아네이트와 첨가제로 활용할 수 있으며, 친환경 폴리우레탄 폼, 열가소성 폴리우레탄, 코팅제, 접착제 소재로 개발함으로써, 아이소소르비드를 활용한 고기능성의 폴리우레탄을 자동차용 소재, 전기/전자용 소재, 산업 자재 등 다양한 산업에 사용할 수 있는 ISB 기반의 폴리우레탄 고분자를 합성하였다(그림 23). 기존의 1,4-뷰테인다이올 기반의 폴리우레탄과 아이소소르비드 기반의 폴리우레탄을 비교하였을 때, 인장 강도와 열적 거동이 우수한 친환경이고 생체적합한 고분자이므로 인공장기, 의료기기 제조에 적용할 수 있다(그림 24).

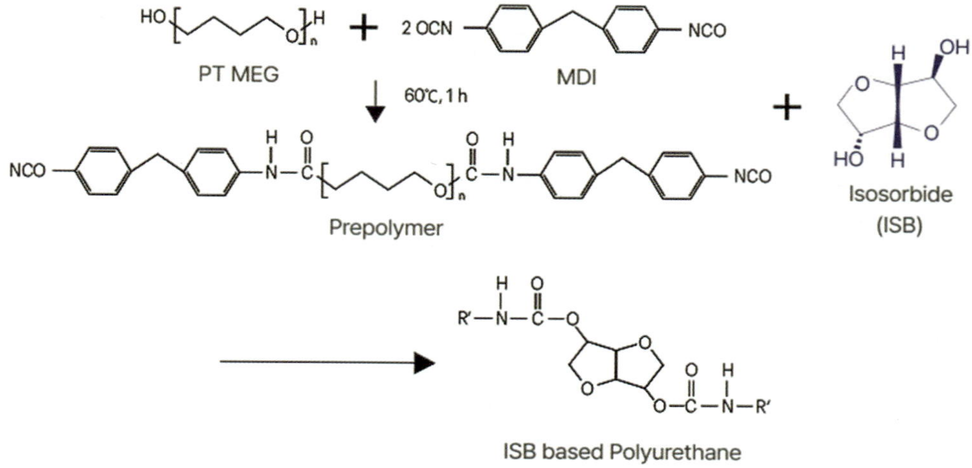

그림 23 아이소소르비드 기반의 폴리우레탄 합성방법 예시
(삼양이노켐 홈페이지, https://www.samyanginnochem.com/kr/index)

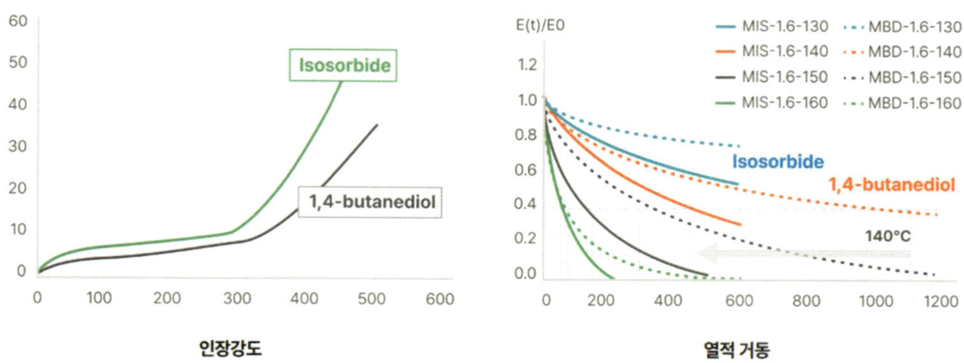

그림 24 1,4-뷰테인다이올를 이용하여 제조한 폴리우레탄과 아이소소르비드를 이용하여 제조한 폴리우레탄의 물성 비교(삼양이노켐 홈페이지, https://www.samyanginnochem.com/kr/index)

CHAPTER

05

에스터 생분해성 고분자

1 PBAT 고분자

1.1 PBAT 고분자

수많은 지방족-방향족 공중합 에스터 중 광범위한 응용 분야에서 뷰테인다이올과 아디프산 및 테레프탈산의 축합중합으로 얻은 Poly(butylene adipate terephthalate)(PBAT)는 생분해성 합성 고분자이다. PBAT 고분자의 녹는점(Tm)은 110~120°C 정도로, 생분해성 고분자 중에서 상대적으로 녹는점이 낮은 편이다. 이는 생분해되기에도 너무 높지 않은 적당한 온도이다. 녹는점이 너무 높다면 가공 시에도 많은 열이 필요하지만, PBAT는 녹는점이 낮기에 가공의 난도도 낮은 편이다.

PBAT의 유리 전이 온도(Tg)는 약 -30°C로 매우 낮다. 유리 전이 온도 이하에서는 고분자가 딱딱해지고 깨지기 쉬운 유리와도 같은 상태가 형성되기 때문에 유리 전이 온도가 낮다는 것은 쉽게 깨지는 환경이 되기 어렵다는 뜻이다. 즉, 유연함을 유지할 수 있는 장점이 있다. 또한 열분해 온도는 약 300°C 이상으로, 가공하는 과정에서 열을 주어도 쉽게 분해되지 않는 안정성을 가진다. 열분해 온도 아래에서 PBAT는 열성형을 할 수 있는 열가소성의 특징을 가지고 있는데, 다양한 성형 과정을 통해 다양한 공정에서 이용된다.

PBAT 고분자의 기계적 특성은 단량체 구성 및 분자량에 영향을 받으며, 탄성률은 단량체 중 테레프탈산 함량이 높을수록 증가하는 반면에 파단 연신율은 감소한다. 즉, 사용 목적에 따라 PBAT 고분자의 단량체 구성 비율을 조절하여 제조할 수 있다. 얼마나 늘어날 수 있는가를 측정하는 특성인 파단 연신율은 최대 670%에 이르며, 다른 고분자들과 비교했을 때 굉장히 높은 값이다. 이러한 높은 파단 연신율로 인해 PBAT는 쉽게 변형될 수 있으므로, 다양한 형태로 성형하고 가공할 수 있다. 늘어나도록 하는 힘에 재료가 저항하여 작용하는 힘을 나타내는 PBAT 고분자의 인장 강도는 테레프탈산으로 인하여 약 21 MPa이다. 높은 인장 강도를 가지면 무거운 중량을 포장하는 포장지로 사용되는데, PBAT 고분자의 경우 가벼운 중량 정도만 버틸 수 있기 때문에 높은 강도를 필요로 하는 분야에선 사용이 어렵다. 재료를 구부리는 상황에서 손상을 저항하는 능력인 굽힘 강도는 7.5 MPa로, 인장 강도와 동일하게 다른 고분자들에 비해 낮은 편이다.

1.2 PBAT 고분자의 화학 구조

일반적으로 폴리에스터는 다이올과 다이카복실산의 조합으로부터 중축합 반응을 통해 합성된다. PBAT는 기존 폴리에스터 제조 기술 및 장비를 이용하여 뷰테인다이올, 테레프탈산 및 아디프산(그림 1)의 축합 반응을 통해 합성할 수 있다.

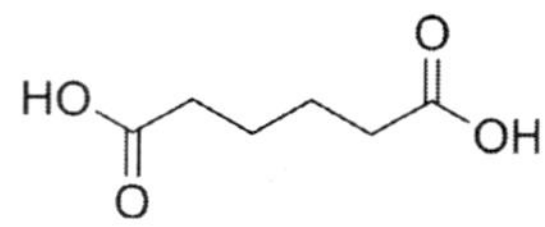

그림 1 아미노산과 트라이글리세라이드의 구조식

아디프산의 구조는 가운데에 메틸기 4개가 연결되어 있고, 양 끝에 카복실기가 각각 위치하는 알킬 사슬이다. 알킬 사슬은 지방족 단위를 가지며, 이는 다음과 같이 고분자에 유연성을 부여한다.

첫 번째로, 비결정성 알킬 사슬로 인해 분자는 규칙적으로 배열되지 못하고 무질서하게 배열되어 유연한 특성을 가진다. 두 번째로, 알킬 사슬 간 상호작용은 극성 분자들끼리의 상호작용(전기적)에 비해 약한 반데르발스 힘이므로 사슬 간 결합하는 인력이 약하다. 세 번째로, 알킬 사슬에서 각 탄소와 탄소 단일 결합은 자유롭게 회전할 수 있으므로, 결정성 구조를 가진 고체처럼 고정된 상태가 아니라 움직일 수 있다. 따라서 회전으로 인해 분자가 쉽게 변형되고 구부러질 수 있으므로, 고분자 내에서 알킬 사슬이 개수가 많을수록 해당 고분자의 유연성이 증가하게 된다. 유연성을 높이고 싶다면 알킬 사슬의 개수를 늘리는 방식으로 PBAT 고분자를 합성하면 된다.

공중합체의 다른 단량체인 테레프탈산은 중앙에 C_6H_4를 가지고, 양쪽에 $-COOH$로 연결된 화학식을 가진다(그림 2). 육각형 벤젠 고리를 이루는 탄소 원자 6개가 테레프탈산의 중앙에 위치하고 있으며, 각 6개의 탄소 원자들은 이론상으로 단일 결합과 이중 결합이 교차로 나타나는 형태를 가진다. 그러나 벤젠 고리의 단일 결합과 이중 결합은 고정된 형태가 아니라, 전자가 탄소 원자들 사이를 이동하며 고리 전체에 동등하게 분포된

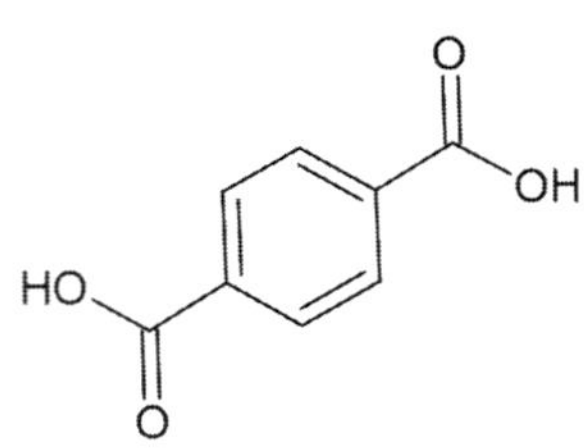

그림 2 테레프탈산의 화학 구조

상태인 공명 구조를 가진다. 이러한 공명 구조로 인해 PBAT의 벤젠 고리는 매우 안정하고, 높은 결합 에너지를 가지기 때문에 물리적 강도가 높다. 이는 일반 사슬 결합 구조보다 더 강한 기계적 강도를 가지는 원천이 되며, 테레프탈산이 포함된 PBAT 고분자는 적절한 인장 강도를 가지게 된다. PBAT 고분자가 높은 온도에서도 형태를 유지하도록 하는 것도 공명 구조의 안정성 덕분이다.

1.3 PBAT 고분자의 합성 메커니즘

PBAT의 합성은 축합 반응으로, 평형 상태에서 부가적으로 생성되는 물질이나 물 분자를 생성하기 위해서 단계적으로 진행되는 고분자 합성방법이다. PBAT는 1,4-뷰테인다이올과 테레프탈산, 아디프산 사이에서 에스터 결합으로 진행되는 축합 반응이며, 물이 부가 생성물로 생성된다. 테레프탈산의 COOH와 뷰테인다이올의 HO가 반응하여 에스터 결합을 형성하고, PBAT 고분자가 합성된다(그림 3).

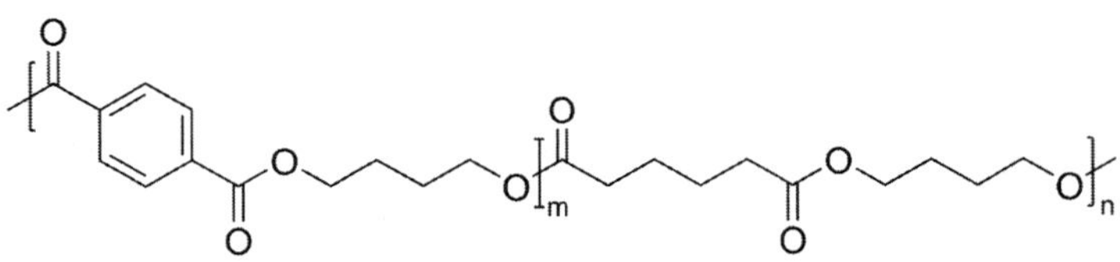

그림 3 PBAT의 화학 구조식

1.4 PBAT 고분자의 생분해 메커니즘

PBAT의 생분해 메커니즘은 크게 효소적 분해와 미생물의 대사 과정을 통해 이루어진다. 첫 번째 단계는 미생물이 분비하는 효소에 의해 이루어지며, 주로 에스터 분해 효소인 에스터레이스 효소가 작용한다. 효소는 PBAT의 에스터 결합을 가수분해하여 단량체나 저분자량의 올리고머로 분해한다.

$$\text{R-COOR'} + \text{H}_2\text{O} \longrightarrow \text{R-COOH} + \text{R'-OH}$$

여기서 R과 R'은 각각 고분자 사슬을 이루는 부분이다.

효소에 의해 분해된 저분자량의 생성물(테레프탈산, 아디프산)은 미생물의 대사 과정을 통해 흡수된다. 미생물은 이 분해 산물을 에너지원으로 사용하거나, 세포 성장에 필요한 물질로 전환한다. 대사 과정의 최종 산물은 주로 이산화 탄소와 물이며, 일부는 생체

물질(biomass)로 전환된다.

PBAT 고분자의 생분해 속도와 효율은 주변 환경 조건에 따라 달라진다. 높은 온도에서는 효소 활성도가 높아져 분해 속도가 빨라질 수 있으며, 가수분해 반응을 위해 물이 필요하므로 습도도 중요한 요인이다. 마지막으로 미생물이 존재하면 생분해가 더 잘 일어날 수 있다.

1.5 PBAT 고분자의 응용 분야

PBAT는 생분해성 및 유연성을 갖춘 고분자로 식품 포장, 쇼핑백, 쓰레기봉투 등으로 널리 사용된다. 쓰레기봉투는 유연하고 얇은 필름 형태가 요구되며, 폐기 후 빠른 생분해가 필요한 제품이다. 따라서 아디프산의 비율을 높여 신축성과 유연성을 강조한다. 또한 PBAT는 농업에서 사용되는 멀칭 필름으로 사용된다. 토양 위에 덮어서 사용하는 멀칭 필름은 토양 내에서 농작물이 다 자랄 즈음 자연스럽게 분해되어야 한다. 특히 태양에서 나오는 자외선, 태양열, 이슬, 바람 등의 변덕스러운 날씨 등의 외부 조건을 견딜 수 있는 물성이 필요하다. 따라서 테레프탈산 비율을 높여 기계적 강도와 내구성을 향상시키고, 적절한 아디프산의 비율을 통해 유연성을 확보하여 찢어짐을 최소화한다. PBAT 고분자는 의류에서 사용되는 섬유로 사용될 수 있다. 의류 섬유에서는 테레프탈산 비율을 높여 섬유의 강도를 증가시키고, 적절한 아디프산의 비율을 통해 옷을 입을 때 필요한 신축성을 제공하고 있다.

PBAT는 분해성이 있는 의료용품에도 사용되고 있다. 녹는 실이라고 불리는 수술용 실(봉합사)의 경우, 일정 시간이 지나면 자연스럽게 분해되어 따로 실밥을 제거하지 않아도 되어, 환자들의 불편함을 최소화한다. 봉합사를 제작할 때 역시 테레프탈산의 비율을 적절히 유지하여 녹는 실로 이용될 수 있는 강도를 제공한다. 또한 체내의 의료용 패치의 경우에도 강도가 낮아지지 않도록 테레프탈산의 비율을 조절하고, 아디프산 비율을 조정하여 체내에서 분해되도록 한다.

1.6 PBAT 고분자의 단점과 대안 연구

PBAT 고분자는 신축성, 유연성과 연신율이 높은 소재로 알려져 있으나, 기계적 강도가 약하다는 문제가 있다. 따라서 고강도가 요구되는 제품에 단독으로 사용하기 어려우며, 다른 소재와의 블렌드로 두 고분자의 특성을 보완하고 있다. 대표적으로는 PLA의 우수한 인장 강도 및 열가소성의 장점과 PBAT의 높은 열 안정성과 신축성, 연신율의 장점을 이용하여 블렌드를 진행한다. PLA가 취성으로 인해 쉽게 깨질 수 있다는 단점과 PBAT의 강도가 약하다는 단점을 해결하여 물성을 향상시킨다. PBAT/PLA 블렌드 플라스틱의 기능과 물성, 열적 안정성을 향상하도록 다양한 가소제가 이용되는데, 환경친화적인 특성을 살리기 위해 HCO라는 가소제가 이용되고 있다.

PLA/PBAT의 비율에 따라 제조한 블렌드 필름의 인장 강도와 신축률을 확인하여 최적의 비율을 확인하여, PBAT 함량이 증가함에 따라 인장 강도는 감소하지만 신축률은 증가하는 경향이 있다. 높은 인장 강도를 가진 고분자 중 PLA는 인장 강도뿐만 아니라 높은 열가소성, 생분해성을 가지고 있다. PBAT와 PLA의 비율이 2:8일 때 가장 최적의 기계적 특성과 신축성을 보인다. 물론 HCO를 가소제로 사용하면 그 함량에 따라 인장 강도와 신축률도 달라진다. PBAT/PLA 블렌드 고분자의 HCO 첨가량에 따른 가공성 향상 실험을 진행한 결과에 따르면, HCO의 첨가 비율이 증가할수록 인장 강도는 낮아지고 신축률은 증가하였다. 인장 강도와 신축률이 최적인 비율은 3.0wt%이었고, 이때 필름이 열적 안정성 또한 우수함을 확인되었다(그림 4). 그림 4의 (c)에서 보듯이 신축성이

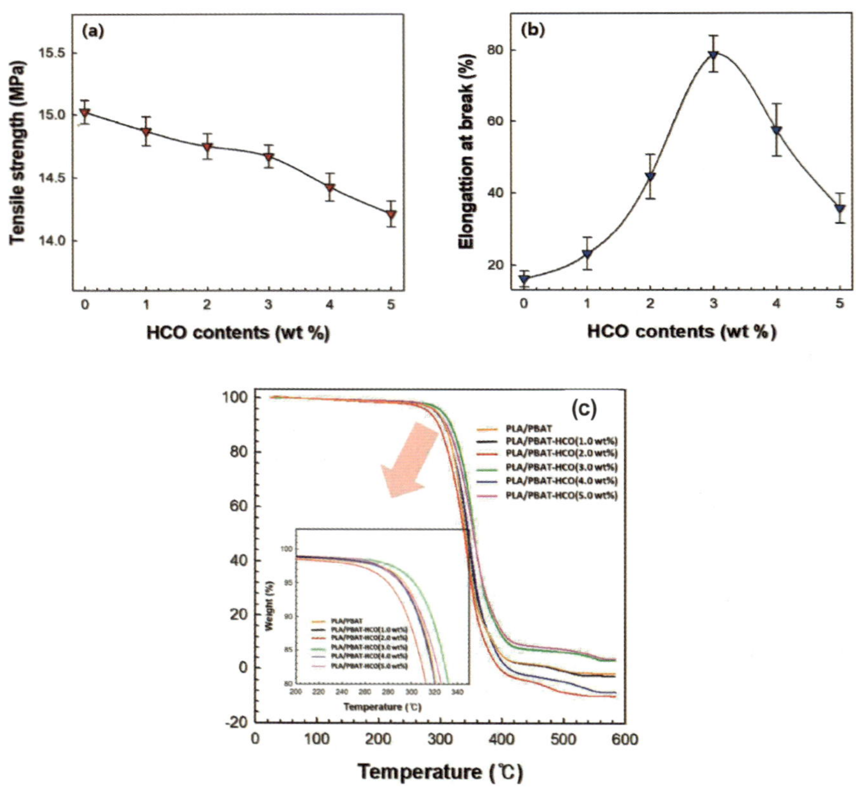

그림 4 PBAT-PLA-HCO 블렌드 고분자의 특성 (a) 인장 강도, (b) 신축률, (c) 열안정성(TGA) 분석 (출처: 이승민 외, 2020)

가장 높은 PBAT/PLA 블렌드 고분자에 HCO 3.0wt%를 첨가했을 때 고온 환경에서도 형태 안정성을 유지할 수 있었다. 이를 통해 고온에서 변형되지 않는 포장재 및 일회용품 분야로 활용이 기대되고 있다.

2 PLA 고분자

옥수수 유래 폴리락트산(polylactic acid, PLA)은 화학 구조식이 $(C_3H_4O_2)_n$이며 몰질량은 약 10~50 kg/mol, 밀도는 1.210~1.430 g·cm^{-3}, 녹는점은 150~160°C, 끓는점은 > 350°C, 물에서의 용해도는 0 mg/mL이다. PLA 고분자는 폴리락타이드 또는 폴리아세트산으로 알려져 있으며, 옥수수나 설탕과 같은 천연물질을 단량체로 사용하여 합성되고 있다. 주로 D- 또는 L-lactic acid의 축합 중합으로 얻어지거나 고리형 락트산 이량체와 락타이드의 개환 중합에 의해 합성된다. PLA는 생분해 물성으로 인해서 최근에 환경, 의료분야에서 핵심 고분자로 산업화가 진행되고 있다. PLA는 다양한 일회용기 소재로 활용되고 있으며, 3D 프린팅 분야에서 가장 널리 적용되는 플라스틱 필라멘트 소재이기도 하다.

2.1 PLA 고분자 합성방법

PLA 고분자는 화학적 합성방법과 미생물 발효에 의한 합성방법이 있다(그림 5). 미생물에 의해 재생가능한 원료를 사용하여 전처리한 다음에, 발효배지를 첨가하여 발효하고, 락트산을 회수한다. 이때 광학적으로 순수한 L(+) 형 혹은 D(-)형 락트산을 회수하여 사용하던가, 혹은 D/L이 혼합된 락트산(라셈 화합물)을 사용하여 합성할 수 있다. 반면에 화학적 합성방법에서는 석유로부터 얻어진 아세트알데하이드 화합물에 사이안화 수소(HCN)을 첨가하여 락토 나이트릴 화합물을 획득한다. 이후에 황산을 이용하여 가수분해하여 D/L 락타이드 구성된 라셈 혼합물을 얻는다.

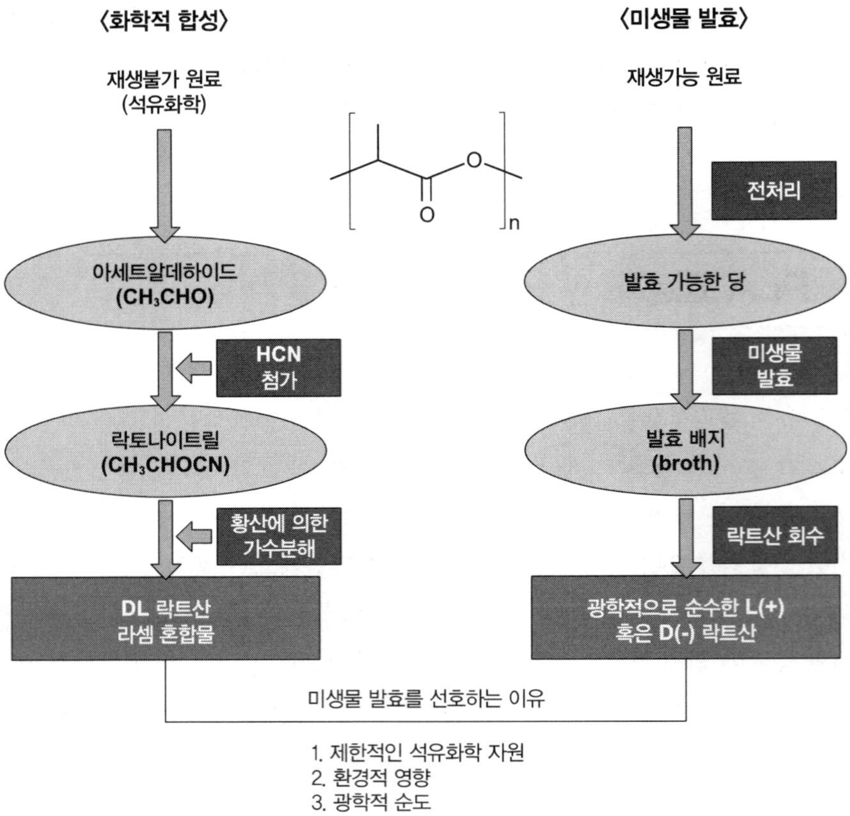

그림 5 화학 및 생물학적 방법에 의한 락트산 생산 비교

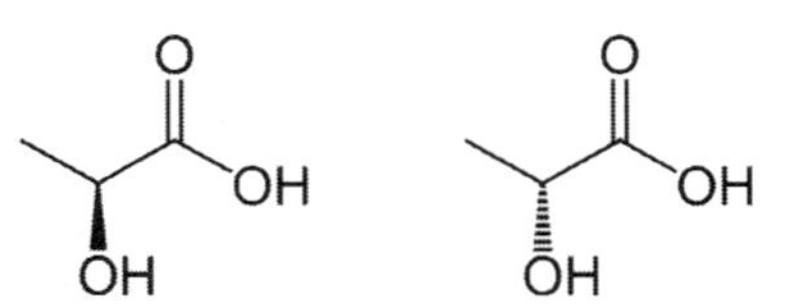

그림 6 D-락트산(왼쪽)과 L-락트산(오른쪽)의 화학 구조

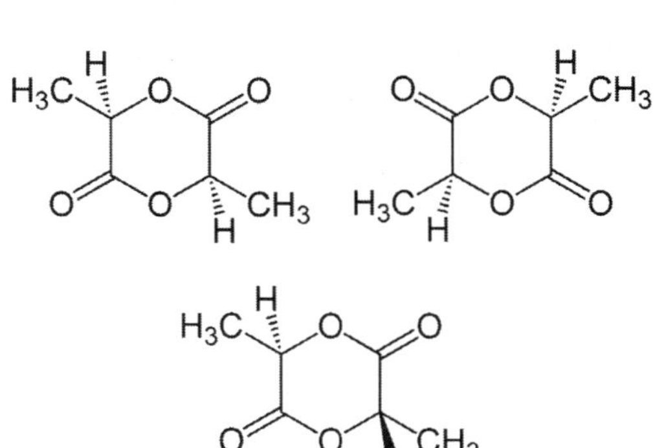

그림 7 락타이드의 화학 구조

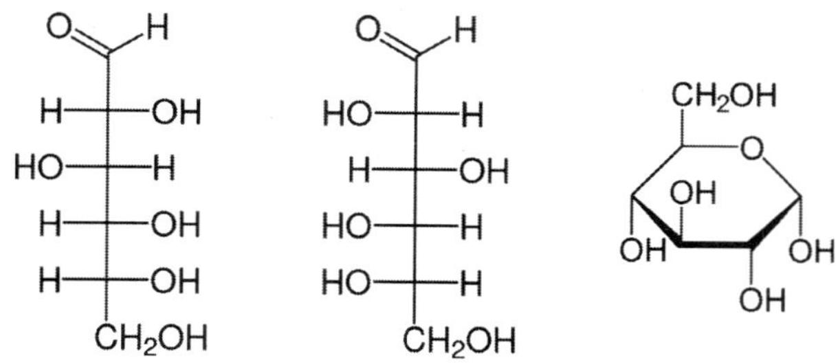

그림 8 글루코스(포도당)의 화학 구조. 선형 글루코스(왼쪽부터 D-, L-)와 고리형 글루코스의 구조식

2.1.1 미생물 발효에 의한 PLA 고분자 합성

젖산(락트산) 발효는 알코올 발효와 함께 인류가 오랫동안 사용해 온 박테리아 반응 중 하나이다. 유산균은 일반적으로 세포 형태에 따라 *Lactobacillus, Streptococcus, Pediococcus, Aerococcus, Leuconostoc* 및 *Coryne* 종으로 분류되며, 이러한 유산균들은 또한 다양한 속(class)으로 분류된다. 대부분은 L-락트산을 생성하는 반면에 일부는 D- 또는 DL-락트산을 생성한다. 표 1은 D-젖산과 L-젖산 중 어느 것이 다른 박테리아에 의해 생성되는지를 비교하고 있다. 표에 따르면, 동일한 *Lactobacillus* 속에 속하는 종은 L- 또는 D-젖산 중 하나를 우선적으로 생산하고, *Lactobacillus helvetics*와 *Sporolactobacillus*는 각각 DL-젖산과 D-젖산을 생산한다. 따라서 젖산 형성에서 입체 선택성은

표 1 박테리아에 의한 젖산 생성

Strain(종)	출처	L-락트산 수율
Lactobacillus casie sp. Rhamnosus LC0001	IFO3425	97.5
Lactobacillus bulgarics LB0004	IAM1120	98.8
Lactobacillus delbrueckii LD0008	AHU1056	96.6
Lactobacillus delbrueckii LD0012	IAM1197	98.9
Lactobacillus delbrueckii LD0025	IFO3534	1.5
Lactobacillus delbrueckii LD0028	IFO3202	0.6
Lactobacillus helvetics LH0030	-	49.5
Lactobacillus thermophillus LT	ATCC19987	97.0
Lactobacillus lactis LL0005	ATCC8000	99.0
Lactobacillus lactis LL0016	AHU1101	98.6
Lactobacillus lactis LL0018	IFO3443	97.1
Sporolactobacillus inulinus SI0073	ATCC15538	1.1
Sporolactobacillus inulinus SI0074	ATCC15538	1.1

L-선택성이 나타나는 아미노산 형성에서보다 훨씬 낮다. 각 박테리아는 대부분의 단당류에 동화되지만, 이당류에 대해서는 고유한 동화 능력을 보인다. 동화 능력의 차이는 박테리아 선택에 중요하고, 셀룰로스와 전분의 분해는 종종 이당류를 생성하기 때문에, 이러한 이당류를 동화시킬 수 있는 종을 발효에 사용하고 있다. 일반 젖산 발효에서 L-젖산과 D-젖산의 수율은 탄소 사용량 기준으로 각각 85~90% 및 70~80%의 수율에 이른다.

2.1.2 락트산의 분리 정제

발효에서 최종적으로 얻어지는 발효액은 젖산과 함께 발효 과정에서 사용했던 미반응 원료, 세포 및 배양액 유래 당류, 아미노산, 카복실산, 단백질, 무기염 등 다양한 화합물(불순물)을 함유하고 있다. 따라서 고분자 합성에 필요한 고순도 생성물을 얻기 위해서는 분리 단계와 정제 단계를 진행하여 필요한 락트산만을 획득해야 한다. 발효 과정에서 생성된 젖산은 산화 칼슘 또는 암모니아로 제자리에서 중화되고, 중화 공정에 산화칼슘을 사용하면 젖산 칼슘의 침전이 유도된다. 염은 최종 단계에서 여과 공정으로 분리되고, 물로 세척되고, 황산으로 산성화시켜 유리된 락트산이 된다(황산 칼슘 고체도 형성됨). 암모니아를 이용하여 중화 암모늄-락테이트가 형성되면, n-뷰탄올과의 에스터에 의해 뷰틸-락테이트로 직접 전환되고, 암모니아가 회수되어 재활용된다. 뷰틸-락테이트의 다음 단계인 증류 단계와 가수분해 단계를 거쳐 높은 효율의 수용성 젖산을 획득하며, 생성된 젖산은 칼슘염 방법으로 얻은 젖산보다 순도가 높다. 젖산 발효 및 정제 기술은 이미 잘 확립되어 있으며, D-젖산과 L-젖산의 생산은 공업적으로 연간 100,000톤 규모의 공장 규모로 생산된다.

2.1.3 락트산을 이용한 폴리락타이드 합성

1995년 Mitsui Chemical Co.가 특수 용액 중축합 고분자 합성기술을 사용하여 이러한 PLA 고분자의 합성을 처음으로 성공하였고, L-락트산의 탈수 중축합 공정에는 카복실 및 하이드록실 말단의 수화/탈수 평형 반응과, L-락타이드와 PLA 사이의 고리/사슬 평형이 존재한다. 일반 평형 방정식으로 정의되는 수화/탈수 평형 반응의 평형 상수 K는 PLA 고분자의 산 가수분해에 의해 형성된 하이드록실 및 카복실기의 양과 나머지 물질인 물을 측정하여 결정할 수 있다. [COOH]=[OH] 관계가 항상 유지된다고 가정하면, x가 에스터에 대한 물의 몰비인 경우, 즉 $x=[H_2O]/[-COO]$일 때 평균 고분자 중합도(DP, degree of polymerization)는 평형 상수 K와 상관관계가 있다(그림 9).

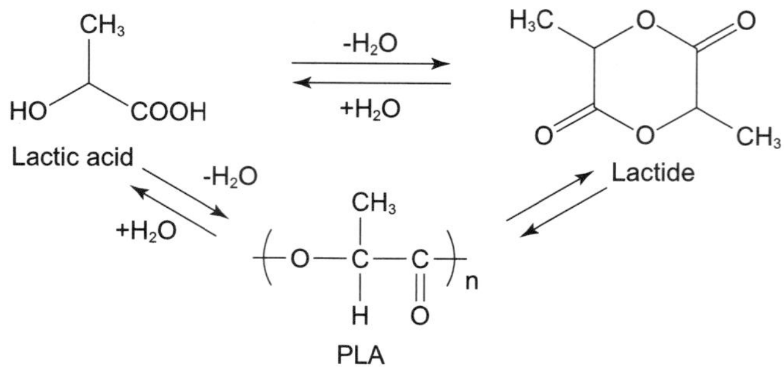

그림 9 락트산 단량체로부터 락타이드 고분자 합성(출처: Kazunari Masutani *et al*., 2014)

2.1.4 용액 축합 중합에 의한 PLA 고분자 합성

1995년 Ajioka 연구 그룹은 공비 용매로 diphenyl ether 용매를 사용하여 분자량이 100 kDa 이상인 L-형 폴리락타이드(PLLA) 고분자 합성에 처음으로 성공했다. 고비점 용매를 감압 환류하여 응축수를 공비 증류하고 분자체에 흡착시키는 방법으로 L-락트산과 다른 단량체(하이드록실산 및 다이올/다이카복실산 조합)의 공중축합에 효과적인 고분자 합성방법이다.

2.1.5 멜트/고상 축합 중합에 의한 PLA 고분자 합성

가장 간단한 용융-중축합은 다양한 이온성 금속 촉매를 사용하고 올리고(L-락트산)을 연속적으로 탈수하여 얻을 수 있다. 그러나 L-락타이드로의 해중합뿐만 아니라 제품의 바람직하지 않은 변색을 동반할 가능성이 있다. 이염화 주석 수화물과 p-톨루엔 설폰산(TSA, toluene sulfonic acid)을 포함하는 이성분 촉매 시스템의 사용은 분자량 증가와 L-락트산의 용융 중축합에서 PLLA 고분자의 변색 방지에도 효과적이며, 짧은 반응시간 내에 고분자량의 PLLA(Mw≥100 KDa)를 합성할 수 있다. Sn(II)-Ge(IV) 및 Sn(II)-Si(IV)를 포함하는 이성분 촉매 시스템은 또한 고분자량 PLLA 고분자를 생성하기 위한 촉매로 효과적이다.

L-락트산의 대체 용융/고체 중축합도 Sn(II) 및 para-TSA(p-toluene sulfonic acid)를 포함하는 이성분 촉매를 사용한다. 먼저 L-락트산을 열 탈수하여 올리고머 PLLA를 제조한 다음에, 이성분 촉매와 혼합하고 180°C에서 5시간 동안 용융 중축합하여 평균 분자량이 13 kDa인 용융 중축합 고분자를 합성한다. 합성된 용융 고분자는 최종적으로 105°C에서 열처리되어 결정화되고, 140°C 또는 150°C의 온도에서 사슬 연장을 위한 고체 상태 중축합을 진행한다. 고체 상태 중축합 생성물의 분자량은 비교적 짧은 반응시간에 500 kDa 이상의 고분자로 합성되고, 고분자 꼬리와 촉매는 고분자 결정화와 함께 비정질 도메인에 집중되어 사슬 연장을 효율적으로 유도한다.

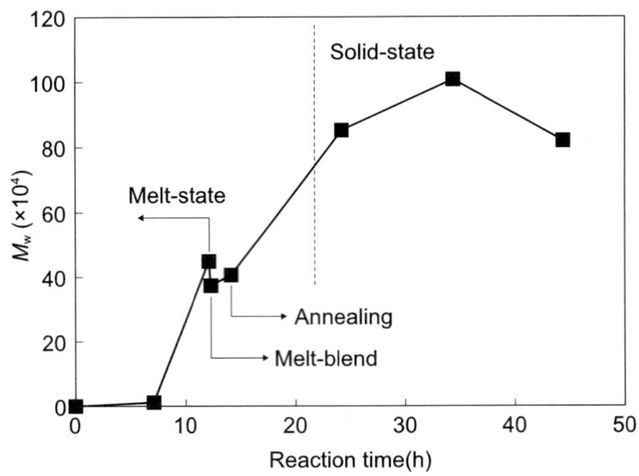

그림 10 170°C에서 수행된 고체 상태 중축합을 포함하는 전체 공정을 통한 반응 시간의 함수로서 sb-PLA의 Mw 변화(출처: A. Kowalski *et al.*, 2000)

2.1.6 스테레오-블록 축합중합에 의한 PLA 합성

중분자량(20~40 kDa)을 갖는 PLLA(L-형 PLA)와 PDLA(D-형 PLA) 고분자는 용융 중축합법에 의해 제조하고, 용융 상태로 혼합하여 스테레오-복합 결정을 쉽게 형성한다. 고체 상태 중축합은 PLLA와 PDLA 사슬의 교차 전파에 의해 스테레오 블록(sb) 서열이 생성된 고분자량 sb-PLA 고분자를 생성할 수 있다(그림 10). 결정화 유도 중축합의 향상은 연장된 사슬의 결정화를 유도할 수 있는 단일-고분자 도메인의 비율이 증가할 때 더 용이하므로, PLLA와 PDLA 프리고분자의 혼합 비율을 1:1에서 변경한다. 고체 상태 중축합이 140~160°C에서 다른 PLLA-to-PDLA 조성으로 수행되면 분자량이 100 kDa 이상으로 증가하고, 고분자 회수율은 70~85%이다. PLLA/PDLA 비율이 1:1 또는 L 또는 D가 풍부한 조성에서 벗어나면 분자량을 더 높게 유도할 수 있다.

2.1.7 개환 중합 PLA 합성방법

PLA 고분자에는 젖산의 직접 중축합 이외에도, 락타이드의 라디칼 개환 중합(ROP)이라는 주요 합성 경로가 있다. PLA 고분자의 산업적 생산은 대부분 라디칼 개환 중합 경로를 사용한다. 광학적으로 순수한 L- 및 D-락타이드의 중합은 각각 PLLA 및 PDLA의 아이소택틱(isotactic) 단독 고분자가 합성되며, 모두 결정질이며 용융 온도(Tm)은 약 180°C이고, 결정화도와 용융 온도(Tm)은 일반적으로 젖산 단위의 광학 순도(OP)가 감소함에 따라 감소한다. rac(라세믹)- 및 meso(메조)-락타이드로부터 제조된 광학적으로 불활성인 폴리(DL-락타이드)(PDLLA)는 D 및 L 단위의 어택틱(atactic) 구조를 갖는 비결정성 고분자이며, D 및 L 단위의 순서가 입체적으로 규칙적으로 제어될 때 결정질 고분

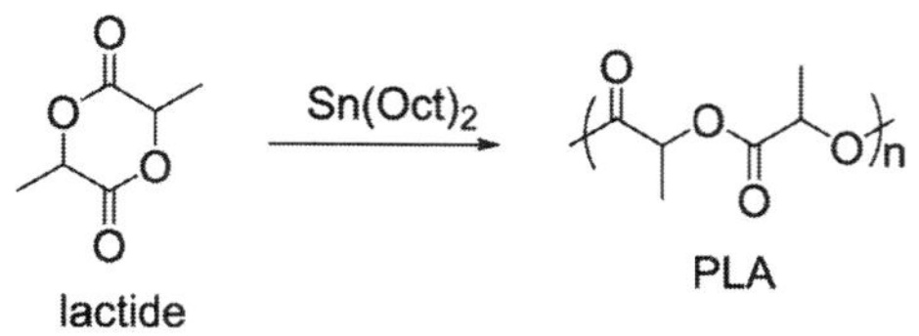

그림 11 락타이드의 ROP에 의한 PLA의 합성(출처: ACS *Omega* 2020, 5, 9, 4370-4379)

자를 합성할 수 있다. isotactic PLLA와 PDLA를 1:1 비율로 혼합하면 Tm이 PLLA 또는 PDLA보다 50°C 더 높은 입체 복합결정 폴리락타이드 고분자(sc-PLA)가 합성된다. 복합결정 폴리락타이드 고분자는 반대 감각을 갖는 나선형 거대분자 사슬의 공결정화에 의해 형성된다. 아이소택틱 PLLA 및 PDLA 시퀀스로 구성된 입체 블록 공고분자(sb-PLA)도 블록 공중합을 포함하는 입체 규칙적 중합기술에 의해 합성되며, 이러한 구조적 다양성은 가공 시 PLA 소재의 물리화학적 특성을 광범위하게 결정한다.

개환 중합을 통해 3가지의 이성질체, L형, D과 D/L형(메조) 입체 이성질체로 제조한다. 개환 중합을 위해서는 락트산(LA)으로부터 물을 제거하는 공정을 사용하는 축합 반응을 통해 합성되는 고리형 화합물 락타이드를 이용할 수 있다. 광학 이성질체 특성으로 인하여 D와 L형은 광학 활성이며, 메조-형은 광학적으로 활성을 가지지 않는다. 광학 활성인 락타이드의 개환 중합은 D-락타이드 함량에 따라 다양한 분자량의 PLA를 합성할 수 있다. 높은 L-락타이드 함량을 갖는 PLA는 반결정성을 형성하고, 녹는점 170~180°C와 유리 전이 온도(Tg) 53°C를 가지는 반면에, D-락타이드가 15% 이상이 되면 비결정성 PLA 고분자가 합성된다. 또한 D/L 락타이드는 무정형의 고분자이며, 녹는점이 없고 유리 전이 온도는 55°C이다. 따라서 D-이성질체 함량과 결합 정도를 제어함으로써 다양한 열적 물성과 기계적 물성을 갖는 PLA 고분자를 생산할 수 있다. 다만 가수분해 화학 구조로 인해서, 불안정성과 열적 안정성이 좋지 않다.

PLA 고분자의 분해 속도는 결정도에 의존한다. PLLA의 분해 속도는 PLA에 비해 매우 느리다. 몇몇 락타이드와 글리콜라이드의 공고분자는 생체흡수성 이식 물질로 사용한다. PLA의 생분해성은 그래프트 공중합의 고리 개환 중합에 의해서도 향상될 수 있다. 또한 그래프트 고분자의 용융 전이 온도와 열적 안정성은 그래프팅 정도를 증가시켜 물성을 향상시킬 수 있다.

2.2 PLA 고분자의 물성

PLA는 폴리염화바이닐, 폴리스타이렌 등과 같은 다양한 고분자와 여러 특성의 유사성으로 인해 복합 재료 생분해성 고분자로 활용되는 고분자 중 하나이다. PLA와 일반 고분자의 특성을 비교하면 PLA가 PVC, PP, 나일론보다 인장 탄성률이 높고 PP보다 굴곡 강도가 높아 엔지니어링 영역에서 다양한 방식으로 탐색할 수 있다(표 2). 게다가, PLA 고분자는 많은 에너지나 시간 투입 없이 기존의 간단한 공정으로도 가공할 수 있어 저렴하고 쉽게 구할 수 있다. 압출, 사출 등 다양한 공정을 통해 다양한 형태로 쉽게 성형 및 재성형할 수 있는 특성으로 인해, 표 3과 같이 비분해성 고분자를 단기간에 대체할 수 있는 의료산업에서 요구하는 물성을 만족한다. 따라서 생체재료, 조직공학 및 식품산업 등에서 활용되는 대표적 생분해성 고분자이다.

표 2 생분해성 PLA 고분자와 비분해성 합성고분자 물성비교

고분자 \ 물성	인장 강도(GPa)	항복 강도(MPa)	굽힘 강도(MPa)	연신율(%)
폴리락타이드(PLA)	3.2	49	70	2.5
폴리염화바이닐(PVC)	2.6	35	90	3.0
폴리프로필렌(PP)	1.4	35	49	10
폴리스타이렌(PS)	3.4	49	80	2.5
나일론	2.9	71	95	5

자료: Critical Review on Polylactic Acid: Properties, Structure, Processing, Biocomposites, and Nanocomposites. Materials 2022, 15, 4312.

표 3 PLA 의 물리적 및 기계적 물성

특성	PLA
고분자 밀도(g/cm^3)	1.21~1.30
기계적 강도(MPa)	15.5~150
기계적 모듈러스(GPa)	2.7~16
최대 응력(%)	2~10
비(specific) 기계적 강도(Nm/g)	16.8~66.8
비(specific) 기계적 모듈러스(kNm/g)	0.28~3.85
유리 전이 온도(°C)	60~65
용융 온도(°C)	130~180

출처: Polymers (Basel). 2021; 13(11): 1854.

2.3 PLA 고분자의 응용

2.3.1 환경 분야 응용

PLA 고분자의 주요 용도는 포장 산업이며, 신선 제품 분야에서 널리 고려되고 있다. 소매 시장에서 과일, 야채 및 샐러드 용기에 가장 적합한 옵션이 된 '친환경' 식품 포장으로 빠르게 성장하고 있다. 델리 및 패스트푸드점에서도 PLA를 활용한 생분해성 고분자로 제조된 일회용 수저, 음료수 및 샐러드 컵, 접시 및 용기를 사용하여 음식을 제공하고 있다. 이러한 유형의 제품은 25°C 미만에서 60°C 이상까지 다양한 저장 온도를 가진 다양한 산성 및 고콜레스테롤 식품과 접촉하기 때문에, PLA의 기계적, 물리적 및 광학적 특성은 포장재의 용도에 따라 조절하여 적용된다.

PLA 고분자는 우수한 특성을 가진 친환경 생체재료로 간주될 수 있으나, 특정 응용 분야에 대한 요구사항에 직면할 때 다음과 같은 많은 명백한 단점도 있다. 1) 주사슬 에스터 그룹의 가수분해를 통한 분해 속도가 느리며(수년) 생물의학 및 식품 포장 적용을 방해할 수 있다. 2) 파단 연신율이 10% 미만으로 매우 부서지기 쉬우므로(취성), 기계적 성능이 요구되는 용도에는 적합하지 않다. 3) 소수성이 강하고 조직공학 재료로 사용될 때 세포와의 친화도가 낮기 때문에 살아있는 호스트 조직에서 염증반응을 유발할 수 있다. 4) 포장재와 같은 산업 분야에서 완전한 접근을 방해하는 제한된 가스 차단 특성이 있다.

이러한 PLA의 단점과 높은 비용을 고려할 때 PLA 고분자의 응용이 제한되고 있는 것은 사실이다. PLA 고분자는 3D 프린팅, 주조, 사출 성형, 압출, 기계 가공 및 용제 접합으로 제작할 수 있다. 또한 일회용 식기, 수저, 노트북 및 휴대용 기기와 같은 전자제품 및 주방 가전 및 전자레인지 트레이와 같은 다양한 소비재에 사용되고 있다(그림 12, 13). 이외에도, PLA는 PLA 혼합 "바이오 플렉스" 멀칭 필름, 생분해성 PLA컵, PLA 혼합 마이크로코일의 3D 프린팅, PLA 고분자로 만든 티백 등과 같은 다양한 형태로 제조하여 일회용 플라스틱으로 사용된다.

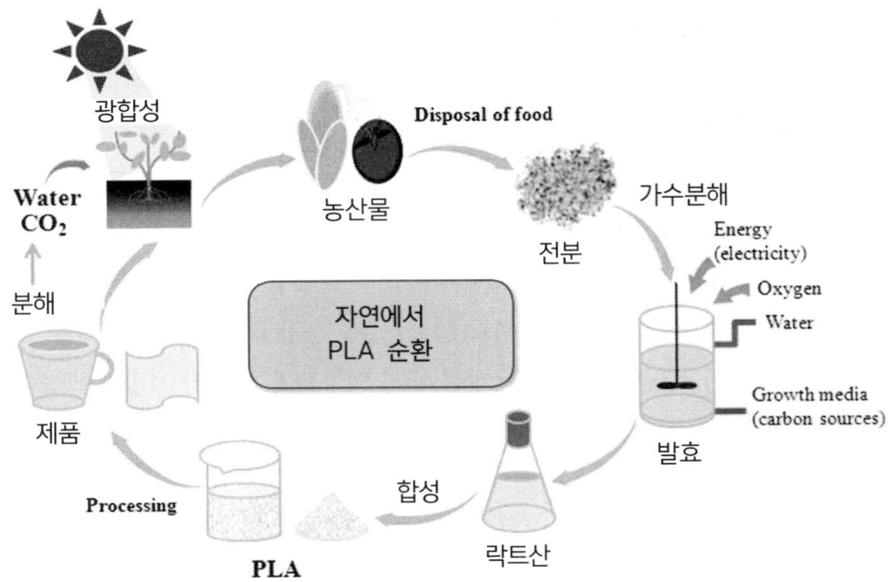

그림 12 자연에서의 PLA 순환(출처: Xia Lin *et al.*, 2012)

그림 13 PLA 활용(출처: Rezvani Ghome, E. *et al.*, 2021)

2.3.2 의료용 응용

PLA 고분자는 생체적합성이 우수하므로, 스텐트, 플레이트, 두강악안면 뼈 고정용 나사, 발목 접합의 나사, 척추 케이지, 연조직 임플란트, 조직공학 구조체, 조직배양 및 약물

전달 장치와 같은 다양한 의료/바이오 분야에 널리 사용된다. 또한 생체흡수성 및 유리한 분해 거동으로 인해 혈관 스텐트 응용 분야에서 상당히 활용되며, 금속 스텐트의 적절한 대체제로 기대받고 있다. PLA 이성질체 중 폴리(L-락트산)(PLLA)은 스텐트 응용 분야에 사용되는 가장 일반적인 의료용 고분자이다. 또한 약물전달 시스템에도 적용된다. 생체 내 PLA는 가수분해 절단을 통해 에스터 결합이 분해되고, 가수분해 생성물이 무독성 하위 생성물로의 전환된 후, 소변 등의 여러 단계를 거쳐 분해가 진행된다.

이러한 응용 외에도 PLA의 나노입자는 재협착, 오리도닌(oridonin) 등과 같은 다양한 약물을 캡슐화하는 데 사용된다. 또한 정형외과 장치에 사용되는 폴리락타이드 고분자는 2차 수술을 피함으로써 비용을 절감하고, 보다 쉽게 회복할 수 있기 때문에 나사, 고정핀, 플레이트 및 봉합 앵커소재로 사용된다.

또한 의공학 부문에서 PLA의 또 다른 적용은 조직공학(TE) 구조체로 사용된다. 조직공학에서는 심혈관 질환과 같은 세포배양 적용에 사용되는 3차원(3D) 다공성 구조체이며, 3D PLA 구조를 전기방사 및 3D 프린팅으로 제조하여 환자 맞춤형 제품으로 사용하고, 섬유, 플라스틱 양식, 서비스 물질 및 환경 개선 필름에도 사용된다(그림 14, 15).

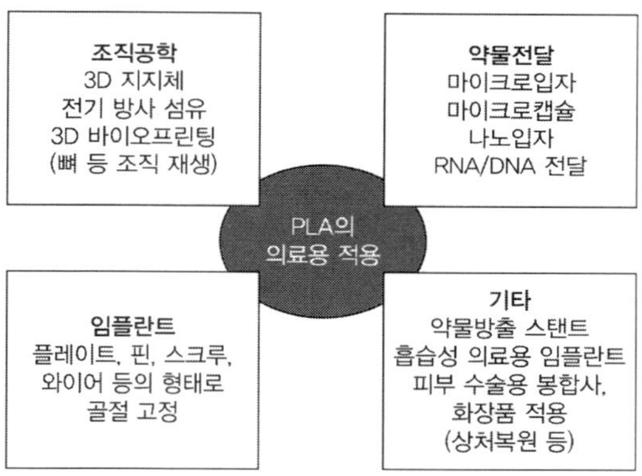

그림 14 PLA의 의료용 분야 적용예시(임플란트, 조직공학, 약물전달 등)

그림 15 PLA를 이용하여 3D 프린팅 결과물 예시
(출처: Formalbs, formlabs.com/kr)

2.4 PLGA 공중합 고분자

PLGA(폴리락테이트-co-글라이콜레이트) 고분자는 락타이드와 글라이콜이 일정 비율로(예, 75 : 25, 67 : 33, 50 : 50 등) 구성된 공중합체 고분자이다. 석유로부터 얻어진 단량체를 합성과정에 일정 비율로 첨가하고 반응시켜 제조한다, 다른 한편으로 미생물을 이용하여 PLGA 고분자를 합성하고 있다. KAIST 이상엽 교수 연구진이 미생물을 이용해 생분해성 고분자 물질 PLGA 합성에 성공했다. 지금까지 PLGA 합성 공정은 복잡하고 유독성 금속 촉매를 쓰기 때문에 친환경적이지 않다는 문제가 제기되고 있었으나, 최근에는 대장균의 유전자를 조작하고 대사과정을 최적화해 폴리락테이트 제조기술 이외에 대장균에 외부 유전자를 집어넣어 유전자 조작 글라이콜레이트 합성기술을 개발하였다. 또한 추가적인 유전자 조작을 거쳐 PLGA를 합성하여, 기존 화학 공정보다 단순하면서 친환경적으로 PLGA 고분자 합성방법을 개발하고 있다.[1]

또한, 화학적 방법으로는 락트산 단량체와 글라이콜 단량체를 이용하여 PLGA 고분자를 합성할 수 있다. 중합에 사용된 글리콜라이드와 락타이드의 비율에 따라 다양한 형태의 PLGA 고분자를 합성할 수 있으며, 일반적으로 사용된 단량체의 몰비와 관련하여 고분자가 구별된다(예: PLGA 75:25는 조성이 75% 젖산: 25% 글라이콜산 공중합 고분자로 식별된다). PLGA의 결정화도는 블록 구조와 몰비에 따라 완전 비정질에서 완전 결정까지 다양하게 합성되며, PLGA는 일반적으로 40~60°C 범위의 유리 전이 온도(Tg)를 나타내고, 조성에 따라 다양한 용매에 용해된다. 고급(higher) 락타이드 고분자는 염소화 용매를 사용하여 용해할 수 있는 반면에, 고급 글라이콜라이드 고분자는 불소화 용매를 사용한다.

PLGA 고분자는 물 용액에서 에스터 결합의 가수 분해되고, PLGA의 분해에 필요한 시간은 생산에 사용된 단량체의 비율과 관련이 있다. 글라이콜라이드 단위의 함량이 높을수록 주로 락타이드 물질과 비교하여 분해에 필요한 시간이 더 짧으나, 50:50 단량체 비율의 PLGA 고분자는 더 빠른 분해(약 2개월)를 나타내어 규칙에 따르지 않는다. 또한 말단이 에스터 그룹을 가진 고분자(유리 카복실산과 반대)는 더 긴 분해 반감기를 가지고 있으며, 이러한 분해성을 조절할 수 있으므로 생체 이식물, 봉합사, 임플란트, 보철 장치, 외과용 밀봉 필름, 마이크로 및 나노입자와 같은 생체 내 이식 의료기기의 제조를 위한 고분자로 사용된다.

PLGA 고분자는 체내에서 가수분해되어 원래의 단량체인 젖산과 글라이콜산을 생성하며, 정상적인 생리적 조건에서 단량체는 신체의 다양한 대사경로의 부산물로 발생한다.

1 2016.03.08. 동아사이언스

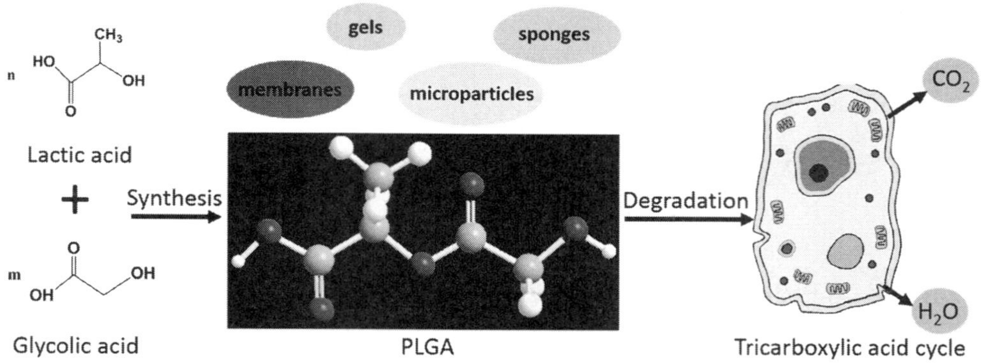

그림 16 Poly(lactic-co-glycolic acid) (PLGA) 고분자 합성 및 화학 구조식(화학반응을 이용한 합성)
(출처: Sun, X. *et al.*, 2017)

젖산은 트라이카복실산(TCA) 회로에서 대사되고 이산화 탄소와 물로 제거된다. 글라이콜산은 같은 방식으로 대사되며 신장을 통해서도 배출된다. 신체가 두 가지 단량체를 대사할 수 있기 때문에 생체재료 응용 분야에 PLGA를 사용하는 것과 관련된 전신 독성이 최소화된다. 그러나 PLGA의 산성 분해는 자가 촉매 환경을 생성하기에 충분히 낮은 국소 pH를 감소시키며, 미소 구체 내부의 pH는 pH 1.5만큼 산성이 될 수 있다.

3 PGA 고분자

폴리글라이콜산[poly(glycolic acid), PGA] 고분자의 단량체 글라이콜산은 정상적인 신체 대사 중에 생성되며 하이드록시아세트산으로 알려져 있다. PGA는 물에 대한 용해도가 낮은 벌크 분해 메커니즘에 의해 분해된다. 생체 내 분해가 되는 생분해성 고분자로서 분해 및 재료 강도 손실은 약 1~2개월 후에 발생하고 고분자의 총 질량은 6개월 후에 완전히 분해된다. PGA는 높은 결정성(45~55%)을 가지고 있고, 녹는점(Tm)은 220~225°C, 유리 전이 온도(Tg)는 35~40°C이다. 높은 결정성으로 인하여 유기용매에 용해도가 낮다. 그러나 높은 결정성과 배향성으로 인해 비교적 강도가 높고, 탄성률은 약 12.8 GPa이다.

PGA는 봉합사 적용을 위해 다양한 형태로 제조되었다. 미국 FDA가 승인한 최초의 상업적 생분해성 합성 봉합사로 DEXON에서 제조되었으며, 자체 강화 기술을 사용한 PGA로 임플란트를 만들어 골절 및 골절술 치료에 사용되기도 한다.

PGA, PLA, PDS는 생분해성 임플란트의 세 가지 주요 고분자로 간주된다. 상업용 제품인 Bioflex®는 뼈 내부 고정장치로 사용하기 위해 평가되었고, PGA를 다른 고분자와 결합하여 전반적인 재료 강도를 개선하는 방법을 모색했다. 압출, 사출, 압축 성형, 입자 침출, 용매 주조와 같은 다양한 방법을 사용하여 생물 의학적 응용 프로그램을 위한 PGA 기반 구조의 제품을 제조하고 있다.

3.1 글라이콜산(GA) 단량체 합성

글라이콜산(glycol acid, GA)은 무색무취의 흡습성이 있는 결정 고체로, 물에 상당히 잘 녹으며, 화학식은 $C_2H_4O_3$이다(그림 18). 글라이콜산의 합성은 1) 폼알데하이드의 카보닐화, 2) 폼알데하이드와 합성 가스의 촉매 반응(저렴하며 가장 일반적인 방법), 3) 클로로아세트산과 수산화 소듐을 반응시킨 다음 재산성화하여 제조하는 합성방법, 3) 에틸렌 글라이콜을 글라이콜 알데하이드로 산화한 다음에 글라이콜 알데하이드를 글라이콜산으로 산화하여 생산하는 합성방법, 4) 폼알데하이드 사이안하이드린을 제조한 다음 수화하여 제조하는 합성방법이 있다. 또한 발효 에너지가 덜 필요한 효소적 생화학적 공정을 사용하는 생화학적 공정 글라이콜산 제조방법이 있으며, 2 전극 전해조를 사용하는 전기촉매 방법을 이용해도 글라이콜산을 합성할 수 있다. 생화학 공정을 이용한

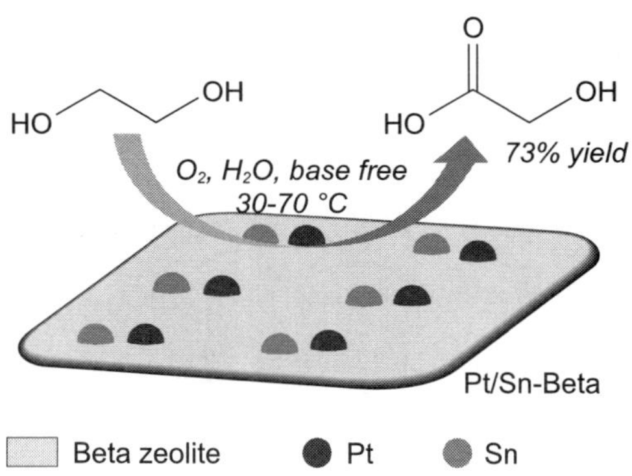

그림 17 에틸렌 글라이콜에서 금, 주석 등의 촉매를 이용한 글라이콜산 제조 예
(React. Chem. Eng., 2024,9, 3122-3132)

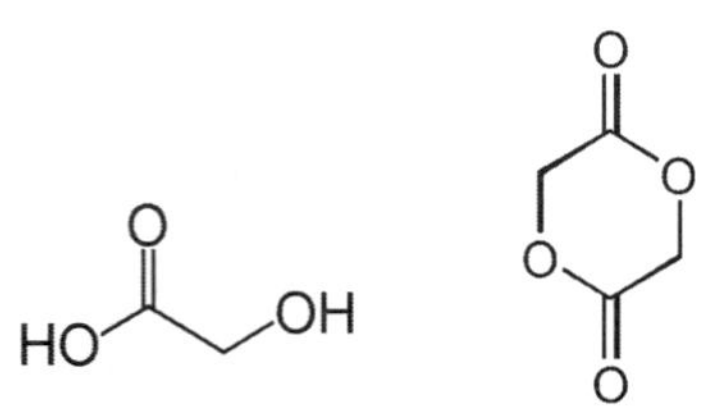

그림 18 글라이콜산(왼쪽)과 글라이콜라이드(오른쪽)의 화학 구조식

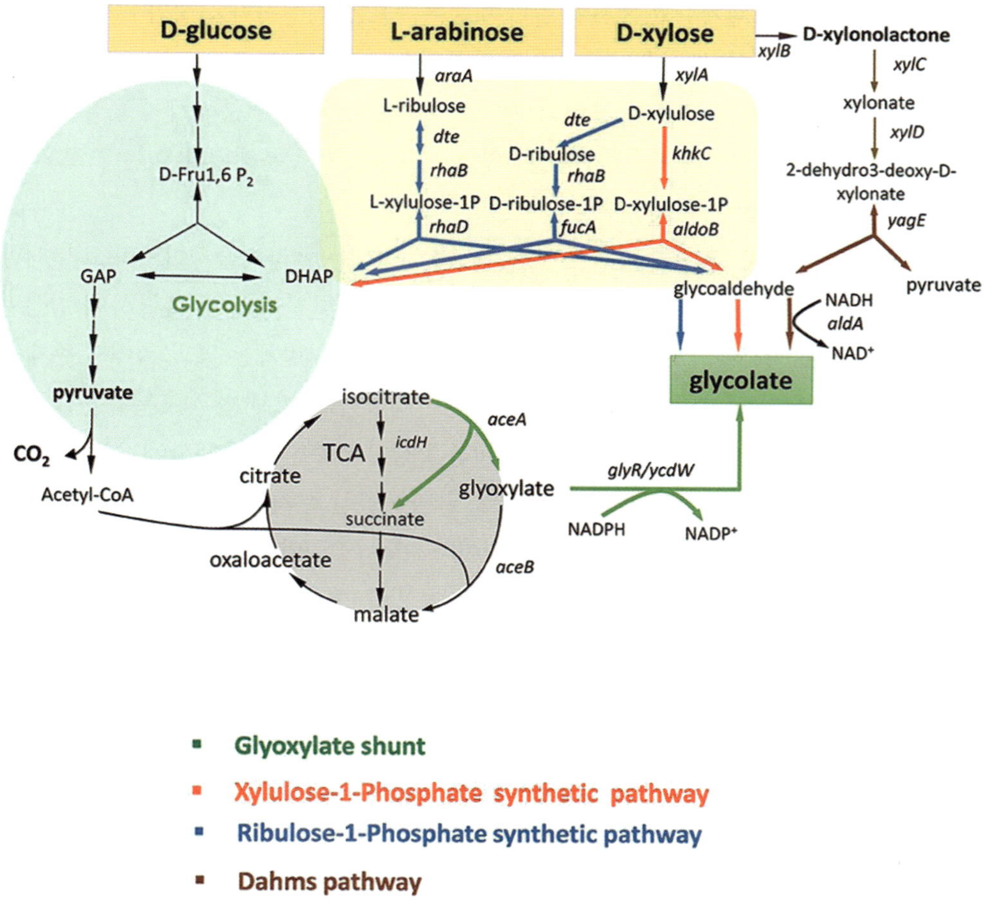

그림 19 D-포도당, D-자일로스, L-아라비노스로부터 글라이콜산을 생산하기 위한 자연적 및 비자연적 경로의 구성도. 가장 중요한 유전자(효소)만 그림으로 표시함. araA(아라비노스 이성화효소); dte(타가토스 6-P 에피머레이스); rhaB(L-람눌로키네이스); rhaD(L-람노 1-인산 알돌레이스); xylA(자일로스 이성화효소); fucA(L-푸쿨로스-1-인산 알돌레이스); khKC(케토-헥소키네이스/과당-1인산 키네이스); aldoB(알돌레이스-B); xylB(자일로스 탈수소효소; xylC(자일로놀락톤 락토네이스); xylD(자일로네이트 탈수소효소); yagE(KDX 알돌레이스); aldA(글라이코알데하이드 탈수소효소). (출처: Cléa Lachaus *et al*., 2019)

D-포도당, D-자일로스, L-아라비노스로부터 글라이콜산을 생산하기 위한 자연적 및 비자연적 경로 예시는 그림 19와 같다.

3.2 PGA 고분자 합성

단량체 글라이콜산 분자들은 카복실기(−COOH)와 하이드록실기(−OH)를 둘 다 동시에 가지고 있으며, 이들 간의 탈수 축합 반응을 통해 에스터 결합이 형성될 수 있다. 이 과정에서 물 분자가 제거되고 에스터 결합이 반복적으로 형성되어 선형의 PGA 고분자 사슬이 만들어진다. 이러한 에스터 결합은 화학적으로 안정하고 강한 결합이며 고분자 사슬의 기계적 강도를 높여준다. 그러나 반대로 물과 반응해 가수분해될 수 있다. 즉, 에스터 결합이 물 분자와 반응하여 카복실기와 하이드록실기로 분해된다. 이는 PGA의 생분해성을 가능하게 하는 핵심 메커니즘이다.

PGA의 합성은 주로 두 가지 방법으로 이루어지며 첫째는 글라이콜라이드의 고리 개환 중합이다. 글라이콜라이드(glycolide)는 두 분자의 글라이콜산이 탈수 축합하여 형성된 고리형 이량체로, 6각형의 고리 구조를 갖는다. 이 고리형 단량체는 열과 촉매의 존재하에 개환 반응으로 활성화되어 선형의 PGA 사슬로 성장한다. 이 방법은 고분자량이 높고 분자량 분포가 좁은 PGA를 얻을 수 있어, 기계적 물성이 우수한 제품 생산에 유리하다.

둘째는 글라이콜산의 직접 축합 중합으로, 글라이콜산 분자 간의 탈수 축합 반응을 통해 직접적으로 에스터 결합을 형성하는 것이다. 이는 고온(약 180~200℃)과 진공 상태에서 진행된다. 생성된 물을 지속적으로 제거하여 반응 평형을 생성물 쪽으로 이동시킴으로써 고분자 사슬의 성장을 촉진할 수 있다. 이 방법은 공정이 단순하고 대량 생산에 적합하지만, 분자량이 낮은 PGA를 생성하는 경향이 있어 상대적으로 기계적 강도가 떨어질 수 있다.

PGA 합성 과정에서는 온도, 촉매, 반응 시간 등의 반응 조건들을 조절하여 결정성과 고분자량을 제어할 수 있다.

3.2.1 개환 중합에 의한 PGA 고분자 합성

고분자량의 고분자를 생산하는 가장 일반적인 방법은 글라이콜산의 아이에스터인 글라이콜라이드(glycolide)의 개환 중합이다. 먼저 저분자량의 글라이콜라이드 올리고머를 감압한 후에 가열하고 증류하여 글라이콜라이드를 합성한다. 글라이콜라이드의 개환 중합을 위해 쓰이는 개시제는 안티모니 화합물, 아연 화합물, 주석 화합물이 사용되며, 주석(II) 2-ethylhexanoate는 식품의약품안전처에 의해 안정성이 입증된 개시제이다. 개시제를 195°C의 온도 및 질소 환경에서 글라이콜라이드에 첨가하고, 약 2시간 동안 반응을 진행시킨 다음에, 약 30분 동안 230℃까지 온도를 올리고 응고시키면 고분자량의 PGA 고분자가 생성된다. 이러한 개환 중합에도 다음과 같이 다양한 종류가 있다.

1) 멜트 혹은 벌크 중합 방법에 의한 PGA 합성

글라이콜라이드 반응 메커니즘의 용융 또는 벌크 중합으로, 1단계에서 고분자에서 물이 제거되고 올리고머가 저분자량의 고분자로 전환된다. 올리고머는 고진공에서 가열되며 고분자를 제조하기 위해 사슬 결합제로 알려진 적절한 촉매가 사용되며, 정제 단계

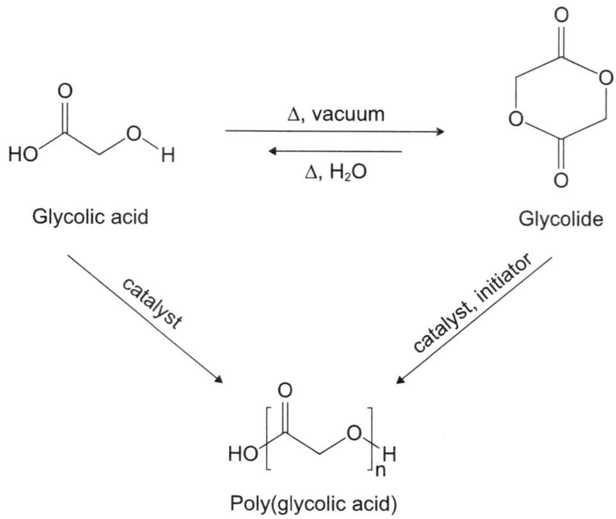

그림 20 PGA 합성 방법(출처: J Polym Res (2020) 27: 208)

를 거쳐 고분자량 고분자를 합성한다. 합성 반응 과정에서 생성된 물을 제거해야 하며, 물 분자가 존재하면 고분자의 에스터 결합을 공격하여 고분자의 분자량이 감소하게 된다. 고분자량 PGA를 합성하기 위해서는 글라이콜산의 용융/고체 상태 중축합 방법을 사용하며, 190℃에서 글라이콜산으로부터 저분자량 올리고머를 얻은 후 적합한 촉매를 선택하여 고분자량의 PGA 고분자를 합성한다. 아연 아세테이트 이수화물이 가장 적합한 촉매로 작용하고, 평균 분자량 91,000 g/mol PGA를 합성시킬 수 있다. 아세트산 아연 이수화물과 이염화주석 탈수화물을 촉매로 사용하여 45,000 g/mol의 PGA 고분자를 합성할 수도 있다.

2) 용액 중합에 의한 PGA 고분자 합성

용융/벌크 중합법은 공정이 간단하고 반응 조건에 따라 고분자량의 고분자를 합성할 수 있으나, 열전도율이 낮으므로 합성 과정에서 형성된 고온을 제거할 수 없으며, 반응 동안 생성된 열이 분자량을 감소시킨다. 이러한 문제를 해결하기 위해 두 가지 유형의 중합 방법, 즉 현탁 중합 및 용액 중합 방법을 사용한다. 용액 중합 공정은 용융/벌크 중합 방법에 비해 상대적으로 낮은 농도의 단량체로 반응이 시작되며, 점도가 낮아 반응 중 혼합이 가능하여 열전달이 일어나 발생하는 열에 의한 문제점을 해결할 수 있으나, 몇 가지 단점도 있다. 예를 들어, 고분자가 합성된 후에 사용된 용매를 제거해야 하며, 용액 중합 중에 라셈 화합물이 발생한다.

3) 유화 혹은 에멀션 중합에 의한 PGA 고분자 합성

현탁액 또는 에멀션 축합 중합 방법은 중합 과정에서 입자가 상호작용하는 것을 방지하기 위해 물에 불용성 또는 난용성 단량체를 격렬하게 혼합시킴으로써, 여과 혹은 침전에 의해 쉽게 분리될 수 있는 유화 중합에 비해 더 큰 입자(직경 20 μm 이상)를 제조할 수 있다. 락타이드와 글라이콜라이드의 중합을 위한 현탁 중합 방법에서는 끓는점이 80~250°C 사이인 불활성 액체 탄화수소를 사용했으나 액체의 폭발 효과로 인해 합성 방법으로 선택하기 어려운 문제점이 있다. 안정화제로는 실리콘 오일이 선택되었고 금속 할로젠화물의 1, 2, 4, 5, 6, 7그룹이 촉매로 사용되었으며, 반응 말기에 저분자량 고분자를 제조한다. 또한 다양한 현탁 중합 방법으로 gasoil-L lactide stannous octoate 시스템을 사용하는데, 반응 온도를 80~160°C로 유지하면서 1~2시간에서 20~30시간까지 반응하면서 175,000 g/mol 분자량까지의 PGA를 합성하고 있다.

4) 양이온 혹은 음이온 중합에 의한 PGA 고분자 합성

중합에 사용한 촉매 작용과 최종 제품의 품질 사이에 직접적인 연관성이 있다. 양이온성 및 음이온성 화합물은 글라이콜산 또는 글라이콜라이드의 중합에 단량체로 사용될 수 있고, 양이온-음이온 중합 방법으로 분리된다. 황산 및 인산과 같은 양성자 산은 양이온 중합에 사용되며, 염화 아연, 염화 제2철, 염화 알루미늄, 사염화 타이타늄, 트라이플루오린화 붕소 에테레이트 및 트라이플루오린화 안티모니와 같은 루이스 산을 사용하여 고분자량 고분자를 합성한다.

촉매로 사용되는 양이온 및 음이온 화합물과 글라이콜라이드의 중합에 락톤을 사용하는 방법은 많이 있다. 락톤은 PGA 합성 아이디어를 제공할 수 있으며, 최근에는 일산화 탄소(CO)와 폼알데하이드 양이온 공중합법에 의해 고분자량 PGA 고분자(Mn = 600,000 g/mol)를 두 단계로 합성한다. 지속가능한 일산화 탄소(CO)의 원료로 바이오메탄올 또는 바이오가스를 사용하고, 폼알데하이드의 원료로는 트라이옥산을 사용한다. 1단계에서는 양이온 중합 에스터화 반응을 통해 올리고머(Mn ~ 1800 g/mol)를 얻고, 2단계에서는 $Zn(OAc)_2 \cdot 2H_2O$를 촉매로 사용하여 대략 Mn ~600,000 g/mol의 고분자를 합성할 수 있다.

다른 방법으로는 동일한 반응 조건에서 긴 사슬의 지방산에서 파생된 에폭사이드를 추가하여 수평균 분자량(Mn) 49,000~132,000 g/mol의 PGA 고분자를 합성했다. 이 방법에서는 PGA의 용해도를 크게 향상시키고, 용융 온도를 낮출 수 있다.

음이온 중합에서는, 락톤에 효과적인 촉매인 알칼리 금속, 알칼리 금속 산화물, 알칼리 금속 나프탈렌 착물 및 크라운 에터가 사용되며, 반응은 음으로 하전된 개시제의 친핵성 공격에 의해 카보닐기 또는 알킬-산소의 탄소에 대한 공격에 의해 시작되어 선형 폴리에스터가 합성된다. 알칼리 금속 용액으로 수행된 합성에서는 β-락톤의 중합에서 수평균 분자량이 110,000 g/mol이고 90% 이상의 수율인 고분자를 얻을 수 있다. 이외에도 점토, 이온성 액체, 다이페닐 비스무트 브로마이드를 촉매로 사용하는 등 다양한 중축합 방법으로 저분자량 및 고분자량의 PGA 합성이 가능하다. 글라이콜라이드의 개환 중합법은 고가의 원료와 촉매의 독성 효과 등의 단점이 있으나 여전히 공업적으로 사용되고 있다. 그러나 상대적으로 고가의 단량체는 PGA 고분자의 생산을 제한하므로, 저비용, 고수율 및 고질량을 갖는 PGA 고분자의 합성방법을 개발하고 있다.

3.2.2 직접 축합 반응에 의한 PGA 고분자 합성

대기압에서 글라이콜산을 175~200°C로 가열한 다음에 최대 2시간 동안 150 mmHg로 감소된 압력을 유지하면서 PGA 고분자를 합성한다. 탈수 축합 반응으로 합성 과정에서 생기는 물을 중축합 공정에서 제거하기 어렵기 때문에, 10,000 g/mol 미만의 저분자량 고분자가 합성되며, 약물전달체 고분자로 적용되고 있다.

표 4 PGA 물성

물성	범위
유리 전이 온도(T_g)	35~40°C
용융 온도(T_m)	225~230°C
결정 온도(T_c)	180~200°C
결정화도(X_c)	45~55%
용융 엔탈피(H_m)	103.5 J/g
분해 기간	6weeks
밀도(ρ)	1.50~1.71g/cm^3
인장 강도(σ)	60~99.7 MPa
인장 모듈러스(E)	6.0~7.0 GPa
파단 인장(ε)	1.5~20%
비인장 강도(σ*)	40.0~45.1 Nm/g
비인장 모듈러스(E*)	4.00~4.51 kNm/g

출처: A review on synthesis and biomedical applications of polyglycolic acid, K Budak1 & O Sogut1 & UA Sezer, J Polym Res (2020) 27: 208

3.2.3 공비 축합 반응에 의한 PGA 고분자 합성

물과 공비 혼합물을 형성하는 유기용매(톨루엔, 자일렌 등)를 이용한 합성방법으로 고분자량 PGA 고분자(>930000g/mol)를 합성할 수 있다. 유기용매를 통해 반응 중 생성된 물을 제거할 수 있으며, 공비 증류는 저비용 및 고효율로 산업적 생산하는 장점이 있다. 예를 들면, 고분자량(Mw=20~460 kDa g/mol)을 갖는 폴리(하이드록실카복실산)은 하이드록실카복실산을 공비증류법으로 탈수 축합하여 합성한다. 또한 공비 증류 방법을 통해 딘 스타크 장치를 사용하여 고분자량(Mw=50~200 kDa g/mol)의 폴리하이드록실산도 합성되었다. 글라이콜산과 젖산 블렌드가 하이드록실카복실산으로 사용되므로, 고분자량 PGA도 합성할 수 있다. 최근 연구에서 딘 스타크 장치를 사용한 공비 증류에 의해 글라이콜산으로부터 높은 결정도(77%) 및 높은 용해도(147.3 mg/mL)를 갖는 고분자량 PGA(Mn = 32,100 g/mol)도 합성되었다.

3.2.4 효소를 이용한 PGA 고분자 합성

PCL은 환상 개시 중합과 효소 촉매 중합 두 방식으로 생산이 가능하며, 효소 촉매 중합에서는 ε-카프로락톤이 라이페이스 효소에 의해 고리 구조가 풀린 ε-카프로락톤이 고분자 사슬을 형성한다. 효소 촉매에 의한 PGA 고분자 중합에서는 효소의 선택과 효율, 효소의 반응 조건에 따라 고분자 합성이 달라진다. 기질의 구조나 특성에 따라 효소의 반응이 달라지기 때문에 필요한 효소와 기질의 상호작용을 위해 올바른 기질과 효소를 선택해야 한다. 효소의 반응 조건으로는 온도, pH, 용매의 선택 등이 있다. 이러한 기질-효소의 특이성으로 인해 이를 이용한 고분자 합성의 종류에는 제한이 있으며, 효소의 가격이 비싸 상업적으로 사용하기 어렵다. 그러나 역으로 생각하면 효소와 기질의 특이성은 선택적인 고분자 합성을 가능하게 하며, 기존의 방법으로는 만들기 어려운 구조의 고분자를 합성할 수 있다는 장점도 된다. 게다가 효소 촉매 중합은 공정 조건이 고온이 아니며 과정에서 유독 물질을 사용하지 않기 때문에 친환경적으로 고분자를 합성할 수 있다. 효소 촉매 중합 반응을 개선하기 위해서는 유전자 공학을 이용해 원하는 형태의 돌연변이 효소를 개발하는 방법이 있다. 또한, ε-카프로락톤은 석유 자원에서 생산되고 있어 당류를 화학 처리하여, 재생 가능한 원료로부터 생산하여 친환경적인 고분자를 생산하고 있다.

3.2.5 효소와 산 촉매를 이용한 PGA 고분자 합성

산 촉매 및 효소 촉매 반응이 PGA 고분자 생산을 위해 개발되었다. 촉매는 클로로설폰산이며, 트라이옥산 및 파라폼알데하이드와 폼알데하이드 및 일산화 탄소를 사용하여 산 촉매 반응으로 약 180°C에서 2시간 동안 수행되어 최종적으로 저분자량과 고분자량의 PGA 고분자가 합성된다. 효소 촉매 반응은 분리된 효소를 통해 PGA 합성하는 비합성 경로로 인해 친환경적인 접근 방식이며, 고립된 토양에서 박테리아인 *Pichia naganishii*와 함께 에틸렌글라이콜을 사용하여 고분자량 PGA 고분자를 획득할 수 있다.

3.3 PGA 고분자 물성

폴리글라이콜산의 단량체인 글라이콜산은 단량체에 카복실기(−COOH), 하이드록실기(−OH)가 모두 존재하기 때문에 연속적인 에스터 결합에 적합하여 고분자 내 규칙적인 배열을 형성한다. 카복실산과 알코올의 양 말단기 사이 결합에 의해 탈수 반응과 함께, 에스터 결합이 선형으로 연결되어 PGA 고분자(그림 21) 사슬을 형성한다.

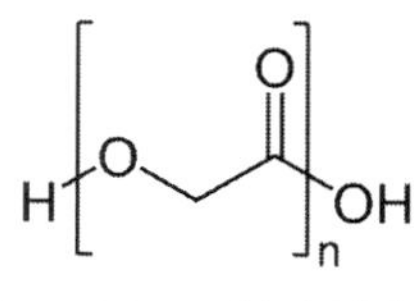

그림 21 PGA 고분자 사슬 구조

3.3.1 결정성

고체 고분자는 결정 영역과 비결정 영역으로 나뉘는데 결정 영역에 해당하는 무게 분율을 결정화도로 정의하며, 고분자 사슬이 규칙적으로 배열이 된 정도는 결정성(crystallinity)으로 나타낸다. 결정화도가 높을수록 고분자의 강도는 커지고 열에 대한 저항성도 커진다. PGA는 결정화도가 약 45~55%에 이르는 반결정성 고분자이다. PGA의 결정 영역은 외부 힘에 대한 저항성을 높이는데 이는 인장 강도와 굴곡 강도를 향상시켜서 기계적 강도를 증가시킨다. 또한, 고분자의 용융점을 높여서 열에 대한 저항성을 증가시키고 열적 안정성을 향상시킨다. 결정 영역은 화학 물질에 대한 저항성을 높여서 고분자의 안정성을 향상시키며 내화학성을 증가시키나, 결정성이 높을수록 유연성은 감소한다. 결정 영역이 고분자 사슬의 이동을 제한하여 신장률을 낮추기 때문에 PGA는 신장률이 약 15~20%로 낮은 편이고, 유연성이 필요한 분야에서 제한되는 요인으로 작용할 수 있다.

3.3.2 기계적 특성

PGA는 기본적으로 높은 인장 강도와 탄성률을 지니고 있으며, 강도가 높은 제품을 요구하는 의료용에 적합한 고분자이다. 인장 강도는 약 60~120 MPa 정도이며, 에스터 결합의 높은 안정성과 규칙적인 고분자 사슬 배열을 가지고 있다. PGA의 굴곡 강도와 내마모성은 구조의 안정성이 요구되는 다양한 분야에도 사용이 될 수 있으나, 낮은 신장률로 인해 유연성이 낮아서 유연성이 요구되는 분야에는 사용이 어렵다.

3.3.3 열적 특성

PGA의 보통 용융점은 약 220~230℃이며, 열적 안정성 또한 높은 수준이다. 따라서 가공할 때 열변형을 최소화할 수 있고 제품의 열 내구성을 향상시킬 수 있다. PGA의 유리 전이 온도(Tg)는 약 35~40℃이다. 유리 전이 온도란 유리 상태에서 고무 상태로 고분자가 전이되는 온도로 Tg 온도 이하에서는 고분자가 딱딱한 상태를 유지하므로, 실온에서 PGA는 안정적인 기계적 특성을 보인다.

3.3.4 화학적 안정성

에스터 결합의 특성상 PGA는 수분, 산, 알칼리 등에 의해 가수분해될 수 있으나, 결정성이 높은 고분자 사슬은 이런 화학적 공격에 대한 저항이 높다. 결정 영역은 물 분자의 침투를 어렵게 하여, 가수분해 속도를 감소시킨다. 그러나 생체 내부나 자연과 같은 수분과 효소가 풍부한 환경에서는 가수분해가 촉진되므로, PGA가 생분해성을 가진다.

3.4 PGA 고분자의 생분해

PGA는 주로 가수분해와 미생물의 대사 작용을 통해 생분해되어, 물 분자와 반응을 해서 에스터 결합이 끊어지는 가수분해 반응이 일어나 단량체인 글라이콜산으로 환원된다. 물 분자와의 반응으로 인해 PGA의 에스터 결합은 가수분해되어, 하이드록실기(−OH)와 카복실기(−COOH)로 분리된다. 반응의 결과로 PGA의 반복 단위가 분해되어 결국 글라이콜산으로 돌아오게 된다. 가수분해는 물에 의한 반응이라서 고습 환경이나 수분이 존재하는 자연환경에서 더욱 쉽게 일어나며, 가수분해 속도는 산성이나 알칼리성 환경 그리고 높은 온도 환경에서 더욱 증가한다.

가수분해 후 생성된 글라이콜산은 미생물에 의해서 더 빠르게 분해된다. 미생물은 글라이콜산을 기질로 사용하여서 에너지를 얻고, 최종적으로는 물(H_2O)과 이산화 탄소(CO_2)로 완전히 분해된다. 글라이콜산은 먼저 글라이콜산 옥시데이스에 의해 옥살산으로 산화되고, 옥살산은 옥살산 탈수소효소에 의해 물과 이산화 탄소로 분해된다. 이러한 대사 과정은 미생물이 에너지를 생성하고 탄소를 순환시키는 데 기여하고, 이는 자연환경에서 PGA의 생분해를 촉진하는 역할을 한다.

3.4.1 생분해 속도에 영향을 미치는 요인

생분해의 속도는 주로 습도, pH, 온도, 산소 농도 등의 영향을 받으며, 특히나 온도가

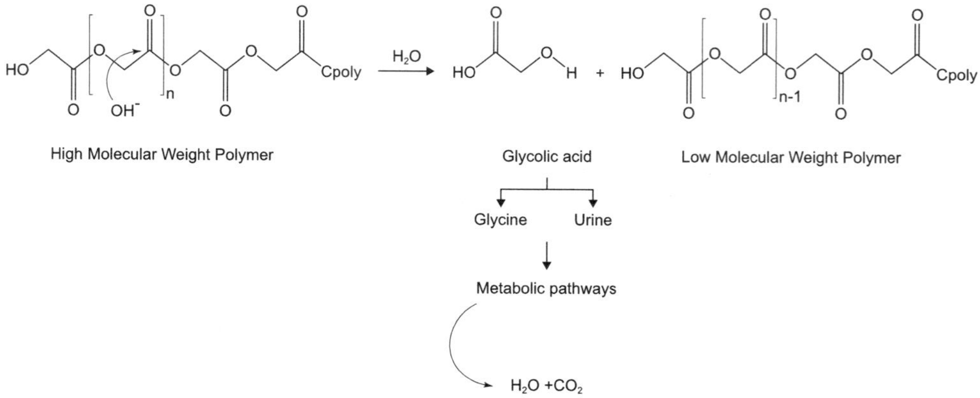

그림 22 PGA의 가수분해 메커니즘

높을수록 미생물의 활동이 활발해져서 분해 속도가 빨라진다. 또한, 고분자 자체의 특성도 중요한 요인이다. PGA의 분자량과 결정성이 낮을수록 고분자 사슬의 이동성이 높아지고 물 분자의 침투가 용이해지기 때문에 가수분해 및 생분해 속도가 증가한다. 또한 고분자 제품의 표면적이 넓을수록 미생물과의 접촉 면적이 커져서 플라스틱의 분해 속도가 빨라진다. 따라서 제품의 형태나 크기를 조절하여 생분해 속도를 효과적으로 관리한다.

3.4.2 PGA의 완전 분해

PGA는 가수분해와 미생물의 대사 과정을 통해 물과 이산화 탄소로 분리되며, 모든 과정에서 독성이나 유해물질은 방출되지 않기 때문에 PGA는 친환경 소재라고 분류된다. PGA의 이러한 특성은 폐기물 처리 문제를 어느 정도 완화하거나 해결할 수 있으며 향후 지구의 탄소 문제를 해결하는 데 도움을 줄 수 있다.

3.4.3 생분해 메커니즘의 응용

PGA가 생분해되는 특성을 활용해서 의료용 제품이나 포장재 등을 만들어 낼 수 있다. 의료용 봉합사는 체내에서 일정한 기간 동안 봉합의 역할을 다하고 자연스럽게 분해되어 제거 수술이 필요가 없게 만드는 것이다. 또 포장재의 경우는 자연스럽게 환경에 분해되도록 하여 환경오염을 줄일 수 있다.

4 PLGA 고분자

4.1 개환 중합 메커니즘에 의한 PLGA 공중합체 합성

PLGA[poly(lactic acid)-co-glycolic acid] 고분자는 구성 단량체인 락트산(LA)과 글라이콜산(GA) 사이의 다른 비율로 제조할 수 있는 선형 공중합 고분자이다(그림 23). 중합에 사용된 글라이콜라이드와 락타이드의 단량체 비율을 조절하여 다양한 형태의 PLGA 고분자를 합성할 수 있으며, 일반적으로 사용된 단량체의 비율에 따라 합성된 고분자들이 구별된다(PLGA 75:25는 75% 젖산 및 25% 글리콜산). PLGA 고분자를 합성하기 위해 다양한 합성 메커니즘이 사용되며 공정 매개변수는 최종 제품의 물리화학적 특성에 강한 영향을 미친다. 수분 제거 조건 환경에서 120°C 이상의 온도에서 LA와 GA의 용액 중축합을 통해 저분자량(MW < 10 kDa)을 갖는 PLGA의 합성이 가능하다. 비점이 높은 공비 용매인 다이페닐에터에서 수행되는 LA와 GA의 직접 중축합은 간단한 1단계 합성이다. 그러나 사용된 용매는 공정 제어와 최종 생성물의 정제를 더 복잡하게 하고, 이에 따라 생산 과정에서 비용이 많이 소모된다. 이를 극복하기 위해 공비 용매 없이 새로운 용융 및 용융/고체 중축합 공정이 개발되고 있다.

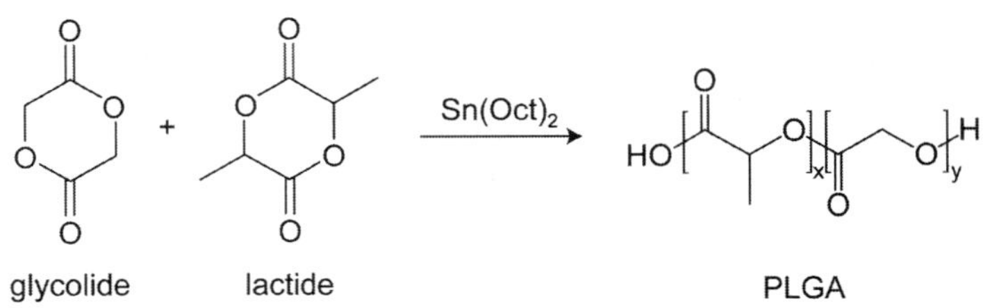

그림 23 PLGA 합성 방법

고분자량 PLGA 고분자는 주석(II) 2-에틸헥사노에이트(옥토산 주석), 주석(II) 알콕사이드, 알루미늄 아이소프로폭사이드 등의 금속 촉매를 사용하여 고온(130~220°C)에서 글리콜라이드와 락타이드의 개환 중합으로 얻을 수 있다. 촉매 중 옥토산 주석($SnOct_2$)은 고효율 상용 촉매이며 여러 국가에서 허용되는 식품 첨가물이다.

추가적으로, 독성 금속 잔류물로 오염되지 않은 지방족 폴리에스터를 얻기 위한 대표적인 방법인 효소 중합을 사용하는 메커니즘도 있다. 이는 생물 의학 응용을 위한 합성 물질의 필수 조건이다. 그러나 이러한 효소 개환 메커니즘(즉, 라이페이스에 의한)은 온화한 반응 조건(온도, pH 및 압력)에서 발생하지만 긴 반응 시간이 필요하여 저분자량의

PLGA 고분자가 생성된다. 일반적으로 개환 중합 기술을 사용하면, 관련된 단량체와 중합반응 과정에 따라 무작위로 분포된 어택틱(atatic) 또는 일정한 3차원 배향성을 가진 신디오택틱(syndiotactic) PLGA 고분자가 합성된다.

5 PCL 고분자

피마자 식물(Ricinus communis)의 씨앗에서 추출한(그림 24) 피마자오일은 비누, 윤활제, 코팅제 등의 제조에 사용되며, 폴리우레테인과 폴리에스터 합성을 위한 빌딩 블록의 공급원이자 생물기반 화학물질과 바이오디젤의 공급원이다. 피마자는 크고 부채꼴 모양의 잎과 가시가 있는 청동색에서 붉은색 과일 덩어리가 있으며, 씨앗은 콩과 같고 수용성 독소인 리신을 함유하고 있기 때문에 매우 독성이 강하다.

그림 24 피마자 사진
(출처: Buendia22, CC BY-SA 4.0, Wikimedia Commons)

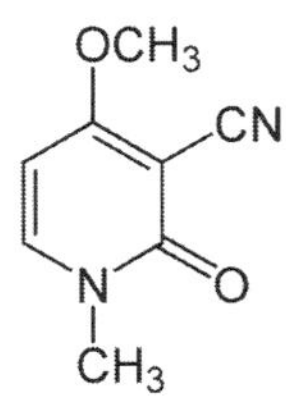

그림 25 피마자오일에 함유된 리시닌의 화학 구조

5.1 합성방법

폴리카프로락톤(polycaprolactone, PCL) 고분자는 화석 탄소 또는 재생 가능 자원에서 파생될 수 있는 폴리에스터 고분자로, 일반적인 중합과 개환 중합의 두 가지 방법을 통해 원유에서 합성된다. 일반적인 중합 방법은 6-하이드록시헥사노산($C_6H_{12}O_3$)이 촉매 존재에서 중합되는 것이며 이때 물은 진공 상태에서 제거된다. 개환 라디칼 중합(ROP)은 엡실론-카프로락톤(ε-CL) 단량체를 옥토산 주석, 전이 금속 알콕사이드 또는 그 유도체와 중합하여 합성한다. PCL 고분자는 광범위한 응용 분야를 가진 생분해성 및 지속 가능한 열가소성 고분자로서, 그 특성은 분자량에 의해 정의된다. 분자량이 약 80 kDa인 PCL 고분자는 플라스틱 특성이 있으나, 분자량이 10 kDa인 PCL 고분자는 단단하고 부서지기 쉽다.

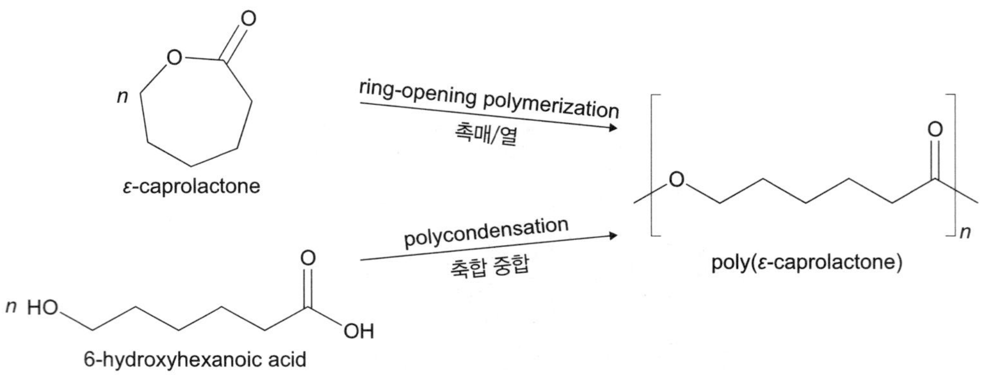

그림 26 폴리카프로락톤 합성 방법(출처: Michal Bartnikowski *et al.*, 2019)

5.2 PCL 고분자 물성

PCL은 약 60°C의 낮은 융점과 약 ~60°C의 유리 전이 온도를 갖는 헥사노에이트 반복 단위로 구성된 지방족 폴리에스터로서, 69%의 결정도를 갖는 반결정성 고분자이며, 단위 셀은 사방정계이다. 나이트릴 및 알코올, 석유 에터, 다이에틸 에터 및 물에 불용성인 PCL은 다른 많은 고분자[예: 폴리염화바이닐, 폴리(스타이렌-아크릴로나이트릴), 폴리(아크릴로나이트릴 뷰타다이엔 스타이렌), 폴리(비스페놀-A) 및 기타 폴리카보네이트, 나이트로-셀룰로스 및 셀룰로스-뷰티레이트]와 혼화성이라는 드문 물성을 가진다, 그리고 폴리에틸렌, 폴리프로필렌, 천연고무, 폴리염화바이닐 및 폴리(에틸렌-프로필렌) 고무와 같은 고분자들과도 기계적으로 혼합된다.

표 5 PCL 물성

물성	범위
수평균 분자량(Mn/g mol^{-1})	42.5-64 kDa
밀도 (r/g cm^{-3})	1.071-1.200
유리전이온도 (Tg/°C)	(-65)-(-60)
용융온도 (Tm/°C)	56-65
분해온도 (/°C)	350
고유점도(inherent) (Zinh/cm3 g^{-1})	100-130
고유점도(Intrinsic)(Z/cm3 g^{-1})	0.9
기계적 강도 (s/MPa)	4-785
영 모듈러스 (E/GPa)	0.21-0.44
항복 신장 (e/%)	20-1000

출처: Synthesis of polycaprolactone: a review, Marianne Labet and Wim Thielemans, Chem. Soc. Rev., 2009, 38, 3485

5.3 PCL 분해

PCL은 분자량, 고분자의 결정화도, 분해 조건에 따라 수개월에서 수년 이내에 생분해되며, 자연의 많은 미생물은 PCL을 완전히 생분해할 수 있다. 무정형 상이 먼저 분해되어 분자량이 일정하게 유지되는 동안 결정화도가 증가하고, 에스터 결합이 절단되면 질량 감소가 발생하여 고온에서 말단 사슬이 절단되면서 분해된다. 반면에, 저온에서는 무작위 사슬 절단에 의해 분해된다. PCL 분해는 가수분해 동안 유리된 카복실산에 의해 자동 촉매되지만 효소에 의해 촉매될 수도 있어 분해가 더 빨라지며, 자연환경에서 효소적으로 분해될 수 있으나 체내에서는 효소에 의해 분해될 수 없다.

5.4 PCL의 생분해 메커니즘

PCL은 용융 처리 온도가 낮고 부산물이 무독성이며 열처리 중 안정성이 우수한 다목적 고분자로, PCL의 분해 및 제거는 요인의 조합, 즉 국부적 환경, 고분자의 분자량 및 시험 표본의 형태에 의해 결정된다. 초기 분자량 감소, 기계적 특성의 2차 손실 및 구성 전체에 걸친 재료의 최종 질량 손실과 함께 3단계의 분해 관찰이 가능하다. 이 단계는 독립적이지 않으며 각 단계의 지속 시간과 단계 간의 중첩 정도는 상기에서 설명된 영향

요인에 의해 결정된다.

PCL의 생분해 메커니즘은 주로 가수분해와 효소 분해의 두 가지 경로를 통해 진행되며, 최종적으로 산물은 물과 이산화 탄소이다. 첫 번째는 벌크 분해로, PCL의 에스터 결합이 물의 작용으로 가수분해되어 점진적이고 무작위적으로 저분자량의 올리고머나 단량체(6-hydroxyhexanoic acid)로 절단된다(분자량 감소). 초기에는 비결정 영역에서 우선적으로 분해가 일어나며, 이후 결정 영역으로 확장된다(다음 화학식 참고).

에스터 결합의 가수분해:

$$R{-}COO{-}R' + H_2O \longrightarrow R{-}COOH + R'{-}OH$$

생분해 메커니즘:

$$\left[O{-}(CH_2)_5{-}CO \right]_n + H_2O \longrightarrow HO{-}(CH_2)_5{-}COOH + \left[O{-}(CH_2)_5{-}CO \right]_{n-1}$$

두 번째로 효소 분해 과정은 라이페이스와 같은 효소가 PCL의 에스터 결합을 가수분해하는 반응으로, PCL 표면에서 시작되어 점차 내부로 진행된다. 효소 분해는 가수분해보다 더 빠르게 진행되며, 미생물의 존재에 따라 그 속도가 크게 달라진다.

효소에 의한 생분해 메커니즘:

$$\text{Lipase} + \left[O{-}(CH_2)_5{-}CO \right]_n \longrightarrow \text{Lipase}\left[O{-}(CH_2)_5{-}CO \right]_n \text{ 복합체}$$

$$\text{Lipase}\left[O{-}(CH_2)_5{-}CO \right]_n \text{ 복합체} + H_2O \longrightarrow \text{Lipase} + HO{-}(CH_2)_5{-}COOH + \left[O{-}(CH_2)_5{-}CO \right]_{n-1}$$

생분해에 의한 올리고머 형성:

$$\left[O{-}(CH_2)_5{-}CO \right]_n + nH_2O \longrightarrow n[HO{-}(CH_2)_5{-}COOH]$$

최종 분해 산물

$$HO{-}(CH_2)_5{-}COOH + 7.5O_2 \longrightarrow 6CO_2 + 6H_2O$$

이 과정에서 PCL의 사슬 구조는 점차 짧아지며 최종적으로 이산화 탄소와 물로 완전히 분해된다. 가수분해와 효소 분해는 동시에 일어날 수 있으며, 환경조건(pH, 온도, 미생물 존재 여부 등)에 따라 각 단계의 속도를 다르게 할 수 있다. 효과적인 효소를 포함하는 환경 또는 진행 중인 수성 관류와 같은 활성 로컬 환경은 다른 기여 변수와 무관하게 PCL의 분해를 지속적으로 가속화하며, 또한 구성의 구조도 역시 매우 관련성이 높은 것으로 보인다. 즉, 더 큰 표면적과 더 큰 기공 크기를 갖는 더 얇은 기질은 구조물 및 후속적으로 고분자 기질로의 물 침투를 개선할 뿐만 아니라 기질 외부로 분해 생성물의 확산을 촉진한다. 마지막으로, 분자량이 클수록 가수분해 절단이 기질에서 짧은 사슬 올리고머를 유리시킬 가능성이 낮아서 질량 손실 전에 더 긴 초기 분해 시간이 발생한다. 분자량 감소는 체외에서 관찰된 시간과의 선형 관계 및 생체 내 시간과의 기하급수적 관계를 통해 구조체의 형태 또는 구조와 크게 독립적으로 감소한다. 반대로, 기하학적 측면은 시험관 내 기계적 특성 손실 속도에 영향을 미치는 것으로 보이며, 지수 모델은 더 분산된 데이터에 가장 적합하다(표 6).

표 6 PCL 분해방법과 메커니즘

분해 형태	분해 요인	메커니즘
<라디칼 분해>		
일반적 중립적	말단 작용기	일반적
-의료기기에 유리	-OH : 공기 중에서 가속화	-수소 제거
		-분해가 연속적으로 발생
-환경 전반에 걸친 일반방법	슈퍼옥사이드 라디칼 음이온($O_2^{\cdot -}$)	다른 라디칼과의 재조합 또는 추가적인 수소 제거를 통한 종결
-지배적인 메커니즘은 아님	-OH 라디칼 -singlet 산소 -과산화 수소에서 유발된 라디칼	
<열적 분해>		
일반적으로 공정 중에 부가적으로 발생	말단 작용기 -OH (공기 중에 가속화 됨) -카복실(자가촉매 및 반응성) -에스터 (가장 안정한)	-랜덤 사슬 분해
	일반적으로 반응 가속화 촉매 잔존물	-OH 말단기에 의해 시작되는 라디칼 기반의 분해
<PH 기반 분해>		
가속화 된 분해와 표면 개질	염 촉매(제한된 팽윤, 표면분해) 산 촉매(현격한 팽윤 및 벌크 분해)	산/연기에 의해 촉매화 되는 에스터 가수분해
<효소에 의한 분해>		
의료기기에 장점	환경 조건 및 특정 효소의 존재에 크게 의존	4단계 반응 - 의료기기에 유리 1. 효소가 표면에 흡착 2. 트랜지션 콤플렉스 형성 3. 특정 사슬 절단 발생 4. 고분자-효소 복합체는 고분자의 다른 부분과 더 많은 상호작용.

<효소에 의한 분해>		
의료기기에 유리	분자량이 충분히 분해됨(10 kDa)	- 대식세포, 거대세포, 국부조직 세포의 표면 부착 - 조직의 대식세포 및 세포 내에서 완전한 단편화 - 모든 제품은 소화 후 인체로부터 제거됨

표 7 시간에 따른 PCL의 다양한 분해에 따른 분자량, 기계적 특성 및 질량 손실

물성	변화
분자량	- 고분자 분자량은 기하학적 특징 또는 초기 분자량과 관계없이 대체로 일관된 속도로 감소하는 경향. - 시험관 내에서는 시간에 따른 선형적인 감소가 관찰되었으며, 생체 내에서 유지된 피하 및 근육 내 시료에서는 시간에 따른 기하급수적 감소.
기계적 물성	- 생체 내 연조직 침윤과 관련된 복잡성으로 인해 시험관 내에서 독점적으로 추적하였을 때, 조직공학을 위한 다공성 지지체를 포함하는 모든 샘플과 함께 기계적 특성이 반지수 방식으로 감소하는 경향.
중량	모든 시료의 질량 손실도 시험관 내에서 평가되었을 경우, 구성 기하학은 더 얇은 고분자 구성요소와 더 높은 다공성 및 기공 크기로 인해 분해 산물의 향상된 확산성을 보이며, 질량 손실률 증가로 이어지는 질량 손실률의 매우 결정적인 것으로 나타남.

5.5 용도

PCL 고분자는 생산된 폴리유레테인에 물, 기름, 용매 및 염소에 대한 우수한 저항성을 가지고 있으며, 가장 일반적인 용도는 특수 폴리유레테인 생산에 가소제로 사용된다. PCL은 수지의 가공 특성과 최종 용도 특성(예: 내충격성)을 개선하기 위한 첨가제로 자주 사용되며, 다양한 다른 고분자와도 호환된다. 전분 고분자와 혼합하여 비용을 낮추고 생분해성을 높일 수 있는 고분자로 사용되거나, PVC에 고분자 가소제로 첨가하여 사용된다. PCL 고분자는 생리적 조건(예: 인체)에서 에스터 결합이 가수분해되므로 이식용 생체재료로도 사용한다. 폴리락타이드보다 분해 속도가 훨씬 느리기 때문에 장기간 이식 가능한 장치를 제조하는 데 특히 유용하다.

PCL 고분자는 장기이식 및 제어된 약물 전달/방출 분야에서 널리 사용되고 있으나, 조직공학 분야에서는 느린 분해 속도, 낮은 기계적 특성 및 낮은 세포 접착력과 같은 적용 한계가 있다. 인산 칼슘 기반 세라믹과 생리활성 유리 물질을 PCL 고분자와 복합함

으로써 기계적 특성을 현저히 개선시킬 수 있고, 분해 속도가 조절되며, 생체활성을 향상시킬 수 있으므로 골 조직공학에 적합한 하이브리드 생체재료로도 개발되었다.

PCL 고분자는 (예를 들어) 약물전달체, 봉합사 또는 접착 장벽과 같이 인체의 특정 응용분야에서 미국 식품의약안전국(FDA)의 승인을 받았다. 최근에는 콜라젠 자극제 계열에 속하는 PCL 기반 마이크로입자 진피 필러가 도입되면서 미용 분야에도 적용된다.

PCL 기반 제품은 콜라젠 생성 촉진을 통해 볼륨 감소, 윤곽 늘어짐 등의 안면 노화 징후를 교정할 수 있어 즉각적이고 오래 지속되는 자연스러운 효과를 얻을 수 있다. 조직공학에 의한 조직복원용 구조체, GBR(조직유도) 막으로 연구되고 있고, 고분자 리포솜의 소포 막을 형성하기 위한 소수성-친수성 양친매성 합성 블록 공중합 고분자의 소수성 블록으로 사용된다. 제어된 방출 및 표적 약물전달을 위해 다양한 약물이 PCL 입자 내에 캡슐화되었고, 치과에서는 '야간 보호대'(치과 부목)의 구성요소로 사용되며 근관 충전에 사용된다. 이는 구타페르카와 같은 작용을 하고 취급 특성이 유사하며 재처리 목적으로 열에 의해 연화되거나 클로로폼과 같은 용매로 용해될 수 있다. 구타페르카와 유사하게 모든 ISO 크기의 마스터 콘과 다양한 크기와 테이퍼의 액세서리 콘이 있다. 폴리카프로락톤 기반 근관 충전재료(Resilon 및 Real Seal)와 구타페르카의 주요 차이점은 PCL 기반 재료는 생분해성인 반면에 구타페르카는 그렇지 않다는 것이다. 다만 Resilon 또는 Real Seal과 같은 생분해성 근관 충전재가 바람직한지에 대한 치과 전문 영역의 합의는 아직 부족하다.

PCL 기반 생분해성 블렌드 플라스틱은 전분/PCL, 키틴/PCL, 리그닌/PCL, 대두/PCL, 셀룰로스 아세테이트/PCL, 에틸셀룰로스/PCL, 하이드록시에틸셀룰로스 아세테이트/PCL 등의 블렌드 고분자가 있다. PCL은 노출 시 분해 속도가 매우 빠르고, 공기 중에서도 쉽게 훼손된다. 스웨덴에서 생산되었던 한 PCL 가방이 고객에게 도달하기 전에도 매우 빠르게 분해되었던 사례도 있다. PCL의 생분해는 내열성 *Aspergillus* sp.에 의해 발생된다. 50°C에서 PCL은 두개안면 뼈 복구, 뼈 고정, 약물 방출 및 '생체내' 응용 분야를 위한 의공학 분야에서 중요하게 사용된다. 또한 폴리카프로락톤은 또한 부목, 모델링 및 필라멘트 제조 3D 프린터와 같은 시제품 제조의 공급 원료로 사용된다.

5.6 PCL 공중합체

PCL 고분자는 다양한 고분자들과의 혼합에 의해 다양한 공중합체를 제조할 수 있다. 예를 들어, 카프로락톤과 다이에틸글라이콜을 130°C에서 옥탄산 주석 촉매를 사용하여 반응시키면 에틸렌옥사이드-PCL 공중합체 고분자를 합성할 수 있다, 3개의 다른

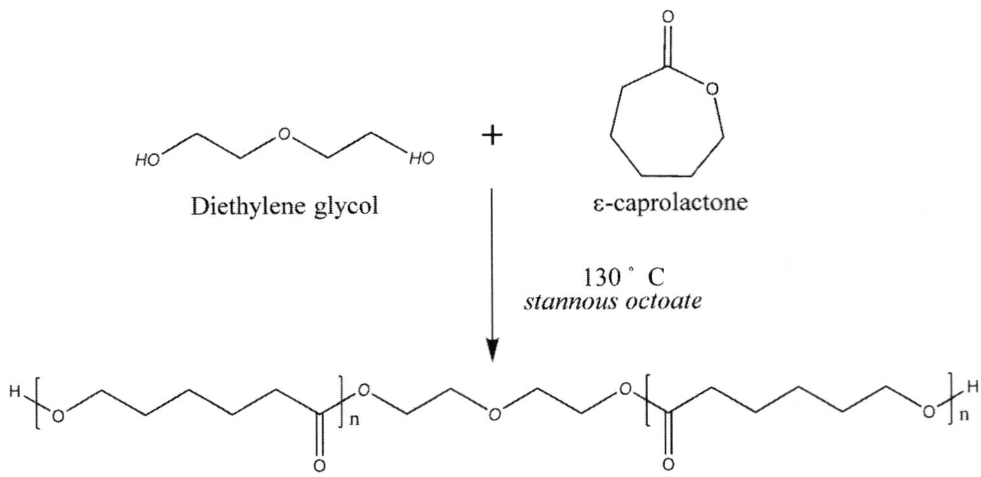

그림 27 폴리카프로락톤(PCL) 다이올의 합성과정. PCL-다이올은 촉매 옥탄산 주석(24시간, 130℃)와 함께 다이에틸렌글라이콜 상의 ε-카프로락톤의 개환 반응을 통해 합성된다.
(출처: Chen, H., Lee, *et al.*, 2020)

PCL-다이올은 다이에틸렌글라이콜(DEG)의 존재하에 ε-카프로락톤(ε-CL)의 개환 중합을 통해 합성되었다. PCL530-다이올 합성을 위해 ε-CL과 DEG를 DEG 대 ε-CL의 몰비 1:4로 반응시켰고, 0.1% w/w의 옥탄산 주석을 촉매로서 첨가하여 130℃에서 24시간 동안 반응하였다. PCL800-다이올 및 PCL1000-다이올 합성을 위해 DEG는 6.1:1 및 8.1:1의 몰비로 ε-CL과 반응하여 제조한다.[2]

표 6 기계적 특성 및 분해 속도에 대한 PCL 공고분자 및 복합재 효과 요약

PCL 기반 고분자 시스템	기계적 물성	분해에 대한 영향
CL과 LA 공고분자	기계적 물성 감소 (e.g., 116 (94 % CL) vs. 276 MPa 모듈러스)	- 증가된 LA 함량과 함께 존재하는 자가 촉매, 또한 LA가 많을수록 분해율 증가 - LA 스테레오폼에 따른 분해율. - PLC는 PLGA와 유사하지만 더 오랜 기간 동안 작용한다는 점에 유의하라.-PLGA의 PGA는 가수분해에 대한 감도 증가 측면에서 PLC의 PLA와 유사하게 우선적으로 분해됨. - 결정성이 분해 속도를 저해함. 더 높은 무작위성은 또한 결정도의 감소를 통해 분해 개선.
CL와 LA and GA의 공고분자	-	LA 이전에 GA/CL의 바람직한 분해. PLC와 달리 질량 손실 지연 없음

PEG 블록과 CL 측쇄의 공고분자(P(CL-EG-CL)		P(CL-EG-CL)도 P(LC-EG-LC) 공고분자와 혼합될 때 가장 빠른 분해
CL and EO 공고분자		분해 속도 증가
선형 및 별 모양 GA 및 CL의 공고분자(PGC), GA 측쇄가 있는 CL 블록 P(GA-CL-GA)	모듈러스 감소	- 별 모양 고분자는 낮은 결정도와 높은 말단 사슬 밀도로 인해 분해속도 증가. - GA 함량에 따라 분해율이 증가.
CL과 엡실론-발레로락톤의 공고분자(VA; PVACL)	기계적물성 감소 (e.g., 125 (85 % CL) vs. 276 MPa 모듈러스)	분해율 증가(3.5배)
PCL과 폴리(아스파르트산-코-락티드) 블렌드(PAL)	기계물성 유지	배양 첫 12일 동안 산성 생성물 없이 분해율 증가
PCL과 폴리디옥사논(PDO)의 블렌드	기계적 특성 증가(공동 방사, 구조적으로 종속적, PDO는 전반적으로 PCL보다 약함)	분해속도 증가
PCL, PLA 및 PLGA 블렌드	감소된 연신특성	95% PCL에서도 분해율 증가 GA:LA 50:50의 산도 문제
PCL-poliglecaprone (PGC) 블렌트	기계적 물성 증가	분해속도 증가
PCL- PEO/PEG 블렌드	PEG는 다른 블렌드에 의해 감소된 신장 특성을 회복시킴.	분해속도와 친수성 증가
PCL, 폴리바이닐피롤리돈(PVP), 나일론 블렌드	PVP는 흡수성을 높이고 나일론은 기계적 특성을 유지시킴.	PVP는 분해속도를 증가시킴
PCL과 인산삼칼슘(TCP) 블렌드	TCP 함량 증가에 따른 탄성 계수 증가 및 강도 감소	기질로의 수분 침투를 향상시키는 TCP로 인해 분해율 증가
PCL-수산화인회석(HAp) 블렌드	기계적 물성 감소	미세 입자와 유사한 분해 속도 및 나노입자로 분해율 감소
PCL과 생체 활성 유리(BG)의 블렌드	BG 함량 증가에 따른 탄성 계수 증가 및 강도 감소	매트릭스로의 수분 침투를 향상시키는 BG로 분해율 증가
PCL-젤라틴 블렌드	-	친수성과 분해속도 증가
PCL과 광활성 도펀트 블렌드	-	크게 개선된 가수분해 분해성을 포함하여 PCL 매트릭스의 분자 특성에 대한 상당한 변화.

자료: M. Bartnikowski *et al.*, (2019). Progress in Polymer Science 96, 1-20

6 PBS 고분자

폴리(뷰틸렌 석시네이트)[poly(butylene succinate), PBS] 고분자는 $(C_8H_{12}O_4)_n$ 화학 구조식을 가지며, 밀도는 1.26 g/cm^3, 녹는점(Tm)은 115°C, 끓는점(Tb)은 > 350°C이다. 물과 클로로폼 용매에는 녹지 않으며, 생분해성, 내열성, 용융 공정에서의 이점 등에서 우수한 특성을 가진 지방계 폴리에스터 고분자이다. 가공성이 뛰어나 섬유 분야에서 멜팅블로(melt blow), 멀티-필라멘트(multi-filament), 모노필라멘트(mono-filament), 플랫(flat), 및 스플릿 실(split yarn) 등으로 가공할 수 있다. 플라스틱 분야에서도 사출 성형 제품으로 가공할 수 있어 다양한 생분해성 플라스틱 분야에 적용되고 있다.

6.1 PBS 합성방법

PBS 고분자는 석유로부터 합성되는 방법과 발효에 의한 합성방법을 사용하고 있다. 석신산 고분자는 무수 말레산(maleic anhydride) 수용액에서 말레산을 전환하고, 염산 용액에서 금속 촉매을 사용하여 합성한다(그림 28).

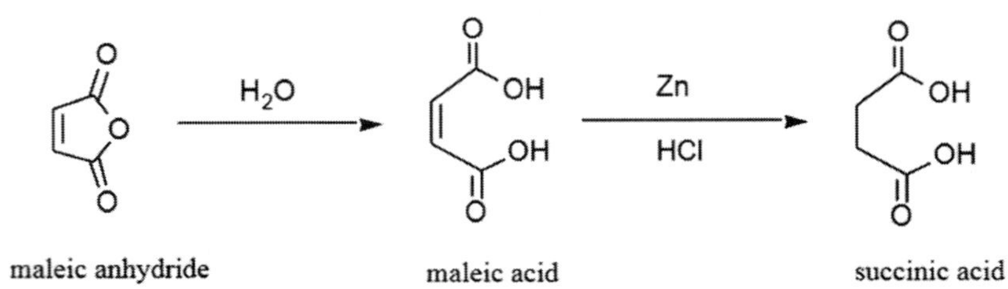

그림 28 석신산(succinic acid) 합성방법(출처: Rafiqah, S. A. *et al.*, 2021)

다른 폴리에스터(예: PET)처럼 석유를 이용한 PBS 고분자의 합성에서는 에스터화 과정에서 산화를 방지하기 위해 불활성 가스 조건, 160~190°C의 온도 및 정상 압력에서 기계적 혼합과 증류를 거쳐 물을 제거하는 공정으로 진행된다. 더 이상 증류되지 않는 220~240°C 조건에서 축합 반응을 유도하는 두 단계 공정으로 제조한다. 과량의 다이알데하이드와 이산(diacid) 사이의 축합 중합 반응으로 에스터화되어 물의 제거와 함께 PBS 올리고머를 형성하는 첫 번째 합성경로를 거친다. 올리고머를 생성하는 가장 일반적인 방법으로 석신산(succinic acid)과 1,4-뷰테인다이올을 직접 에스터화시키는 축합 중합에 의한 합성이다. 생성된 올리고머들이 진공 상태에서 높은 분자량의 고분자를 형성하기 위해 트랜스-에스터화되는 두 번째 단계를 거치며, 이 단계에서는 타이타늄, 지르코늄, 주석, 저마늄 유도체와 같은 적절한 금속 촉매를 사용하여 반응을 촉진시킨다.[3]

6.2 PBS 고분자 합성의 속도론

석신산과 에틸렌글라이콜의 폴리에스터화 속도론은 D. Raf와 Flory에 의하면, "ethylene glycol-succinic acid 고분자화는 주로 3분자 공정이며, 반응 속도는 하이드록시기 농도의 일차 반응과 카복실기 농도의 제곱에 비례한다. 폴리에스터화 및 에스터화는 유사한 과정을 따르며, 반응 속도는 분자량 및 점도 증가의 영향을 받지 않는다"라고 보고했다. 또한 모노뷰틸 티녹사이드 촉매 유무와 관계없이 170~190°C의 온도 범위에서 석신산과 1,4-뷰테인다이올의 에스터화 동역학의 보고가 있다. 온도 상승에 따른 반응과 촉매 반응의 발생 속도가 비촉매 반응보다 더 높은 속도를 보인 것으로 관찰되었고, 촉매가 없는 상황에서 석신산은 산성 촉매의 역할을 한다.

6.3 고분자량의 PBS 고분자 합성 메커니즘

우수한 기계적 특성을 가진 고분자를 합성하기 위해서는 고분자량으로 합성이 필요함에도 불구하고, 기존의 중합 축합에 의한 고분자량 지방족 폴리에스터 합성은 축합과 분해의 동시 경쟁 반응으로 인해 고분자량을 합성하기 어렵다. 유용한 기계적 특성을 갖는 폴리에스터를 얻기 위해서는 방향족 단위를 갖는 측쇄 및 사슬 연장제를 도입하여 분자량을 증가시키거나, 종종 동역학을 가속화하는 촉매를 도입할 필요가 있다. 사슬 연장제로 1,6-헥사메틸렌 다이-아이소사이아네이트(HDI)와 같은 다이-아이소사이아네이트의 사용이 제안되고 있으며, 사슬 연장 분자는 PBS 고분자의 말단 −OH 또는 −COOH와 몇 개의 고분자 사슬과 반응할 수 있는 두 개의 작용기를 가지고 있으나, 사슬 연장제에 의해 생분해성을 감소시킨다는 환경적인 문제점을 유발하고 있다. 촉매, 특히 타이타늄 화합물은 일반적으로 PBS 고분자 합성에 사용된다.

100 kDa 미만의 PBS 고분자는 압출 또는 사출 성형으로 성형할 수 있으나, 부서지기 쉬우며 약한 물성을 가진 고분자로 합성된다. 반대로 분자량이 180 kDa을 초과하는

3 N Jacquel, F Freyermouth, F Fenouillot, A Rousseau, JP Pascault, P Fuertes, R Saint-Loup, "Synthesis and properties of poly(butylene succinate): Efficiency of different transesterification catalysts," J of Polymer Sci Part A: Polymer Chem 49(24) (2011): 5301-5312

PBS 고분자는 연성이 더 높으며 블로잉 방법으로 성형할 수 있다. 고분자량의 PBS 고분자와 공중합 고분자를 합성하기 위해 다음과 같은 다양한 방법이 시도된다.

첫 번째, 사슬 길이를 연장하기 위해서는 hexamethylene di-isocyanate orbisoxazoline, adipoyl biscaprolactamate 또는 ter-ephthaloyl bis-caprolactamate 화합물을 사용하여 PBS 고분자를 합성하며, 이들의 두 개의 PBS 고분자 사슬을 연결하여 최종적으로 고분자량의 PBS를 합성할 수 있게 한다.

둘째, dibasic acid와 glycol의 1:1 화학량론을 정량으로 축합 중합을 진행한다. 그러나 높은 폴리에스터화 온도에서 발생하는 휘발 문제점과 부반응은 공급 단량체의 공급 화학량론을 조절하기 어렵게 하기 때문에 일반적으로는 과량의 1,4-뷰테인다이올을 사용하여 고분자량의 PBS 고분자를 합성하고 있다.

세 번째로, 혼합물로부터 에스터화의 소량이 몰 질량을 갖는 부산물을 제거하여 고분자량의 폴리에스터 쪽으로 평형을 이동시키면서 합성한다. 예를 들어, 공비 조건에서 decalin 또는 dimethyl benzene 용매에서 PBS 고분자를 합성하거나 높은 진공에서 직접 용융 중축합 방법을 사용하여 고분자량의 PBS 고분자를 합성할 수 있다.[4]

6.4 발효에 의한 PBS 고분자 합성방법

발효에 의한 PBS 고분자 생산은 벤조산이 혐기성 및 발효 촉진 미생물의 대사에서 바람직한 중간체로 사용되기에 가능한 합성방법이다. 다양한 미생물이 이탄산을 생성하는 것을 보여주고 있으며(예: 전형적인 위장 박테리아 및 특정 유산균 균주), 곡류(예: 사탕수수, 옥수수)를 석신산의 미생물 생산을 위한 원료로 사용하여 생물정제(biorefining) 방법으로 PBS 고분자를 합성할 수 있다.

석유화학 공정에 비해 발효공정은 조건이 온화하고 광물 공급 원료가 없는 장점이 있으나, 분리 및 정제 과정과 긴 발효 시간은 발효 과정의 주요 단점으로 작용하고 있다. 발효 과정에서 중요한 단계는 주로 중탄산염으로부터 아세트산을 정제하는 것으로, 전체 부산물의 약 60~70%를 차지한다. 석신산은 아디프산 및 1,4-뷰테인다이올(BDO)을 비롯한 많은 화학 물질의 전구체로 사용되며, 일반적으로 3단계 공정이 사용된다. 옥수수 포도당을 발효시켜 벤조산을 합성한 다음에, 2단계에서 전기 투석에 의해 정제되고, 벤조산은 촉매적으로 1,4-뷰테인다이올로 환원된다. 2020년 현재 국내외의 PBS 고분자 생산현황은 표 7과 같다.

4 Jun Xu, Bao-Hua Guo, "Poly(butylene succinate) and its copolymers: Research, development and industrialization," Biotechnology Journal 5(11) (2010): 1149-1163

표 7 세계 PBS 생산량

회사	국가	상품명	생산량(킬로 톤/년)
BASF	독일	PBS	-
Dupont	미국	PBST	-
Hexing Chemicals	중국	PBS	3
OPC-CAS	중국	PBS, PBSA	5
이래화학	한국	PBS, PBSA	3.5
Kingfa	중국	PBSA	1
미츠비시 가스 화학	일본	PBS, PBSA, PES	3
쇼와	일본	PBS, PBSA	3
SK 케미칼	한국	스카이그린	-

자료: RameshKumar, S. *et al.*, (2020). *Curr. Opin. Green Sustain. Chem.* 21, 75-81

6.5 PBS 고분자 물성

6.5.1 열적 물성

PBS 고분자는 약 115°C 녹는점과 약 115°C 열 변형온도를 나타내는 반결정질을 가지며, 97°C 무방향성 시편의 인장 항복 강도는 약 30~35 MPa이다. 결정화도에 따라 300~500 MPa 범위의 탄성 계수를 갖는 매우 연성(파단 연신율 300% 이상)이며, 고분자의 최종 강성, 투명도 및 유연성에 영향을 미친다. 결정화되면 PBS는 구정을 형성한다. 그림 29는 PBS 구정의 전형적인 방사 라멜라 결정을 보여주며, 결정화 온도가 구정의 형태와 크기에 영향을 미침을 알 수 있다. 단일 PBS 고분자 결정의 성장 시간은 결정화 온도가 30℃에서 62℃로 증가하며, 1~36시간 사이의 온도에 의존한다.

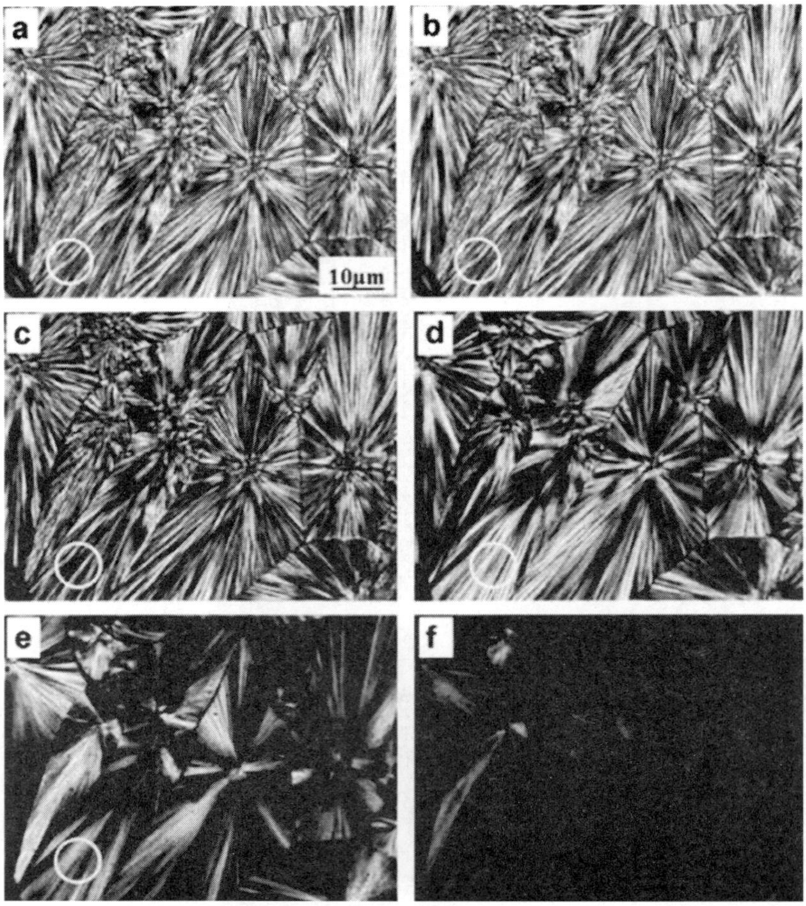

그림 29 분당 10°C의 가열로 90°C 시점에서의 PBS 고분자 구정 결정에 대한 광학현미경 관찰. a) 90°C; (b) 95°C; (C) 104°C; (e) 112°C, (f) 115°C. (출처: Laura Aliotta *et al*, 2022)

6.5.2 기계적 물성

일반적으로 공중합 고분자에서 파단 연신율 및 충격 강도는 증가하지만 인장 강도는 감소하여 2차 성분의 양이 증가하고, 열변형 온도, 결정화도, 융점이 낮아지는 등 열적 특성이 감소하는 것이 일반적이다. 이러한 규칙의 예외 고분자는 공중합체 조성이 20% mol까지 일정한 융점을 나타내는 폴리(뷰틸렌 석시네이트-co-뷰틸렌 퓨마레이트)이다. 일반적인 PBS 공중합 고분자의 경우 PBS-공중합 고분자 시스템의 융점을 약 100℃로 유지하기 위해 공단량체 단위의 함량을 15% mol 미만으로 유지하고 있다.

폴리(뷰틸렌 석시네이트-co-뷰틸렌 퓨마레이트) 공중합체에서 석신산 기반 공고분자의 라이징 광학 현미경 분석에 따르면, 유리 전이 온도는 석신산과 아디프산 단위가 유리 전이 온도로 이어지는 부드러운 부분으로 작용함을 보여주며, 용융 거동은 두 개의 다른 석신산과 아디프산 분절 간의 상호작용에 따라 달라진다. 공중합체 고분자 사슬에서 불순물로 작용하여 덜 완벽한 결정을 형성하고 단일 고분자의 결정 크기가 줄어든다. 용융 아이소택틱 PBS 및 PBA 단독 고분자 및 PBSA 공고분자의 광학 현미경 사진을 보면, PBS 구정 치수가 어떻게 상당히 높은지 알 수 있으며, 아디프산 단위의 양이 증가함에 따라 구정 치수가 작아지는 것을 확인할 수 있다.[5]

6.6 PBS 고분자의 생분해성

PBS 및 아디프산 단위가 있는 폴리에스터 공중합 고분자는 효소 가수분해 및 다양한 미생물에 의해 분해된다. 합성된 폴리에스터를 효소로 가수분해하는 경우 효소 *P. fluorescens* 콜레스테롤 에스터레이스를 사용하였을 때, 지방족 폴리에스터의 효소 분해는 일반적으로 고분자의 분자량, 결정도 및 화학 구조와 관련이 있다. 효소 *Rhizopus delemar lipase*에 의한 효소 가수분해는 폴리에스터 용융 온도에 크게 영향을 받으며, 반응 시간의 함수로서 공중합 고분자의 중량이 감소한다.

사슬 연장된 폴리에스터에 유레테인 결합이 존재하면 원래의 폴리에스터 고분자보다 분해성이 떨어진다. 사슬 연장제를 사용하면 폴리에스터 분해 속도가 감소할 것으로 예상되며, 사슬 연장제의 도입으로 PBS 고분자의 생분해율이 약간 증가하기도 한다. 폴리에스터 주사슬에 방향족 그룹을 도입하면 생분해 속도가 향상되고 고분자 결정도가 감소했기 때문에 생분해율도 증가한다. 따라서 에스터 구조를 포함하는 유레테인 결합이 고분자를 덜 분해되게 하지만 고분자 분해의 주요 요인은 결정도가 포함된다. 고분자 분해는 일반적으로 선택적인 방식으로 진행되며, 비정질 영역이 결정질 영역에 비해 우선적으로 분해되며, 생분해는 고분자 분자량에 크게 영향이 없는 것으로 보이며, 사용된 효소가 '엔도' 효소 범주에 속함을 시사한다. 이러한 종류의 효소는 고분자 사슬의 결합을 무작위로 절단하므로 효소의 작용은 고분자의 분자량이 아니라 고분자의 화학 구조와 결정성에 영향을 받는다. 폴리에스터의 생분해는 전자현미경으로 확인되며, 효소 콜레스테롤 에스터레이스의 가수분해 작용으로 인해 필름 덩어리 내에서 큰 깊이까지 확장되는 큰 구멍이 있는 거친 표면이 형성된다.[6]

토양 매몰에서 PBS 고분자의 분해는, 미생물의 영향이 PBS 플라스틱 표면에서 발생하기 때문에 분해 메커니즘에 차이가 있으나 효소 가수분해와 동일한 매개변수에 의해

---

5 Ahn, B.D.; Kim, S.H.; Kim, Y.H.; Yang, J.S. "Synthesis and characterization of the biodegradable copolymers from succinic acid and adipic acid with 1,4-뷰테인다이올." *J. Appl. Polym. Sci.* 2001, 82, 2808-2826

6 V. Tserki *et al.*, "Biodegradable aliphatic polyesters. Part II. Synthesis and characterization of chain extended poly(butylene succinate-co-butylene adipate)." *Polymer Degradation and Stability*, 91(2,) 2006, 377-384.

영향을 받는다. 토양 매몰에서 토양이 플라스틱 표면에 달라붙기 때문에 중량 감소로 인한 생분해율 계산은 실제로 가능하다. 토양 매몰 후 폴리에스터 공고분자 PBSA(80/20)의 필름 표면에서 발생하는 생분해의 표시로 큰 기공의 존재가 관찰된다.[7]

6.7 PBS 고분자 공중합체

PBS 고분자는 글라이신, 알라닌, 아스파트산, 글루탐산, 페닐알라닌 등과 같은 아미노산과의 공중합 고분자를 합성할 수 있다, 질소 기체 환경에서 석신산, 1,4-뷰테인다이올과 1몰% 아미노산을 혼합하고, titanium tetra-isopropoxide 이용하여 아스타트산을 포함하는 수평균 분자량(Mn) 43,300, 중량 평균 분자량(Mw) 249,400 및 다분산 지수(Mn/Mw) 5.76을 가진 PBS 공중합 고분자를 합성할 수 있다. 유리 전이 온도(Tg), 용융 온도(Tm), 융해열(DHm), 2% 열분해 온도(Td2)와 같은 열적 특성은 실험에서 큰 변화가 없었으며, 일반적으로 PBS 호모고분자의 특성과 일치하였다. 공중합 고분자의 기계적 특성, 특히 파손 변형률은 사용된 아미노산 유형에 따라 다양했다. 알라닌을 함유한 공고분자는 PBS 고분자보다 약간 더 높은 파단 변형률을 가진다. PBS 고분자 및 공중합 PBS 고분자는 일반적으로 고분자량 고분자의 위치에 도달하기 위해 더 긴 반응 시간이 필요하다.

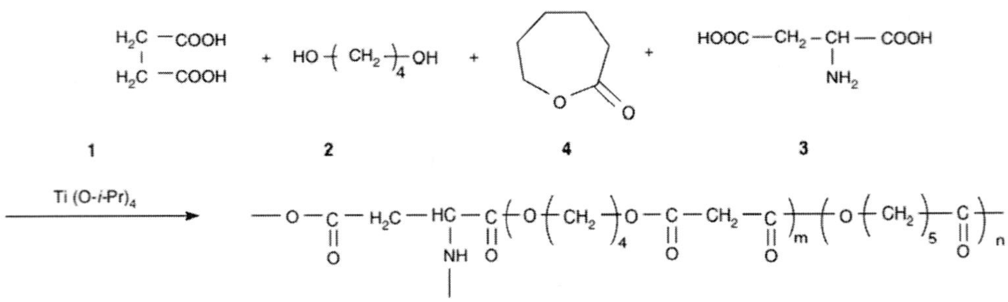

그림 30 PBS와 아스파트산과의 공중합 고분자 합성 예(출처: Akihiro Oishi *et al.*, 2010)

7 Ibid.

표 8 아미노산을 포함하는 PBS 공중합 고분자의 열 및 기계적 물성

Run	Product	T_g(℃)	T_m(℃)	$-\Delta H_m$ (m/g^{-1})	T_{d2}(℃)	Elastic (MPa)	Yield stress (MPa)	Break stress(MPa)	Break strain (%)
1	PBS	-34.2	114.9	48.2	308.1	283.8	30.2	30.8	289
2	PBSGly	-34.7	114.9	64.8	325.5	328.3	31.9	30.8	19
3	PBSAla	-30.6	114.4	56.1	328.9	278.4	27.1	33.8	381
4	PBSAsp	-39	109.5	55.4	311.6	280.8	27.9	26.5	38
5	PBSGlu	-30.5	111.4	108	339.1	200.2	27.4	28.7	272
6	PBSPhe	-34.6	113.5	68.5	323.3	295	28.8	28.8	271

자료: Akihiro Oishi et al, (2010). *Polymer Journal* 42, 411-415

6.8 PBS 고분자 응용

PBS 고분자는 포장, 농업, 어업, 임업, 건설 및 전자 제품과 같은 많은 분야에서 상업적 응용이 진행되고 있다. PBS 고분자 및 PBS/PLA 블렌드는 덮개 필름, 포장 및 식기류로 사용되었고, 포밍, 약물 캡슐화 시스템, 정형외과 응용 프로그램, 커피 캡슐 및 산업 분야에서 사용된다. PBS의 가공성은 분자량과 관련이 있으며, 압출 및 사출 성형에는 100,000 미만의 분자량의 고분자를 사용하고 있다. 더 높은 분자량 또는 길고 분지된 사슬을 사용하여 필름 블로잉 및 캐스팅을 사용할 수 있다. 열 안정성과 높은 결정화 속도는 원활한 가공을 보장하며, 결정도와 투명도를 높이기 위해 핵제(nucleating agents)를 사용할 수도 있다. 식품 포장 응용 분야에 사용되는 바이오플라스틱 재료에서 기대되는 성능은 환경으로부터 보호하고 식품 품질을 유지하는 것이다. PBS 및 PBSA의 필름을 고려하여, 식품과의 접촉 후 투과성 거동과 변화를 평가하고 있다. 재료의 심각한 손상은 관찰되지 않았으므로 식품산업에 대한 PBS 재료의 잠재력이 확인되었고, 최근에는 천연 식물섬유로 강화된 PBS의 시장 적용을 진행하고 있다.

7 PHA 고분자

폴리(하이드록시알카노에이트)[Poly(hydroxy alkanoates), PHA, 그림 31]는 생분해성 특성과 박테리아 기반 생산 방법으로 잘 알려진 지방족 폴리에스터 고분자이다. PHA는 다양한 폴리(하이드록시알카노에이트) 성분으로 구성된 고분자이며, 단량체 단위의 잠재적인 조합에 따라 많은 PHA 공중합 고분자가 제조될 수 있다. 다양한 환경에서 생분해되는 PHA는 현재의 일회용 플라스틱 혹은 열악한 품질로 인해 제조 부문에 재사용하기에 부적합한 플라스틱을 대체할 수 있는 매력적인 생분해성 고분자이다. 생분해성 PHA는 환경에 대한 영향을 최소화하는 폐쇄 자원순환 주기를 형성하고 있으며, 기능 조절 및 생산 방법은 PHA 유형에 따라 다르다.

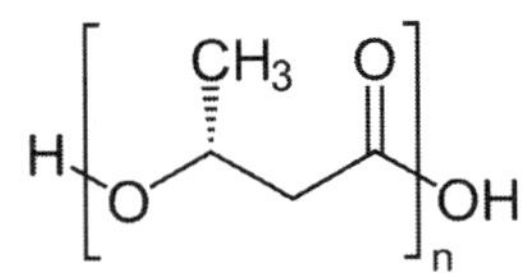

그림 31 PHA의 화학 구조식

7.1 PHA 종류

PHA 고분자는 사슬 길이에 따라 (i) 3-5개 탄소의 짧은 사슬 길이, (ii) 6-14개 탄소의 중간 사슬 길이, (iii) 15+ 탄소 원자의 긴 사슬 길이로 분류할 수 있다. 짧은 사슬 및 중간 사슬 길이의 PHA는 불포화 지방산에서 생성될 때 이중 결합을 가지는 독특한 유형의 고분자이며, 가장 잘 알려진 PHA 공중합 고분자는 폴리(3-하이드록시뷰티레이트)(PHB)와 폴리(3-하이드록시뷰티레이트-co-3-하이드록시발레레이트)(PHBV)이다. 둘 다 짧은 사슬의 PHA 공중합 고분자이며, 상업적으로 이용 가능한 가장 기본적인 길이를 가진다. 생분해 연구에 사용된 PHA 고분자 중에서 폴리(3-하이드록시뷰티레이트-co-4-하이드록시뷰티레이트)(PH4B), 폴리(3-하이드록시뷰티레이트-co-3-하이드록시헥스 아노에이트)(PHBHx), 폴리(3-하이드록시뷰티레이트-co-3-하이드로옥시옥타노에이트)(PHBO)의 화학 구조를 그림 32에 나타내었다. PLA는 이전에 PHA 계열의 일부로 간주되었으나, PLA 고분자 생산은 PHA 생산과 크게 다르다.

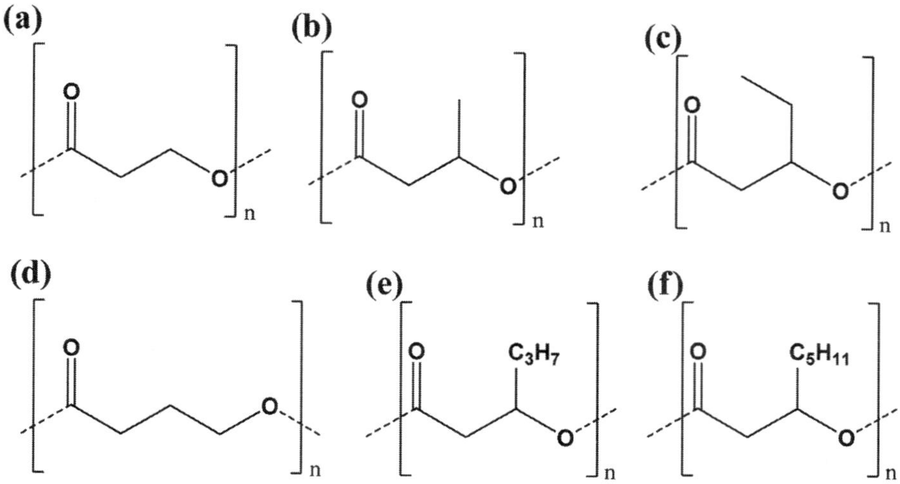

그림 32 (a) 3-하이드록시프로피오네이트(HP), (b) 3-하이드록시뷰티레이트(HB), (c) 3-하이드록시발레레이트(HV), (d) 4-하이드록시뷰티레이트(4HB), (e) 3-하이드록시헥사노에이트(Hx), (f) 3-하이드록시옥토나오트(H2O)의 화학 구조 (출처: Kjeld W. Meereboer *et al.*, 2020).

7.2 PHA 생산

대사 경로가 생체 동화와 관련되기 때문에 PHA의 합성은 생분해에서 중요하다. PHA는 일반적으로 상업적 사용을 위해 재조합 대장균에 의해 생산되지만, 많은 다른 미생물(예: *Aeromonas, Azotobacter, Cupriavidus, Clostridium, Methylobacterium, Ralstonia, Pseudomonas, Syntrophomonas* 등)에 의해 생산된다. 슈도모나스는 긴 탄소 사슬 PHA 고분자를 생산하는 유일한 종의 미생물로 보고된다. PHA의 박테리아 생산은 미생물의 에너지 저장 분자로 기능하여 박테리아와 세균의 세포벽에 축적되기 때문에 성장 제한 조건에서 시작된다. PHB의 단량체는 아세토아세틸 CoA의 PHB 합성효소에 의해 세균에 의해 중합되지만, β-뷰티로락톤의 개환 중합과 같은 화학적 경로로 중합된다. PHBV는 유사한 조건에서 제조되지만 프로피온산이 존재하며, 공중합 과정은 아세토아세틸-CoA 및 3-케토발레릴-CoA로부터 효소적으로 시작되어 각각 HB 및 HV 단위를 합성한다. 그러나 추가 영양소 및 에너지 비용이 제품 비용의 75% 이상을 차지하기 때문에 PHA 고분자는 유사한 특성을 지닌 상업용 석유 기반 고분자에 비해 상대적으로 고가의 제품으로 제조된다.

박테리아 PHA 생산을 위해 혼합 탄소원, 유기 폐기물, 메테인, 땅콩기름, 콩기름, 팔미테이트 기름, 폐 튀김 기름, 마가린 폐기물, 글리세롤 등을 포함한 여러 가지 비전통적인 탄소 공급원이 사용된다. 이러한 장점에도 불구하고 PHA의 생산과 관련된 비용은 (다른 바이오고분자에 비해) 여전히 매우 높다. 또한, 석유 기반 생분해성 플라스틱을 PHA에 통합할 수 있지만 비용을 절감하고 고분자 기능을 유지하기 위해 생산성이 낮다.

발효 후 PHA를 포함하는 박테리아 세포들은 배양액에서 원심분리기를 이용하여 분리하여 미생물로부터 고분자를 획득하며, 대부분의 세포 내의 PHA를 회수하는 방법은 아세톤, 클로로폼, 메틸렌클로라이드, 다이클로로에테인 등의 유기용매를 사용한다. 그러나 많은 양의 용매가 사용되기 때문에 비용 측면 외에도 환경적 측면에서도 바람직한 합성방법은 아니다. 최근에는 초임계 액체로 분해, 용해된-공기 부양, 세포의 선택적 분해 등으로 PHA의 회수가 연구되고 있고 E. coli로부터 새로운 배양방법으로 80%의 세포 내 PHA를 즉석으로 방출하게 하는 방법도 있다. 획득된 PHA는 주로 사출 성형, 압출 및 압출 기포를 통해 필름 및 고분자로 가공하여 생산하고 있다.

7.3 PHA 계열 고분자의 구조와 분류

PHA 계열 바이오고분자 중 가장 대표적으로 알려진 물질은 C4 단량체 3-hydroxybutyrate(3HB)를 이용하여 중합된 폴리(하이드록시 뷰티르산)[poly(hydrohybutyrate), PHB)]이며, 그 외 다른 다양한 PHA는 3-hydroxy valerate(3HV) 및 3-hydroxyhexanoate(3HHx)와 같은 긴 탄소 사슬의 3-하이드록시 지방산으로 구성된다(그림 33). PHB와 PHV는 짧은 탄소 사슬 길이의 PHA 고분자로 구분되며, 중간 탄소 사슬 길이의 PHA 고분자는 C6-C16의 3-하이드록시 지방산을 포함한다. PHB는 폴리프로필렌과 비슷한 물성을 가지고 있고 미생물이 비교적 효율적으로 합성할 수 있어 상업적 생산 연구가 많이 진행되었다. 그러나 높은 결정화도로 인해 강하고 부서지기 쉬운 특성(취성)을 가지고 있고, 녹는점이 상대적으로 높고 녹는점 근처에서 분해가 시작하기 때문에 가공성에 한계가 있다. 이러한 문제점을 보완하기 위해 다양한 소재의 블렌딩 및 단량체의 공중합을 통해 다양한 종류의 PHA 공중합 고분자를 합성하는 연구가 많이 진행되고 있다. C5 이상 단량체의 비율에 따라 PHA 고분자의 물성이 달라지기 때문에 다양한 제품 생산에 응용될 수 있다.

PHB 외에 3-하이드록시 지방산으로 구성된 많은 PHA 고분자들이 있으며, 하이드록시기가 치환된 탄소 원자는 (R)-입체 구조의 고분자이다. 여기서 R그룹이 $-CH_3$, $-CH_2CH_3$, $-CH_2CH_2CH_3$인 경우에, 이들은 각각 폴리(3-하이드록시뷰티레이트: PHB), 폴리(3-하이드록시발러레이트: PHV) 및 폴리(3-하이드록시헥사노에이트: PHHx) 고분자로 합성된다.

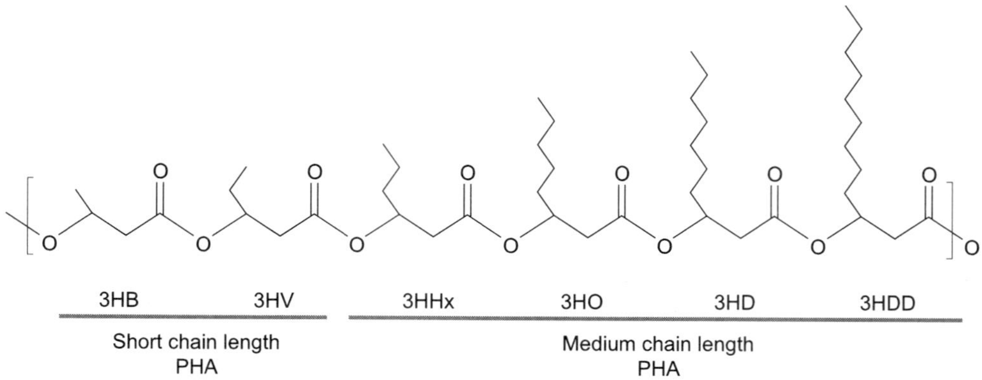

그림 33 탄소 사슬 길이에 따른 PHA의 분류

7.4 PHA 고분자 합성 메커니즘

PHA 고분자의 생분해성, 생체적합성, 기계적/화학적/생물학적 물성 및 분자량 특성은 미생물 세포 내 대사경로 및 PHA 합성 효소의 구조와 활성을 조절함으로써 다양하게 합성된다(그림 34). 또한 미생물 세포 내 축적되는 다양한 구조의 PHA 고분자는 미생물의 종류 및 미생물에게 공급되는 탄소원에 의해 결정되기도 한다. 즉, PHA 합성 효소의 기질인 단량체를 공급하는 PHA 합성 대사경로가 최종적인 PHA 구조를 결정하며, 탄소원은 PHA와 구조적으로 관련된 탄소원과 그렇지 않은 탄소원으로 구분된다. 예를 들면, 하이드록시 지방산과 유사한 구조의 탄소원인 지방산 화합물은 구조적으로 관련된 탄소원으로 구분되며, ß-산화 대사 경로를 통해 중간 탄소 사슬 길이의 PHA 고분자 합성에 사용된다. 다양한 PHA 고분자는 당(sugar) 혹은 식물성 오일 중심의 탄소 원료를 이용하는 미생물 발효공정 기술을 중심으로 생산된다. 당 기반 발효 공정에서는 C5 이상 단량체를 포함하는 공중합 고분자 합성을 위해 소량의 유기산(propionate, valerate, hexanoate 등)을 보조 원료로 공급하여 합성한다. 유기산이 고농도로 공급될 경우에는 독성이 발생하여 미생물의 성장을 저해하기 때문에 이러한 문제를 극복하기 위해 연속적으로 저농도의 유기산을 주입하는 공정이 개발되고 있다.[8]

8 고자경, (2021). 생분해성 폴리머 PHA의 생물학적 합성기술, 고분자 과학과 기술 32, 4~7.

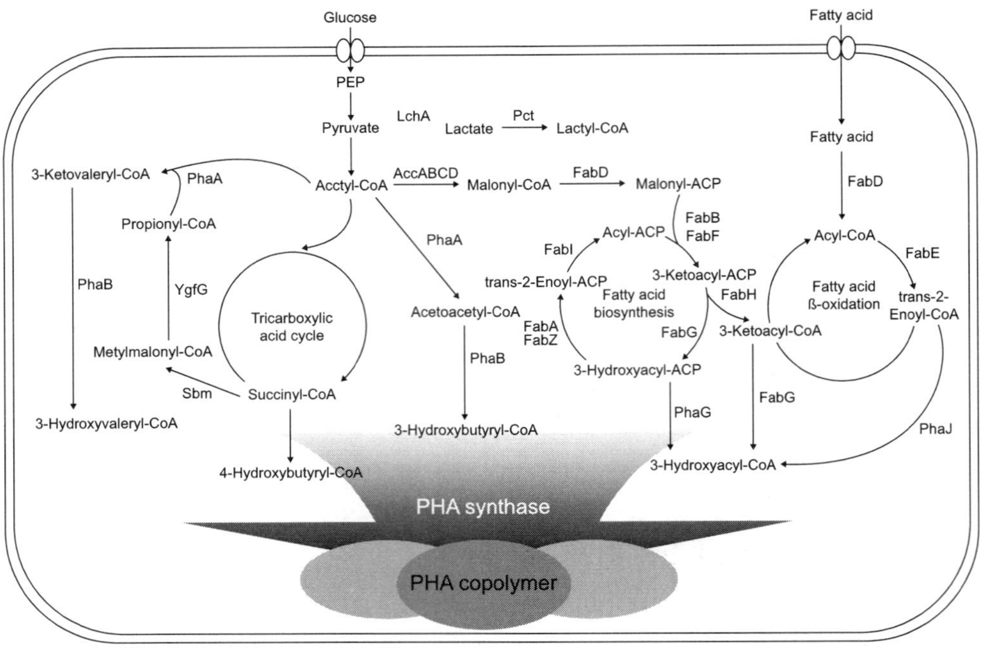

그림 34 PHA 생산의 다양한 대사경로(출처: Jung Eun Yang *et al.*, 2013).

7.5 PHA 고분자의 특징

PHA 고분자는 열가소성이며 기존의 처리 장비에서 처리할 수 있으며, 구성에 따라 연성 및 다소간 탄성이 있으며, 화학적 조성(호모-또는 폴리에스터 공중합 고분자, 하이드록시 지방산 함유)에 따라 특성이 다르게 합성할 수 있다. 폴리락트산과 같은 고분자의 다른 바이오플라스틱과 달리 UV에 안정적이며, 최대 180°C의 온도에서 낮은 UV 투과율 물성을 가진다. 결정화도는 몇~70% 범위에 있을 수 있으며, 가공성, 충격 강도 및 유연성은 재료의 발레레이트 비율이 높을수록 향상된다. PHA 고분자는 클로로폼, 다이클로로메테인 또는 다이클로로에테인과 같은 할로젠화 용매에 의해 용해된다.

PHB 고분자는 폴리프로필렌(PP)과 재질 특성이 유사하고 습기에 대한 저항성이 우수하며, 방향 장벽 특성이 있다. 순수한 PHB에서 합성된 폴리(하이드록시 뷰티르산)은 상대적으로 부서지기 쉽고 딱딱하다. 베타-하이드록시발레르산과 같은 다른 지방산을 포함할 수 있는 PHB 공중합 고분자는 탄성이 있을 수 있다.[9]

9 Ibid.

표 8 PHA 고분자와 상업용 플라스틱 고분자의 물성 비교

고분자 종류	유리 전이 온도 T_g(℃)	용융 온도 T_m(℃)	인장 강도 (MPa)	결정성 (%)	파단 연신율 (%)
P(3HB)	4	177	40	60	5
P(3HB-co-10mol%3HV)	6	162	36	69	10
P(3HB-co-20mol%3HV)	-1	145	32	53	-
P(3HB-co-10mol%3HHx)	-1	127	21	34	400
P(3HB-co-15mol%3HHx)	0	115	23	26	760
P(3HB-co-17mol%3HHx)	-2	120	20	22	850
P(3HB-co-6mol%3HA)	-8	133,146	17	-	680
상업용 플라스틱(필름)					
PP	-30	130-161	29.3	40	400
LDPE	-30	120	15.2	-	620

7.6 생분해 특성

PHA의 세포외 생분해는 단백질 라이페이스와 가수분해 효소에 의해 매개된다. 먼저 물이 있는 상태에서 가수분해 효소에 의해 고분자가 더 짧은 사슬 고분자로 분해되는 일반적인 단계적 분해 방식을 따른 다음, PHA를 삼량체 및 이량체 단위로 추가로 전환하고, 라이페이스와 가수분해 효소에 의해 처리된다. 세포외 PHA 분해 효소가 가장 많이 연구되었으며, 그들의 단백질 구조는 세 가지 주요 도메인으로 구성된다. (i) 고분자 구조의 표면 흡수 및 파괴를 담당하는 결합 도메인, (ii) 결합 도메인을 촉매 도메인에 연결하는 링커 도메인, (iii) PHA 및 사용가능한 이량체/삼량체를 둘로 절단하는 촉매 도메인(그림 35)으로 구분된다. PHA의 효소적 가수분해는 2단계 과정으로, (i) 고분자 표면 및 활성 부위에 효소의 흡착, (ii) 소수성 도메인 결합 부위 및 촉매 부위에 의해 각각 유도되는 PHA 결합의 효소 유도 가수분해 절단으로 진행된다.

가수분해 과정은 구체적이지 않으며 다양한 크기의 올리고머를 주변 매체로 방출한다. 무정형 표면 결정에 대한 가수분해 효소의 선호도가 관찰되며, 덜 결정성인 고분자 및 공중합 고분자는 저결성성 구조가 효소 작용에 더 쉽게 접근할 수 있기 때문에 가수분해가 더 용이하다. 분해 생성물은 PHA의 유형에 따라 다르며, PHB에서 3-하이드록시뷰티르산이 생성되는 반면에, PHBV 제품은 3-하이드록시뷰티르산과 3-하이드록시발레르산이며, 이러한 산은 세포로 흡수되어 다른 화합물 또는 그 이상의 PHA로 대사

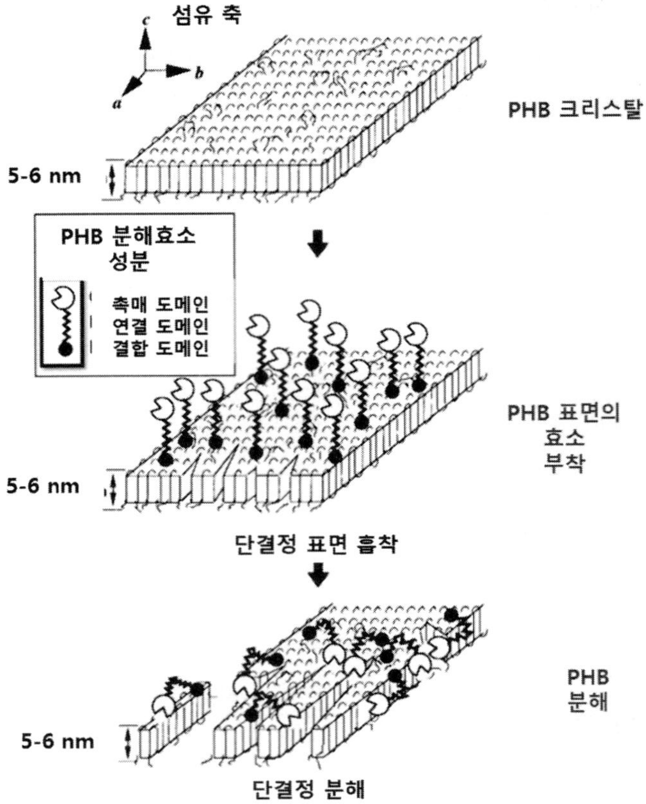

그림 35 효소에 의한 PHB 분해 메커니즘.(출처: Bryan Dalton *et al.*, 2022).

된다. 또한, PHA의 유형은 생분해가 효과적으로 진행되는 방식에 영향을 미친다.

7.7 응용 및 기대 가치

PHA는 생체적합성과 생분해성으로 인해 일시적인 생체 내 응용 분야에 상당히 매력적인 소재이다. 이에 따라 PHB 및 PHBV에 대해 비용이 합리적인 몇 가지 고분자가 개발되었다. 이러한 산업적 응용 중에는 항균 방출 봉합사, 가스 수혈을 위한 셀룰로스 지지 필름, 장기 약물 방출 캡슐, 조골세포 성장을 위한 골조직 섬유 및 신경 재생과 같은 기타 조직재생 구조체 응용이 있다. 의공학 산업 이외의 PHA 고분자의 산업 적용은 주로 플라스틱 식기, 식품 포장, 화분 및 유기 폐기물 수집과 같은 일회용 플라스틱의 대체이다. PHA는 또한 일부 필름 응용 분야에서 폴리에틸렌(PE)을 대체할 가능성도 있다. 농업에서 잡초 발아를 막는 멀칭 필름으로 사용할 수 있으며, PHA 및 다른 생분해성 고분자와 PHA의 혼합물은 PE와 동일한 역할을 수행할 수 있다는 가능성을 보여준다. 스스로 분해되므로 노동 비용과 농장 폐기물을 줄일 수 있다는 장점도 있다.

모든 경우에, 생분해는 PHA를 시장성 있게 만들고 생의학 산업 외에서 적용가능한 프로그램을 정의하는 중요한 요소이다. 현재 식품산업을 위한 일회용 플라스틱에서 PHA의 사용은 제한적이다. 병, 캡, 팩 등으로 적용할 수 있는 잠재력은 보여주고 있으나, 첨가제 및 처리 시 냄새 문제를 해결하기 위해 다양한 첨가물이 포함된 새로운 블렌드의 생분해 연구가 진행되고 있다.

표 8 PHA 기반의 고분자의 활용과 장단점

살균제와 제초제	장점	단점
바이얼, 병 및 컨테이너(PHAs)	육지 및 해양에서의 생분해성	높은 생산비용
일회용품 및 가정용품 위생용품 및 퇴비용 백(PHAs)	생분해	높은 생산비용
화장품과 세수용 PHAs 마이크로입자	• 전통적인 비분해서 마이크로입자 대체 • PHAs 생분해성은 마이크로플라스틱 공해를 감소시킴	높은 생산비용
식품 패키징(PHAs)	• 산소, 이산화 탄소와 습기에 대한 우수한 저항성 • 생분해성	높은 생산비용
식품 패키징(PHAs)	• PHB 라멜라 구조는 약 560 g μm/m2/day 수증기 투과성을 가진 매우 우수한 가스 저해특성에 기여함. • 생분해성	높은 생산비용
멀칭 필름[P(3HB-co-3HHx)]	• 우수한 토양구조, 습기유지 및 잡초 통제에 대한 유지 • 생분해	높은 생산비용
멀칭 필름(PHB)	• 우수한 토양구조, 습기유지 및 잡초 통제에 대한 유지 • 생분해	높은 생산비용
마이크로 캡슐 우레아 및 서방성 비료(PHB/PLA fibres)	• 무독성 • 생분해성 • 비료전달의 시기와 방법에 대한 조절	높은 생산비용
살균제와 제초제	• 제초와 살초 작용향상 • 환경독성 감.	높은 생산비용
식품 패키징 (유기 혹은 무기 필러를 가진 PHAs)	• 무독성 • 분해성 • 수분 저항성에 유용 • 결정성, 열적안정성, 기계적 물성 향상	약간 낮은 생산 비용

식품 패키징 종이보드(PHAs)	• 무독성 • 생분해성	높은 생산비용
음료용 빨대(PHAs)	• 무독성 • 생분해성	높은 생산비용

자료: Polymers 2021, 13, 1544

의료분야에서는 고정체 및 정형외과의 봉합사, 봉합 패스너, 반월상연골 고정 장치, 리벳, 압정, 스테이플, 나사(간섭 나사 포함), 골 플레이트 및 골 코팅 시스템, 외과용 메쉬, 수리 패치, 심혈관 패치, 정형외과용 고정 핀(골 확장 소재), 유착 방지제, 스텐트, 유도 조직 복원/재생 장치, 관절 연골 복원 장치, 신경 가이드, 근육 복원 장치, 심방 중격 결손 복원 장치, 심낭 패치, 팽창 및 충전제, 정맥 판막, 골수 구조체, 반월상 연골 재생 장치, 인대 및 건 이식편, 안구 세포 이식물, 척추 융합 케이지, 피부 대체물, 경막 대체물, 뼈 이식 대체물, 상처 드레싱 및 지혈제 등의 의료기기로 PHA 고분자가 사용될 가능성이 있다.

7.8 PHB 고분자의 효소에 의한 분해 메커니즘

7.8.1 PHA 분해에 영향을 미치는 요소

PHA 생분해의 효율성은 고분자 유형의 물리적 및 화학적 속성과 밀접하게 연결되어 있다. 분해 속도는 (i) 결정도, (ii) 공중합 고분자, (iii) 공중합 구조에 따라 달라진다. PHBV에 3 hydroxyvalerate을 도입하면 더 큰 무정형 영역을 가지며, 이는 용이한 수분 침투, 흡수 및 효소 촉매 도메인에 대한 동이형 결정 영역의 민감성으로 인해 효소 공격에 더 취약하다. 이런 예를 볼 때, 가공 방법에 의해 결정도가 달라지며 생분해성도 결정된다.

또한, 공중체 고분자의 공중합 비율에 따라 비정질 영역이 변경될 수 있으며, 효소적 탈중합 효소 활성이 최대화될 수 있다. 그러나 다른 연구에 따르면 PHA depolymerase 효소가 PHBV보다 PHB에 더 효과적이며 PH4B에 가장 효과적이지만 결과는 체중 감소로 측정되고 분자량은 크게 다르다. 이것은 다른 효소나 요인이 PHA를 분해하는 데 역할을 한다는 것을 보여주고 있다. 예를 들어, 과도한 측쇄는 표적 위치와의 상호작용 속도를 억제할 수 있으며 효소 가수분해와 결합된 다른 작용은 생분해를 더욱 향상시킬 수 있다. 온도에 의해 촉진되는 수분 확산은 활성 부위를 증가시키는 일부 가수분해를 유발할 수 있다. 폴리에스터의 에스터 결합도 가수분해에 민감하여 분자량을 감소시킬 수 있다. 효소 가수분해는 에스터 가수분해 및 전체 생분해와 결합되고 단일 작동기에 의해 구동되지 않기 때문에 분자량을 낮추면 생분해에 대한 Arrhenius 모델이 적용되지 않는다.

1) 결정화도

고분자 구조에서 PHA 단량체 단위의 효과는 생분해에 영향을 미치는 결정화도의 효과와 관계가 있다. 고분자 처리 기술은 또한 용매 주조 및 담금질을 포함한 최종 샘플 결정도를 변경하며, 이는 PHA의 낮은 Tg로 인해 담금질이 문제가 되지 않지만, 층간 상을 증가 또는 감소시키고 장기적인 생분해 범위에 영향을 미친다.

PHA 고분자의 생분해가 진행되고 중량 손실이 증가함에 따라 초기 단계에서 PHA의 층간 상의 침식이 시작되며, 여기서 샘플이 결정질 영역에서 침식되기 전에 무질서한 사슬이 먼저 생분해의 표적이 된다. 층간 상 또는 비결정 영역은 PHA에 유연성을 제공하며, 비결정 영역에서의 분해가 진행됨에 따라 결정도가 증가할 것으로 예상된다. 이러한 특성은 토양 생분해 30일 이내에, 해양 생분해 60일 이내에 나타난다. 그러나 충분한 시간이 주어지면 결정도는 최대 60%까지 감소가 예상되며, 이는 강화된 조건으로 인해 통제된 퇴비화 환경에서 20일 또는 30일 후에 토양 생분해에서 발생한다. PHA 고분자의 비결정 영역은 수분과 효소의 투과를 허용하는 것으로 알려져 있으며, 비결정 영역에서의 분해는 결정질 영역의 표면적을 증가시킬 것이다. 결정질 영역은 PHB와 같은 결정질 PHA의 대부분을 구성하며 이들의 분해는 전체 고분자 결정성을 감소시킬 것으로 예상된다.

2) 공중합 고분자

공중합 고분자는 HB 단위 및 기타를 포함하는 PHBV, PH4B, PHBHx 등과 같이 하나 이상의 유형의 단량체 단위가 존재하는 이종의 반복 단위를 가지는 축합 고분자이다. 공중합 고분자는 무정형 영역의 존재로 인해 단독 고분자보다 빠르게 생분해되는 것으로 알려져 있다. 예를 들어, PHBV는 PHB에 HV를 추가하여 형성된 축합 고분자이며, 여기서 HB 및 HV의 상대적 비율은 조절된 결정화도를 정의한다. 공중합 고분자의 이러한 낮은 결정성은 PHBV 중량 손실로 측정한 높은 효소 활성과 직접적으로 관련이 있으며, 이들의 상관관계는 호기성 및 혐기성 조건 모두에서 축합 고분자의 분해 정도에 반영한다. PHBV의 예에서 3% HV 함량에서 PHB와 PHBV 분해 사이에는 결정성이 유사하기 때문에 차이가 없으나, HV 함량이 증가함에 따라 결정도가 감소하고 생분해율이 향상된다. 연구에 따르면 HV 함량이 약 40~50%이면 토양, 퇴비 및 해수에서 가장 빠른 생분해 속도가 생성되며, 그 효과는 혐기성 환경에서도 반영된다. 유사하게, 다른 PHB 공중합 고분자에서 PHB에 대한 4HB, Hx, H_2O의 비율을 증가시키는 것은 호기성(토양, 퇴비, 해양) 및 혐기성(하수 슬러지 및 혐기성 매립) 조건에서 감소된 결정도 및 용융 온도와 상관관계가 있다.

고려해야 할 또 다른 측면은 중간 사슬 길이의 PHA를 절단하는 효소의 가용성이며, 짧은 사슬 길이의 PHA 분해 효소를 갖는 여러 미생물과 여러 짧은 사슬 PHA 및 폴리(에틸렌 아디페이트)(PEA), 폴리(에틸렌 석시네이트)(PES) 및 기타 지방족 폴리에스터인 것으로 확인되었다. 테트라메틸 피페리데닐옥실-4-일(yl)-메타크릴레이트)(PTMA)는 유사한 효소에 의해 효소적으로 해중합될 수 있다. 이는 단일 PHA 고분자 사슬에 상당한 이점을 나타내며, 이러한 효소는 에스터 결합에 부착하나, 특이성이 낮고 측쇄 범위에 대해 지나치게 차별적이지 않다. 예를 들어, PHB에는 하나의 긴 탄소 측쇄가 있고 일부 PHB 분해 효소는 PHBP를 효소에 의한 가수분해를 하는데, 이는 측쇄가 없는 PHBP의 결과일 수 있다. 효소 친화도는 PHA 측쇄에 대한 친화도에 의해 결정될 가능성이 있으나, 이러한 효소는 중간 분자량 및 긴 분자량의 PHA 고분자에서 효과적이지 않다. 중간 사슬 길이의 탈중합 효소에 대한 연구 이용 가능성은 특정 효소로 분리된 매우 적은 종으로 최소화되며, 이는 스트렙토마이세스에서 볼 수 있는 소수의 폴리(3-하이드록시옥타노에이트-co-3-하이드록시 데카노에이트) 분해자에 의해 추가로 반영된다. 이것이 바로 H_2O 함량이 10%인 PHBO와 같은 중간 사슬 길이의 고분자가 혐기성 및 호기성 환경에서 88~95% 사이의 생분해를 나타내는 이유일 수 있다. 따라서 중간 사슬 길이의 PHA에 3-하이드록시 데카노에이트와 같은 고탄소 PHA 고분자 단량체를 사용하면 효소가 공격하는 측쇄 구조의 화학적 반응성 결합 부위의 수를 줄여 생분해성을 방해할 수 있다.

관찰된 결정화도 및 공고분자 비율의 영향이 모든 생분해 연구에 적용되는 것은 아니며, 저분자량 고분자는 운동성이 향상되고 크기가 크게 줄어들어 효소 분해 및 생체 동화 속도가 빨라지지만 개선 사항이 용매 주조에 항상 반영되는 것은 아니다. 시료 생산 방법(즉, 용매 주조) 또는 시료 회수 방법은 효소 활성 또는 미생물 기능에 부정적인 영향을 미칠 수 있고 PHA 공중합 고분자 조성물과 그들의 생물학적 분해율 또한, PHB가 더 빠른 생분해율을 초래할 것으로 예상되는 HV, 4Hb 및 Hx148과 같은 더 큰 측쇄를 가진 더 복잡한 PHA 단량체보다 더 쉽게 사용되는 제품이라는 증거가 있지만, 항상 입증된 것은 아니며 결정성 단독 때문인지는 확인되지 않고 있다.

3) 샘플 형태

PHA 고분자 샘플의 형태는 표면적과 직접적인 상관관계가 있으며, 형태학적으로 다공성인 고분자는 전체 효소 결합부위를 증가시킬 수 있는 주어진 시간에 효소 공격에 대한 노출된 표면적을 증가시킨다. 따라서 분말 형태는 부피에 대한 표면적 비율이 가장 크고, 생분해가 가장 빠르다. 일부 연구에 따르면 PHB 필름은 특정 필름 두께에 대해 PHB 분말에 필적하는 생분해율을 나타낼 수 있다. PHB 분말은 12일 동안 68%의 생분해가 있었고 1.2 mm PHB 필름은 19일 동안 67%의 생분해가 있다고 한다. 또한 PHBHx/PBAT 및 PHBHx/PLA 440 μm 분말 및 20 μm 필름 생분해가 혐기성 하수 슬러지에서 큰 차이가 없음이 발견되었다. 박막이 수분 투과의 용이성과 표면적 최대화로 인해 생체 분해 속도가 향상되어 두께가 감소함에 따라 생분해 속도가 가속화되는 것이고, 혐기성 및 호기성 환경 모두에서 유사한 결과를 보인다.

필름의 생분해는 표면 구멍과 가장자리의 분해로 시작되며, 시간이 지남에 따라 분해가 진행될수록 표면적 대 부피 비율이 증가한다. 또한, 필름의 생산 방법을 용제 주조에서 전기 방사로 변경함으로써 표면적 및 투수성을 증가시킬 수 있으며, 이는 40%에서 100%로의 질량 손실 증가로 측정되는 생물 분해율의 상당한 개선으로 이어진다. 28일의 기간 동안, 이 방법은 또한 표면 거칠기를 증가시켜 박막의 표면적을 더욱 향상시키는 것으로 알려져 있다.

PHA 펠릿의 생분해는 일반적으로 PHA의 유형에 따라 어느 정도 필름의 생분해보다 느리며, PHB 필름은 PHBV에 비해 박막 형태의 장점이 더 많다. 151 ISO 14855에 따르면, PHB 펠릿은 45일 만에 54%, 78일 만에 92% 생분해되며, 이는 1.2 mm 두께의 PHB 판에 필적된다. 따라서 비교할 때 생분해 연구에서는 샘플의 형태를 고려하는 것이 중요하나, 일부 완료된 연구만이 ASTM 표준을 따랐기 때문에 비교가 어려워진다.

7.9 매립에 의한 PHA 고분자의 생분해

가속된 혐기성 매립지 조건은 매립지와 매우 유사한 환경을 반영하는 고형물의 비율이 높은 중온성 온도(35°C)이다. 매립지 조건은 일반적으로 매립지로 지속적으로 유입되는 물질의 양으로 인해 통제되지 않는다. 최적의 조건과 충분히 높은 수분 함량에서 PHB는 9일 이내에 완전히 분해되는 반면에, 더 복잡한 PHBV는 분해된 후 생체 동화되는 데 더 오래 걸릴 수 있다(42일 동안 29% 생분해). 그리고, 생체 동화는 주로 미생물 컨소시엄을 기반으로 한다.

7.9.1 혐기성 매립지의 토지 특성

매립 접종원은 매립 조건에서 생분해율에 큰 영향을 미치며, 혐기성 매립지 소화 조건에 대한 다양한 접종원의 영향을 특성화하고 매립지 반응기, 폐수 처리장, 매립지 침출 수 및 혐기성으로 소화된 유기 폐기물 중에서 소화물 및 도시 고형 폐기물이 가장 재현 가능한 결과를 제공하고 또한 접종원은 생물 분해의 속도와 정도에 상당한 영향을 미친다. 고형 폐기물 공장의 소화물과 폐기물은 모두 미생물 전환이 지속적으로 발생하고 유기 물질이 성장 조건을 촉진하는 연속 시스템에서 나오는 이점이 있다.

수분 함량은 또 다른 요소이며, 충분히 높은 수분 함량(50~90%)에서 PHA는 14일 이내에 완전히 분해되는 것으로 보고되었으나, 수분 함량이 50% 미만이면 생분해 정도가 반으로 줄어들고, 기간도 180일을 초과할 수 있다.

열화 분석은 ASTM D5526-18 또는 ASTM D7475-20에 따라 완료되는 몇 안 되는 이용 가능한 연구이다. 또한, PHA가 유리한 혐기성 생분해 거동을 보인다는 일관된 증거가 있지만, PHA가 그렇게 주장될 수 있는지를 정의하는 라벨링 표준은 없으며 배출 가스를 포착할 수 없는 한 생분해성 플라스틱을 매립하는 것은 바람직하지 않다.

7.9.2 PHA 퇴비화

산업용 퇴비화는 58°C의 제어된 온도를 특징으로 하며 산업적으로 완성될 수 있다. 가정용 퇴비화가 지속적으로 이러한 높은 온도 수준에 도달하지 않기 때문에 대부분의 연구는 산업용 퇴비 조건에서 완료된다. ISO 14855(ASTM D5338과 동일) 퇴비화 조건에서 셀룰로스는 45일 동안 92% 분해된다. ASTM 5338에 비해 PHA 백은 180일만에 94% 생분해되며, PCL과 같은 석유계 생분해성 고분자 분해를 능가한다. 180일만에 90% 생분해되는 ASTM 6400-19는 퇴비 표시 기준 2단계를 통과했다. 지난 10년간 PHA 퇴비화 연구에 따르면, 산업 퇴비화는 매우 통제된 것으로 간주되지만 샘플 간에는 여전히 약간의 변동성이 있다. PHBV 필름은 45~200일이 소요되는 것으로 보고되었으며, 이러한 변동성은 접종 매립지 출처와 관련이 있을 수 있다.

7.10 PHA 해양 생분해

PHA는 분해되지 않는 PLA와 같은 다른 고분자와 비교하여 ASTM 표준에 따라 효율적인 해양 생분해를 나타내는 유일한 종류의 바이오 기반 고분자이다. 해수에서 생분해성 거동을 나타내는 다른 고분자(예: PCL, PES, PEA 등) 중에서 PHA는 모든 수질 환경에서 가장 뛰어난 성능을 발휘하지만, 반복 가능한 ASTM 표준에 따른 PHA 해양 생분해 연구는 여전히 매우 제한적이다. 최근 PHA 해양 생분해 연구에 따르면 부적절하게 처리될 경우 PHA 폐기물이 생분해되는지 확인하기 위해 조사해야 하는 자연환경에서 다양한 조건을 나타내고 있다.

7.10.1 해양 수원

해양수는 다양한 출처(예: 바다, 호수, 강 등)에서 유래할 수 있으며, 해양 출처의 염수도 일반적으로 해양수로 분류된다. 그러나 일부 연구는 민물, 정적 물, 강물 또는 이들의 조합에서 완료하고 있으므로, 해수에는 일부 미생물에 대한 2차 말단 전자 수용체로 작용할 수 있는 더 많은 황산염(담수와 비교)이 있다. 민물의 pH는 일반적으로 PHA 생분해에 도움이 되지 않는 해수의 pH보다 낮다. 더욱이, 대부분의 수생 미생물은 박테리아인 반면, 균류는 전 세계의 대규모 수역에서 훨씬 덜 자주 발견되며, 균류가 보다 효율적인 PHA 분해자로 간주된다는 것을 알면 미생물의 해양 생물 분해 성능은 약간 느리다.

특정 연구에서 해양 물과 모래의 조합은 다른 미생물의 생분해 성능의 영향을 연구하는 데 사용되었고, PHBV는 물과 모래 단독뿐만 아니라 조합에서도 생물학적 분해를 보여준다. 해수의 존재는 생물 분해를 촉진하는 것으로 보이며, 이는 물에 PHA 분해제가 광범위하게 분포하거나 보다 효과적인 효소 가수분해를 시사한다. PHBV는 모래와 해수 매체에서 90% 분해되는 데 210일이 걸리지만 모래에서만의 조건에서는 80% 분해되는 데 600일 이상이 걸리는 것으로 보고된다. 비 실험실 조건에서 비-ASTM 연구 동안 물의 존재로 인해 조수 범람이 더 높고 도입된 미생물 개체군이 토양에서만 발견되지 않는 PHA의 분해가 높다고 보고된다. 그러나 모래 기반 환경이 수중 환경에 비해 Shannon-weaver 다양성 지수와 문의 전체 다양성이 더 큰 것으로 보고되기 때문에 이러한 개선은 미생물이 아닌 물의 존재에 기인할 수 있다.

따라서 퇴적물은 미생물 다양성을 제공하는 반면 해양수는 효소 기능을 크게 향상시킬 수 있으며, 비천연 해양 생물 분해를 위한 다른 접종원에는 하수 슬러지 및 혐기성 소화조 슬러지가 포함된다. 혐기성 소화조 슬러지는 PHA의 해양 호기성 생분해를 위한 접종원으로서 하수 슬러지보다 성능이 뛰어나다.

7.10.2 해양 생물 분해에 대한 온도 영향

해양 생물 분해에 대한 온도의 영향은 토양 생물 분해 연구의 온도 의존적 결과를 반영한다. 냉수(약 5°C)에서 PHA의 생분해는 무시할 만하며, 이는 먼 북반구 또는 남반구에 위치한 더 차가운 수역에서 생분해가 잘 되지 않음을 나타낸다. 더 온화한 온도(10.9~19.8°C 사이)에서 수중 PHA 생분해는 연구의 초기 단계에서 더 낮은 온도에서 더 느렸다. 생분해의 초기 단계는 미생물 성장 특성에 영향을 미치며, 이는 보다 빠른 생분해가 진행되기 전에 생물막 개발이 필요할 수 있다. 담수에서 PHB에 대한 최적화된 분해 온도는 30°C로 표시되어 20°C와 비교할 때 분해 속도가 2배이며, 40°C의 수온은 PHB 분해율을 더 이상 향상시키지 않았다. 이러한 데이터를 바탕으로 PHA 플라스틱은 북태평양과 대서양에 떠다니는 쓰레기 패치를 포함하여 열대 환경에서 플라스틱 오염을 억제하는 데 분명한 장점이다.

7.10.3 자연 해양 환경

자연 해양 환경은 주로 실험실에서 일괄 처리 또는 정적 프로세스와 반대되는 연속적인 생태계를 통합하는 동적 특성이 특징이다. 동적 해수는 실험실 환경에서 정적 해수에 비해 생분해성 고분자의 분해를 지원한다는 강력한 징후가 있다. 폐쇄형 실험 시스템은 또한 부산물이 축적되고 이용가능한 영양소가 제한되어 잠재적인 생분해율을 제한한다. 이는 pH를 낮추고 PHA가 산 등으로 분해되는 속도를 늦출 수 있다. 정적 상태의 열대 해양수에서 PHA 샘플에 대한 연구 조건에서 시스템의 pH가 7.5에서 4.7로 감소하고 71%까지만 분해가 관찰되었으며, 그 후 산성 pH로 인해 분해가 중단되었다. 산성화는 장쇄 PHA 고분자의 효소적/가수분해적 분해를 제한했다.

또한, 정적 환경은 동적 환경에 비해 생물막의 개발을 더 쉽게 촉진한다. PHBV(8% HV)의 생분해에 대한 0%, 5%, 50% 생물막(해수 내 어류 사육 탱크 벽 생물막 농도)의 영향이 보고되었으며 180일 동안 36%의 질량 손실이 있는 생물막은 없다는 것이 발견되었다. 5% 생물막은 200일 동안 97%의 중량 손실이 있었고 50% 생물막은 300일 동안 88%의 중량 손실이 있었으며, 과도한 생물막은 가수분해 분해를 수행하는 효소 결합의 활성 부위를 덮을 수 있는 효소의 과잉을 유발할 수 있다. 현재의 해양 생물 분해 기준은 관찰된 자연 해양 생물 분해 속도의 장점을 완전히 포착되지 않았다.

7.10.4 혐기성 조건에서의 PHA 생분해

혐기성 소화는 폐수에 존재하는 유기물 함량을 줄이기 위해 사용되는 폐수 처리의 일부로서, 공정은 호열성(55°C) 또는 중온성(35°C)일 수 있으며 폐기물을 관리하거나 바이오메테인을 생산하는 데 사용할 수 있다. 고분자의 폐기를 위해서는 재활용이 불가능한 식품 오염 물질로부터 메테인을 생성하는 것이 적합한 방법이다. ASTM D5511에 따르면 PHA는 중온성 조건에서 20일 만에 완전히 생분해되며, PLA와 PCL은 모두 혐기성 조건에서 모든 형태의 생분해를 나타내기 위해 37°C 이상의 온도가 필요하다. 고온성 혐기성 소화가 메테인 생산에 더 빠르고 더 유익한 반면 중온성 혐기성 소화는 에너지 투입으로 인해 산업에서 더 일반적이다. 혐기성 조건에서 PHA는 중온성 조건에서 더 빨리 분해되지만, 호열성 온도에서는 PLA 분해가 더 빠르다. PHA에 대한 중온성 혐기성 생분해를 탐구하는 것은 플라스틱이 폐수 처리 시스템으로 들어가는 경우 폐기물 처리 방법으로 상당한 잠재력을 가지고 있다.

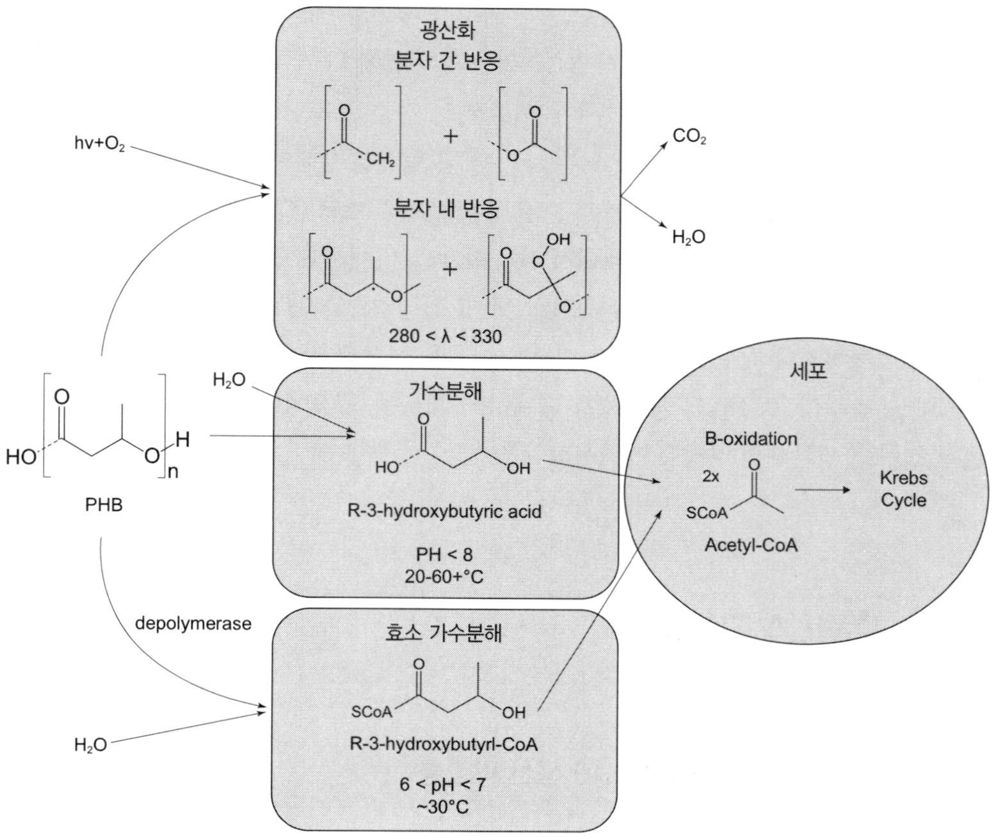

그림 36 자연환경에서 PHB 분해와 바이오화(bioassimilation)를 위한 간소화하나 주된 경로와 최적 조건들.(출처: M. Michalak *et al*., 2016).

이러한 PHA 분해특성 결과를 종합해보면, 위치, 온도, 영양소, 존재하는 미생물, 자외선 노출, 용존 산소 및 염도를 포함하여 자연환경(실험실이 아님)에서 PHA의 생분해에 영향을 주는 여러 요인이 있다. 실험실 규모의 연구에서 최적의 온도, 수분 함량, pH 및 더 높은 무정형 함량은 모든 유형의 호기성 및 혐기성 생분해에서 PHA의 효소적 해중합을 일관되게 촉진하고, 비생물적 요인과 결합하여 PHA 분해를 위한 최적의 조건을 찾을 수 있다(그림 36). 다른 고분자 고분자는 가수분해 및 효소 분해에 영향을 미칠 수 있는 생분해 온도 주변에서 증가된 자유 부피를 초래하는 유리 상태에서 고무 상태로의 전환으로 인해 Tg(즉, PLA)와 같은 요인을 포함할 수 있다. 작은 사슬 PHA는 또한 60°C 아래에서 열분해를 겪지 않고, 퇴비화 조건에서 PHA는 약간의 열적 분해를 겪을 것이나, 조건은 호열성이 되고 사용된 호열성 효소는 이 환경에서 더 안정하여 PHA 분해의 주요 원동력이 된다.

PHA의 생체 동화는 주로 고분자의 복잡성에 따라 달라지며, 덜 복잡한 고분자는 더 쉽게 동화되지만 동시에 높은 결정도(분해 속도를 제한함)에 의해 제한된다. 또한, 다른 유기물의 존재는 특정 생성물(메테인)을 생산하기 위해 PHA의 생체 동화를 촉진하거나 보다 쉽게 접근할 수 있는 탄소원(예: 셀룰로스, 전분, 포도당 등)을 위해 PHA의 생체 동화를 억제할 수 있다. 중온성 온도는 호기성 및 혐기성 생분해 모두에서 다른 생분해성 고분자(즉, PLA)에 비해 PHA에 가장 유리한 것으로 보고되고 있다.

순수한 PHA는 일반적으로 업계에서 사용되지 않기 때문에 첨가제 및 PHA 블렌드의 효과를 고려하고 있다. 사슬 연장제, 방오제 및 합성 가소제 TBC 및 글리세롤은 효소 작용을 억제하거나 친수성을 감소시키거나 미생물 성장을 억제함으로써 결정성을 감소시킴에도 불구하고 PHA의 생분해를 억제하기 때문에, 필요에 따라, 조절 가능한 특성을 조절하여 생분해의 시작을 지연시킬 수 있다.

8 PMLA 고분자

8.1 말레산 고분자(PMLA) 생산 미생물

Aureobasidium pullulans은 식물, 표면 등 다양한 환경에서 발견되는 미생물로, 친수성 고분자 생산과 관련된 효소를 가지고 있고 포도당이나 자당과 같은 탄소원을 이용해 폴리말레산[poly(maleic acid), PMLA, 그림 37]를 생산할 수 있다. 탄소 농도나 온도 pH를 조절하면 생산성을 조절할 수 있으므로 많은 분야에서 사용된다. 최근에는 Penicillium이나 Aspergillus와 같은 곰팡이를 통해 얻는 방법도 연구 중이다.

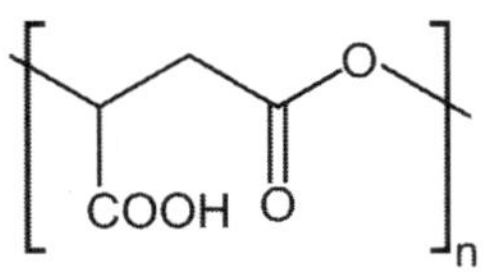

그림 37 Poly(β-L:-malic acid)의 화학 구조

8.2 말레산 고분자 합성과정

8.2.1 미생물 배양을 통한 생물학적 말레산 고분자 합성법

PMLA는 발효과정을 통해 생물학적 합성하는 경우 높은 생체적합성과 생분해성 및

친환경적인 특성을 가지지만 생산 속도가 느리고 대량 생산 시 비용이 많이 들 수 있다. 합성 과정은 첫 번째로 배양 준비 단계로서 *Aureobasidium pullulans*을 배양용기에 넣고 포도당, 자당 등의 탄소원이 포함된 물질과 질소원 등의 배양액을 사용한다. 2번째로 탄소원 농도, 배양 시간, pH 및 온도 등 다양한 조건들을 잘 조절해서 발효시켜 PMLA의 생산을 극대화하는 발표 공정을 사용한다. 마지막으로 발효가 끝난 후에 배양액을 여과시키고 미생물을 제거한 뒤 PMLA를 침전시켜서 추출하는 정제 및 건조 공정을 진행한 후에 정제하고 건조하여 순수한 고분자를 합성한다.

8.2.2 화학 합성에 의한 말레산 고분자 합성법

화학 합성에서는 L-말레산을 시작 물질로 한다. 미생물 배양 없이 고분자를 얻고 분자량과 분자 구조를 조절할 수 있으나 반응 조건이 복잡하고 생체적합성이 낮을 수 있다. 중합 반응으로는 축중합과 개환 중합이 있으며 축중합은 일반적인 방법으로 말레산 분자가 탈수 반응을 통해 사슬 형태로 결합하면서 고분자가 합성한다. 개환 중합은 말레산 유도체 같은 고리형 분자를 사용해 반응을 유도하는 방식으로, 반응 온도, 촉매, 시간을 조절하여 분자량과 구조를 제어한 후에 정제 및 가공 과정을 거쳐 고분자를 얻는다(그림 38).

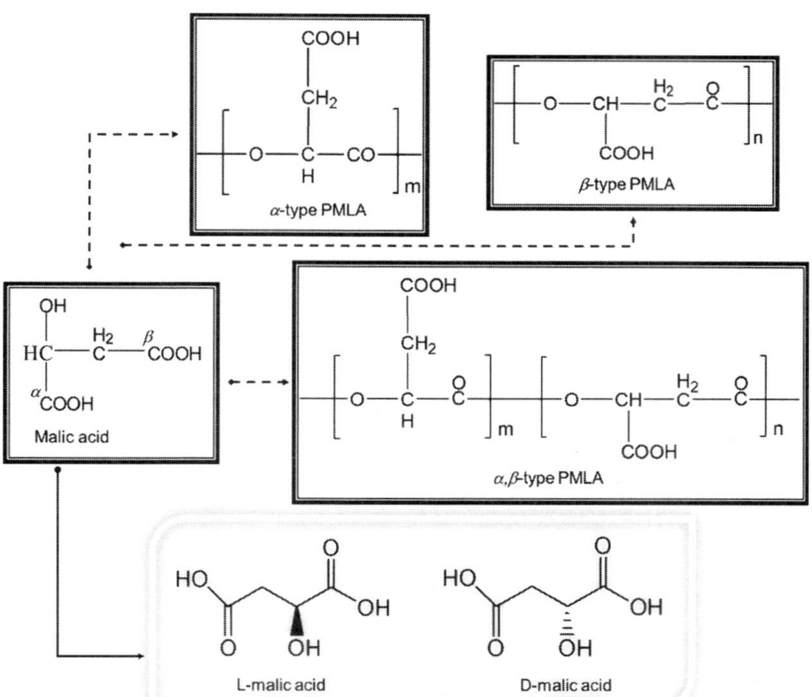

그림 38 PMLA 화학 구조(출처: Huang, X. *et al.*, 2022)

8.3 말레산 고분자의 구조적 특징과 특성

8.3.1 말레산 고분자의 구조적 특징

PMLA는 말레산의 반복 단위로 이루어진 폴리에스터이며, 화학 구조는 $\left[O-(CHOR)-CH_2-CO \right]_n$이고 R은 말레산의 카복실기나 메틸기 등으로 대체되는 구조적 특성이 있다.

8.3.2 주요 특성

첫째로 높은 생분해성을 가지는 PMLA 고분자는 생체 내, 자연에서 폴리에스터 사슬이 물과 생체효소에 의해 가수분해된다. 둘째로 체내에서 면역 반응 일으키지 않는 PMLA 고분자는 분해 산물이 체내에서 자연적으로 발생할 수 있는 말레산이기 때문에 체내에서 안정적으로 대사될 수 있다. 이로 인해 의료용 바이오 소재나 약물 전달 시스템에서 안전하게 사용 가능하다. 셋째로 PMLA의 구조는 다른 분자와 결합하고 특정 기능을 부여하기 쉽기에 많은 기능성을 가진 고분자로 사용할 수 있으므로 다양한 기능화를 가질 수 있다. PMLA 사슬에 카복실기는 다른 분자와 결합하기 쉬운 반응성이 있으므로 다양한 분자와 결합하여 다기능성의 고분자이다. 넷째로, PMLA의 단위체는 카복실기로 인해 친수성을 가지기 때문에 물에 잘 녹거나 물과 상호작용하기 쉽기 때문에 생체 환경에서 높은 안정성을 유지하고 약물 전달 시스템에서 약물의 체내 흡수를 돕는데 사용된다. 다섯째, PMLA는 카복실기로 인해 수용액의 pH에 따라 이온화되기에 용해도와 안정성을 조절할 수 있으므로 이온화 특성을 가진다. 낮은 pH에선 비이온화 상태로 존재하고, 높을 때는 이온화되어 용해도 특성이 변하게 된다. 여섯째, PMLA는 분자량을 조절해서 물리적 성질을 다양하게 조절하기 쉽기 때문에 분자량이 높을수록 기계적 강도와 열적 안정성이 증가하게 된다.

8.4 말레산 고분자 종류

말레산 고분자는 크게 세 종류로 구분할 수 있다. 하나는 미생물에서 합성한 자연 유래 PMLA로, 가장 순수하고 생체적합성과 생분해성이 우수다. 다음은 화학 합성 방법을 통해 제조된 합성 PMLA로 치환기로 인해 다양한 기능성을 부여할 수 있다. 마지막으로 PMLA를 PLA나 PCL 등과 결합하여 단점 중 하나인 열적 안정성과 기계적 강도를 개선할 수 있는 고분자 혼합 PMLA가 있다. 여기서는 PMLA를 나노 크기의 입자로 가공하여 높은 표면적 특성을 이용하여 효과적인 약물 전달 고분자로 적용하는 것도 가능하다.

CHAPTER

06

플라스틱 분해

1 서론

지난 200여 년에 걸쳐 고분자 플라스틱은 일상생활의 포장에서 운송, 의료에 이르기까지 현재의 모든 산업, 생활용품, 산업용품이 되었음에도 불구하고, 다른 한편으로는 플라스틱 폐기물 축적은 21세기의 가장 큰 과제 중 하나로 대두되었다. 소비자들이 플라스틱 문제를 점점 더 인식하고 있으나, 일회용 플라스틱 생산은 계속 늘어나고 있으며, 플라스틱 폐기물 축적으로 인해 환경 및 경제적 문제가 발생하고 있다. Plastics Europe의 통계 보고서에 따르면, 화석 기반 플라스틱의 세계 생산량은 2022년에 무려 4억 300만 톤으로 급증했다. 플라스틱의 세 번째로 큰 소비국인 인도는 2021년에 약 2,100만 톤의 플라스틱을 사용했다. 무질서한 플라스틱 폐기물 처리와 부적절한 재활용 기술이 계속된다면, 2030년까지 연간 배출량이 연간 최대 5,300만 톤까지 증가할 것으로 추산되고 있다. 전 세계 국가들은 폐기물 처리비용이 너무 높아 무차별적으로 폐기물을 축적하고 있고, 플라스틱 폐기물을 폐기하는 가장 일반적인 기술로는 매립과 소각기술을 사용하고 있다. 인도에서는 플라스틱 폐기물 매립에 연간 120 ha의 토지가 필요하다고 하며, 매립지의 21%만이 적절하게 관리되고 있어 온실가스 배출, 불쾌한 가스 생산 및 화재 위험이 항상 도사리고 있다. 반면 일본, 프랑스, 독일, 미국을 포함한 선진국은 플라스틱 폐기물에서 에너지를 회수하기 위해 열 폐기물 에너지화 플랜트를 사용하고 있다. 그러나 개발도상국은 필요한 막대한 투자와 독성 부산물(다이옥신 및 퓨란 포함)을 잘못 취급하는 것을 두려워하고 있다. 실제로, 보고서에 따르면 플라스틱 포장재의 연소로 인해 약 1,600만 톤의 CO_2가 배출되었다.

플라스틱 소재는 풍화, 태양 복사, 기계적 힘, 미생물과 같은 환경적 요인으로 인해 꾸준히 분해되어 미세(micro)플라스틱(5 mm~0.1 μm)과 나노플라스틱(0.1μm~100nm)이 형성되어, 환경과 인간에게 골칫거리로 대두되었다. 미세 및 나노플라스틱 입자는 현재 담수원, 바다, 식수, 토양, 대기, 식품 및 인체에 분포되어 있다. 이러한 플라스틱 입자들은 크기가 작기에, 수생 생물(윤충류, 물고기, 새우, 조류, 동물플랑크톤 등)이 먹이로 착각하여 삼키거나 이들에게 부착되며, 결국 식품 사슬을 통해 인간에게 유입된다. 섭취 시 미세플라스틱 입자는 조직 손상, 비정상적인 지질 대사, 염증, 심지어 암과 같은 인체의 심각한 건강 합병증을 유발하고 있다. 따라서 환경에서 모든 크기의 플라스틱 입자를 제거하는 것이 시급한 인류의 과제이다.

도로 건설에 폐플라스틱을 사용하는 것과 같은 기존의 플라스틱 업사이클링 전략은 실행가능한 옵션이지만, 물리적인 마모와 환경적 풍화로 인한 미세플라스틱 입자가 방출되면 2차 오염을 일으킬 수 있다. 가용매 분해, 화학 분해, 열분해와 같은 산업적 규모의 열화학적 분해 방법은 플라스틱 오염을 완화하는 것으로 보고되었으나, 독성 부산물의 생성과 이러한 전략의 에너지 집약적 특성으로 인해 적합하지 않기 때문에 보다 지속 가능한 대안을 찾게 되었다.

2016년에 MHETase와 PETase라는 두 가지 효소를 사용하여 PET에서 번성하고 동화할 수 있는 Ideonella sakiensis와 같은 미생물을 포함하는 생물학적 분해는 효소적 플라스틱 분해 연구에서 이정표가 되었다. 그 이후로 수많은 박테리아, 조류, 효모가 프로테이스, 에스터레이스, 가수분해 효소, 산화 효소, 큐티네이스 및 라이페이스를 포함한 플라스틱 분해 효소(PDE)를 생성하는 것으로 보고되고 있다.

1.1 플라스틱 분류

산업 수준의 플라스틱 생산은 많은 상품에 대한 요구 사항으로 인해 다양한 열가소성 소재를 제조하는 데 중점을 두고 있다. 주요 6가지 유형의 플라스틱은 저밀도 폴리에틸렌(LDPE), 고밀도 폴리에틸렌(HDPE), 폴리스타이렌(PS), 폴리프로필렌(PP), 폴리에틸렌테레프탈레이트(PET), 폴리염화바이닐(PVC)이다(그림 1).

Identification Code	1 PET	2 PE-HD	3 PVC	4 PE-LD	5 PP	6 PS	7 O
Polymer name	Polyethyleneterephthalate	High-densitypolyethylene	PolyvinylChloride	Low-densitypolyethylene	Polypropylene	Polystyrene	Other plastics (eg. PLA, polycarbonate)
Structure	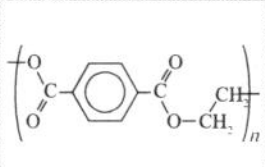	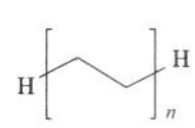	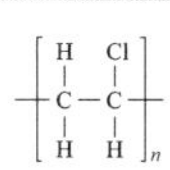	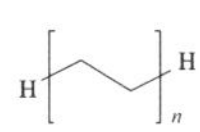	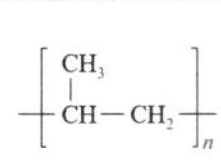	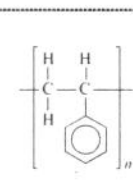	-
Melting temperature	245~265°C	130~140°C	100~260°C	85~125°C	165~175°C	240°C	-
Density	1.3~1.4 g/cm^3	094~0.97 g/cm^3	1.3~1.7 g/cm^3	0.917~0.940 g/cm^3	0.9~0.91 g/cm^3	1.04~1.05 g/cm^3	PLA: 1.23~1.25 g/cm^3
Recyclability	Commonly recycled	Commonly recycled	Sometimes recycled	Occasionally recycled	Occasionally recycled	Commonly recycled (but difficult)	Difficult to recycle

그림 1 상업적으로 판매되는 주요 플라스틱의 종류와 분류. 식별 코드는 국제 기준임. (출처: Dhali, S. L. *et al.* 2024)

1.1.1 폴리에틸렌(LDPE)

폴리에틸렌(PE)은 저밀도 폴리에틸렌(LDPE)과 고밀도 폴리에틸렌(HDPE)의 두 가지 형태로 존재하며, 가장 널리 생산되는 플라스틱 중 하나이다. HDPE는 단단하고 부서지기 쉬워 건설 용도(파이프 및 창틀 등) 및 가정용품(장난감 및 주방용품 등)에 유용하며, LDPE는 비닐봉지 제조, 포장재, 용기 등에 가장 많이 사용된다.

1) LDPE

LDPE는 에틸렌 중합 과정에서 짧고 긴 측쇄(가지)가 많이 형성되는 고압 자유 라디칼 중합을 통해 생산된다. 이러한 가지 구조 때문에 분자 사슬들이 고밀도로 배열되지 못하기 때문에 결정도(crystallinity)가 낮아지고, 밀도도 낮아진다.

주요 특성

LDPE의 밀도는 0.910~0.940 g/cm^3 범위이며, 폴리에틸렌 중 가장 낮다. HDPE는 0.941~0.965 g/cm^3 이상이다. 측쇄가 많아 분자 사슬 간의 응집력이 약하고 매우 유연하며 탄성이 뛰어나고, 구부리거나 늘이거나 다양한 형태로 변형하기 쉽다. 결정도가 낮아 반투명(얇은 필름 형태에서는 투명)하고, 광택이 우수하며, 내충격성이 우수하고 균열에 강하여 물리적 스트레스 조건에서도 형태를 유지한다. 녹는점은 약 105~115°C로, 다른 폴리에틸렌(HDPE는 120~130°C)에 비해 낮은 편이라 가공이 용이하다. 대부분의 가정용 화학 물질, 약산 및 알칼리에 대한 우수한 내성을 가지며, 수분 흡수율이 매우 낮고 수증기 차단 특성이 우수하여 습기 방지에 효과적인 물성을 가진다. 게다가, 우수한 전기 절연 특성을 가지고 있어 전선 피복 등에 사용하고 있고, 낮은 녹는점과 우수한 유동성으로 인해 압출, 사출, 블로우 성형 등 다양한 방식으로 가공하기 쉽다.

단점

HDPE나 다른 견고한 플라스틱에 비해 강성(stiffness)과 인장 강도(tensile strength)가 낮다. 녹는점이 낮아 고온 환경에서의 사용에 제한되며, 산소나 이산화 탄소와 같은 가스에 대한 투과성이 비교적 높다. UV 저항성이 좋지 않아 자외선에 노출되면 쉽게 열화될 수 있어서 첨가제로 UV 저항성을 보완하는 것이 필요하며, 특정 환경 조건에서 응력 균열에 취약할 수 있다.

용도

LDPE의 독특한 물성은 필름, 포장재 등 광범위한 산업 및 일상생활 용도에 활용되며, 특성에 따라 다음과 같이 용도를 분류할 수 있다.

유연성과 경제성 때문에 비닐봉지/쇼핑백으로 가장 흔하게 사용되며, 투명성, 유연성,

수분 차단성으로 인하여 신선식품, 냉동식품, 건조식품 포장용 필름으로 사용된다. 제품을 포장하고 열을 가해 수축시켜 제품을 단단히 고정하는 데 사용되며, 온실 필름, 멀칭 필름 등 농업 분야에서 폭넓게 사용된다. 보호 필름, 라이너 등으로 사용과 함께, 종이팩의 내부 코팅이나 기타 포장재의 방수/방습 코팅재로 사용된다. 또한 내용물을 쉽게 짜낼 수 있는 용기(예: 꿀병, 케첩병), 유연성과 밀봉성 덕분에 다양한 용기의 뚜껑 및 마개로 사용되며, 우수한 전기 절연성과 유연성으로 인해 전선 및 케이블의 피복재로 널리 사용된다. 가정용품 분야에서는 세숫대야, 바구니, 쓰레기통, 얼음틀 등 다양한 가정용품에 사용되며, 일부 유연한 의료 용기나 부품에도 적용된다. 유연하고 안전하여 장난감 제조에 사용되며, 또한 일부 유연성을 요구하는 저압 파이프에 사용된다.

재활용성

LDPE는 재활용이 가능하며, 플라스틱 재활용 코드 번호 4번으로 분류된다. 재활용된 LDPE는 주로 새로운 비닐봉지, 쓰레기 봉지, 합성 목재(plastic lumber), 파이프, 패널 등으로 다시 제조된다. 그러나 얇고 유연한 필름 형태의 LDPE는 오염에 취약하고 재활용 과정에서 기계에 걸릴 수 있어 재활용률이 상대적으로 낮다. 그렇지만 가장 많이 활용되는 소재이므로 LDPE 재활용은 자원 절약 및 환경 보호에 중요한 역할을 하고 있다.

2) HDPE

HDPE는 에틸렌 중합 시 분자 사슬에 가지가 거의 없는 선형 구조를 가지기 때문에 분자 사슬들이 서로 매우 촘촘하게 배열되어 결정도가 높고 밀도가 높아진다. 분자 구조는 에틸렌 단량체가 선형으로 배열되어 짧은 가지(short branching)가 거의 없는 구조를 가지며, 이는 낮은 압력에서 생산되는 특징을 보인다.

주요 특성

고밀도 폴리에틸렌의 밀도는 0.941~0.965 g/cm^3 이상으로, LDPE보다 훨씬 높다. 분자 사슬이 조밀하게 배열되어 있어 LDPE보다 훨씬 단단하고 강성이 높으며, 인장 강도도 우수하고, 높은 강도 대비 밀도 비율을 가진다. 우수한 내충격성을 가지며, 저온에서도 어느 정도의 인성을 유지한다. 결정도가 높기 때문에 일반적으로 불투명하거나 반투명하고, 광택은 LDPE보다 떨어진다. 녹는점은 LDPE보다 높은 약 120~140°C이며, 이는 더 높은 온도 환경에서 사용할 수 있음을 시사한다. 매우 우수한 내화학성으로 인해 산, 알칼리, 유기 용제 등 대부분의 화학 물질에 대해 부식되지 않으며, 수분 흡수율이 매우 낮고 수증기 및 공기 차단 특성이 뛰어나 습기 방지에 탁월하다. 우수한 전기 절연 특성을 가지며, 100°C 이상의 고온에서도 비교적 안정적이다. 일부 특수 등급은 120°C까지도 안정적이다. 또한 자외선에 대한 저항성이 LDPE보다 우수하여 실외 사용에 적합하며, 필요시 UV 안정제를 첨가하여 제조할 수도 있다. 인체에 유해한 화학 성분을 배출하지 않아 식품 접촉용으로 안전하다.

단점

유연성이 LDPE보다 낮아 구부리거나 늘이기가 더 어렵고, PP(폴리프로필렌)만큼 표면 마감이 좋지 않을 수 있다. 또한 온도 변화에 따라 다소 민감하게 팽창/수축할 수 있고, 표면은 인쇄가 어려울 수 있기 때문에 인쇄 시 표면 방전 처리가 필요할 수 있다.

용도

HDPE는 높은 강도, 경도, 내화학성 및 내열성 덕분에 매우 광범위한 분야에서 사용된다. 식품 안전성과 불투명성으로 인해 우유병, 주스병으로 널리 사용되며, 우수한 내화학성으로 인해 강한 화학 물질을 담는 세제, 샴푸, 표백제 용기로 적합하다. 또한, 단단하고 안전하며 밀봉성이 좋아 식품 저장 용기로 사용되고, 화학 물질, 물 등을 보관하는 대형 용기로 사용된다. 부식에 강하고 내구성이 뛰어나 지하 매설용 파이프, 수도관 및 다양한 배관 시스템에 널리 사용되며, 내구성과 내후성으로 인해 농업용 파이프 및 커버로 사용된다. 강도가 필요한 두꺼운 봉지에 사용되며, 매립지, 연못, 저수지 등의 바닥에 깔아 오염 물질 유출을 방지하는 불투수성 라이너(Geomembrane)로 사용된다.

연료 탱크, 흙받이, 다양한 트림 부품 등 내구성, 내화학성, 충격 흡수가 필요한 자동차 부품에 사용된다. 견고하고 안전하여 어린이 장난감(예: 젖병, 미끄럼틀)에 사용되며, 야외용 의자, 테이블 등 내구성이 요구되는 가구에 사용된다. 견고하고 가벼워 쓰레기통, 바구니, 세탁 바구니와 같은 일상생활 용품으로 사용되며, 물통, 아이스박스 등의 휴대용 용기로 사용된다. 부식되지 않고 오래가는 특성 때문에 데크, 벤치 등에 사용되며, 로프, 어망, 농업용 그물 등 높은 인장 강도가 필요한 농업-어업 제품에 사용된다. 또한 우수한 전기 절연성으로 전선 및 케이블의 외피로 사용되기도 한다.

재활용성

HDPE는 재활용성이 매우 우수하며, 플라스틱 재활용 코드 번호 2번으로 분류된다. LDPE와 달리 비교적 단단한 형태를 유지하여 수거 및 재활용 과정이 용이하고, 재활용된 HDPE는 새로운 파이프, 합성 목재, 벤치, 쓰레기통, 병 등으로 재생된다. 인체에 무해한 특성 때문에 여러 번 재사용될 수 있는 친환경적인 소재로 평가되고 있다.

1.1.2 폴리스타이렌(PS)

폴리스타이렌(polystyrene, PS)은 스타이렌 단량체가 중합된 열가소성 고분자로, 특유의 물성과 경제성으로 인해 매우 광범위하게 사용된다. PS는 여러 형태로 존재하며, 각각의 형태에 따라 물성과 용도가 조금씩 달라진다.

1) PS의 주요 종류

일반용 폴리스타이렌(General Purpose Polystyrene, GPPS)

가장 기본적인 형태의 PS으로 투명하고 단단하며, 광택이 우수하나, 취성(brittleness)이 강하여 충격에 약하고 쉽게 깨지는 경향이 있다.

내충격성 폴리스타이렌(High Impact Polystyrene, HIPS)

GPPS의 충격 취성을 개선하기 위해 고무 성분(주로 폴리부타디엔 고무)을 첨가하여 제조되며, GPPS보다 충격 저항성이 5~10배 우수하다. 고무 성분 때문에 투명성은 사라지고 불투명한 백색을 띠거나 반투명하고, 유연성이 GPPS보다 우수하다.

발포 폴리스타이렌(Expandable Polystyrene, EPS)

스티로폼(Styrofoam®은 상표명)으로 잘 알려진 형태로, PS 수지에 발포제(예: 펜테인)를 첨가하여 만든 경량의 폼 재료이다. 발포 과정을 통해 95% 이상이 공기로 채워져 매우 가볍고, 뛰어난 단열성과 충격 흡수성을 가진다.

압출 폴리스타이렌(Extruded Polystyrene, XPS)

EPS와 유사하게 발포된 형태지만, 압출 공정을 통해 생산되어 보다 균일하고 미세한 셀 구조를 가진다. EPS보다 밀도가 높고 기계적 강도가 우수하며, 수분 흡수율이 낮아 단열재로 더 좋은 성능을 보인다.

2) 주요 특성(종류별 공통 및 특징)

PS의 밀도는 약 1.05 g/cm^{3}로, 폴리에틸렌(PE)이나 폴리프로필렌(PP)보다 약간 무겁다. 무색 투명하며, 90% 이상의 높은 광투과율을 가진다. 유리에 가까운 투명도를 가지며, 비교적 단단하고 강성이 높다(특히 GPPS). 우수한 유동성을 가지고 있어 사출 성형, 압출 성형 등 다양한 가공이 용이하며, 착색이 자유롭고 치수 안정성이 우수하다. 뛰어난 전기 절연 특성을 가지며, 특히 고주파 특성이 우수하다. 대부분의 약산, 약염기, 알코올에 대해 안정적이나 아세톤, 벤젠, 톨루엔, 클로로폼과 같은 유기 용제에는 용해되는 화학적 물성을 가지고 있다. 열에 대한 저항성은 중간 정도로, 약 70~100°C 범위에서 연화되거나 변형될 수 있으나, 고온에서의 사용은 제한적이다. 내수성 및 내습성이 우수하여 흡수성이 낮아 물이나 습기에 강하다.

반면에 단점으로는 GPPS는 충격에 매우 취약하고 쉽게 부서지며, 자외선에 노출되면 쉽게 열화되어 황변하거나 강도가 저하될 수 있으므로 UV 안정제 첨가로 물성을 개선하고 있다. 화재 시 많은 양의 검은 연기와 함께 스타이렌 단량체, 일산화 탄소, 이산화 탄소 등 유독 가스를 발생시킬 수 있다.

3) 용도

폴리스타이렌은 그 다양한 형태와 물성 덕분에 매우 폭넓은 분야에서 활용된다. 식품 용기 및 포장재 분야에서 일회용 컵/접시로 사용되는데, 특히 컵라면 용기, 요구르트병, 일회용 커피 컵 등에는 GPPS와 HIPS가, 계란 상자, 일회용 식기 트레이로는 HIPS가 주로 사용된다. 젤리컵, 푸딩컵 등 투명하고 단단한 용기에 GPPS가 사용되며, 고기, 생선 등을 담는 신선식품 트레이에 사용된다.

가전제품 및 전기/전자 부품 분야에서는 TV/모니터/프린터 하우징제품으로 GPPS, HIPS가 사용되며, 냉장고 문 안쪽 라이너, 세탁기 부품에는 HIPS가 사용된다. CD/DVD 케이스에 GPPS의 투명성과 단단함이 활용되고 있으며, 리모컨, 계산기 케이스에는 GPPS, HIPS가 사용된다. EPS, XPS는 건축물 단열재로서 건물 벽, 지붕, 바닥 등에 탁월한 단열 성능을 제공하고 있으며, 냉장/냉동 창고에서도 저온 유지에 필수적인 단열재로 사용된다. 토목공사에서도 경량 충진재, 연약 지반 안정화 등에 사용된다.

EPS의 주된 용도는 운송 중 전자제품, 가전제품, 가구 등의 제품을 보호하기 위한 완충재(일명 '스티로폼')이다. 깨지기 쉬운 물건의 보호나 신선식품의 보냉을 위해 택배 포장재로도 사용된다. 이외에도 PS는 투명성, 멸균 가능성, 생체 적합성으로 인해 의료 및 실험실 용품 분야에서도 페트리 접시, 시험관, 피펫, 배양 용기에 적용되고, 정밀함과 위생이 요구되는 진단 키트 부품에 사용된다. 성형이 용이하고 가벼워 장난감이나 조립식 모형 제작에 사용되며, 가공 용이성과 착색성 덕분에 광고판, POP 디스플레이에서도 PS를 찾아볼 수 있다.

4) 재활용성

PS는 플라스틱 재활용 코드 번호 6번으로 분류되며, 재활용이 가능하지만, 다른 플라스틱에 비해 재활용률이 낮은 편이다. 쉽게 부서져 미세플라스틱으로 변하기 쉽고, 수거 및 분류가 어려우며, 부피가 커서 운반 비용이 많이 들고, 압축이 어려워 효율성이 떨어지기 때문이다. 컵라면 용기 등 식품 접촉 용도로 사용되는 경우가 많아 음식물 잔여물로 인한 오염이 심하다. 다른 플라스틱이나 재료와 혼합된 경우가 많아 순수 PS만 분리하기 어렵다.

그러나 최근에는 PS 재활용 기술, 특히 화학적 재활용(chemical recycling) 기술(열분해 등을 통해 스타이렌 단량체로 되돌리는 방식)이 개발되면서 재활용 가능성이 확대되고 있다. 이는 폐기물 감소 및 자원 순환에 긍정적인 영향을 미칠 것으로 기대되며, 재활용된 PS는 주로 건축 자재, 행거, 조경 제품 등으로 사용된다.

1.1.3 폴리프로필렌(PP)

PP는 일회용 빨대와 병뚜껑 등을 만드는 데 사용되는 또 다른 유형의 플라스틱으로, 모든 플라스틱 중에서 가장 저렴하고 내화성이 있으며 밀도가 가장 낮다. PP는 전체 플라스틱 산업의 약 16%를 차지한다. PP는 프로필렌 단량체가 중합된 열가소성 고분자로, 플라스틱 중에서 HDPE와 함께 가장 널리 사용되는 고분자 중 하나이다. PP는 뛰어난 기계적 물성과 내화학성, 내열성, 그리고 경제성 때문에 '슈퍼 플라스틱'이라고도 불리며 다양한 산업 분야에 걸쳐 폭넓게 응용되고 있다.

1) 주요 특성

PP는 분자 구조에 따라 여러 종류가 있지만, 일반적인 PP의 주요 물성은 다음과 같다. 폴리프로필렌 비중은 약 0.90~0.91 g/cm^{3}로, 모든 범용 플라스틱 중에서 가장 가볍고, 이는 제품의 경량화에 매우 유리하다. HDPE보다는 약간 유연하지만, LDPE나 PS에 비해서는 강성(stiffness)이 높고 인장 강도(tensile strength)가 우수하며, 특히 고강도 대비 중량 비율이 뛰어나 가볍고 튼튼한 제품 제작에 적합하다. 폴리올레핀(PE, PP) 계열 중 가장 높은 내열성을 가지며, 녹는점은 약 130~170°C 범위이다. 연속 사용 온도는 110~120°C에 달하여 고온 환경에서도 형태를 유지하기 때문에 전자레인지용 용기 등에 사용된다. 산, 알칼리, 유기 용제 등 대부분의 화학물질에 대한 매우 뛰어난 내성을 가지며, 부식되지 않고 화학 반응에 의해 손상되지 않는다. 반복적인 굽힘에 매우 강하여 소위 '살아있는 경첩(living hinge)' 특성을 가진다. PP로 제작된 경첩은 수백만 번의 굽힘에도 손상 없이 견딜 수 있으며, 내마모성 또한 우수하다. 물 흡수율이 매우 낮아 습기에 강하며, 수증기 및 공기 차단 특성이 우수하다. 우수한 전기 절연 특성을 가지며, 흡습성이 낮아 습한 환경에서도 전기적 특성이 안정적으로 유지된다. 종류에 따라 유백색의 반투명에서부터 특정 등급에서는 높은 투명도를 보이기도 한다(랜덤 공중합체 PP). 또한 우수한 유동성으로 사출 성형, 압출 성형, 블로우 성형, 열성형 등 다양한 가공이 용이하며, 착색도 잘 된다. 인체에 무해한 것으로 간주되고 있어 식품 접촉용으로 안전하게 사용되며, 비교적 양호한 표면 광택과 스크래치 저항성을 가진다.

2) 단점

상온에서는 내충격성이 좋지만, -5°C 이하의 저온에서는 충격에 취약해질 수 있다. 따라서 냉동 용기 등의 목적으로는 저온 특성을 개선한 등급의 제품을 사용해야 한다. 자외선에 노출되면 쉽게 열화되어 황변하거나 강도가 저하될 수 있어서 UV 안정제 첨가로 보완이 필요하다. 또한 표면 에너지가 낮아 접착제나 잉크가 잘 붙지 않을 수 있으며, 인쇄 시 표면 처리가 필요하므로 접착성 및 인쇄성 개선이 필요하다.

3) 용도

PP는 뛰어난 물성 조합으로 인해 다양한 산업 및 일상생활 용도에 없어서는 안 될 소재로 자리잡았다. 포장재는 PP의 가장 큰 용도 중 하나이다. 요구르트병, 마가린통, 전자레인지용 용기, 반찬 용기 등과 같은 식품 용기로 사용되고 있으며(내열성, 내화학성, 식품 안전성), 스낵 봉지, 빵 봉지 등 투명하고 질긴 포장 필름(OPP, BOPP 필름)에 사용된다. 또한 내화학성, 밀봉성 특성으로 인하여 샴푸, 세제, 로션 병, 음료수 뚜껑 등 사용되고 있으며, 쌀 포대, 사료 포대 등의 섬유 포장재로 사용된다. 내열성과 멸균 가능성, 내화학성의 특성으로 인하여 일회용 주사기, 의료용 시료병으로 사용된다.

자동차 부품 분야에서는 우수한 내충격성, 경량성, 가공성으로 인하여 범퍼, 내외장재로 사용되고 있으며, 내화학성이 우수하여 배터리 케이스로 사용된다. 내구성과 가공성으로 인하여 대시보드, 도어 트림으로 사용된다. 내습성, 내화학성으로 인하여 세탁기 부품, 냉장고 내부 부품으로 사용되며, 강성과 내구성으로 인하여 믹서기, 청소기 하우징으로 사용된다. 섬유 및 직물 분야에서는 기저귀, 생리대, 마스크, 의료용 가운 등 위생용품에 광범위하게 사용되며, 내마모성, 색상 안정성으로 인하여 카펫 및 러그에도 적용된다. 인장 강도가 높기 때문에 로프, 그물, 벨트로도 적용할 수 있다. 땀 배출이 용이하고 건조가 빠르기 때문에 스포츠웨어 및 기능성 의류에도 첨가되고 있다.

경량성, 내구성, 성형 용이성으로 인하여 의자, 테이블 등 가구를 제작할 수도 있다. 단단하고 내구성이 우수하여 바구니, 수납함, 물통으로 사용되며, 안전하고 견고하기 때문에 장난감으로 사용된다. 내화학성 및 내열성을 요구하는 산업용 배관에 사용되며, 화학 물질 저장기능을 활용하여 탱크, 컨테이너도 PP로 만드는 경우가 많다. 전기 절연성을 이용하여 케이블 외피로 사용된다.

4) 재활용성

폴리프로필렌은 플라스틱 재활용 코드 번호 5번으로 분류되며, 수거 및 재가공이 비교적 용이하여 재활용성이 매우 우수하다. 재활용된 PP는 주로 자동차 부품, 생활용품, 컨테이너, 건축 자재, 섬유 등으로 제조된다. 즉 PP는 재활용률이 높은 지속 가능한 플라스틱으로, 경제적이고 친환경적인 소재라고 할 수 있다.

1.1.4 폴리에틸렌테레프탈레이트(PET)

폴리에틸렌테레프탈레이트(polyethylene terephthalate, PET)는 폴리에스터(polyester) 계열에 속하는 열가소성 고분자로, 뛰어난 물성과 다양한 가공성 덕분에 오늘날 가장 널리 사용되는 플라스틱 중 하나이다. 소위 '페트병'으로 우리에게 매우 친숙하다.

1) 주요 특성

PET는 가공 조건에 따라 무정형(amorphous PET, A-PET)과 반결정성(crystalline PET, C-PET) 형태로 존재하며, 이에 따라 물성도 약간 달라질 수 있다. 일반적으로 우리가 접하는 PET병은 대부분 무정형 PET를 연신하여 제조한다.

PET는 약 1.38~1.45 g/cm^{3}의 밀도를 가지고 있으며 이는 PE나 PP보다 높다. 인장 강도와 강성이 매우 높아 견고하고 형태 안정성이 우수하다. 특히 연신 과정을 거치면 기계적 강도가 더욱 향상된다. 무정형 PET는 뛰어난 투명성과 높은 광택을 가지고 있어서 투명성 및 광택이 요구되는 음료수병 등에 사용된다.

산소, 이산화 탄소와 같은 기체와 수증기의 투과율이 매우 낮으며, 이는 내용물의 신선도를 오래 유지하고 탄산음료의 탄산을 보존하는 데 중요한 특성이다. 약산, 유기 용제(아세톤, 벤젠 등) 및 오일, 지방 등에 대한 우수한 내성을 가지나, 뜨거운 물이나 강한 알칼리에는 취약하다. 녹는점은 약 245~260°C로 비교적 높은 내열성을 가지고 있으나, 열변형 온도는 65~70°C 정도로 낮다. 즉 고온 살균이 필요한 용도로는 다소 부적합하다. 우수한 내충격성을 가져 쉽게 깨지거나 부서지지 않으며, 온도 변화나 습도 변화에 따른 치수 변화가 적어 정밀한 제품에 적합하다. 유리병에 비해 훨씬 가벼워 운송 및 취급이 용이하며, 인체에 무해한 것으로 간주되며, 식품 접촉용으로 안전하게 사용된다. 또한 매우 우수한 재활용성을 가지는 고분자이다(재활용 코드 #1).

2) 단점

고온 살균이나 고온 환경에서의 사용에는 제한이 있고(내열성 한계), 강한 알칼리 용액에 노출되면 가수분해되어 물성이 저하될 수 있다. 표면 에너지가 낮아 일반적인 접착제나 잉크가 잘 붙지 않을 수 있으며, 인쇄 시 표면 처리가 필요할 수 있다(접착성 및 인쇄성). 고온 및 습한 환경에서 에스터 결합이 가수분해될 수 있는 단점이 있다.

3) 용도

PET는 우수한 물성 조합으로 인해 매우 다양한 분야에서 활용할 수 있다. 음료수병 및 식품 용기(PET병)로 사용하는 것이 PET의 가장 대표적인 용도이다. 뛰어난 투명성, 가스 차단성, 가벼움, 내충격성, 재활용성 덕분에 생수, 탄산음료, 주스병으로 가장 널리 사용된다. 또한 내용물이 변질되지 않도록 하기 때문에 식용유나 간장 및 각종 소스류의 병으로도 효과적이다. 열성형을 통해 다양한 형태의 식품 포장재로 사용되며, 내용물 보호 및 투명성으로 인하여 화장품 용기, 약병으로 사용되고 있다.

PET는 섬유 형태로 방사될 때는 '폴리에스터'라고 불리고 있으며, 내구성이 강하고 주름이 잘 가지 않으며, 건조가 빨라 각종 의류(셔츠, 바지, 스포츠웨어, 아우터 등)에 널리 사용된다. 면, 울 등 천연섬유와 혼방하여 사용되기도 한다. 로프, 벨트, 타이어 코드, 안전벨트, 시트 벨트 등에 사용되며, 커튼, 카펫, 침구류 등의 가정용 직물과 위생용품에 사용된다.

이축 연신된 PET 필름(biaxially oriented PET, BOPET)은 '마일라(Mylar®)' 등의 상표명으로도 알려져 있고, 과자류, 커피, 레토르트 식품 등 내용물 보호를 위한 고성능 포장 필름(특히 알루미늄 증착을 통해 배리어성 강화)으로 사용되며, 안정성과 내구성으로 인하여 자기 테이프, 비디오테이프, 오디오테이프로 사용된다. 치수 안정성 및 투명성으로 인하여 사진 필름, X-ray 필름으로도 사용된다. 광학적 특성 및 안정성을 이용하여 LCD/OLED 디스플레이용 필름으로 사용되며, 내후성 및 전기 절연성을 이용하여 태양광 패널 백시트로 사용된다. 그래픽 아트 및 산업용 필름으로 사용되며, 유리섬유 등으로 강화된 PET는 높은 강도와 내마모성을 요구하는 엔지니어링 용도로도 활용된다. 이외에도 자동차용 와이퍼 암, 헤드램프 고정 부품, 커넥터 하우징 등으로 사용되며, 코일 보빈, 커넥터, 스위치, 전기 절연 부품 등의 전기/전자 부품 등으로 사용된다.

4) 재활용성

PET는 플라스틱 재활용 코드 번호 1번으로 분류되며, 가장 많이 재활용되는 플라스틱 중 하나이다. 투명하고 쉽게 분리, 수거될 수 있어 재활용 효율이 높다. 재활용된 PET(rPET)는 주로 새로운 PET병, 폴리에스터 섬유(옷, 카펫, 충전재), 포장재, 산업용 스트랩 등으로 다시 활용되며, PET의 높은 재활용률은 환경 보호 및 순환 경제 구축에 중요하게 기여하고 있다.

1.1.5 폴리염화바이닐(PVC)

폴리염화바이닐[poly(vinyl chloride), PVC]은 폴리에틸렌, 폴리프로필렌 다음으로 세계에서 세 번째로 많이 생산되는 열가소성 플라스틱이다. PVC는 염소 원자를 포함하는 독특한 화학 구조로 인하여 다른 범용 플라스틱과는 차별화되는 물성을 가진다. 특히, 가소제(plasticizer)의 첨가 여부에 따라 경질 PVC(rigid PVC)와 연질 PVC(flexible PVC)로 나뉘며, 각각의 물성과 용도에 큰 영향을 미친다.

1) 주요 특성

PVC는 그 자체로는 단단하고 취성이 강한 고분자이지만, 다양한 첨가제를 통해 물성을 자유자재로 조절할 수 있는 매우 다재다능한 소재이다. PVC의 밀도는 약 1.35~1.45 g/cm^3로, 일반적인 플라스틱 중에서는 상당히 높다. 가소제를 첨가하지 않은 경질 PVC는 매우 단단하고 강성이 높으며, 인장 강도가 우수하다. 가소제를 첨가하면 매우 유연하고 탄성 있는 고무와 같은 재료로 전환된다. 대부분의 산, 알칼리, 염, 알코올, 오일, 지방에 대한 매우 우수한 내성을 가지기 때문에, 다양한 화학 물질에 노출되는 환경에서 사용될 수 있으나, 케톤, 에스터, 방향족 탄화수소와 같은 특정 유기 용제에는 용해될 수 있다.

PVC는 약 57%의 염소(chlorine)를 함유하고 있어 본질적으로 난연성이 우수하다. 불에 잘 타지 않고, 연소 시 스스로 꺼지는 자기소화성을 가지므로, 화재 안전이 중요한 건축, 전기 분야에서 PVC가 선호된다. 자외선(UV), 습기, 부식에 대한 저항성이 우수하여 실외에서 장기간 사용해도 안정적이므로, 창틀, 파이프 등에 사용된다. 전기 절연 특성도 우수하다. 마모에 대한 저항성이 좋아 내구성이 높으며, 사출, 압출, 캘린더링, 블로우 성형 등 다양한 가공 방법으로 쉽게 성형된다. 생산 비용이 비교적 저렴하여 광범위한 응용 분야에서 경제적이며, 투명한 필름이나 시트 형태로도 제조될 수 있다.

그러나 PVC는 열에 약하여 고온에서 염화 수소(HCl) 가스를 방출하며 분해되기 시작하므로, 가공 시 열 안정제가 반드시 필요하다. 연질 PVC의 경우 시간이 지남에 따라 가소제가 외부로 이동하여 제품의 물성이 변하거나 표면이 끈적해질 수 있다. 가소제를 첨가하지 않은 경질 PVC는 저온에서 취약해질 수 있다. 또한 PVC 생산 및 폐기 과정에서 다이옥신과 같은 유해 물질 발생 가능성과 가소제(특히 프탈레이트계 가소제)의 유해성 논란이 있다.

2) 용도

PVC는 물성 조절 능력으로 인해 매우 광범위하게 산업 및 일상생활에서 사용되고 있다.

건축 및 건설 분야는 경질 PVC의 가장 큰 시장이며, 부식에 강하고 수명이 길며 설치가 용이하여 금속 파이프를 대체하는 상수도관, 하수도관, 배수관, 전선관 등에 사용된다. 우수한 단열성, 내후성, 낮은 유지보수 비용으로 인해 창문 및 문 프레임으로 널리 사용된다. 또한 건물 외장재 및 지붕재로의 사용과 함께 PVC 타일, 롤 형태의 비닐 장판 등 내구성과 방수성, 유지보수 용이성으로 주거 및 상업용 바닥재로 널리 사용되고 있다, 또한 명판, 간판, 카드, 의약품, 완구, 배터리 등의 투명한 포장재로 사용된다.

3) 연질 PVC

연질 PVC 플라스틱은 우수한 전기 절연성, 유연성, 난연성으로 인해 전선 및 케이블의 절연체 및 외피로 가장 널리 사용된다. 정원 호스, 의료용 튜브(수액 튜브, 혈액백, 카테터), 산업용 호스 등 유연성이 요구되는 곳에 사용되고 있으며, 방수 의류(우비), 신발(장화), 가방, 인조 가죽 등에서도 사용되고 있다. 또한 자동차 부품으로 내부 트림, 케이블 절연재, 언더바디 코팅 등에 사용되고 있으며, 유연하고 다양한 색상 구현이 가능하여 장난감(예: 인형, 풍선)에 사용된다. 내후성과 유연성으로 인해 텐트, 방수포, 광고판 등의 실외용 제품에도 적용되면서도, 다양한 디자인과 내구성으로 인테리어에도 사용된다. 유연성, 투명성, 멸균 가능성, 화학적 안정성으로 인하여 의료용(혈액백, 수액백, 튜브 등)으로 사용되고 있다.

4) 국내 PVC 생산량 및 동향

한국의 PVC 생산량에 대한 정확한 최신 연도별 수치는 공개된 자료를 찾기 어려우나 합성수지 국내 수요 통계를 통해 간접적으로 PVC의 중요성을 확인할 수 있다. 2023년 기준 국내 합성수지 수요량 중 PVC는 약 97만 톤을 차지하여, PE(약 235만 톤), PP(약 153만 톤)에 이어 세 번째로 큰 비중을 차지했다. 이는 전체 국내 수요의 76%에 달하는 규모이다(PET는 통계에 포함되지 않음). 국내 기업 중에서 한화솔루션 케미칼 부문과 LG화학이 주요 생산을 담당하며 시장을 선도하고 있다. 한화솔루션은 1966년 국내 최초로 PVC를 생산한 이래 국내 시장 점유율 1위를 차지하고 있다.

환경부는 2019년부터 PVC 재질의 포장재 사용을 금지하고, 일부 품목에 대해서만 예외적으로 허용하고 있다. 2024년부터 전면 금지 계획이 있었으나, 대체재 기술 부족 등의 이유로 규제 시행이 연기되고 있으며, 이는 국내 PVC 생산 및 소비에 장기적인 영향을 미칠 수 있는 요인이다.

5) 해외(글로벌) PVC 생산량 및 동향

PVC는 전 세계적으로 폴리에틸렌, 폴리프로필렌에 이어 세 번째로 많이 생산되는 합성 플라스틱으로, 글로벌 생산 규모는 2018년 전 세계 PVC 생산량은 약 4,430만 톤에 달했고, 2021년 전 세계 PVC 시장 규모는 약 4,200만 톤에 달하는 것으로 추정되었다. 2024년 PVC 시장 가치는 864억 5,508만 달러로 평가되었다(약 86.45억 달러). 2025년까지 전 세계 PVC 생산량은 약 6천만 톤으로 증가할 것으로 예상된다. PVC 시장은 2024년부터 2032년까지 연평균 약 5.1%의 복합 성장률(CAGR)을 보이며 꾸준히 성장할 것으로 전망되었다. 특히 PVC 파이프 시장은 2024~2030년간 연평균 5.0% 성장하여 2030년 약 786억 달러에 달할 것으로 예상된다.

세계 PVC 시장에서는 아시아 태평양 지역이 가장 큰 생산 비중을 차지하고 있으며, 특히 중국, 인도를 중심으로 생산 및 소비가 활발하다. 중국은 세계 최대의 PVC 생산국이며, 아시아 태평양 지역은 예측 기간 동안 가장 높은 성장률을 보일 것으로 예상되었다. 인도는 현재 국내 PVC 수요의 60% 이상을 수입으로 충족하는 세계 최대의 PVC 수입국이다. 유럽 및 북미 지역들 또한 PVC 생산 및 소비의 주요 주체이다. 글로벌 주요 PVC 생산 기업으로는 신에츠화학, 옥시덴탈석유공사, 웨스트레이크 케미칼, 이네오스 등이 있다.

PVC 시장의 성장은 주로 다음과 같은 요인에 의해 주도되고 있다. 건축 및 건설 산업의 성장요인으로는 파이프, 창틀, 바닥재 등 건설 부문에서의 PVC 수요가 지속적으로 증가하고 있다. 도시화 및 인프라 개발이 활발한 신흥국에서 수요가 높기 때문이다. 또한 PVC는 다른 플라스틱에 비해 저렴하면서도 내구성, 내화학성, 난연성 등 뛰어난 물성을 가지고 있어 다양한 용도에 적합하다. 의료용품(수액백, 튜브 등)에서의 PVC 사용은 지속적으로 증가하고 있으며, 다양한 형태로 성형 및 가공이 용이하여 제조업체들에게 선호되고 있다. 이러한 요소들을 종합적으로 고려할 때, PVC는 환경 규제 및 대체재 개발이라는 도전 과제에도 불구하고, 건설 및 다양한 산업 분야에서의 꾸준한 수요를 바탕으로 전 세계적으로 생산 및 소비가 지속될 것으로 보인다.

6) 재활용성

PVC는 플라스틱 재활용 코드 번호 3번으로 분류된다. 다른 범용 플라스틱에 비해 재활용이 다소 복잡하고 비용이 많이 들 수 있지만, PVC 제품의 긴 수명과 함께 재활용 노력이 지속되고 있다. 재활용된 PVC는 주로 파이프, 바닥재, 신발 밑창, 건축 자재 등으로 다시 만들어지며, 최근에는 폐 PVC를 원료로 재활용하는 기술과 함께, 환경친화적인 가소제 개발 및 생산 공정 개선을 통해 PVC의 지속 가능성을 높이려는 노력이 활발히 이루어지고 있다.

이러한 플라스틱 고분자의 분류는 다양한 특성과 재활용 가능성을 이해하는 데 필수적이며, 다양한 수지 코드로 분류하면 효과적인 폐기물 관리 및 재활용 노력에 도움이 된다. 앞으로 나아가면서 7번째 플라스틱 범주에 속하는 고분자, 즉 다른 플라스틱을 효율적인 폐기물 관리를 위해 재활용 가능, 생분해성 또는 비생분해성으로 분류해야 하는 균형 잡힌 접근 방식을 도입한다면, 플라스틱 관리에 있어서 보다 효율적인 정책이 될 수 있다.

2 플라스틱 폐기, 재활용 및 분해방법

플라스틱의 매립과 소각은 플라스틱 폐기에 가장 많이 찾는 기존 방법이다. 매립은 방대한 토지를 차지할 뿐만 아니라 플라스틱은 생분해성이 없어 추가적인 문제를 일으키며, 인구 밀도가 높은 국가에서 토지 부족으로 이어질 수 있다. 매립지의 플라스틱은 침출

수와 가스 형태로 방출되는 복잡한 탄화수소, 내분비 교란 화합물, 황화수소와 같은 2차 환경 오염원의 원인이 되어 공기, 물, 토양 오염을 일으킬 수 있다.

공간의 한계를 극복하기 위해 소각이 장려되고 있으며, 동시에 에너지를 생산한다는 이점이 있다. 그러나 소각은 온실가스, 탄소-산소 자유 라디칼과 함께 다환 방향족 탄화수소(PAH) 및 폴리(염화 바이페닐)(PCB)과 같은 유해한 화합물을 생성할 수 있다. 플라스틱을 소각하면 수많은 유해한 화합물이 형성되고 대부분이 대기 중으로 방출되기 때문에 장단점이 상충된다. 에너지 회수를 위해서는 소각 방법을 사용하는 반면에, 매립은 환경에 미치는 영향으로 인해 최악의 선택이라는 결론이 내려졌다.

플라스틱 폐기물은 재활용 후에도 경제적 가치를 유지할 수 있다면 큰 기회를 제공하고 있다. 이상적으로는 플라스틱 고분자를 단량체 또는 올리고머로 분해하여 추가 업사이클링하여 만들 수 있으며, 여러 가지 현대 플라스틱 재활용 기술은 이 개념을 상업적 규모로 어느 정도 활용할 수 있다. 현대 플라스틱 재활용 기술은 물리적 및 화학적 기술을 기반으로 두 가지 범주로 나눌 수 있다. 물리적 또는 기계적 플라스틱 재활용 방법은 플라스틱 폐기물의 물리적 분리, 분류, 세척 및 분쇄에 의존한다.

건설 산업에서 재활용 플라스틱은 콘크리트 및 모르타르에 필요한 건설 자재를 대체하는 데 사용된다. 예를 들어, 재활용 PET 플라스틱병과 탄산 물질을 사용한 도로포장 시스템의 수명 주기 분석에 대한 연구는 두 구성 요소에서 파생된 아스팔트 혼합물을 상당히 낮은 온도에서 생산할 수 있음을 보여주었다. 또한 몬테카를로 시뮬레이션 결과에 따르면 이러한 방법은 환경 영향을 상당히 줄일 수 있으며 기후 변화 배출량을 기존 도로포장 시스템에 비해 40~60% 감소할 수 있다. 기계적 플라스틱 재활용의 단점은 다양한 플라스틱 고분자의 혼합으로 인해 저하된 플라스틱 특성과 결합된 다운사이클링과 주로 관련이 있다.

반면, 플라스틱 재활용의 산업적 화학적 방법은 에너지 회수와 단량체 및 원료와 같은 경제적으로 중요한 제품의 생산으로 인해 유망하다. 화학적 방법에는 아말감 플라스틱의 가용매 분해, 화학 분해 및 열분해가 있으나 플라스틱 폐기물의 다양성으로 인해 아직 경제적으로 실행가능하지 않은 일관성 없는 프로세스가 된다. 또한 환경적 관점에서 이러한 기술은 에너지 집약적이며 독성 및 비생분해성 용매(예: 가용매 분해)가 필요하고 치명적인 기체 제품(예: 일산화 탄소, 사이안화 수소 및 염화 수소)을 생성하는 문제점을 해결하기 위해서 과학자들은 플라스틱 폐기물의 생분해를 친환경 솔루션으로 전환했다. 산업 환경에서 기계적 및 화학적 플라스틱 분해 방법이 채택되었지만 효소 분해는 비교적 새로운 개념이다.

Escherichia coli, Micrococcus spp., Pseudomonas spp., Staphylococcus spp.,

*Corynebacterium spp.*와 같은 박테리아는 플라스틱의 무게를 45~56% 감소시킬 수 있고 일부 균류 종(*Geotrichum candidum, Fusarium oxysporum, Alternaria alternata, Trichoderma sp.*)은 PE 분자량의 17~95%를 분해할 수 있다. *Pseudomonas aeruginosa* DSM 50071과 *Bacillus paralicheniformis* G1은 폴리스타이렌 분해에 중요한 역할을 한다. 호열성 미생물 *Aneurinibacillus aneurinilyticus* btDSCE01, *Brevibacillus agri* btDSCE02, *Brevibacillus sp.* btDSCE03 및 *Brevibacillus brevis* btDSCE04는 폴리에틸렌(HDPE, LDPE) 및 폴리프로필렌(PP)을 분해할 수 있다. 마찬가지로, *Pseudomonas aeruginosa* LICME WZH-4 및 *Pseudomonas aeruginosa* WGH-6은 폴리프로필렌의 중량을 최대 17% 감소시켰고 박테리아 바이오매스가 증가하여 박테리아가 PP를 기질로 활용할 수 있는 잠재력을 시사했다. 이러한 미생물들은 효소적 플라스틱 분해를 위한 효소를 생성할 잠재력이 있는 수천 개의 다른 미생물 중 일부이다.

플라스틱 분해에 중요한 역할을 할 수 있는 광범위한 효소를 생성할 수 있는 미생물 목록을 표 1에 수록하였다. 이러한 화합물은 주로 생성에 따라 두 가지 유형으로 분류된다. 세포 내 효소(예: 폴리에틸렌 글리콜 탈수소효소 및 알케인 가수분해 효소) 및 세포외 효소(예: 탈중합 효소 및 가수분해 효소). Tao et al.은 자연적으로 풍화된 플라스틱 폐기물에서 유래된 세포외 효소 생산자인 Rhodococcus 균주 A34를 발견했다. 프로테오믹스 연구에 따르면 이 균주는 다중구리 산화효소, 라이페이스, 1개월 배양 후 최대 1%의 PE를 분해할 수 있는 6가지 에스터레이스를 포함한 여러 세포 외 효소를 분비하고 있으며, 이 두 효소는 또한 다른 작용 메커니즘을 가지고 있다. 예를 들어, 세포 내 효소 분해는 다양한 미생물을 축적하여 고분자 가수분해를 위해 저장된 내인성 탄소를 분해한다. 세포 외 효소는 플라스틱 고분자를 분해하기 위한 에너지로 외부 탄소원을 사용한다.

표 1 플라스틱 고분자를 생분해하는 효소

효소	종류	배양기간	분해(%)	분해 산물물/독성	평가 기술	보고된 종
에스터레이스	LDPE	90일	1.72	미보고	효소분석	*Halomonas sp.*
라이페이스	PEG	90일	40	미보고	효소분석, 분자도킹	*Pseudomonas spp.* 군체
다중구리 산화효소, 라이페이스, 에스터레이스	PE	30일	1	팔미트산	GC-MS, SEM, FRIR, 단백질체학, 효소분석	*Rhodococcus strain A34*
잎-줄기 퇴비 큐티네이스(LCC)	PET, BHET	24시간	미보고	MHET, BHET	유전자마이닝, 서열정렬분석, 효소분석, LC-MS	*Micromonospora sp.*
라이페이스(LIP3, LIP4), PhaZ	PLA, PCL, PES 등	96시간	LIP3: 22.5, 27.9, 6.6 LIP4: 8.7, 49.3, 5.7 PhaZ: 14.9, 27.6, 9.3	미보고	GPC, 효소활성, 시퀀싱, 상동성모델링, BLAT	*Pseudomonas chlorophis PA23*
락케이스, 과산화효소, 산화환원효소	PE	120일	95	다이글리코아민, 1-모노리놀레올리글리세롤 트라이메틸실릴 에터, 헥세인다이산 비스(2-에틸헥티 1) 에스터, 스쿠알렌	XRD, SEM, FTIR, GC-MS, GPC	*Alternaria alternata FB1*
락케이스, 망가니즈 과산화효소	PE	15일	13	미보고	SEM, FTIR, NMR 분광분석	*Trichoderma harzianum*
알케인 수산화효소(AH)	저분자량 폴리에틸렌(LMWPE)	80일	40.8	미보고	시퀀싱, CO2 에볼루션	*Pseudomonas aeruginosa E7*
산화효소	PS	35일	미보고	미보고	ATR-FTIR, 시퀀싱, SEM	*Exiguobacterium sp. RIT 594*
큐티놀리틱 에스터레이스/큐티네이스	PS, HDPE, LDPE, PVC	30일	각각 6.94, 8.71, 7.47, 9.22,	비독성 부산물들	SEM, FTIR,	해당 없음
Bifuctional 라이페이스-큐티네이스	PCL	48시간	78	6-하이드록시헥산산, 카프로락톤	효소분석, SEM, GC-MS	해당 없음
폴리에스터레이스(MoPE)	PU, PCL, 폴리하이드록시 뷰티레이트, 폴리뷰틸렌 석시네이트	3일	3.9, 33.5, 8.9, 5.3	미보고	GPC, 효소분석, HPLC	*Moraxella sp.*
유사 락케이스 다중구리 산화효소	PE	30일	2.54	미보고	SEM, ATR/FTIR, WCA, GPC	*Acinetobacter baumanni Rd-H2*

3 미생물과 효소에 의한 플라스틱 생분해

자연조건에서 미생물은 플라스틱 표면에 군집화(colony)되어 바이오필름을 형성하며, 군집화 종은 주변 환경과 상당히 다른 것으로 밝혀졌다. 플라스틱 입자는 다양한 미생물이 군집화하는 튼튼한 매트릭스 역할을 하며 이러한 현상은 점차적으로 고분자의 무결성에 영향을 미친다(그림 2). 플라스틱과 이를 군집화하는 미생물 간의 복잡한 상호 작용을 플라스틱권이라고 하며, 석유 유래 플라스틱 분해를 촉진하는 역할에서 매우 중요하다. 군집화가 반드시 플라스틱 입자의 침강이나 분해와 동일하지는 않지만, 미생물 군집화는 플라스틱의 효소적 분해를 촉진한다. 플라스틱 폐기물의 효소 촉매작용은 환경적 목표를 달성하는 혁신적이고 지속 가능한 방법이다.

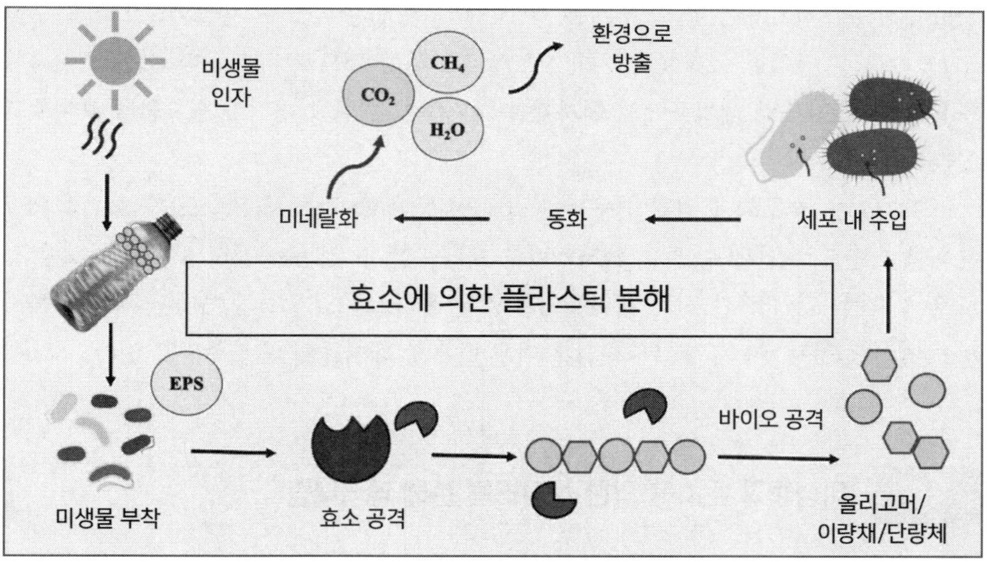

그림 2 세포외 고분자 물질을 나타내는 효소적 플라스틱 분해 개요
(출처: Dhali, S. L. *et al*. 2024)

3.1 상업용 플라스틱의 효소분해

플라스틱의 기계적 및 효소적 재활용 및 용해는 현재 엄청난 관심을 받고 있다. 최근 오스트리아 과학자 그룹은 PP와 PS로 구성된 다양한 종류의 요구르트병(소비 후)을 기계적으로 분류하고 잘게 자른 다음, 보온병으로 성형하여 새로운 컵으로 제조하여, 요

구르트병의 폐쇄 루프 재활용을 달성했다. 놀랍게도 재활용된 컵의 특성화 매개변수는 해당 플라스틱의 원래 등급 값과 유사했다. 폐쇄 루프 플라스틱 폐기물 재활용의 미래는 효소 촉매를 도입함으로써 장점을 얻을 수 있다. 효소적 PET 폐쇄 루프 재활용 또는 단순히 대규모 PET 효소 가수분해에 엄청난 기여를 했으나, 다른 난용성 플라스틱에 대해서는 동일하다고 할 수 없다. 예를 들어, 프로테이스를 사용한 상업용 섬유(울/폴리에스터 블렌드)의 효소 재활용 연구에서, 45/55% 울(모직)/폴리에스터 섬유의 경우 73%의 엄청난 무게 감소하였으나 실험실 규모의 실험이었고, 상업용 플라스틱 제품의 효소 재활용 표준화를 달성하지는 못했다.

플라스틱 폐기물은 주로 상업적으로 생산되며 기본 고분자 주사슬 외에도 가소제, 열 안정제, 산화 방지제 및 안료가 혼합되어 있기 때문에, 고분자 및 첨가제 분해/재활용성에 주의를 기울여야 한다. 최근 연구에서 순수 HDPE와 상업용 HDPE를 비교하여 효소 분해에 대한 첨가제의 영향을 보여주고 있다. *Trametes versicolor*의 락케이스 효소는 상업용 HDPE(첨가제 포함)의 무게를 3%만 줄일 수 있는 것으로 관찰되었으나, 순수한 HDPE 기질은 동일한 조건에서 무게가 33% 감소하는 것으로 나타났다. 이는 소비자가 사용한 후 플라스틱 폐기물에서 첨가제를 제거하기 위한 전처리가 필요함을 보여주고 있다.

PET 재활용 효소와 관련된 연구는 지난 10년 동안 Carbios사(프랑스)가 효소적 PET 분해를 기반으로 연간 수 톤의 플라스틱을 재활용할 수 있는 산업의 시작을 발표할 정도로 성숙했으나, PET는 전체 재활용되지 않은 플라스틱(약 7%)의 미미한 부분을 차지하기 때문에 연구는 PU, PE, PS와 같은 다른 난용성 폐기물에 더 집중하고 있다.

3.2 미생물과 효소에 의한 플라스틱 분해 메커니즘

미생물 분해의 메커니즘은 부착/군집화, 생물학적 단편화, 동화, 광물화의 네 단계로 분류할 수 있다. 미생물의 군집화에 대한 지속적인 연구에 따르면 바이오필름 형성은 플라스틱 입자의 유체 역학을 크게 변화시킨다. 미생물이 분비하여 바이오필름을 형성하는 세포 외 고분자 물질은 플라스틱 표면을 끈적거리게 만들며, 이러한 접착 특성은 이종 응집과 미생물 집단의 추가 성장을 촉진한다.

미생물은 차례로 고분자 사슬을 더 작은 요소로 화학적으로 분해하는 것을 자극하는 (세포 내/세포 외) 효소를 생성한다. 효소 분해는 두 단계로 발생하며, 첫째 단계는 고분자에 효소 흡착 및 결합 가수분해/과산화 단계이다. 플라스틱의 생물학적 분해는 일반적으로 긴 고분자 사슬을 짧은 올리고머, 다이머(이량체), 단량체로 분해하는 것을 포함한

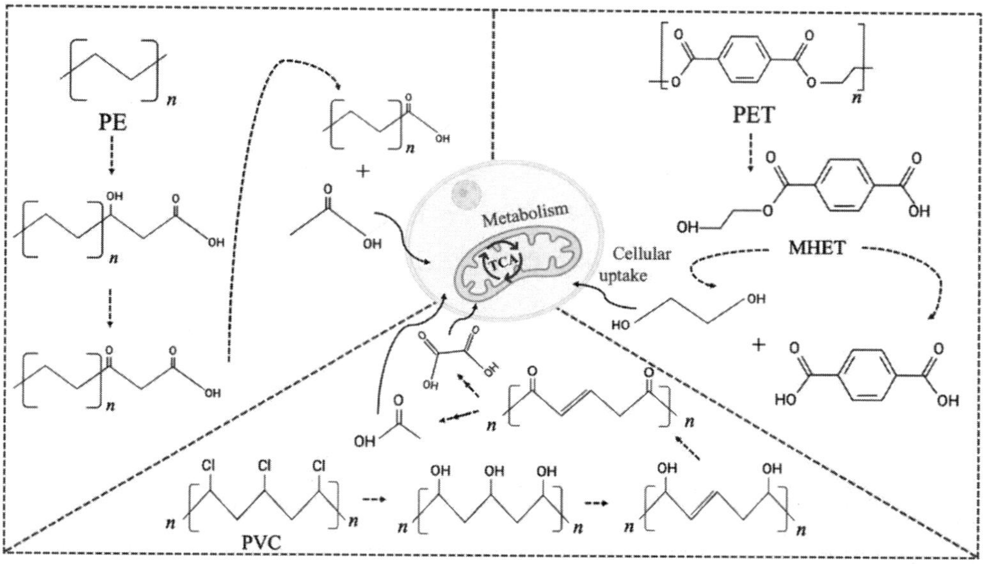

그림 3 폴리에틸렌(PE), 폴리에틸렌테레프탈레이트(PET), 폴리염화바이닐(PVC)의 효소적 분해 경로. 화살표는 세포 대사를 위해 세포막을 통과할 수 있는 대사 산물을 나타냄. (출처: Dhali, S. L. *et al.* 2024)

다. 이러한 박테리아는 막을 통과하여 미생물 흡수를 용이하게 하기 위해 분해되어 궁극적으로 세포에서 광물화된다. 마지막으로, 단량체는 호기성 조건에서 CO_2와 H_2O로 전환되고 혐기성 조건에서는 CO_2, H_2O, CH_4로 전환된다.

고분자 분해가 가능한 두 가지 유형의 미생물 효소는 서로 다른 메커니즘을 가지고 있다. 예를 들어, 탈중합 효소나 가수분해 효소와 같은 세포 외 효소는 고분자에서 가수분해 분열을 유도한다. 또한, 자유 라디칼 형성은 단량체 간 결합 수의 변화를 일으킬 수도 있다. 탈중합 효소, 산화 효소, 과산화 효소와 같은 가수분해 효소의 작용은 고분자의 친수성을 증가시켜 생물학적 분해 속도를 증가시킨다. 효소가 고분자 물질에 부착하는 것은 이러한 효소 표면에 고정 펩타이드를 통해 매개되는 중요한 단계이다(그림 3). 이러한 고정 펩타이드는 효소의 활성 부위를 고분자 표면에 연결하는 것으로 여겨지며, 고정화된 큐티네이스와 특정한 고정 펩타이드를 폴리에스터-폴리유레테인과 함께 배양한 결과, 분해 속도론이 최대 6.62배 증가하는 것을 관찰되었다.

현재까지 알려진 PET 가수분해 효소는 24가지이며, 그중에서 중온성은 4가지이고 나머지는 호열성 효소이다. 널리 연구된 플라스틱 분해 효소인 MHETase와 PETase 효소는 *Ideonella sakaiensis* 201-F6에서 분비되어 PET와 일부 가수분해성 플라스틱 분해 능력뿐만 아니라 비교적 낮은 온도에서의 대사 능력을 가지고 있다. 이 두 효소는 시너지 효과를 발휘하여 PET 분해를 최대 6배까지 증가시킨다. PETase 활동은 이량체 BHET와 단량체 MHET를 생성하며, MHETase는 MHET에 작용하여 TPA와 EG로 전환한다.

따라서 2가지 효소 시스템을 사용하여 여러 미생물에서 시너지 효과를 내는 효소 식별은 효율적인 효소적 생분해 기술을 개발하는 데 중요하다.

효소 발견과 함께 반응 과정에 대한 더 나은 이해가 필요하다. PET 분해의 핵심 단계를 찾는 동안 내분해성(endolytic) 효소에 의한 내부 결합의 가수분해가 2개 또는 3개의 방향족 고리를 가진 가용성 PET 조각의 형성을 촉진하기 때문에, 총 분해 속도에서 중요한 역할을 한다. 반면에 내분해 활성이 낮은 효소는 낮은 가용성 방향족 조각의 형성으로 인해 독특한 지연 단계와 적당한 효능을 갖는 것으로 나타났다.

4 미생물 및 효소에 의한 플라스틱 분해요인

플라스틱은 소수성, 효에 소에 의해 쉽게 분해되지 않는 작용기의 존재, 화학적으로 불활성인 공유 결합 백본을 포함한 다양한 요인 때문에 자연환경 조건에서 분해에 대한 저항성이 매우 높다. 결과적으로 플라스틱의 화학 구조는 생분해성의 중요한 결정 요인이 되고 있으며, 플라스틱은 가수분해성 또는 비가수분해성으로 분류할 수 있다. PET, PUR 및 폴리아마이드와 같은 가수분해성 플라스틱은 효소에 의해 쉽게 분해될 수 있는 에스터 또는 아마이드기를 포함한다. 반면, PE, PVC 및 PP와 같은 비가수분해성 고분자는 효소에 의해 분해되기 어렵다. 비가수분해성 고분자는 리그닌과 유사한 고분자 주사슬을 갖는 것으로 관찰되었고, 리그닌을 분해하는 데 효율적인 효소는 비가수분해성 고분자도 분해할 수 있다. 플라스틱 분해에 영향을 미치는 유사한 주요 요인을 다음에 설명하였다.

4.1 비생물학적 요인

플라스틱을 둘러싼 환경 조건은 플라스틱 분해 과정에서 중요한 역할을 하며, 생분해는 비생물적 요인과 생물학적 요인의 상호작용에 영향을 받는다. 플라스틱 쓰레기의 대부분이 수역으로 유입되기 때문에 여러 연구에서는 자연 및 자극된 수생(해수와 담수) 환경에서 플라스틱의 분해에 초점을 맞추고 있다. 이러한 환경(광대역)에 떠 있는 플라스틱 입자는 파동 작용, 태양 자외선, 가열 및 미생물 군집화로 인해 전단 응력을 받는 반면, 미생물 효소 작용은 광대역의 주요 영향 요인이다.

자외선이 미세플라스틱 분해에 미치는 영향에 대한 연구에서는 빛의 파장, 첨가제 및 입자 구성이 자외선 노출로 인한 표면 산화 수준에 영향을 미친다는 것을 보여주었다. UV 조사 68일 후, 입자 크기가 최대 99% 감소하여 MP 및 NP가 생성되는 것으로 관찰되었으며, 그 원인은 지속적인 광노화로 인해 활성 산소종이 생성되기 때문이라고 분석되었다. 이 연구는 환경적 맥락에서 PP의 파편화에서 UV 조사 지속 시간과 강도의 중요한 역할에 주목한 것이며, 플라스틱의 광산화 속도는 환경적 위치에 따라 크게 다르므로 차등 파편화 속도가 발생한다. 이러한 차이는 특정 지리적 영역에서 널리 퍼져 있는 특정 UV 노출 조건의 영향을 받는다. 이 아이디어를 바탕으로 효소 분해 전에 플라스틱의 UV 전처리가 플라스틱의 분해를 향상시키는 것이 제안되었다.

4.2 결정성

플라스틱 고분자는 다양한 정도의 결정질 및 비정질 영역을 포함하며, 비정질은 유연성을 제공하는 요인이다. 결정성이 증가하면, 백본의 움직임이 감소하여 효소 공격에 대한 고분자 사슬의 가용성이 제한된다. 고분자의 결정화도(Xc)는 결정질 상태의 고분자 비율을 보여준다. 결정질 영역은 구조화되고 정렬되며 고분자 사슬은 반복적인 패턴으로 정렬되는 반면에, 비정질 영역은 무질서하고 규칙적인 구조가 없다. 결정화도는 밀도, 열 안정성, 화학 및 효소 분해 저항성을 포함한 재료의 물리적 특성에 영향을 미치며, X선 회절 및 시차 주사 열량측정법을 포함한 방법을 사용하여 측정한다.

효소 분해 과정과 고분자의 결정화도 사이에는 강한 상관관계가 있으며, 결정성이 높을수록 효소 반응 속도가 느려진다. 예를 들어, LDPE와 HPDE의 주요 차이점은 결정화도이다. HDPE는 LDPE보다 결정성이 더 강하기 때문에 효소 분해에 더 강한 반면에, 반결정성 고분자인 PET는 생분해성이 더 좋다.

효소적 PET 가수분해에 관한 최근 연구에서는 산업적으로 관련성이 있는 PET 분해 효소인 LCCICCG가 다양한 수준의 결정화도에서 어떻게 수행되는지 보여주었다. 결정질 PET(결정화도>20%) 기질의 경우 뚜렷한 지연 단계가 나타났으며, 이는 며칠까지 지속되었다. 그럼에도 불구하고, 효소와 더 오랫동안 배양한 후 가용성 생성물이 감지되었고, 어떤 경우에는 지연 단계 이후의 반응 속도가 비정질 기질 분해의 초기 반응 속도와 비슷한 수준(2~3배)에 도달했다.

4.3 분자량

플라스틱의 분해 저항성은 긴 사슬 구조에 기인한다. 고분자의 길이가 증가함에 따라 효소가 끊어야 하는 결합의 수가 증가하며, 고분자량 고분자는 세포막을 통과하는 투과성이 낮기 때문에 미생물이 고분자를 흡수하는 능력도 낮아진다. 플라스틱을 탄소원으로 활용하려면 먼저 효소에 의해 처리되고 단편화되어야 하며, 효소는 긴 사슬 고분자를 더 작은 단량체와 올리고머로 분해한다(그림 2). 이후에 이러한 작은 입자들은 세포에 의해 흡수되어 탄소원으로 동화된 후 대사가 진행된다.

나아가 분자량은 효소적 플라스틱 분해를 모니터링하는 데 중요한 기준이다. 예를 들어, 분자량 감소를 사용하여 남극 박테리아 *Moraxella* sp.의 폴리에스터레이스 효소에 의한 여러 플라스틱의 분해를 모니터링한 결과, 젤 투과 크로마토그래피를 사용하여 분자량의 변화를 발견했다(표 1). 분자량 연구 외에도 플라스틱 크기, 표면적, 표면 질감, 부력 등도 플라스틱의 효소 분해 속도에 영향을 미친다는 사실이 밝혀졌다.

4.4 미생물 및 효소 플라스틱 분해의 과제

미생물 및 효소 플라스틱 재활용/업사이클링의 상업화와 관련된 과제는 다음과 같다. (a) 합성 고분자 분해 미생물의 검출 및 분리는 고비용이고 시간이 많이 소요되는 공정이다. (b) 합성 고분자의 효소 촉매는 일반적으로 느린 공정이다. (c) 효소는 혹독한 반응 조건을 견딜 수 없다. (d) 여전히 고분자 주사슬에 카보닐기를 포함하는 고분자(PET, PLA 및 PA 포함)로 제한되어 있기 때문에 기질로 사용할 수 있는 플라스틱의 종류가 적다. (e) 대부분의 플라스틱 고분자는 용해되지 않으므로 효소 반응은 계면 메커니즘을 통해 이루어져야 하며, 바이오촉매와 기질의 접촉 면적을 늘리기 위한 기술 개발이 필요하다. (f) 분해결과는 내재적인 플라스틱 특성(결정도, 용융 온도 및 첨가제)의 변화와 일치하지 않을 수 있다.

5 첨단 도구를 활용한 지속 가능한 플라스틱 분해

플라스틱 분해 미생물 및 효소를 검출하기 위한 생물정보학 및 계산 도구 연구는 분해성 고분자 효소 분비가 가능한 새로운 미생물을 검출하는 포괄적이고 비전통적인 방법으로 등장했다. 메타게놈 시퀀스, 효소 폴딩 패턴 및 기타 계산 생물학 기술을 조사하여 잠재적인 고분자 분해 미생물의 검출과 효소를 통한 플라스틱 분해의 분자적 기초를 결정할 수 있다. 전사체학, 대사체학, 메타게놈학 및 메타단백질체학과 같은 생물정보학 도구는 플라스틱 분해에 대한 가능한 상호작용을 밝혀냈으며, 최근 개발에서 머신러닝을 통한 알고리즘은 FAST-PETase 생성에서 PET 가수분해 효소의 향상을 용이하게 되었다. 이러한 변형된 효소는 다양한 pH 및 온도 범위에서 미처리 PET 플라스틱에 대한 분해 속도가 현저히 향상된 것으로, 산업적 틀 내에서 폐쇄 루프 PET 재활용 시스템으로서의 실행 가능성을 입증한 셈이다.

또한, 플라스틱 특정 리간드와 상호작용하는 효소의 구조적 속성 연구는 기질 결합 메커니즘과 효소 안정화에 기여하는 요인을 이해하는 데 중요하다. X선 결정학과 극저온 전자 현미경 기술은 효소와 해당 플라스틱 기질의 결합 양식에 대한 귀중한 통찰력을 제공하고 있다.

게놈 마이닝은 광범위한 플라스틱을 기질로 활용할 수 있는 강력한 신규 효소를 식별하고 합성하기 위한 강력한 접근 방식으로 두드러진다. 게놈 마이닝은 BLAST 및 프로파일 히든(hidden) 마르코프 모델/HMMer와 같은 도구를 사용하여 유전 정보를 비교하여 효소와 천연물을 스크리닝하는 것을 포함하고 있다. PET 분해 효소와의 유전체적 유사성을 기반으로 8가지 잠재적 신규 폴리에스터 분해 효소를 선택했으며, 가장 성능이 좋은 효소는 재조합 세포에서 발현되어 바이오필름 형성을 증가시켜 플라스틱 분해 과정을 현저히 촉진했다.

배양 의존 기술은 미생물의 1% 미만의 대사 능력만 결정할 수 있다. 메타게놈학은 배양이 불가능한 종을 포함한 미생물의 완전한 대사 능력을 밝혀냄으로써 문제를 극복하는 데 일조할 수 있다.

생물정보학과 생화학적 연구 간의 시너지는 고분자 분해 효소의 발견과 개선에 필수적이다. 생물정보학적 연구는 이러한 효소에 대한 검색 범위를 좁히고 알려진 효소의 효율성 향상에 도움이 된다. 새로운 고분자 분해 효소의 발견이 플라스틱 축적 문제를 완전히 해결하지 못하지만, 실리코 및 생화학적 기술을 사용하여 고분자 분해 효소의 활동을 증가시키는 것도 유망한 방향이다. 생물정보학과 유전체학, 시퀀싱 도구, 게놈 마이닝, AI, 기계 학습과 같은 계산 도구를 활용한다면, 광범위한 플라스틱의 효율적인 분해를 위한 플라스틱 분해 미생물(PDM)과 플라스틱 분해 효소(PDE)의 식별에 기여할 것이다.

5.1 플라스틱 폐기물을 고가 제품으로 가치화하기 위한 미생물 및 효소 시스템

여러 기계적 및 화학적 플라스틱 재활용 전략은 재활용된 제품이 열악한 품질이어서 대규모 사용이 제한되는 문제를 극복하기 위해 플라스틱을 미생물 및 효소적으로 전환하여 고가 제품을 생성할 수 있다. (i) 플라스틱 분해 미생물(PDM)과 플라스틱 분해 효소(PDE) 식별/분리, (ii) 고분자를 단량체 형태로 분해 또는 저분자화, (iii) 단량체를 활용하여 원래 플라스틱 소재(폐쇄 루프)를 생성하거나 다른 고가 제품으로의 전환을 효소적으로 전환하는 방식이 있다.

정제된 효소 또는 전체 미생물을 사용하여 플라스틱 폐기물을 고가 화합물로 다단계 전환하는 것을 촉진할 수 있다. 몇 가지 예로는, (i) 락케이스, Mn-과산화 효소, 과산소화 효소, AlkB 하이드록실화 효소 및 페놀 산화 효소를 이용하여 폴리아마이드, 폴리에틸렌, 폴리프로필렌, 폴리스타이렌 및 폴리염화바이닐로부터 유기산 및 유기 아민을 생성하는 방법; (ii) 아미데이스, 큐티네이스, 프로테이스, 유레이스 및 유레테이네이스를 이용하여 폴리에터 및 폴리에스터 기반 폴리유레테인을 전환하여 아디프산, 1,4-뷰테인다이올 및 톨루엔 다이아민을 생성하는 방법; (iii) 특별히 설계된 생물 반응기 또는 원포트 시스템에서 큐티네이스, 라이페이스 및 PET 가수분해 효소를 사용하여 PET를 비스(2-하이드록시에틸) 테레프탈레이트 및 2-하이드록시에틸 테레프탈레이트로 전환하는 방법이 있다.

5.2 고분자 분해 효소의 효소적 특성을 개선하기 위한 단백질 공학 방법

효소는 기본적으로 단백질이며, 플라스틱 분해를 위한 촉매적 성능은 합리적 설계 또는 지시적 진화를 통한 단백질 공학 접근 방식으로 개선될 수 있다.

5.2.1 지시적 진화

지시적 진화는 반복적인 유전자 다양화와 라이브러리 스크리닝/선택을 통해 자연적 진화를 공학화하여 단백질의 새로운 기능을 개선하는 것을 포함한다. 선택 압력으로 고온에서 높은 활성을 사용하여 *Piscinibacter sakaiensis*의 PET 분해 효소 lsETase의 고처리량 단백질 공학을 사용하는 것이 가능하다. HotPETase에 대한 공학 효소는 Tm=82.5°C이며, lsPETase에 비해 반결정질 PET를 효율적이고 빠르게 분해할 수 있다. HotPETase는 PET의 유리 전이 온도에서 작동할 수 있으므로 적층된 다층에서 PET 구성 요소를 선택적으로 분해할 수 있다. HotPETase의 향상된 촉매적 및 내열성 특성은

Tryptophan185의 잘 정의된 형태와 중앙 시트 영역 패킹을 개선한 새로운 이황화물 브릿지의 형성과 같은 특성적 변화로 인한 것이다. 마찬가지로, 세포 표면 디스플레이 시스템을 사용하여 Ralstonia pickettii T1에서 효소 PHB 탈중합 효소를 공학하기 위해 지시 진화 방법 활용이 가능하다. 최근 Apitius 등은 지시 고분자 결합 펩타이드 진화를 위한 초고처리량 에스터레이스 A 기반 대장균 세포 표면 디스플레이 스크리닝 시스템을 개발하여 PET와 같은 고분자 표면에 대한 전체 세포의 결합을 목표로 하는 표시된 접착 프로모터의 결합 특성(12배)을 선택적으로 개선했다. 그러나 현재까지의 연구는 플라스틱 분해 효소 돌연변이에 대한 지시적 진화에 초점을 맞추고 있다.

5.2.2 합리적 단백질 공학

합리적 단백질 공학 접근 방식은 계산 시뮬레이션 및 모델링을 통해 단백질의 구조와 메커니즘에 대한 정보를 활용한다. 단백질의 구조적 및 기계적 특성은 효소 열 안정성을 향상시키고, 기질과 플라스틱 분해 효소의 활성 부위의 결합을 강화하며, 효소-기질 상호작용을 개선하고, 효소 기능을 정제하기 위해 활성 부위를 조정하도록 수정된다.

5.2.3 돌연변이에 의한 효소 열안정성 및 촉매 효율 향상

효소의 효소 활성 및 열안정성은 돌연변이로 인한 구조적 변화에 의해 향상될 수 있다. *Pseudomonas* sp. JM16B3에서 분리된 폴리에스터 가수분해 효소 jmPE13은 합리적인 설계를 통해 R146S의 돌연변이를 겪었다. 돌연변이는 C-말단 루프와 촉매 중심에 인접한 루프의 유연성이 감소하여 이 부위가 강직해졌다. 즉, PET와 PBAT[Poly(butylene adipate-co-terephthalate)]에 대해 각각 3배와 1.5배의 가수분해 활성을 향상시켰고, 효소 안정성도 향상되었다. 이황화물 결합, 수소 결합, 염다리 등의 형성이 안정성에 책임이 있는 것으로 밝혀졌다. 돌연변이에 의한 효소 열안정성 및 촉매 효율을 향상시키는 몇 가지 메커니즘은 다음과 같다.

1) 돌연변이에 의한 이황화물 결합 및 염다리 형성

이황화물 결합 및 염다리 형성은 PDE의 효소 열 안정성 및 촉매 효율을 상승적으로 개선할 수 있다. Thermobifida fusca의 에스터레이스(TfCut2)의 칼슘 결합 부위 돌연변이가 D204C와 E253C 사이에 이황화물 결합을 형성하여 단백질 녹는점을 높이고 플라스틱 가수분해 활성을 개선했다. 또한 양전하를 띤 Arg280 잔기와 음전하를 띤 N246D 잔기 사이에 염다리가 형성되어 공학기술에 의해 PETaseN246D의 열 안정성이 개선되었다. 이러한 이황화물 결합 및 염다리가 단백질 접힘에 중요하며, 열 안정성을 부여하고, 더 나은 촉매 효율을 위한 더 나은 효소-기질 결합에 중요할 수 있다고 설명할 수 있다.

2) 돌연변이에 의한 수소 결합 형성

PETase의 S121E와 N172 잔류물 사이의 매우 유연한 β6-β7 연결 루프 영역에 수소 결합을 도입하면 국소적 강성이 개선되어 열 안정성이 향상된다. 또한 여러 부위의 돌연변이는 새로운 수소 결합을 형성하여 Ideonella sakaiensis의 야생형 PETase와 비교하여 재설계된 변형 DuraPETase의 녹는점이 31°C 향상될 수 있다. 수소 결합 형성은 구조적으로 안정되고 내열성이 있는 고차 단백질 구조생성에 도움이 될 수 있다.

3) 돌연변이에 의한 프롤린 증가

플라스틱 분해 효소(PDE)에서 프롤린 잔류물을 증가시키는 돌연변이, 예를 들어 Thermobifida-alba의 큐티네이스 효소의 235번째 위치에서 트레오닌을 프롤린으로 돌연변이 시키면 열 안정성과 촉매 효율이 향상될 수 있다. 이는 수소 결합 형성에 의한 3차 구조 안정성 개선 및 프롤린과 인접 잔류물 간의 소수성 상호작용과 같은 여러 메커니즘을 통해 달성된다. 또한 프롤린의 순환 구조는 단백질의 접힘을 방해하는 구조적 엔트로피를 감소시켜 더 나은 구조적 강성을 제공하고 더 나은 가수분해 효율을 위해 용융 온도를 개선한다.

4) 글리코실화

진핵 미생물 세포에서 발현되는 플라스틱 분해 효소의 글리코실화는 단백질 열역학적 안정화를 통해 열 단백질 응집에 대한 안정성을 향상시킬 수 있으나 글리코실화 부위의 위치는 매우 중요하다. 예를 들어, 글리칸 부분이 효소 활성 부위에 너무 가깝게 배치되면 돌연변이로 인해 열 안정성이 높아질 수 있지만, 입체 장애로 인해 기질 접근성을 방해할 수 있다. 결과적으로 생성된 효소는 여전히 고온에서 높은 활성을 달성하지 못할 것이기 때문에, 선호하는 글리코실화 부위는 고온에서 높은 촉매 활성을 달성하기 위해 활성 부위에서 비교적 멀리 떨어진 루프 영역 또는 소수성 패치에 배치된다.

향상된 열 안정성을 위해 플라스틱 분해 효소를 조작할 때는 활성 부위에 발생하는 돌연변이의 부정적인 영향으로 인해 촉매 효율이 저하될 수도 있다는 것을 염두에 두어야 한다. 따라서 효소 구조 기능에 대한 더 나은 이해는 플라스틱 분해 효소에 대한 단백질 공학을 적용하는 데 매우 중요하다. 그러한 경우, 돌연변이 분석을 위한 X선 결정학과 같은 구조 분석 도구의 상승적 역할과 돌연변이 라이브러리에서 유익한 돌연변이를 축적하기 위한 계산 도구는 공학된 돌연변이의 더 나은 선택을 할 수 있는 도구가 될 수 있다.

5.2.4 기질과 효소 상호작용 개선

기질과 효소 상호작용의 개선은 기질과 효소 활성 부위 및 효소 표면 간의 강화 및 상호작용을 개선하여 달성할 수 있다. 효소 활성 부위와 기질의 결합 강화는 효소 활성 부위의 크기를 수정하거나 활성 부위 소수성을 개선하여 달성할 수 있다.

1) 활성 부위 수정

활성 부위 수정에는 더 나은 기질 결합을 위해 활성 부위를 넓히거나 좁히는 것이 모두 포함된다. 돌연변이를 통해 Fusarium solani cutinase, Pseudomonas aestusnigri hydrolase, PETase 및 MHETase의 활성 부위 개구부를 넓히면 PET, 폴리아마이드 섬유 및 PBSA 플라스틱에 대한 가수분해 효율이 증가할 수 있다. 그러나 활성 부위의 개구부가 더 크더라도 효율적인 가수분해에 필요한 기질과 효소 간의 결합이 좋지 않아 효소 활성 부위에 대한 기질 친화성이 약해져 촉매 효율이 향상되는 것은 보장되지 않는다. 따라서 효소의 활성 부위가 좁아지면 효율적인 플라스틱 분해가 이루어진다고 알려져 있다. 활성 부위의 이러한 협착은 *Ideonella sakaiensis* 201-F6의 PETase의 S238F와 W159H의 이중 돌연변이의 결과이며, 돌연변이는 각각 S238F와 W159H 돌연변이에 의해 가능해진 활성 부위 틈새에서 기질의 π-스태킹 상호작용과 깊은 배치로 이어져 강력한 효소-기질 결합이 발생하여 PET 분해가 개선된다. 마찬가지로 *Ideonella sakaiensis*의 IsPETase 돌연변이가 합리적인 설계를 통한 구조적 변화로 인해 PETase 활성에 변화를 보였다. 돌연변이 S238Y 돌연변이는 WT 세린 잔기에 비해 타이로신을 가지며, 타이로신의 방향족 측쇄는 PET 기질과 더 나은 π-π 스태킹 상호 작용을 지원하여 돌연변이된 효소의 PET에 대한 더 나은 친화성을 유도한다. 또한 알라닌으로의 N212 돌연변이로 인한 PET 결합 부위의 좁아진다. N212는 효소 부위의 일부가 아니지만 돌연변이로 인해 루프 204-201이 변위되어 촉매 잔류물 D206이 배치되어 효율성이 향상되고, 활성 부위의 넓힘과 좁힘의 선택은 효소와 기질의 유형에 따라 달라진다.

활성 부위의 소수성 변화는 기질 결합 친화도를 잠재적으로 개선하여 PETase 효율성을 더욱 향상시킬 수 있으며, 활성 부위 변형은 활성 부위의 소수성 조정으로 이어질 수도 있다. 따라서 효소 활성의 넓힘/좁힘과 소수성 조정의 상승 작용으로 분해 효율성이 향상될 수 있다. T. fusca cutinase의 Q132A/T101A에서의 돌연변이는 활성 부위의 소수성이 개선되어 넓어졌기 때문에 PETase 효율이 향상되었다. 그러나 효소 활성 부위의 좁아짐, 넓어짐 또는 소수성은 촉매 효율과 안정성에 영향을 미칠 수 있으며, 기질의 특성, 반응 조건 및 생성물 축적은 플라스틱 분해 효소의 성능에 큰 영향을 미친다.

5.2.5 효소 표면 공학 및 기질 역학

효소와 특정 플라스틱 기질 간의 상호작용은 수용성 시스템에서 불용성 플라스틱과 가용성 PETase 효소의 이질 촉매작용으로 인해 효소 기반 플라스틱 분해의 효과를 조절하며, 기질과 촉매 간의 상호작용이 중간 강도일 때 최적의 촉매 효율을 나타낸다. 이러한 개념은 PET 및 플라스틱 분해 효소의 용해도 변화로 인해 PET 표면에 효소가 상당히 흡착되어 촉매 효율에 부정적인 영향을 미치는 이질 PDE 촉매에 적용된다. PET 기질과 플라스틱 분해 효소 상호작용은 효소 표면과 기질 분자의 아미노산 간의 소수성 및 정전기적 상호작용에 의해 제어된다. 따라서 표면 공학을 통해 표면 소수성 및/또는 정전기적 상호작용을 조정하면 효소-기질의 결합 친화력이 높아져 PET 분해가 개선되며, 표면 정전기 조정 및 표면 소수성 조정과 같은 접근 방식으로 달성할 수 있다.

1) 표면 정전기 조정

*Thermobifida cellulosilytica*의 큐티네이스를 전기적으로 중성인 아스파라진과 세린으로 양전하를 띤 Arg29와 Arg19를 대체하여 표면 공학하면 PET의 가수분해가 개선된다. 반면에 글루타민(Glu65)을 음전하를 띤 글루탐산으로 교환하면 가수분해 효율이 완전히 손실된다. 효소 표면을 전기적으로 중성으로 조정하면 효소-가소성 반발이 감소하여 분해 효율이 향상될 수 있으며, 마찬가지로 *Saccharomonospora viridis* AHK190의 큐티네이스(CUT190)의 R228S 돌연변이는 효소 표면에 정전기적 중성을 제공하여 효소-PET 결합을 개선해 PET 가수분해를 개선한다.

2) 효소 표면 소수성 조정

효소 표면을 정전기적으로 중성으로 만드는 것과는 반대로, 소수성이 증가한 표면을 조정하면 결합을 강화하고 효소 매개 PET 분해 조절을 개선할 수 있다. *Ralstonia pickettii* T1의 PHB 탈중합 효소(PhaZRpiT1) 돌연변이는 세린과 타이로신을 더 소수성인 시스테인과 페닐알라닌으로 대체하여 돌연변이체의 PHB 표면 흡착을 개선하고 효율적인 플라스틱 가수분해를 유도한다. *Clostridium botulinum*의 에스터레이스의 N-말단 도메인을 절단하여 야생형 변이체에서 덮여 있던 PET 흡착을 위한 소수성 표면적의 접근성을 개선하여 효소 가수분해를 개선할 수도 있다. 효소 표면의 소수성을 개선하면 촉매 활성을 강화하는 데 도움이 되지만, 소수성 잔류물이 너무 많이 도입되면 분자 간 소수성 상호작용이 발생할 수 있다. 이러한 상호작용은 불안정성을 유발하여 단백질 구조가 파괴되거나 응집되고 촉매 활성을 손상시키므로 주의해야 한다.

CHAPTER

07

플라스틱 분해 사업화

1 서론

현대 사회에서는 편리함이라는 이유로 플라스틱 사용이 급격히 증가하였으나, 지구는 심각한 환경 문제에 직면해 있다. 매년 수백만 톤의 플라스틱 쓰레기가 지구 곳곳에 버려지고 있으나 플라스틱들이 자연적으로 분해되는 데에는 플라스틱 종류에 따라 수십~수백 년이 걸린다. 이로 인해 해양 생물의 서식지가 파괴되고 있으며 생태계의 균형이 무너지는 등 다양한 환경 문제가 발생하고 있다. 이러한 문제점의 해결책으로 옥수수 전분, 사탕수수 등의 천연자원을 이용하여 미생물에 의해 자연적으로 물, 이산화 탄소, 생물학적 부산물로 분해되는 생분해성 플라스틱을 국내외에서 개발하여 사업화하고 있다.

최근에는 기후 변화에 따라 심각해지는 환경문제를 해결하기 위해, 탄소배출 관련 정책 및 규제도 강화되고 있다. 특히 전 세계적으로 생활 플라스틱 폐기물이 증가하면서, 생활 속에서의 플라스틱 사용규제가 강화되고 있다. 또한 기존에는 생산에서 유통, 소비, 수거 및 폐기로 이뤄지는 선형경제 시스템을 순환경제로 전환하면서 사업화도 이를 따라가고 있다(그림 2).

다른 한편으로는, 생분해성 고분자의 사업화를 위해서 다양한 소재와 기술을 도입하고 있다. 의학 분야에서 인공장기, 조지공학 제품, 약물 전달 시스템에 적용하기 위해서 생분해성 고분자를 사용하고 있으며, 항균 기술이 도입하여 생분해성 플라스틱 포장재

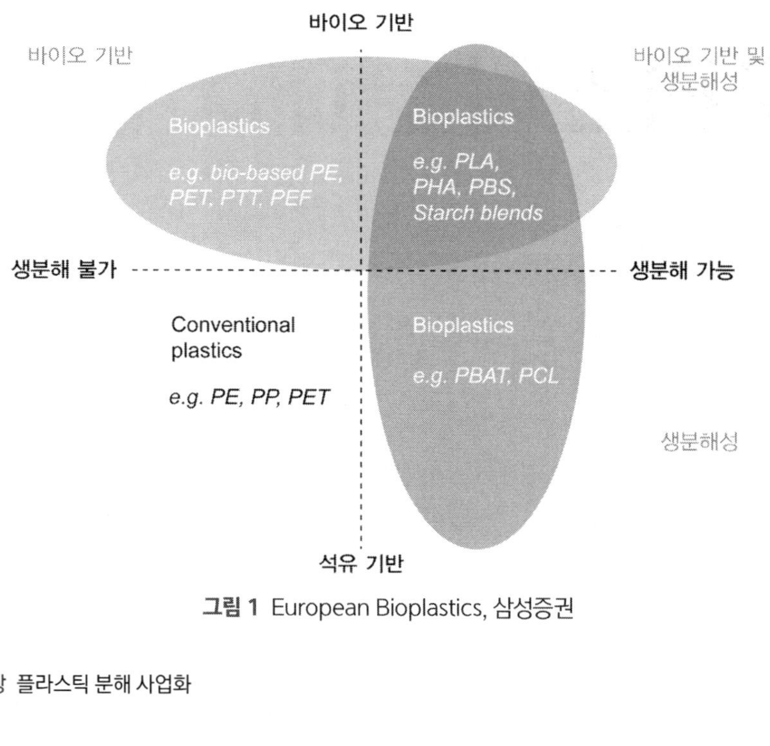

그림 1 European Bioplastics, 삼성증권

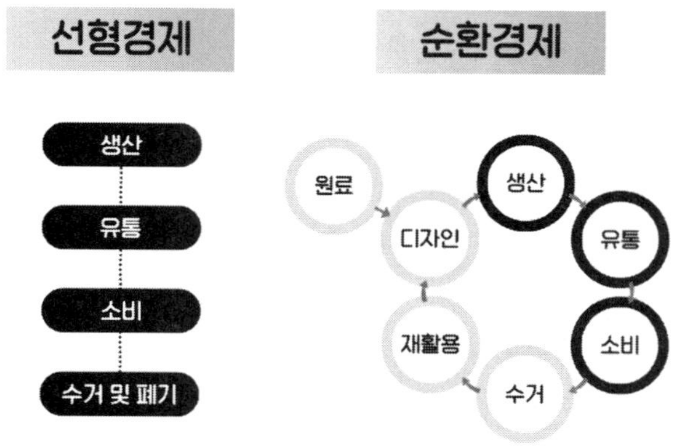

그림 2 선형경제와 순환경제 시스템 비교

제품의 유통기한을 연장시키고 있다. 바이오플라스틱을 이용한 부품의 경량화를 통해 연료 소비 감소를 꾀할 수 있는 자동차 분야에도 적용되고 있다. 또한 새로운 소재와의 바이오플라스틱의 복합화(예, 나노필러)를 통하여 기계적 특성, 전기적 및 열적 특성 향상과 친환경성 플라스틱 제품을 제공하고 있으며, 최근에는 AI 도입을 통해 신소재 발견과 특성 예측과 최적화 부분에서 바이오플라스틱 소재를 개발하고 있다.

생분해성 바이오플라스틱의 사업화를 지원하기 위해서 생분해성 평가 기준을 국제적으로 규제와 함께 제시하고 있다. 예를 들어 ISO10993에 따라 생분해성 고분자의 의료용 생체적합성을 평가하고 있다. 또한 퇴비화 분야의 생분해 플라스틱 관련 규격은 퇴비화 조건일 때의 생분해도 측정 방법을 도입하고 규격화하여 운영하고 있는데, 관련 기준으로는 ISO14855, ASTM D5338, EN13432 등이 있다. ISO 14855에서는 미생물이 작용하는 조건에서 플라스틱이 이산화 탄소로 전환되는 양을 측정하며, ATSM D6400(미국)은 산업 퇴비화 시설에서 플라스틱 제품이 180일 이내에 최소 90% 이상 생분해되어야 하며, 미세플라스틱이나 유해한 잔류물이 남지 않도록 규정하고 있다. EN13432(유럽)는 산업적 퇴비화 시설에서 퇴비화될 수 있는지를 평가하는 기준으로 12주 이내에 제품이 90% 이상 분해되고, 남은 잔류물은 퇴비의 품질에 영향을 주지 않아야 한다. 또한 물리적 분해와 중금속 함량과 퇴비의 독성도 평가하고 있다.

2 대륙별 주요 기업 분석

2.1 아시아 주요 기업 분석

2.1.1 미츠비시 화학(일본)

리튬 이온 이차 전지 재료, 이온 교환 수지, 폴리에스터 필름, 식품포장용 필름 등을 주요 제품군으로 하는 미츠비시 화학(일본, 1933년 설립)은 글로벌 종합화학 회사로, 플라스틱 폐기물로 인한 환경 문제 해결하기 위해 생분해성 고분자인 BioPBS를 개발하고 있다. 이는 바이오매스 자원을 사용하여 단량체를 획득하여 화석자원의 고갈 문제를 해소할 수 있는 바이오유래 Poly(butylene succinate) 고분자이다. 연소시키거나 분해하였을 때 발생하는 이산화 탄소를 식물의 성장에 사용함으로써, 이산화 탄소 배출을 저감할 수 있으며, 탄소 순환 기반의 화학 시스템을 구축하는 친환경 고분자이다.

과거에는 고분자 분해 반응을 제어하기 위해서 중합 온도를 낮추거나 중합 시간을 단축하는 등의 PBS 제조 공정기술이 필요했으나, 경제성이 낮다는 문제점이 있었다. 그러나 미츠비시 화학에서 개발한 BioPBS를 종이의 안감으로 처리하면 산업용/가정용 퇴비로 사용될 수 있고, 고온과 저온에 강하여 식음료용으로 사용하기도 좋다. 예를 들면, FX83AC 제품은 최대 100°C까지 견딜 수 있는 높은 내열성을 가지며, FX85AC 제품은 -40°C 저온에서도 견딜 수 있는 열적 특성을 가진다. 또한 우수한 가공성과 종이 기판에 대한 우수한 접착력을 가지고 있어서, 생분해성 플라스틱 시장 내에서 경쟁력이 있다.

무엇보다도 BioPBS의 퇴비적합성 테스트에서 분해 시험, 생분해성 시험, 발아 시험 및 지렁이 실험 등의 각 시험을 통과하였다. 예를 들어, 58±2°C에서 호기성 생분해 시험 결과 셀룰로스에 대한 평균 생분해율은 97.1%로 평가되었다. 반면에 PBS 필름은 산소 차단성이 낮아서 식품 포장재로 사용하기에는 적합하지 않기 때문에 가스 차단성이 우수한 셀룰로스나 종이의 밀봉재의 외부와 외부 층에 PBS를 코팅하여 생분해성 포장재로 사용할 수 있는 친환경 플라스틱으로 개발하고 있다.

2.1.2 도레이 산업(일본)

도레이 산업은 일본의 글로벌 화학 회사로 온실가스 배출이 흡수에 의해 완전히 상쇄되는 탄소 중립 세계, 자원의 지속 가능성, 자연환경 복원, 건강하고 위생적인 삶을 즐기는 세상을 추구하고 있다. 도레이 산업이 개발한 Ecodear 섬유(Ecodear N610과 Ecodear N510 제품)는 생분해성과 우수한 물리적 특성을 가진 친환경 제품을 제공한다. Ecodear

N610은 60%의 바이오 유래 소재와 용매가 없는 코팅을 통합하여 환경에 가하는 부담을 줄일 수 있는 생분해성 섬유로, 매우 가늘고 가볍고 부드러우며 텐트, 백팩, 침낭, 신발 등의 제품에 사용된다. Ecoder N510은 아주까리 쌍떡잎식물에서 추출한 세바신산과 옥수수에서 추출한 락트산을 중합하여 생분해성의 폴리락트산(PLA) 고분자를 합성하여 섬유를 생산한다.

2.2 북미의 주요 생분해성 플라스틱 기업

미국 정부는 일회용 플라스틱 규정에 따라 2026년부터 캘리포니아주는 플라스틱 봉투 제공을 지역 내 가게들에 금지하는 법안을 시행하고 있다. 미국 바이오플라스틱 시장은 2022년 약 14억 5천만 달러로 평가되며, 연평균 성장률(CAGR)은 19.3%로 꾸준히 성장하고 있다. 자동차 부품, 포장재, 섬유 등의 산업에서 바이오플라스틱의 수요가 증가하여 바이오플라스틱에 대한 수요가 증가했기 때문이다.

2.2.1 네이처 워크스(Nature Works, 미국)

미국 미네소타주에서 생분해성 플라스틱 제조 기업인 네이처 워크사는 생분해성 바이오 플라스틱 중 하나인 PLA를 이용하여 인지오(Ingeo) 제품을 생산하고 있다. 옥수수를 원료로 이용하여 PLA 제품을 생산하는 인지오 제품은 등급에 따라 총 5개의 제품군으로 나뉘며, 각각의 용도는 다음과 같다. 열성형을 통하여 제조하여 식품포장재로 사용되는 1) 투명한 열가소성 수지제품이 있으며, 2) 49°C 이후로 열변형이 일어나는 컵, 화장품, 접시 등의 제조에 사용되는 수지, 3) 80~150°C에서 열변형이 되는 수지로서 광학적 특성, 기계적 성질, 차단 성능이 우수하여 필름, 그래픽 아트 제작에 적용되는 수지, 4) 130~170°C의 온도에서 녹으며, 압출 방사 및 드로잉(drawing) 공정으로 가공하며 섬유나 부직포에 적용되는 수지, 5) 55~60°C의 유리 전이 온도를 가지며, 좋은 접착력과 냄새가 없는 등의 특성을 가진 3D 프린트용 모노필라멘트 수지가 있다.

제조공정은 1) 이산화 탄소를 긴 사슬의 당 분자로 얻어내어 온실가스를 포집하는 옥수수 수확한다. 2) 옥수수를 전분, 단백질, 섬유 등으로 분리하는 습식 분쇄 공정을 통해 얻어지는 포도당 생산 공정으로, 옥수수를 물과 혼합한 상태로 제조하고, 전분은 효소에 의해 포도당으로 가수분해되며, 포도당을 주성분으로 수확하고, 옥수수기름, 글루텐 사료 등의 부산물은 다른 산업의 원료로 사용한다. 3) 젖산(락트산)균과 같은 미생물을 이용하여 혐기성 조건에서 포도당을 젖산으로 전환한 이후 황산을 첨가하여 정제하며, 석고 부산물은 여과 방식으로 분리하고, 증발 공정을 통해 락트산 용액을 고순도로 정제한다. 4) 생성한 젖산은 축합 반응을 통해 올리고머 등 프리(pre)-고분자로 전환시키고, 가열 및 촉매를 이용한 순환 반응을 통해 락타이드로 변환시킨 다음에 증류 공정을 통해 고순도의 락타이드 단량체를 제조한다. 5) 고리 열림 중합 반응을 통해 락타이드를 고분자 PLA(인지오 제품)로 합성하며, 사용되지 않은 락타이드 단량체는 공정에서 회수되어 재사용함으로써 자원 효율성을 높이고 폐기물을 줄인다.

또한 Materials Safety Data Sheets(MSDS), Industrial Composting/Organic Recycling 등을 통하여 미국 이외에도 독일, 캐나다 등 다양한 나라에서 요구하는 건강과 안전 규정을 준수하여, 퇴비화 방식으로 폐기물을 재활용하고 있다.

현재 네이처 워크사는 물을 사용한 식물 재배를 통해 이산화 탄소를 포집하여 락타이드 합성문제를 해결하기 위해 미생물을 통해 락타이드를 만드는 기술을 새로 연구하고 있다. 2006년과 2009년 사이에 29%의 물 사용량 감소를 시작으로 꾸준히 환경을 위해 개선 중이며, 접시, 빨대, 컵 등의 인지오 제품이 퇴비화 시설에서 조경 개량제로 만들어지는 식으로 순환되도록 하였다. 런던 올림픽에서도 인지오 종이컵과 뚜껑과 같은 포장재들을 이용하여 62%의 폐기물이 재활용 또는 재사용 되거나 퇴비화를 유도하였다.

2.2.2 다니머 사이언티픽(Danimer Scientific, 미국)

다니머 사이언티픽(미국 조지아주)은 생분해성 플라스틱 중 폴리하이드록시알카노에이트(PHA)를 만드는 기업으로, 대두나 카놀라 등의 식물의 씨앗을 이용한 오일을 박테리아에게 섭취시켜 PHA 고분자를 생합성하여 노닥스(Nodax)라는 제품명으로 판매하고 있다.

PHA 플라스틱 제조 방법으로 설탕 및 지방산을 포함하고 있는 탄소원을 사용하고, 대두나 카놀라 등의 식물성 씨앗을 이용하여 만든 오일을 원자재로 PHA를 제조한다. 식물성 오일을 미생물에게 섭취시켜 PHA를 제조하며, PHA의 생산 속도가 감소 없이 지속적으로 하기 위해 혼합 미생물을 사용하며 Nodax PHA 고분자를 생산한다. 이후 과립 형태로 단백질로 둘러싸여 있는 미생물 막을 파괴하는 방법으로 PHA 고분자를 추출하고, 정제한다. 제조된 Nodax는 다음과 같이 제품으로 사용하고 있다.

먼저 Nodax PHA를 기반으로 하는 제품으로, 종이컵 내부에 PHA를 액체 차단 코팅하여 압출 코팅 수지로 사용하고, 가정에서도 폐기할 수 있는 제품이 있다. 또한, 픽업 용기를 제조하는 WinCup에서는 Nodax를 이용한 빨대를 출시하고 있다. 이외에도 해양 생분해, 토양 생분해, 가정 퇴비화가 가능하다는 점을 피력하여 기저귀, 장난감, 접착제, 쓰레기봉투 등 다양하게 Nodax 제품이 판매되고 있다. FDA의 승인을 받았으므로 식품 포장 및 보관 제품에도 사용 가능하며, 사용 후 호기성이나 혐기성 환경에서 3개월 이내에 토양, 물을 통해 생분해되는 장점이 있다.

다니머 사이언티픽의 주요 제품인 생분해성 PHA는 생산가가 높고, 물성 조절이 어려운 단점이 있다. 미생물 발효 공정은 미생물의 성장이 중요하며 유기산을 보조적인 원료로 공급해야 하는데, 높은 농도에서는 독성을 띠고 미생물의 성장에 오히려 방해요소가 된다. 유기산 공급에 따른 추가 비용으로 가격경쟁력도 하락한다. 결정화도가 높아 잘 부서지고, 열분해 온도와 용융 온도가 비슷하여 열 안정성이 낮다. 즉, 쉽게 열분해가 되기 때문에 가공성에 문제가 있다. 이러한 물성을 조절할 수 있는 공정이 없는 것은 아니나, 쉬운 공정은 아니다.

이러한 문제점을 해결하기 위해서 블렌딩과 같은 방법을 사용하고 있다. 천연 원료와 PHA 비율을 정하여 블렌딩을 한다. PHA와 전분을 블렌딩한 경우에는 특정 비율에서 인장 강도가 높일 수 있으며, 비용이 낮은 전분을 사용하기 때문에 비용을 낮출 수 있다. 다양한 종류를 가진 PHA를 블렌딩하여, 종류별로 열과 기계적 거동, 물리적 특성 등 다양한 물성의 고분자를 제조할 수 있다. Nodax PHA 고분자는 내열성과 자외선성이 뛰어나 보관 중 고온을 견딜 수 있으며, 종이 등의 소재와 복합이 잘 되기 때문에 다양한 제품 제조가 가능하다.

2.3 남미 주요 생분해성 플라스틱 기업

2.3.1 브라스켐(Braskem, 브라질)

브라질의 국영 석유화학기업 Braskem(2002년 설립)은 열가소성 수지 분야에서 세계 6번째로 큰 석유 기업으로, 재생원료로 제조한 플라스틱인 바이오고분자 생산의 선두 기업이다. 폴리에틸렌(PE), 그린 폴리에틸렌(바이오고분자), 폴리프로필렌(PP), PVC를 포함한 다양한 석유화학 제품 및 열가소성 플라스틱을 생산하고 있다.

사탕수수에서 추출한 에탄올을 원료로 하는 브라스켐의 바이오 폴리에틸렌(PE)은 화학적으로 화석 유래 플라스틱과 화학 구조가 동일하므로 제품의 사용, 재활용 및 폐기 과정은 동일하나, 생산 방식에서는 다르다. I'm greenTM 제품 생산에 필요한 사탕수수는 미생물 성장 과정에서 탄소를 포집하기 때문에 생산과정에서 유발되는 탄소발자국이 음수 값을 가진다. 또한 ASTM D6866 표준을 바탕으로 바이오 함량은 45~80%으로, 기존 제품과 동일하게 재사용하고 재활용이 가능하므로 지속가능한 바이오플라스틱이다.

2.3.2 피닉스(Phoenix, 콜롬비아)

콜롬비아에서 생분해성 플라스틱 제품을 상업화한 피닉스는 식물에서 추출한 전분을 활용하여 주로 폴리락타이드 기반 플라스틱 제품을 생산하고 있다. 주력 사업은 포장재 이외에도 일회용 컵, 용기 등의 제품에서 석유 기반 플라스틱을 대체할 수 있는 생분해성 고분자 소재를 생산하는 것이다. PLA 외에도 PHA와 PBAT 같은 바이오고분자를 합성하여 제품의 특성과 용도에 최적화된 다양한 생분해성 플라스틱을 생산하고 있다. 특히, 전분 기반 플라스틱을 활용한 바이오 제품도 주력으로 개발하고 있으며, 전분을 가공하여 생분해성과 기계적 강도가 조절된 포장재 및 일회용품을 생산하고 있다.

생분해성 플라스틱 제품들은 옥수수와 같은 식물에서 전분을 추출하여 발효시키는 과정을 통해 얻은 락트산을 중합하여 PLA 고분자를 합성한 다음에, 압출 성형 및 사출 성형 등의 공정을 거쳐 포장재, 컵, 용기와 같은 최종 제품을 생산한다. 미생물을 활용한 바이오 공정을 통해 PHA 고분자를 생산하며, PBAT는 기존 고분자 소재와 혼합하여 높은 내구성과 유연성을 갖춘 바이오 플라스틱 제품을 제작한다.

2.4 유럽 주요 생분해성 플라스틱 기업

유럽은 전 세계 친환경 산업의 기준이 될 만큼 높은 수준의 사회적 논의와 관련 제도 확립하고 있다. 2019년 'EU 일회용 플라스틱 지침(SUPD)'에 따르면, 2025년까지 EU 안에서 제조되는 모든 PET 병에 재활용 플라스틱이 최소 25% 함유되어야 하며, 일부 일회용 플라스틱 제품을 원천 금지시키는 등의 플라스틱 관련 문제인식이 높은 지역이다.

유럽은 세계 생분해성 플라스틱 시장에서 지속 가능한 플라스틱 사용에 대한 소비자 인식과 비생분해성 플라스틱 사용을 금지하는 유럽 정부가 이 지역의 시장 성장을 주도하여 44%의 가장 큰 글로벌 시장점유율을 보유하고 있다. 플라스틱 사용 증가로 인한 환경오염 심화가 지속되면서 일회용 플라스틱을 80%까지 줄이는 것을 목표로 하고 있으며, 재활용 가능하고 친환경적인 바이오 기반 플라스틱으로 전환이 이루어졌고, 수요는 증가하고 있다.

그림 3은 European Bio plastics(유럽의 플라스틱 관련 기업 연합체)에서 2024년 기준 전 세계의 바이오플라스틱 종류별 생산량을 나타낸 통계이다. 여기에 가장 높은 비율을 차지하고 있는 고분자는 PLA로 37.1%을 차지하고 있으며, SCPC, PBAT, PHA 순이다. PBS 고분자는 유럽 시장에서 제일 높은 점유율을 가지고 있으며, 독일의 바스프(BASF)사가 연간 약 7.4만 톤, 이탈리아의 노바몬트(Novamont)사가 연간 약 10만 톤을 생산하면서 시장을 양분하고 있다.

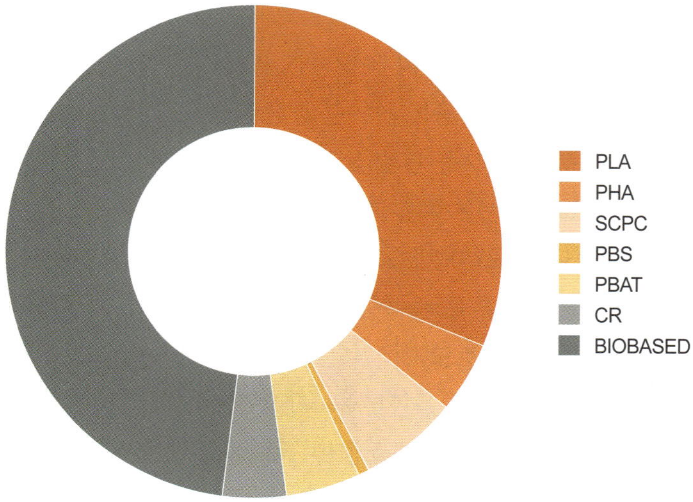

그림 3 2024 기준 바이오플라스틱 글로벌 생산 퍼센테이지
(https://www.european-bioplastics.org/market/)

2.4.1 바스프(BASF, 독일)

1865년 설립된 독일의 글로벌 화학기업 바스프는 경제적인 수입과 함께 '사회적 책임'과 '환경 보호'를 기업의 우선 목표로 하여 환경보호 솔루션과 생분해성 플라스틱 제품을 생산하고 있다. 주요 제품으로 1998년부터 출시된 최초의 퇴비화 가능 바이오고분자인 ecoflex 제품(PBAT)이 있다. ecoflex 플라스틱은 EN 13432, AS 4736, ASTM6400 등과 같이 국제 표준에 의해 인증된 퇴비화 및 생분해성 특성을 가진 생분해성 제품이다. 탄력성이 뛰어나고, 친수성이며, 기존의 폴리에틸렌 필름 제조기로 가공이 가능하기 때문에 현재의 산업 구조에서도 적용하기 쉽다. 유럽 및 미국 FDA의 식품접촉물질 요건에도 적합하여 식품용에 활용할 수 있다. eco flex 제품은 재생 바이오 원료 기반으로 제조되었으며, 옥수수에서 추출한 락타이드 고분자와 나무에서 추출된 리그닌, 셀룰로스, 감자에서 추출한 전분, 글루코스에서 추출된 PHAs 고분자로 구성된 플라스틱이다. PLA의 주성분은 옥수수에서 유래하는 락트산이고, 폴리에스터 구조를 가진 열가소성 플라스틱이며, 생분해성과 높은 강도를 가진다. 리그닌은 페놀기와 메톡시기가 포함된 방향족 고분자이며, 나무에서 추출되며 실제로 나무의 구조가 안정성을 유지하면서 강한 내수성과 강도를 가진다. 셀룰로스는 β-D-글루코스로 이루어진 선형 다당류이며, 식물 세포벽의 주성분이고, 높은 내구성과 생분해성을 가진다. 주로 효소에 의해 분해되며, 자연환경에서 미생물의 도움으로 분해된다. 전분(starch)은 아밀로스와 아밀로펙틴으로 구성된 열가소성 고분자이고 물에 약한 특징을 가지며, 주로 아밀레이스에 의해 쉽게 분해되고, 생분해성이 우수하다. PHA 고분자는 하이드록시알카노산으로 구성된

폴리에스터 구조이다.

2.4.2 노바몬트(Novamont, 이탈리아)

노바몬트(Novamont, 1989년 설립)는 생분해성 플라스틱과 바이오고분자의 선두 기업 중 하나로서, 친환경 소재로 만든 플라스틱 제품을 생산하며, Mater-Bi라는 생분해성 플라스틱을 개발했다. Mater-Bi 플라스틱은 오랜 기간의 연구와 혁신을 통해 개발된 생분해성 되며, 퇴비화 가능한 바이오플라스틱 제품이다. 전분, 셀룰로스, 식물성 오일 및 이들의 조합을 사용하여 제조된 독점기술을 통해 UNI EN 13432, EN 17033 및 ASTM 6400에 통과된 우수한 생분해성을 가지는 플라스틱을 생산한다.

제품군별로 탄성계수가 다양하고, 투명도 측면에서도 유광과 투명까지 다양한 제품이 있으며, 기존에 사용하는 블로우 성형, 주조, 압출/열성형 및 사출 성형 기계를 사용하여 다양한 산업에서 적용하고 있다. 주방 및 정원 폐기물과 함께 퇴비화 및 혐기성 발효로 자연분해 될 수 있으며, Mater-Bi 제품은 해양 환경에서도 생분해된다. PBAT 70%, 전분 20%, 기타 첨가제 10%로 구성된 Mater-Bi 제품은 다양한 특성을 지닌 다양한 등급의 열가소성 전분으로 구성되는데, 조성은 주로 사용된 합성 고분자의 종류와 양에 따라 선택된다. 예를 들어, Mater-Bi A는 폴리바이닐알코올(PVA)의 공중합체를 기반으로 하며 퇴비화가 불가능하다. 반면에 Mater-Bi Y 제품은 셀룰로스-아세테이트와 혼합되며 특성은 폴리스타이렌과 유사하다. Mater-Bi Z에서는 PCL 합성고분자로 사용하고 Mater-Bi N은 PBAT를 합성 고분자로 사용한다.

2.4.3 바이오온(Bio-On, 이탈리아)

Bio-On은 이탈리아의 바이오플라스틱 기업(2007년 설립)으로 사탕수수나 비트 등의 농업 폐기물에서 PHA를 추출하여 바이오 플라스틱을 제조한다. 주요 제품인 MINERV-PHA는 생산조건(-10°C에서 +180°C)에서 열적 특성을 충족하고, 기존의 사출 및 압출 방법에 적합하여 기존의 PET, PP, PE, HDPE 및 LDPE와 같은 고분자들의 재료를 대체할 수 있다. PHA는 설탕을 사용하여 박테리아를 발효시켜 자연적으로 획득하는 선형 폴리에스터 고분자이다.

2.4.4 바이오텍(Biotec, 독일)

바이오텍(1992년 설립)은 식물 기반 재생 가능 자원으로 만든 지속 가능한 바이오고분자 화합물을 개발하고 생산하는 독일의 생분해성 플라스틱 개발 전문 회사이다. 바이오텍의 유전자 조작이 없고(GMO-free) 가소제를 사용하지 않는 제품은 자연 안에서의 선순환을 추구한다. 주요 제품인 BIOPLAST는 감자, 옥수수 같은 식물에서 추출된 전분을 사용하여 플라스틱을 제조하여 주로 포장 재료로 사용된다. 구체적으로, BIOPLAS 105 제품은 완전한 생분해성이며, 오일, 그리스, 가솔린 및 물에 강하며, LDPE와 PET 사이의 강도를 가지고 있다. 수축성과 투명성, 및 양호한 수증기 차단성을 가지고 있다. BIOPLAST 200 제품의 감자 전분은 열가소성 전분(TPS)과 같이 가소제로 처리되지 않고 원래의 천연 상태로 소재에 사용된다. 필름 제품은 완전히 생분해성을 가지며, 유연하고 물에 대한 저항성이 강하다. BIOPLAST TPS 제품은 단독 가공 혹은 다른 고분자와 혼합하여 필름 외에 젤, 폼, 시트로 압출하여 제품을 제조할 수 있으며, 수증기에 대한 투과성이 매우 우수하고, 산소와 이산화 탄소에 대한 차단 특성이 우수하다.

2.4.5 푸테로(Futerro, 벨기에)

푸테로(1992년 설립)는 PLA 기술을 사용한 바이오 기반 플라스틱을 생산하며 주요 제품으로는 RENEW, LOOPLA가 있다. 카사바, 옥수수, 사탕수수 또는 비트와 같은 일반적인 원료 식물에서 추출된 당으로부터 고분자를 합성하고 있다. RENEW® 제품은 경우 옥수수를 이용하여 생산되며, 타 기술들에 비해 비용이 가장 효율적이다. 또한 2세대 바이오플라스틱 제품으로 나무와 짚과 같은 유기 폐기물에서 당을 추출할 수 있는 기술을 개발하고 있다. 조류로부터 당을 추출하기 위한 3세대 제품 개발도 진행 중이다.

2.4.6 나투레플라스트(Natureplast, 프랑스)

나투레플라스트(2006년 설립)는 생분해성 플라스틱 및 바이오플라스틱 분야에서 활동하고 있는 친환경 소재 화학기업이다. 주요 고분자 제품은 PLA, PHA, 바이오 폴리에스터 등이 있으며, 바이오플라스틱 특성 최적화 연구, 기능성 바이오고분자 연구, 바이오플라스틱 수명 조절 연구, 부산물과 폐기물을 회수하는 재활용 연구를 추진하고 있다. 바이오플라스틱 특성 최적화 기술 개발은 기계적 특성(재료의 유연성, 강성 등)을 증가시키고, 열적인 특성을 개선하여, 사출, 압출, 분사 등을 이용해서 변형 능력을 향상시키고, 식물 섬유나 부산물을 첨가하는 기술을 개발한다. 기능성 바이오고분자 개발은 고분자와 첨가제들을 혼합하여 해충 유인, 구충제, 토양 영양을 제공하는 기능, 식물과 동물의 질병 예방 및 오염 제거 기능을 제공하며, 토양이나 물속에서의 생분해 속도 가속화 기술을 개발하고 있다. 또한 2015년부터 부산물 회수를 지원하여, 식물성 재료 기반의 바이오플라스틱 부산물들은 동물사료, 농업분야 비료 및 바이오매스로 활용된다.

2.5 오세아니아의 주요 바이오플라스틱 기업

2.5.1 플란틱 테크놀로지(Plantic Technologies, 호주)

플란틱 테크놀로지는 오세아니아에서 생분해성 플라스틱 분야의 선도 기업으로 전분 기반의 생분해성 플라스틱 Plantic HP 제품을 상업화하였다. Plantic HP 제품은 전분을 주원료로 고분자와 혼합하여 제조되며, 식품 포장재에 널리 사용되고 있다. Plantic HP는 산소 투과성이 낮아 식품의 신선도를 유지하고, 식품 손실을 감소시키는 등 식품 산업에서 우수한 소재로 평가받고 있다. 또한 유럽의 EN13432를 준수하는 100% 생분해성 가정용 퇴비화 가능 제품이다. 기존 고분자에 비해 40%의 적은 에너지를 사용하며, 석유화학 유래 플라스틱 가격 변동에 비해 Plantic HP의 원재료인 옥수수 가격은 안정적이어서, 기존 석유 유래 플라스틱을 대체하고 있다.

2.5.2 Earth Renewable Technologies(ERT, 호주)

'Earth Renewable Technologies(ERT)'는 옥수수 등 식물을 기반으로 얻은 락트산이나 고리형 다이에스터 등을 활용해 PLA 고분자를 합성하고, 생분해성 플라스틱을 제조하는 기업이다. 락타이드 용액 또는 현탁액을 금속 촉매를 사용하는 개환 중합 방법이 일반적이지만, 금속 촉매 반응에서 PLA의 라셈화가 나타나는 경향이 있어 옥수수 전분에 비해 입체 규칙성이 낮은 단점이 있다. 락트산 단량체의 직접 축합을 활용하여 PLA를 합성하기 위해 특정 온도(200°C) 미만의 공정을 사용하고 있다.

3 바이오플라스틱 기업과 시장의 미래성

플라스틱 폐기물의 급격한 증가로 인한 환경오염 문제에 대한 해결책 마련이라는 목적과 더불어, 고부가가치/고기능성의 플라스틱 제품을 위한 생분해성 바이오플라스틱 제품의 수요도 증가하고 있기 때문에 생분해성 플라스틱 시장은 빠르게 성장하고 있다. 아시아지역에서는 미츠비시 화학과 도레이 연구소, 북미지역에서는 Nature Works, Danimer Scientific, 남미에서는 Braskem과 Phoenix, 유럽지역에서는 바스프(BASF), 노바몬트(Novamont), Bio-On, 바이오텍, Futerro, Natureplast, 오세아니아 지역에서는 Plantic Technologies, Earth Renewable Technologies과 같은 기업들이 시장을 선도하고 있다. 각 기업은 서로 다른 기술과 원재료, 공정기술을 바탕으로 다양한 생분해성 플라스틱 제품을 생산하고 있다. 바이오플라스틱 고분자들로는 PLA, PBS, PHA, 바이오매스 기반 고분자 등을 생산하고 있으며, 생분해성 플라스틱 시장의 성장에 따라 함께 성장하고 있다.

4 국내 산업화 현황

국내의 다양한 회사에서도 생분해성 고분자 및 플라스틱 개발 및 사업화를 진행하고 있다. 그중 주목할 만한 일부 회사들의 최근 동향을 살펴보고자 한다.

4.1 롯데케미칼

롯데케미칼은 기초 화학물질을 개질해 다양한 산업에 필요한 중간재를 공급하고 있다. 건축, 조선, 섬유 등 여러 분야에 기여하고 있으며, 기존 고분자의 강도와 내구성을 유지할 수 있는 새로운 생분해성 고분자 개발에도 힘쓰고 있다. 생분해성 고분자의 중합 시간을 줄이는 기술 개발로 고분자의 생산 속도를 높여, 생분해성 고분자 생산량을 증대하고 있으며, 이에 따라 사업화 가능성도 커졌다. 최근에는 폐 PET를 재활용하여 생분해성 고분자를 생산하는 기술을 개발하여 폐기물 문제 해결과 플라스틱 자원의 순환에 기여하는 등 새로운 고분자 생산 방식의 실현 가능성을 보여주고 있다.

4.1.1 생분해성 폴리카보네이트-폴리에스터 공중합체

폴리카보네이트는 비스페놀 A를 원료로 한 대표적인 엔지니어링 플라스틱 중 하나이나, 자체로는 생분해성 없는 단점을 지니고 있다. 생분해 특성을 부여하기 위하여 폴리올 화합물과 지방족/방향족 카보네이트 화합물 및 지방족 다이올 등으로 이루어진 혼합물의 에스터화 반응을 이용하고 있다. 이를 통해 만들어진 생성물을 중합 반응하여 뛰어난 기계적 물성을 가지면서 생분해성도 함께 확보한 고분자 필름 등을 제조하고 있으며, 이는 다양한 산업 분야에 사용될 수 있다. 다만, 폴리카보네이트의 원료인 비스페놀 A는 다량 노출 시 성기능 장애, 태아 사망 등의 문제를 일으킬 수 있기 때문에 이를 대체할 생분해성 플라스틱 개발의 필요성이 요구되고 있다.

4.1.2 사슬 연장을 통해 제조한 공중합체 및 이를 이용한 생분해성 수지

LDPE와 유사한 기계적 물성의 poly(1,4-butylenecarbonate-co-terephthalate)(PBCT)는 범용 수지인 다양한 산업용품으로 가공이 가능한 생분해성 수지이다. 롯데케미칼은 PBCT와 유사한 지방족 카보네이트와 방향족 에스터의 사슬 연장을 통해 고분자의 물성을 증가시키고, 중합에 필요한 시간을 감소하여 생분해성 고분자의 생산성을 증가시킴으로써, 고분자의 활용 가능성을 높이는 데 성공했다. 다이올, 다이카복실산 및 카보네이트를 혼합하여 트랜스에스터화 반응을 수행한 이후에, 반응 생성물에 중합 반응을 수행하여 고분자를 합성하였다. 합성 중 축중합 반응 생성물이 고화되지 않은 상태에서 사슬 연장제를 투입하여 사슬 연장 반응을 수행하면 이른 시간 내에 고분자 사슬 길이를 연장할 수 있다. 즉, 중합 시간을 감소시켜 생분해성 고분자의 생산성을 증대할 수 있다.

4.1.3 폐 PET를 원료로 한 생분해성 필름

전 세계적으로 일회용 플라스틱은 환경오염의 주원인으로 부각되고 있다. 특히 폭넓게 많이 사용되고 있는 PET의 낮은 생분해성 문제는 환경오염의 주범으로 지목되고 있다. 롯데케미칼은 폐 PET에서 필요한 성분을 추출하여 에스터화 반응, 중합 반응으로 생분해성 고분자를 제조하는 방법을 개발하였다. 우선, 해중합 공정을 통해 폐 PET 플라스틱으로부터 bis-hydroxyethyl terephthalate(BHET)를 추출한다(그림 4).

추출한 BHET와 지방족 다이카복실산의 에스터화 반응을 통해 반응 생산물을 합성하고, 축합 반응을 통하여 공중합체로 제조한다(그림 5).

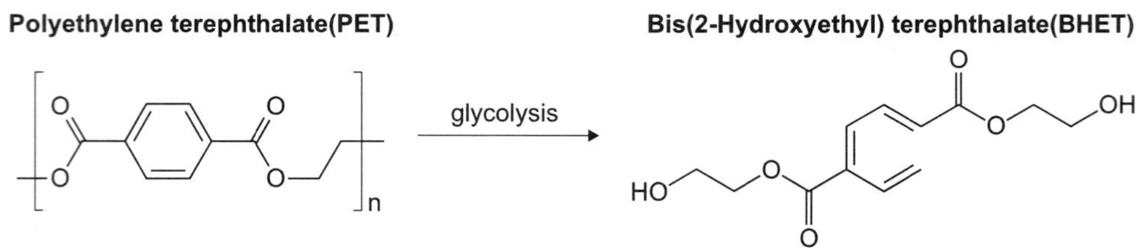

그림 4 해중합 공정에 의한 bis-hydroxyethyl terephthalate(BHET) 추출

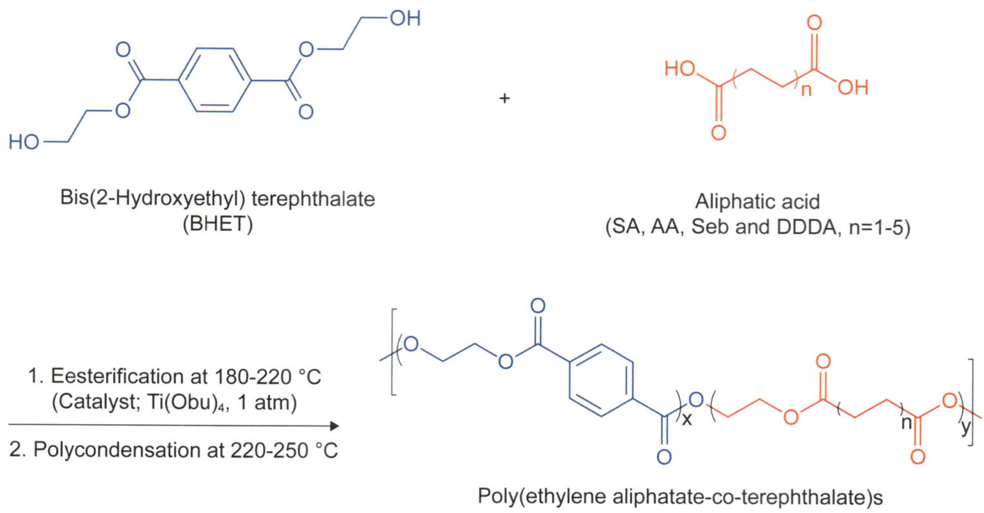

그림 5 Poly(ethylene aliphatate-co-terephthalate) 공중합 고분자 합성

합성된 poly(ethylene aliphatate-co-terephthalate)와 다른 고분자를 열압착하여 생분해성 플라스틱 필름(그림 6)을 제조할 수 있으며, 이는 폐기물의 재순환이 가능하고, 생분해성에 의한 환경오염 부담을 경감하는 생분해성 고분자이다.

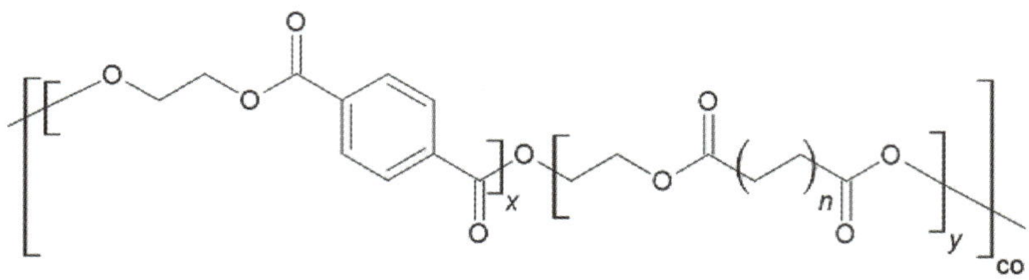

그림 6 생분해성 필름의 공중합체

4.2 삼양이노텍

삼양이노텍은 엔지니어링 플라스틱 전문기업으로, 높은 투명성, 내열성, 기계적 특성을 갖춘 소재를 다양한 산업에 공급하고 있다. 기존 생분해성 고분자가 지니던 내구성과 친환경성의 한계를 보완하고, 실용성을 높인 새로운 생분해성 고분자 개발에 집중하고 있다. 대표적인 기존 생분해성 플라스틱인 PBAT는 지방족 및 방향족 화합물을 포함하는 공중합 수지로 다양한 가공성을 제공하나, 내열성과 기계적 강도가 낮아 일부 산업에서의 응용에 제한이 있다. 삼양이노텍은 무수당 알코올과 무수당 알코올-알킬렌 글라이콜을 이용하여 기존 수지의 한계를 극복하고, 친환경이고 우수한 기계적 성질을

가진 새로운 생분해성 고분자를 개발하고 있다.

4.2.1 다이올(-diol) 성분을 활용한 폴리에스터 수지

대표적인 생분해성 플라스틱 중 하나인 PBAT는 뛰어난 생분해성을 보여준다. 일반 플라스틱은 분해에 100년 이상의 시간이 필요하나, PBAT는 매립 시 6개월 이내에 분해될 수 있다. PBAT는 농업용 필름, 식품 포장 등의 산업에 사용할 수 있으나 기계적 물성이 약하다는 문제가 있어 다양한 산업에 활용하기 힘들다는 단점이 있었다. 삼양이노텍은 생분해성을 유지하면서 물성을 높이기 위해 다이올 성분과 다이카복실 성분을 특정 비율로 공중합하여 반응물을 제조한 뒤, 축합 반응을 통해 생분해성 폴리에스터 수지를 완성한다. 다이올 성분 중 무수당 알코올은 생분해성 수지의 유리 전이 온도를 높여 내열성을 강화하고, 무수당 알코올-알킬렌 글라이콜은 색상 개선에 기여하며, 다이카복실 성분은 생분해성을 향상 또는 유지시키는 역할을 한다.

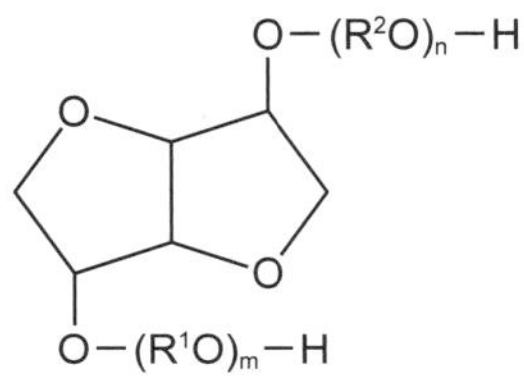

그림 7 무수당 알코올-알킬렌 글라이콜

4.2.2 내열성, 기계적 물성이 우수한 생분해성 폴리에스터 수지

상기의 수지는 뛰어난 물성 그리고 토양에서의 생분해성을 가지나, 해양 생분해성은 1%로 분해율이 현저히 낮다. 삼양이노텍에서는 기존의 수지를 개질하여 해양 생분해성을 추가하는 연구를 지속했다. 지방족 다이카복실 화합물만으로 구성된 다이카복실 성분을 사용하고, 무수당 알코올-알킬렌 글라이콜 및 무수당 알코올을 추가하여 중합체를 제조하여 해양 생분해성의 수지 중합에 성공하였다. 지방족 다이카복실 화합물로 구성된 다이카복실 성분과 다이올 성분을 사용해 에스터화 반응을 시킨 다음에 얻어진 반응 생성물을 축합하여 폴리에스터 수지를 제조한다. 합성된 수지는 높은 유리 전이 온도, 우수한 내열성, 인장 강도(261 kgf/cm^2 이상) 및 연신율(152% 이상) 등의 우수한 기계적 물성과 함께, 해수에서의 생분해성도 우수한 결과를 보여주었다.

4.2.3 아디프산 및 석신산을 이용한 폴리에스터 수지

지방족 다이카복실 성분으로 아디프산 및 석신산과 다이올 성분을 사용하여, 다이카복실 성분과 다이올 성분을 기반으로 에스터화 반응하였고, 생성된 반응 생성물을 축합 반응으로 수지를 제조하였다.

아디프산과 석신산을 사용하여 제조한 수지는 기존의 수지와 비교하여 더욱 뛰어난 물성을 지닌다. PBAT 수지와 같은 기존의 생분해성 폴리에스터 수지와 비교하여 생분해성이 우수하였고, 기계적 물성(인장 강도 등)도 증가하였으며, 점도, 용융 지수 등도 우수한 결과를 보였다. 또한 기존의 수지가 가지던 우수한 생분해성을 유지, 향상함으로써 환경적 부담을 최소화하였다.

해외 경쟁업체에서는 PBS를 PCL과 결합하여 기존의 부족한 해양 생분해성을 추가한 사례가 있다(해양에서의 생분해 메커니즘, 그림 8). 이는 PCL의 뛰어난 해양 생분해성을 이용한 것으로, 삼양이노텍이 개발한 방식과 함께 다양한 방식으로 생분해성 플라스틱을 제조할 수 있음을 의미하며, 생분해성 고분자 합성 연구들이 계속된다면 지속 가능한 플라스틱 시장을 형성할 수 있을 것이다.

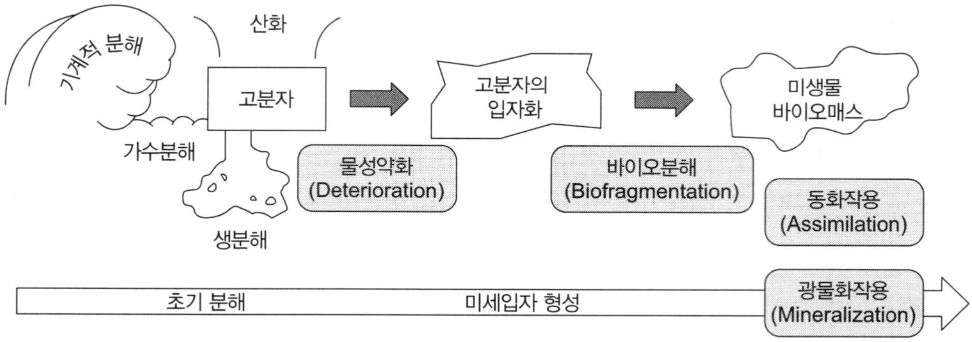

그림 8 해양에서의 생분해 과정

삼양이노텍은 기존의 수지를 응용하여 해양과 토양 두 지역에서 원활히 분해되는 생분해성 수지를 제조했고, 기존의 생분해성 수지의 부족한 물성을 보완하며 기계적 물성(인장 강도, 점도, 용융 지수 등)이 우수한 생분해성 고분자 제조기술을 개발하여 산업용 포장재, 의료기기 등 사업성이 있는 우수한 제품을 개발하였다.

4.3 CJ제일제당

식품, 건강과 환경을 주력 사업으로 하는 CJ제일제당은 바이오 기반 생분해성 플라스틱 개발 및 미래 지향적인 포장재 개발에서 혁신적인 기술을 바탕으로 소비자들에게 가치있는 상품을 제공하고 있다.

특히 바이오고분자와 Green Pack 같은 지속 가능한 포장으로 활용되는 PHA 고분자를 대량 생산하고 있다. PHA의 종류는 크게 PHB와 PHBV로 분류된다. PHB는 가장 기본적인 형태의 PHA 고분자로, 내구성이 뛰어나며 강도가 높고, 토양에서 빠르게 분해되고 환경에 미치는 영향이 거의 없다. 그러나 경도가 강해 다른 플라스틱처럼 유연하게 사용할 수는 없고, 높은 생산 비용이 단점이다.

CJ제일제당에서는 PHA 물질을 개발하는 것에 있어 특정 유용 미생물인 *Cupriavidus necator*를 사용하여 PHA를 생산하고 있다. PHA 합성에는 글루코스, 해바리기유 등 다양한 탄소원이 이용될 수 있는데, 고온 및 고압 환경에서도 잘 성장하는 특성을 가지며, 생산량을 기존 방식보다 30% 이상 향상시킬 수 있다는 장점이 보고되고 있다.

4.4 SK케미칼

SK케미칼 역시 고기능성 소재와 생분해성 플라스틱 개발하여 환경 보호를 추구하며 친환경적 생분해성 플라스틱을 통한 폐기물 문제 해결에 주목하고 있다. 생분해성 플라스틱 제조를 위해서 기존에 사용하던 석유 기반의 플라스틱을 대체하기 위해 폴리락타이드 물질을 개발하고 있으며, 생산 공정 최적화에 노력을 기울이고 있다.

SK케미칼은 PLA의 단점을 보안하기 위해서 PLA의 기계적 강도를 강화하면서 기존의 강성과 투명성을 유지하려는 기술을 개발하였다. 이 기술은 반응성 그래프팅을 통해 폴리로탁산(polyrotaxane) 고분자(그림 9)를 PLA에 화학적으로 도입하여 고분자 사이의 결합을 강화한다. 그 결과 기존 PLA의 강성과 투명성을 크게 감소시키지 않으면서 연성과 충격 강도 및 기계적 특성이 개선되었다. 폴리로탁산 고분자는 슬라이딩 가능한 고리형 분자가 고분자 사슬에 결합된 구조를 가진다. 특히 고리형 구조는 응력 분산에 유리하고 PLA의 강직도를 향상시키며, 기계적 충격 흡수율을 높여 물리적 특성 향상에 크게 기여하는 도메인이 된다.

폴리로탁산과 PLA가 그래프팅 반응을 통해 폴리로탁산 고분자의 고리형 부분이 PLA

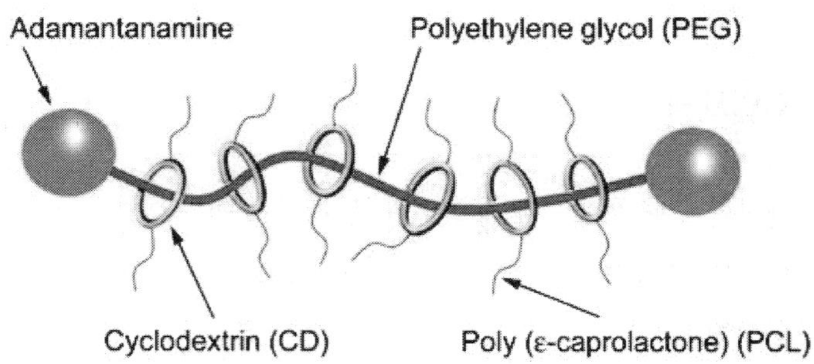

그림 9 폴리로탁산 고분자 구조 (출처: Ishigami, A., *et al.*, 2020)

고분자 사슬에 화학적으로 결합하는 과정이 발생한다. 이 과정에서 폴리로탁산의 고리형 분자와 폴리에스터 사슬이 PLA의 하이드록실 말단 부분에 결합을 촉진시킨다. 합성된 폴리로탁산과 PLA의 복합체는 기존 PLA보다 우수한 기계적 강도, 유연성 그리고 내충격성 향상을 제공할 수 있다.

4.5 한화첨단소재

한화첨단소재는 옥수수나 사탕수수 등 식물에서 추출한 전분을 발효하여 제조한 친환경 생분해성 고분자인 PLA를 유한킴벌리와의 '그린액션 얼라이언스' 협약에 맞춰 유한킴벌리의 크리넥스 등에 적용하고 있다. 이를 통해 친환경 원료개발과 폐플라스틱 재활용 등 자원순환 경제구축 협력방안을 추진하고 있다. 또한 SPC그룹과도 협력하여 PLA 기반의 친환경 플라스틱 소재를 공동개발하여 파리바게뜨 제품의 포장재로 적용하기도 하였다.

4.6 LG화학

LG화학은 다양하고 여러 분야에서 사용할 수 있는 생분해 바이오 소재들을 개발하고 있다. 대표적인 소재로는 COMPOSTFUL 플라스틱 PBAT가 있으며, 이는 6개월~2년에 분해되는 바이오플라스틱 제품이다. 생분해가 완전히 가능한 COMPOSTFUL은 국제인증(예: TUV AUSTRIA, 미국 ASTM D6400 등) 기준을 만족하며, 특정 조건에서 미생물에 의해 분해되어 물, 이산화 탄소, 유기물로 완전히 분해된다. 높은 온도(50~60℃), 높은 습도 그리고 산소 조건이 유지되는 환경에서 효율적으로 산업적 퇴비화할 수 있으며, 일부 제품은 가정에서의 퇴비 환경에서도 분해가 가능하다. 식품 포장, 쇼핑백, 배송용 포장지 같은 포장재로 적용되고, 농업용 멀칭 필름과 일회용 빨대, 컵 그리고 식기류로도 널리 적용되어 있다. 다양한 응용 분야에 적합하도록 물리적 특성(유연성, 내구성, 인쇄 가능성 등)을 조정하여 포장재, 일회용품, 비닐봉투 등으로 사용된다.

COMPOSTFUL 제품에는 PLA와 PBAT가 포함되어 있다. COMPOSTFUL PLA의 경우 실생활에 사용되는 PET 소재와 비슷한 투명도를 보여주고 있다. 또한 기존 PLA보다 유연성과 생분해성이 우수한 PLH 고분자를 개발하고 있으며, 생분해 PHA 제품도 판매하고 있다.

4.7 GS칼텍스

한국의 대표적인 석유화학 분야 회사인 GS칼텍스는 하루 정제량 80만 배럴의 원유 정제시설과 국내 최대의 정유 고도화 시설을 갖추고, MFC(Mixed Feed Cracker), 고밀도 폴리에틸렌(HDPE, high density polyethylene) 공장을 보유하여 고품질의 석유제품, 방향족, 윤활유, 올레핀, 폴리에틸렌 등의 제품을 생산하고 있다. 생분해성 플라스틱을 제조하기 위하여 3-하이드록시프로피온산(3-hydroxypropionic acid)을 이용한 제품화를 진행하고 있다.

3-hydroxypropionic acid(HP) 단량체는 생분해성을 가지고 있어서 활용도가 높지만, 기존 제조방법은 부산물도 많고 제조 후에 분리하는 공정의 효율이 낮아, 생산량이 따라가지 못하면 화학공학의 입장에서는 상당히 비효율적인 소재이다. GS칼텍스는 석유화학 산업으로 축적된 경험과 각종 기술을 이용하여 미생물 발효 공정으로 제조한 3-HP의 분리공정을 최적화하는 방법 개발에 성공하였다.

다른 고분자 단량체인 2,3-뷰테인다이올(BOD)는 뛰어난 보습력과 가벼운 체형, 빠른 흡수력, 뛰어난 분산력과 추출력 및 항염, 피부개선 효과 특성을 이용하여 화장품 원료로 사용된다. 병충해 저항성을 이용해 농업 분야에도 적용되며, 화학 원료로의 사용을 목표로 생산 실증 플랜트를 구축하여 운영 중이다.

5 박테리아-셀룰로스의 바이오 의료 산업으로 응용

미생물 유래 나노셀룰로스, 키토산, 히알루론산 등과 같은 다당류, 젤라틴, 콜라겐, 피브린과 같은 단백질, 폴리락타이드, 폴리(락타이드-글라이콜라이드) 등과 같은 천연 및 합성 생분해성 고분자는 친환경 플라스틱 소재로 사용되는 것 이외에도 고부가가치의 의료기기, 의료용 소재, 조직공학 소재 및 금속이나 세라믹과의 복합소재로 개발되고 있다. 그 예로는 드레싱, 인공혈관, 인공 연골 등과 같은 소재가 있으며, 이들은 높은 가격에 판매되고 있다. 의료용 소재로 개발 및 판매되는 대표적인 예시들을 몇 가지 알아보자.

5.1 상처 드레싱 적용

생분해성 고분자 적용의 대표적인 분야로 상처 치유를 위한 드레싱을 꼽을 수 있다. 상처 치유는 지혈, 염증, 증식 및 성숙의 4단계를 포함하는 복잡한 과정으로, 치유 촉진과 기능은 상처 유형, 병리학적 상태 및 드레싱 소재에 따라 다르다. 이상적인 상처 드레싱은 습한 환경 유지, 삼출물을 흡수, 혈관신생을 지원, 기체 교환 허용, 상처 부위 단열 생성, 미생물 감염을 방지 등 다양한 기능을 포함해야 한다. 무독성, 무부착, 무알레르기성 등의 특성도 요구되며, 외상 없이 쉽게 제거할 수 있어야 한다. 재상피화, 자가분해성 괴사조직 제거 조직과 같은 최소한의 가공 및 비용 효율적인 재료 상처 치유 기능을 보유해야 한다.

현재까지는 셀룰로스, 알지네이트, 키토산, 콜라젠, 젤라틴, 섬유소 등과 같은 천연고분자를 사용하여 다양한 상처드레싱이 개발되었다. 탄성, 박테리아 억제, 증기 투과성 및 저렴한 비용 등이 요구되는 주요 특성이다. 박테리아-셀룰로스에 존재하는 −OH 그룹과 나노피브릴 네트워크는 쉽게 물 분자를 포획할 수 있으며, 피부 표면 특성을 모방할 수 있어 상처 치유에 좋은 환경을 제공한다. 박테리아-셀룰로스 고분자는 이미 상처 치료 분야에 성공적으로 사용되어 의료 및 생명공학 분야의 고부가가치 생체재료로서의 잠재력을 강조하고 있다.

생분해성 고분자를 활용한 드레싱의 대표적인 제품으로는 BioFillTM(Curitiba, Brazil), Dermafill™(Londrina, Brazil), Membracel®(Curitiba, Brazil), xCell®(New York, NY, USA), Gengiflex®(Curitiba, Brazil), Bioprocess®(Curitiba, Brazil) 등이 있다. 이 제품들은 환자의 화상과 궤양을 치료하기 위해 상처 드레싱에 박테리아-셀룰로스를 사용하여 일부 통증과 불편함을 즉각적으로 중단시키는 특성을 보여준다. BioFill® 드레싱 제품은 효과적인 상처 치유를 위한 모든 결합된 상처 치유 특성을 보여주었으며, 건조되지 않은 박테리아-셀룰로스 제품은 상처의 삼출물을 빠르게 흡수하여 상처 치유를 더 빠르게 유도한다. Dermafill™은 박테리아-셀룰로스가 없는 경우(315일)와 비교하여 81일 만에 상피화(75%)를 개선할 수 있는 만성 질환 치료에 적용된다. Vuelo Pharma사는 정맥성 다리 궤양 및 열상을 위한 또 다른 가치 있는 제품인 Membracel®을 개발했다. 유사하게, Innovatec사에서 개발한 xCell® 제품은 정맥성 다리 궤양을 위해 Xylos 회사에서 설계했으며, 은 이온이 포함된 항균 박테리아-셀룰로스 제품(Nanoskin®(브라질 상카를로스))은 상처 드레싱에 항균 특성을 제공했다. EpiProtect®(Royal Wootton Bassett, UK)는 설파다이아진 및 거즈제품과 비교하여 1단계 및 2단계 화상에 대해 보다 빠른 치유를 제공하는 화상 상처용 상처 드레싱 제품이다.

박테리아 유래 나노셀룰로스 고분자가 물리적 장벽 역할을 하면서 상처 치유 환경에서 독특한 물리화학적 특성을 가지지만, 현재 상처 드레싱 시장의 모든 요구 사항을 충족하지는 못한다. 항균 약물 및 기타 항균제가 함유된 박테리아-셀룰로스의 생물학적 기능은 상처 치유 동안 상처 주변의 박테리아를 살균하기 때문에 더 유익하며, 이러한 화합물과 나노셀룰로스의 조합은 심각한 부상의 더 빠른 조직재생을 유도하는 시너지 특성을 제공할 수 있다.

키틴으로부터 아세테이트 분자를 제거한 키토산(CS) 고분자 상처 드레싱을 박테리아-셀룰로스와 복합하면 박테리아-셀룰로스 단독에 비해 물의 대량 흡수를 촉진할 수 있고, 키토산이 N-아세틸-베타-D-글루코사민으로 분해되면서 섬유아세포 성장과 콜라젠 침착이 더욱 촉진된다. 시프로플록사신(Cip) 화합물이 탑재된 키토산-박테리아-셀룰로스 패치는 인간의 섬유아세포와 세포적합성이 있으며, 패치는 30%의 Cip를 방출했고 키토산은 *Pseudomonas aeruginosa* 및 *Staphylococcus aureus*에 대해 잠재적 상처 치유에 대한 시너지 항균 활성을 나타냈으며, 박테리아-셀룰로스에 가소제로 글리세린을 첨가하면 화상 상처에 보습 효과가 있다.

하이드로젤은 재상피화를 선호하는 습한 환경을 제공하기 때문에 상처 드레싱 응용분야에서 광범위하게 사용되고 있다. 이에 따라 박테리아-셀룰로스-아크릴산의 전자빔 조사에 의한 화상용 하이드로젤도 개발되고 있다. 하이드로젤은 엄청난 수분 흡수능력(24시간 내 40~60배)과 높은 수증기 투과율을 가지고 있으므로, 상처 치유를 촉진한다. 박테리아-셀룰로스 드레싱과 비교하여 재상피화 및 섬유아세포 성장 박테리아-셀룰로스-아크릴산 하이드로젤에 인간 표피 각질형성세포와 진피 섬유아세포를 추가하면 화상 상처 치유가 더욱 가속화되며, 콜라젠 침착을 더욱 개선하여 하이드로젤이 상처 드레싱 및 세포 운반체에 유망함을 보여주었다. 또한 박테리아-셀룰로스 매트릭스에 함침된 은 나노입자를 첨부하면 상처 치유가 가속화되며, 은 이온이 세포막의 파괴와 DNA 복제 및 전사를 통해 다양한 병원체에 대한 항균 활성을 갖고 있고, 활성 산소(ROS)의 방출을 촉진하고 박테리아를 죽일 수 있다. 은 기능화된 박테리아-셀룰로스를 이용하면, UV 광 조사 처리에 의해 박테리아-셀룰로스 매트릭스에 함침된 은 나노입자를 제조하기 위해 손쉬운 녹색 화학 제조방법이 사용된다.

5.2 조직공학 적용

5.2.1 연골 조직공학

연골의 자가 복구 능력은 제한되어 있기 때문에 손상된 관절의 연골재생은 외과적으로 큰 관심 분야이다. 연골재생 전략으로, 연골 세포가 부착할 수 있으면서 이동 및 증식하여 세포외 기질을 생성할 수 있는 생체재료를 연구하고 있다. 연골세포의 세포증식을 위해 *Gluconacetobacter xylinus*(*G. xylinus*)에서 분비되는 박테리아-셀룰로스를 인산화 및 황산화로 개질시켜, 천연 연골의 글루코사미노글리칸을 모방하였다. 이를 통해 더 나은 연골세포 증식과 재생을 유도할 수 있었다. 박테리아-셀룰로스의 변형은 연골세포를 제공할 수 없는 매우 조밀한 네트워크 구조를 제공하므로, 연골조직재생에 적합한 구조체라 할 수 있다.

5.2.2 골 조직공학

골은 주로 콜라젠(콜라젠)과 하이드록시아파타이트(HA, 수산화 인회석)의 나노복합체로 구성된다. 따라서 골 재생을 위한 자연적 골 환경을 모방하는 적절한 복합재료가 필요하다. 수산화 인회석과 박테리아-셀룰로스 구조체의 조합은 생체모방 환경을 제공할 수 있으며, 새로운 골 임플란트를 제공할 수 있다.

성장인자는 골아세포 또는 중간엽줄기세포의 골 성숙에 중요한 역할을 한다. 골 재생을 위한 천연 환경에 적합한 조건을 조성하기 위해 천연/합성 고분자, 나노충전제 및 성장인자를 조합하여 다양한 박테리아-셀룰로스 구조체를 개발해 왔다. 박테리아-셀룰로스 구조체는 분화 배지를 사용하여 골세포 및 연골세포로의 증식 및 잠재적 분화를 위해 중간엽줄기세포(MSC)에 구조적 지원을 신속하게 제공한다. 또한 인산 칼슘으로 코팅된, 광물화된 거대 다공성 박테리아-셀룰로스 구조체는 조골세포 표현형을 위한 중간엽줄기세포의 증식 및 분화를 제공한다. 이외에도 골세포의 골 형성을 촉진하기 위해 박테리아-셀룰로스 구조체를 추가로 수정하거나 골 형성 성장인자를 주입하고 있다.

골성장펩타이드(osteogenic growth peptide, OGP)는 히스톤 H4의 C-말단 서열과 동일한 천연 분자로, 골전구세포의 골형성 구조를 쉽게 조절할 수 있다. 박테리아-셀룰로스-막 기능화된 골성장펩타이드가 골 조직재생을 위하여 합성되었다. 골 성장펩타이드-박테리아-셀룰로스 막에서 배양된 CHO-K1 세포의 체외 배양은 조골세포 표현형 특성을 향상시켰다. 골 형성 단백질-2(BMP-2)가 로딩된 Acetobacter xylinum X-2의 박테리아-셀룰로스 구조체는 골 조직재생에 적합한 골형성 특성을 가졌다. 박테리아-셀룰로스-BMP-2 구조체가 in vitro 조건에서 마우스 섬유아세포 유사 C2C12 세포를 조골세포로 분화시켰고, BMP-2로 코팅된 박테리아-셀룰로스 지지체는 알칼리성 인산염 활성을 보였다. BMP-2 코팅된 박테리아-셀룰로스 지지체를 쥐의 피하 모델에 이식한 결과 4주 이내에 더 많은 골 형성과 더 높은 칼슘 수치가 나타났다. 즉, 줄기세포의 저용량 BMP-2 프라이밍에서 '골유도'와 N박테리아-셀룰로스 지지체의 나노 거시/미세 지형에서 '골전도'의 도움으로 비용 효율적인 골 조직공학 전략이 될 수 있음을 시사한다. 최종적인 제품 설계의 목적은 빠르고 우수한 생체 내 골유착이다.

골 조직재생의 경우, 복합재료의 생분해성 고분자 구조체 제작은 기본 조직 환경을 충족하도록 물리화학적 특성을 개선하는 데 필수적이다. HA와 박테리아-셀룰로스의 조합은 조골세포의 부착과 성장을 상당히 향상했으며, 알칼리성 인산염 분석은 박테리아-셀룰로스-HA가 박테리아-셀룰로스 단독(2.5 mM)과 비교하여 알칼리성 인산분해효소(ALP) 수준(5.3 mM)을 향상했다.

PCL, 젤라틴(GEL), 박테리아-셀룰로스, HA를 복합재료로 조합하여 골조직 공학용 3D 프린팅 구조체도 제작되었다. PCL-GEL 지지체에 박테리아-셀룰로스를 첨가하여 지지체의 평균 기공 크기가 증가시켰으며, 이를 통해 골전도를 위한 최적의 기공 크기에 가깝게 제조할 수 있다. 3D 프린팅된 PCL-GEL-박테리아-셀룰로스-HA 구조체는 80%의 다공성을 제공하여 인간 조골세포의 증식 및 부착과 같은 향상된 세포 기능을 가능하게 한다.

일반적으로 비공유 상호작용을 통해 박테리아-셀룰로스와 콜라젠 사이에 형성된 물리적 복잡한 방법은 안정성이 좋지 않다. 가교제 글루타르알데하이드(GA)는 GA와 구성요소 사이에 형성된 화학 결합을 통해 복합물을 안정화하나 생물학적 독성이 있어 제한적으로만 적용된다. 콜라젠과 결합된 글라이신으로 변형된 박테리아-셀룰로스는 에스터화 결합을 형성하여 복합물의 안정성을 향상시켰으나, 너무 많은 반응 단계가 필요하기 때문에 제어하기 어렵다. 골 조직공학용 BMP-2가 포함된 안정적인 박테리아-셀룰로스-I 콜라젠 합성물의 형성을 위해 간단한 시프 반응을 사용할 수 있으며, 성분과 반응의 조합은 박테리아-셀룰로스-콜라젠-BMP-2의 안정적인 3D 다공성 미소구체를 형성하였다. 다공성 구조와 입자 크기를 갖는 거친 표면을 유도시킨 미소구체는 우수한 생체적합성을 보였고 마우스 MC3T3-E1 세포의 접착, 증식 및 골형성 분화를 촉진했다.

박테리아-셀룰로스-HA 복합재료는 생체친화성이 우수하지만 기계적 강도가 낮아 골 조직공학에 널리 응용되는 데 한계가 있다. 이중 네트워크 복합재료는 골 조직재생에 우수한 기계적 특성을 활용하여 박테리아-셀룰로스, 젤라틴 및 수산화 인회석 조합을 사용하여 유기-무기 다성분 복합재를 개발했다. 습식 박테리아-셀룰로스-젤라틴-HA 복합재료는 박테리아-셀룰로스-젤라틴보다 높은 탄성 계수를 보였다. 건조한 박테리아-

셀룰로스–젤라틴–HA 복합재는 박테리아-셀룰로스–HA 복합재보다 기계적 강도와 강성이 더 높으므로 골 조직재생에 유리하다. 또한 박테리아-셀룰로스에 존재하는 젤라틴 분자는 PBS 완충 용액에 20일 이내에 완전히 용해될 수 있었다. 박테리아-셀룰로스–셀룰로스–HA 복합물에서 배양된 rBMSC(골유래 중간엽줄기세포)의 시험관 내 평가는 더 나은 접착, 증식 및 분화를 보였다. 박테리아-셀룰로스–셀룰로스–HA 복합재는 골 조직재생에 적용하기 위해 다른 구성(박테리아-셀룰로스, 박테리아-셀룰로스–HA, 박테리아-셀룰로스–GEL)에 비해 더 높은 알칼리 인산분해 효소 활성을 나타냈다.

박테리아-셀룰로스에 대한 더 나은 생체 활성을 촉진하기 위해 항체–BMP-2를 로딩한 후 HA와 통합된 박테리아-셀룰로스 합성물을 개발에 따르면, 복합재는 MC3T3-E1 세포에 대해 우수한 생체적합성을 보여주었고, 복합 박테리아-셀룰로스 막에서 항체–BMP-2의 방출은 14일 만에 90%를 방출하여 복합 처리된 골세포는 향상된 골 무기질화 및 알칼리 인산염 활성효소(ALP)를 나타냈다.

5.2.3 치과 임플란트용 생분해성 고분자

주변 조직으로의 치과 임플란트의 통합은 치과 임플란트의 주요 문제이며, 또한 골 재생을 위해서는 임플란트와 골의 완전한 골유착이 필요하다. 박테리아-셀룰로스의 높은 흡수력, 우수한 체적 유지 및 우수한 기계적 강도로 인해 치과 응용 분야의 상업적 관심이 되었다. 박테리아-셀룰로스가 다른 종이 재료와 비교하여 흡수, 인장 강도 확장 및 생물학적 특징을 제공하기 때문에 치과 치료 또는 구강 치료로 입증되었다. 박테리아-셀룰로스 고분자는 우수한 흡수 및 팽창 능력을 유지하고 습한 조건에서 우수한 기계적 특성을 유지한다. 골유도 재생을 위한 박테리아-셀룰로스 멤브레인을 개발하여, 박테리아-셀룰로스의 포도당 결합을 끊기 위해 전자빔 조사를 적용시킨 EI–박테리아-셀룰로스를 NIH3T3 세포의 시험관 내 세포 적합성을 평가했다. 4주와 8주 동안 쥐 두개골 모델에서 EI–박테리아-셀룰로스 막의 생체 내 생분해성 및 골 재생 결과는 세포와의 효과적인 상호작용과 골 재생을 촉진하였다.

구치부 상악 부위에 치과용 임플란트를 식립할 경우 치조골의 높이에 어려움이 있다. 효과적인 치조골 확대를 가능하게 하는 BMP-2 로딩된 박테리아-셀룰로스 고분자를 합성하여 이식 공간을 유지하고 BMP-2를 지속적으로 방출하여 최적의 골 형성을 촉진을 유도하였다. 박테리아-셀룰로스–BMP-2의 조합은 골 재생을 향상시킬 수 있고 상악동에서 임상 전 치과 임플란트-골 확대에 유용하다. 반면에, 구강 점막의 외과적 상처는 치과에서 중요한 문제인데, 작은 결손은 일반적으로 봉합 시 주로 치유되지만 중간 결손에는 분할 또는 전체 두께 이식을 사용할 수 있다. 대부분의 협측 점막을 침범하는 결손의 경우 두 번째 수술 부위가 필요하며, 박테리아-셀룰로스-SA(박테리아-셀룰로스-A)로 구성된 새로운 3차원 합성물을, HaCat 세포(각질세포 세포주)는 박테리아-셀룰로스 구조체와 박테리아-셀룰로스A 구조체에 파종하여 박테리아-셀룰로스-A 고분자 구조체가 외과적 상처를 덮기 위해 구강에서 좋은 물성을 보였다.

5.2.4 인공혈관 및 혈관 이식 고분자

혈관 이식은 손상되거나 질병에 걸린 혈관을 우회하는 데 사용되며, 지금까지 인공혈관에 많이 사용되는 재료로는 Dacron, ePTFE, 폴리유레테인 등이 있다. 이제 박테리아-셀룰로스도 인공혈관을 준비하는 데 유망한 생체재료로 주목받고 있으며, 기성 이식편으로 사용하였을 때 높은 파열 압력, 높은 수분 함량, 높은 결정도 및 콜라젠과 유사한 초미세 고순도 섬유 구조를 포함하여 동맥 이식 및 혈관 조직공학에 필요한 특성을 가진다.

혈관 이식에서 호스트혈관과 인공혈관의 불일치 문제를 하결하는 데에 셀룰로스 고분자를 활용할 수 있다. 내막 증식의 발달문제를 극복하여 심혈관 이식을 지원하려면 박테리아-셀룰로스 생산에 적절한 기계적 특성이 필요하다. 혈관 이식모델의 가능성을 알기 위해 박테리아-셀룰로스를 인공혈관으로 적용했을 때, 다른 상업용 Dacron 및 ePTFE 정맥 인공혈관보다 인간 복재 정맥(30~120 mmHg에 대해 mmHg당 4.27×10^{-2}%)과 더 유사한 양호한 순응 응답을 나타냈다. 또한 박테리아-셀룰로스에서 내피세포 및 소 평활근 세포의 배양은 우수한 생체적합성 및 부착성을 나타냈다.

박테리아-셀룰로스 나노섬유는 혈전을 예방할 수 있는 재료로 활용될 가능성 측면에서도 인공혈관이나 혈관 조직공학에 적용할 수 있다. 헤파린과 다른 물질의 표면 개질은 항응고 특성 때문에 혈관 조직공학에 중요하며, 혈관 내피 성장인자(VEGF), 섬유아세포 성장인자-2(FGF-2)와 같은 혈관신생 성장인자와 쉽게 결합하여 혈관의 성장을 촉진할 수 있다. 따라서 헤파린으로 변형된 박테리아-셀룰로스는 혈관 조직공학에 활용될 수 있다.

일반적으로 조직재생을 위한 고유의 박테리아-셀룰로스 나노섬유 지지체 사용은 3D 지지체에서 세포 침투 및 혈관화를 억제하는 나노기공의 형성으로 인해 사용하는 데 제한이 있다. 이러한 문제를 극복하기 위해 L주형 생합성 방법을 이용하여 미세 기공을 생성하기 위해 젤라틴과 박테리아-셀룰로스의 조합으로 3D 구조체를 개발하고 있다.

5.3 제지 산업

펄프 및 제지 산업은 박테리아-셀룰로스의 무한한 잠재적 응용이 있는 또 다른 분야다. 박테리아-셀룰로스는 미세한 셀룰로스 미세섬유 클러스터로 구성되어 있어 제지용 바인더로 사용되어 왔기 때문에 종이로 사용했을 때 펄프의 강도와 내구성을 크게 증가시킨다. 보존 문서 수리 및 장수명 통화를 위해 강도가 높은 특수 용지가 필요성을 충족하기 위해 박테리아-셀룰로스의 생산과 종이로의 사용에 초점을 맞추었다. 박테리아-셀룰로스는 생분해성 등의 독특한 구조와 물성을 가지고 있어 토양에서 1개월 이내에 완전히 분해된다. 기계적 강도가 신문지와 비교하여 수배 또는 아라미드 섬유의 수배에 이르며, 독특한 구조와 속성을 제공한다. 또한, 면 린트 펄프와 단편 박테리아-셀룰로스의 혼합물을 여과하여 제조한 복합 시트의 영률과 인장 강도, 영률과 펄프지의 접힘 내구성도 크게 향상되었다.

6 분해성 고분자 플라스틱 폐기물과 미세플라스틱

우리 주변에서 플라스틱은 스마트폰 보호 케이스부터 전자제품, 일회용 의료용품, 배관, 전선, 단열재 등의 건축자재 등의 산업재에 이르기까지 다양한 곳에 활용된다. 특히 가볍고 내구성이 좋으며, 생산 비용도 저렴하기 때문에 온라인 쇼핑이나 배달 음식 포장재 등 각종 포장산업에 활용된다. 플라스틱 생활 폐기물은 종류에 따라 분해되기까지 500년 이상 걸리기도 하며, 무분별한 사용과 부적절한 재활용 관리, 매립된 퇴적물로 남기 때문에 자연환경에서 플라스틱의 축적은 기하급수적으로 증가하고 있다. 지금 추세로는 연간 플라스틱 생산/사용량은 2040년에 7억 3,600만 톤까지 늘어날 전망이라고 한다.

그러나 플라스틱 사용량의 6%(4,100만 톤)만이 재활용될 것으로 예측되며, 재활용되지 못한 플라스틱은 매립되거나 800만 톤/년이 해양으로 버려질 것이라는 전망을 OECD에서 내놓았다. 바이오플라스틱의 세계시장 규모는 2020년 104억 6200만 달러에서 연평균 21.7% 성장해 올해 279억 690만 달러 규모로 성장할 것으로 전망된다(마케츠앤드마케츠 시장조사). 이 절에서는 폐기물(포장 폐기물 위주)과 미세플라스틱 현황에 대해 살펴보고, 플라스틱 폐기물에 관하여 설명한다.

포장 폐기물은 환경을 오염시키고 재활용도 어려우며 플라스틱이 분해되면 미세플라스틱을 생성한다. 즉, 대기 중에 부유하면서 토양을 오염시키거나 바다로 흘러 들어가 해양 생태계를 오염시킴과 동시에 다양한 경로를 통해 인체로 노출된다. 그러나 생분해성 플라스틱은 일반적인 플라스틱에 비해서 자연에 존재하는 미생물에 의해 분해되기 때문에 플라스틱과 포장 폐기물 감소에 효과적이고, 환경 오염문제를 해결할 수 있는 친환경 소재이다.

국제 표준화 기구에서는 플라스틱 폐기물의 종류를 7가지로 분류하고 있다. 음료수병과 식품 포장에 사용되는 PET[poly(ethylene terephthalate)], 우유병과 주방용품, 세제 용기에 사용되는 고밀도 폴리에틸렌(HDPE, high-density polyethylene), 식품 포장과 파이프 바닥재, 전선 절연에 사용되는 폴리염화바이닐[PVC, poly(vinyl chloride)], 비닐봉지, 포장지, 랩에 사용되는 저밀도 폴리에틸렌(LDPE, Low-density polyethylene), 식품 포장, 일회용 용기, 필름에 사용되는 폴리프로필렌(PP, polypropylene), 일회용 식기, 포장재, 스티로폼에 쓰이는 폴리스타이렌(PS, polystyrene), 기타 고분자로 분류된다. PET, HDPE처럼 재활용이 잘되는 포장재도 있고 재활용이 어려운 포장재도 있어 각각 종류에 따라 재활용률이 다르지만, 전반적으로 20~30% 정도 재활용된다.

포장재는 상품의 유통과 이동, 보관 과정에서 외부의 마찰, 충격 등으로부터 피해를 방지해주는 완충 보호 기능을 요구한다. 또한 내구성이 높고 가벼워 휴대하기 편해야 한다. 소량 포장과 원거리 배송 등 소비 패턴이 변화해 포장재 수요가 증가하고 있으며, 덩달아 플라스틱 포장재의 사용량도 증가하고 있지만, 상대적으로 낮은 재활용률로 인해, 재활용되지 못하는 포장재들은 환경을 위협하고 있다. 포장재 중에서 식품 포장재 관련 소재는 PE, PP, PS, PVC, PET 등으로 플라스틱 생산량의 약 90%를 차지하고 있으나, 이들은 모두 생분해되지 않는다. 최근에는 생분해성 필름의 개발과 함께, 잉여 쌀, 해초류, 과일 껍질 등의 폐음식을 활용하여 바이오플라스틱 용기와 빨대 등의 바이오플라스틱이 개발되고 있으나(그림 10) 아직도 플라스틱을 완전히 대체하지 못하고 있다.

6.1 플라스틱 폐기물의 처리 방법과 문제점

폐기물은 매립, 소각, 재활용의 방법으로 처리된다. 그러나 전체 플라스틱 폐기물 생산량 중 9% 정도 재활용되고, 12%는 소각으로 처분되며, 나머지는 매립지로 보내지거나 자연환경에 방치된다. 폐기물 중 가장 많은 양인 플라스틱 폐기물의 경우 소각으로 처리할 때 많은 양의 CO_2와 다이옥신을 배출한다. 예를 들어, PE이나 PP는 연소되면 CO_2와 H_2O를 생성하며, 특정 조건에서 PVC가 불완전 연소되면 발암물질인 다이옥신을 생성한다.

그림 10 잉여 쌀이나 해초류, 과일 껍질 등 폐음식으로 만든 바이오플라스틱 용기와 빨대.
(바이오플라스틱 기업 그리코의 시제품)[1]

플라스틱 매립은 분해되기까지 수십~수백 년 정도의 시간이 걸리며 악취가 발생한다. 플라스틱이 분해될 때는 다이옥신이나 플라스틱에 첨가되는 가소제(프탈레이트 등) 같은 유해 화학물질부터 분해되어 공기 중으로 배출되며, 미세플라스틱이 지하수로 흡수되어 인체에 영향을 주는 등 많은 문제점이 있다. 발암성 및 호르몬 교란 물질인 다이옥신은 자연계에서 분해되지 않고 안정적으로 존재하며 토양과 침전물 속에서 침전되어 생물체 내로 유입된다. 물에는 불용성이나 지방에는 잘 녹아 배출되지 못하고 인체에 누적된다. 환경호르몬인 프탈레이트는 다이옥신처럼 오랜 시간 축적되지는 않지만, 먹이사슬에 따라 유입되어 인체에 축적될 수 있다(그림 11).

처리되지 못해 방치되고 버려진 폐기물들이 바다로 흘러가 자외선에 노출되면 메테인 같은 탄화수소가 분해되어 지구온난화 등 많은 환경문제를 일으킨다.

$$[C_2H_4]_n \longrightarrow CH_4 + C_xH_y + \text{기타 탄화수소}$$

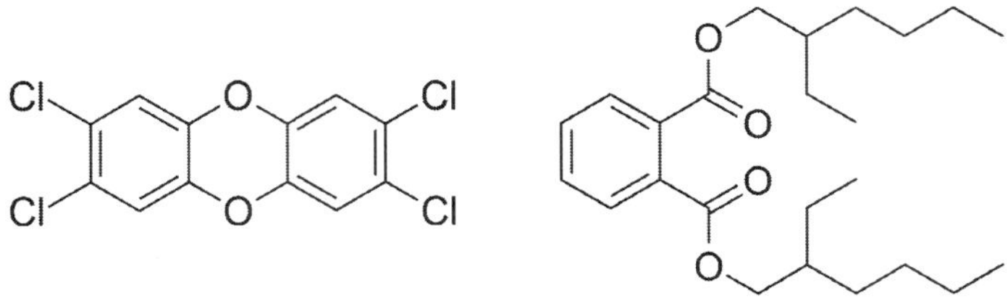

그림 11 (왼쪽) 가장 독성이 강한 다이옥신인 dioxine Tetradioxin Tetrachlorodibenzodioxin Tetrachlorodibenzo-p-dioxin(2,3,7,8-TCDD)와 (오른쪽) 대표적인 프탈레이트인 diethylhexyl phthalate(DEHP)

1 에코저널, "탈플라스틱 사회 앞당기는 기업 '그리코': 버려지는 농수산물 활용 '자연순환 제품' 생산", 이정성, 2024-11-30

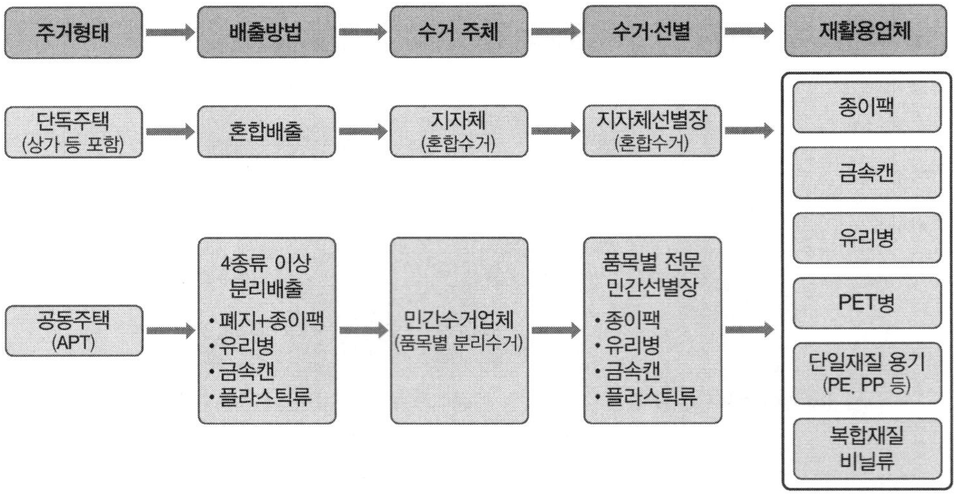

그림 12 폐기물 회수(수거, 선별) 체계(한국포장재 재활용사업공제조합, 이재정)

이를 극복하기 위해서 전 세계적으로 플라스틱을 회수하여 재활용하거나 안전하게 폐기하기 위하여 다양한 정책을 제시하고 있으며, 주거 형태에 따라 배출방법을 정하고, 수거 주체를 선정하여 수거 방법을 제시하고 있다(그림 12). 수거된 플라스틱은 열분해, 가스화, 해중합, 기계적 처리 및 용매추출과 같은 기술로 처리하며, 국내의 경우에 GS칼텍스, 현대오일뱅크 등의 회사들이 이러한 기술 개발에 투자하고 있다.

플라스틱 재활용 방법에는 폐쇄형 재활용(1차 재활용), 기계적 재활용(물질 재활용, 2차 재활용), 화학적 재활용(3차 재활용), 에너지 회수(에너지 재활용, 4차 재활용)가 있다. 폐쇄형 재활용은 소비자 사용 전 플라스틱 잔여물을 재활용하는 것으로 동일한 유형의 제품으로 재사용할 수 있다. 고분자를 생산하거나 고분자를 최종 제품으로 변환할 때 생성되는 플라스틱 잔여물은 단일 원료로 구성되어 있어 분리/운송 비용 없이 재활용하고 있다. 그러나 오염 없이 깨끗하고 단일 플라스틱이어야 하며, 혼합 플라스틱은 처리할 수 없다.

기계적 재활용은 폐플라스틱을 분리/분류한 뒤 세정 및 정제를 거쳐 파쇄해 폐플라스틱을 원료화하고, 성형 과정을 통해 다시 재활용하는 방법으로 추가적인 탄소배출 없이 가능하다. 재활용하기 위해서는 세척/분류 작업을 거쳐야 하고 재활용은 2~3회만 가능하며, 재활용 사이클마다 플라스틱의 강도가 점차 감소하기 때문에 초기 생산 비용이 높거나 오염이 적은 폐기물을 위주로 재활용한다.

화학적 재활용은 폐플라스틱을 화학적으로 분해하여 저분자로 변환하여 다양한 화학제품으로 재사용하는 시스템이다. 복합물질 및 오염된 플라스틱에 유용하므로 포장 폐기물 처리 시스템에 가장 적합하다. 화학적 재활용을 통해서 생산된 저분자량 화합물

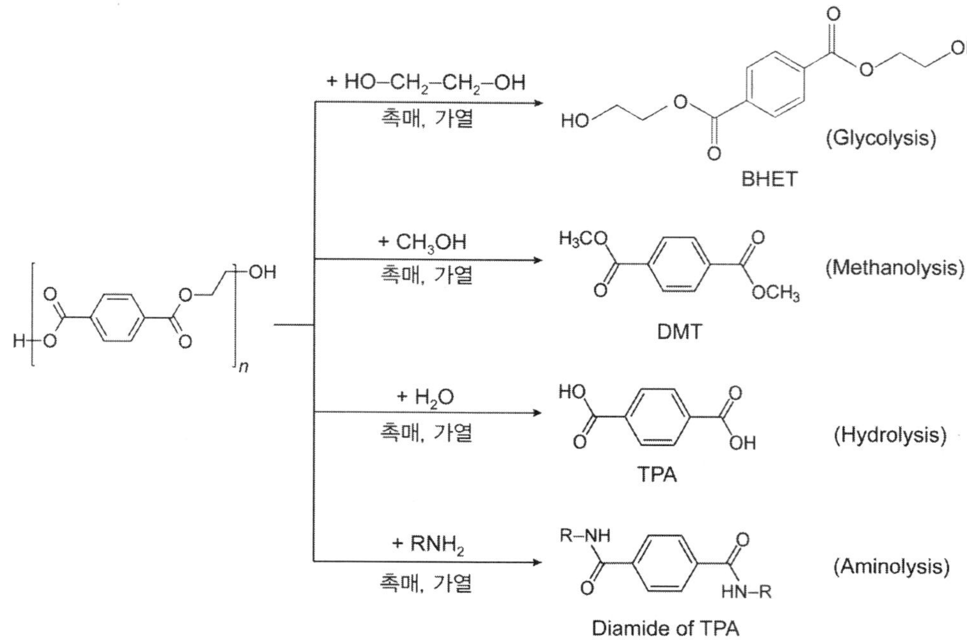

그림 13 PET는 방식에 따라 BHET, DMT, TPA 등으로 재활용된다.

은 석유화학제품 및 플라스틱 제품의 원재료로 사용될 수 있다. PET나 PVC와 같은 플라스틱의 혼합 재활용이 진행하면 재활용 과정과 제품에 부정적인 영향을 준다. PVC의 열분해는 염소화 탄화수소(CHCs)와 염산(HCl)을 생성하여 강산인 HCl이 반응기 내부의 금속이나 다른 재료들을 부식시키는 등의 심각한 영향을 미치는 반면, PET의 열분해는 물리적 성질이 변화하는 등의 품질 저하에 영향을 준다. 그러나 화학적 재활용은 이러한 문제를 해결할 수 있다. PET의 화학적 재활용은 다양한 용매 추출 방식을 통해 단량체를 완전히 분해할 수 있어 이미 산업 분야에서 광범위하게 사용되고 있으며, 다양한 용도로 재활용 제품을 최적화할 수 있다.

PET의 화학적 재활용에서는 해당과정, 메탄올 분해, 가수분해와 같은 세 가지 화학적 재활용 방식을 사용한다(그림 13). PET를 에틸렌글라이이콜(EG)과 반응시켜 비스(하이드록시에틸)테레프탈레이트(BHET)와 유사한 단량체로 분해하는 해당과정(glycolysis)은 넓은 범위에서 산업적으로 사용되며 다양한 목적으로 재활용될 수 있다. 또한 고온, 고압에서 PET를 메탄올과 반응시켜 EG와 다이메틸테레프탈레이트(DMT)로 분해한다(Methanolysis). 알루미늄 트라이아이소프로폭사이드(AIP)는 PET의 메탄올 분해를 촉진하여 등몰 비율로 단량체인 DMT와 EG를 생성한다. AIP 촉매를 사용하여 200°C에서 메탄올 분해를 수행하면 각각 64%와 63%의 수율로 DMT와 EG가 생성된다. 수율은 20~50 vol.%의 톨루엔을 함유한 톨루엔/메탄올 혼합 용매를 사용하여 증가시킬 수 있으며, 메탄올 분해 속도는 PET의 용해도에 크게 의존한다. 고온의 물을 이용하여 PET를 EG와 테레프탈산(TPA)으로 분해하는 가수분해는 PET를 완전분해하여 새로운 단량체로 활용할 수 있게 한다.

일반적으로 폐플라스틱은 용매분해(solvoysis)와 열분해(thermolysis) 공정을 통해 분해되어 연료나 고분자 생산 원료로 사용된다. 용매분해는 플라스틱 사슬을 특정 용매와의 화학 반응을 통해 분해하는 기술로, 주로 친핵성 치환 반응을 활용한다. 반응에 사용되는 용매의 종류에 따라 가수분해, 알코올 분해, 메탄올 분해, 암모니아 분해, 아민 분해 등으로 분류된다. 일반적으로 고온에서 진행되며, 효율을 높이기 위해 촉매가 사용되기도 한다.

열분해는 폐플라스틱을 가스, 오일 등으로 가치가 있는 제품으로 바꾸는 방법으로 촉매 사용 여부에 따라 열분해(thermal pyrolysis)와 촉매 열분해(catalytic pyrolysis)로 분류된다. 열분해는 고온에서 무산소 상태로 폐플라스틱을 분해하는 것이다. 반응기 내에서 열과 압력이 제어된 상태로 수행되며 열분해하는 동안 폐플라스틱의 고분자가 분해되어 액체나 가스, 고체 잔류물로 수확된다. 제어조건과 원료 종류와 조성, 반응기 유형과 온도에 따라 발생하는 생성물이 달라진다.

촉매를 사용하게 되면 불필요한 부산물을 최소화하게 되고 제품의 선택성을 향상하며, 더 낮은 온도에서 분해를 촉진할 수 있는 등 효율적인 플라스틱 분해를 할 수 있다. MgO, ZnO, Al_2O_3 같은 금속 산화물을 촉매로 사용하는 경우에는 탄화수소 수율을 개선할 수 있고, Ni, Pt, Pd 같은 금속 촉매는 균열 반응을 촉진하여 탄화물 형성을 억제하는 등 특성화되고 품질을 극대화할 수 있다. 열분해는 공정에서 발생하는 온실가스 배출이 거의 없다는 장점을 갖고 있으며, 단순한 공정으로 최적화가 비교적 용이한 장점을 가진다. 또한, 촉매를 사용해 폐플라스틱을 유용한 탄화수소로 전환하여 화석연료 채굴의 필요성을 줄일 수 있고, 열분해 생성물 가스는 에너지 회수로 사용하여 재순환 가열에도 사용할 수 있으므로 에너지 자급자족 공정이다.

플라스틱 해중합은 폐플라스틱을 용매와 촉매를 이용하여 분해해 다시 융합하는 기술로서 단량체와 올리고머가 생산된다. 해중합 생산물들은 플라스틱 제조에 이용되는 원료와 다르지 않기 때문에, 해중합 생성물로 재활용된 플라스틱은 원유를 이용하여 제조된 플라스틱과 거의 흡사한 물성을 가지며, 오염이 거의 없으므로 식품 용기에 사용된다. 주로 PET를 재활용하는 데 적용할 수 있으나, PP나 PE는 사용할 수 없는 공정이다.

가스화는 플라스틱 폐기물을 에너지와 연료로 바꾸는 처리 방법이다. 가스화는 최대 1,600도에 달하는 고온에서 산소가 존재하므로 부분 산화 또는 간접 연소가 발생하게 되며, 수소와 일산화 탄소가 섞인 혼합 가스를 얻기 위해 일산화 탄소($C + O_2 \longrightarrow CO_2$)와 수소($C + H_2O \longrightarrow CO + H_2$), 이산화 탄소($2C + O_2 \longrightarrow 2CO$), 메테인($CO + 3H_2 \longrightarrow CH_4 + H_2O$) 등 합성 가스를 생성한다. 수소와 일산화 탄소의 비율에 따라 혼합물의 가치가 달라지므로 공정 과정의 온도와 투입되는 O_2/H_2O의 비율, 체류 시간 최적화를 통해서 특정 H_2/CO 비율을 결정할 수 있다. 가스화 공정을 통해 플라스틱 폐기물을 바이오매스와 혼합시켜 성공적으로 회수될 수 있으며, 에너지 잠재력이 높은 가스로 폐플라스틱을 바꿀 수 있다. 이는 화석연료 사용을 줄이고, 에너지 수요를 충족시킬 수 있는 장점이 있다. 또한 바이오매스에 고무와 플라스틱 폐기물을 혼합하여 에너지 효율이 높은 가스를 생산할 수 있다. 다만 공기를 이용한 가스화 공정은 투자비용이 많이 필요하며 고온 환경에서의 N_2는 질소 산화물의 생성($N_2 + O_2 \longrightarrow NO_x$)을 유발하기에 후처리 비용 증가를 초래할 수 있다. 그럼에도 열분해와 가스화 방법은 최근 바이오매스의 변환 방법으로 관심이 높다.

가연성 플라스틱 폐기물을 분류. 분리, 건조, 성형 등의 공정을 통해 고체연료로 만들어 재활용하는 방법과 플라스틱을 소각하여 에너지를 회수하는 플라스틱 재활용 방법이 있다(4차 재활용 방법). 성형 고체 원료인 RDF(Refuse-Derived Fuel)는 가정이나 산업에서 발생하는 폐기물에서 가공되어 발전소나 시멘트 공장에서 연료로 쓰인다. HDPE와 PP, LDPE의 에너지 함량은 모두 40 MJ/kg을 초과하며, 난방유의 열량(44.5 MJ/kg)과 비슷하다. 반면에, PS의 열량은 40 MJ/kg 미만으로 낮고, PET와 PVC는 산소와 염소의 존재로 인해 30 MJ/kg 이하로 열량이 가장 낮다.

폐플라스틱으로부터의 에너지 회수 시스템은 에너지를 회수해 여러 분야에 활용할 수 있다는 장점이 있으나, 플라스틱을 소각하려면 높은 비용의 오염물질 제어 장치가 필요하며, 유럽의 EU 위험 폐기물 소각 지침에 의해 엄격하게 규제된다. 국내에서도 열분해, 가스화, 해중합, 기계적 재활용, 용매추출 등과 같은 방법을 사용하여 GS칼텍스, 현대엔지니어링, 롯데케미칼 등의 회사에서 사업화하고 있다.

6.2 미세플라스틱의 특성과 영향

세플라스틱은 5 mm 이하 크기의 극소 플라스틱 입자를 의미한다. 세안제, 치약 등 화장품이나 생활용품에 포함된 미세플라스틱들도 있다. 이들은 마이크로 비드라고 부르는 1차 미세플라스틱으로, 의도적으로 생산된 입자이다. 2차 미세플라스틱은 플라스틱 제품이 자연환경에서 풍화, 마모되어 생성된 부산물로서 타이어 마모나 의류 섬유 조각에서 많이 발견된다. 미세플라스틱은 크기에 따라서도 마이크로입자와 나노입자로 분류된다. 크기별, 공정별 미세플라스틱의 분류를 표 1에 나타내었다.

표 1 미세플라스틱의 분류

분류 방식	분류명	특징
공정별	1차 미세플라스틱	공정에서부터 5 mm보다 작게 만들어진 것
	2차 미세플라스틱	사용 과정이나 사용 후 자연/인위적으로 쪼개져 5 m보다 작아진 플라스틱 입자
	마이크로입자	< 5 mm
크기별	나노입자	< 1 nm

폐플라스틱은 전 세계 해양, 토양, 대기 등 환경 전체에 넓게 분포되어 있으며, 대형 폐플라스틱은 지속적인 배출로 인해 그 양이 꾸준히 증가하고 있다. 특히 2차 미세플라스틱이 전체 미세플라스틱의 70~80%를 차지하고 있다. 미세플라스틱은 자연분해가 매우 느리며, 수백 년 동안 환경에 잔존하기 때문에 환경오염의 원인이 되기도 한다(그림 14). 또한 미세플라스틱은 밀도가 낮아, 물에 부유하거나 공기 중에 떠다닐 수 있어 넓은 범위로 확산된다. 미세플라스틱은 비드, 필름, 섬유, 조각 등 다양한 형태로 존재하여 환경 내에서 서로 다른 행동 양식을 보인다.

폐플라스틱은 화학적으로 안정하기 때문에 외부 환경변화에 강하게 저항하고 표면적 대 부피 비율이 커서 중금속 및 유기 화합물과 같은 독성물질에 대한 흡착성이 강하다.

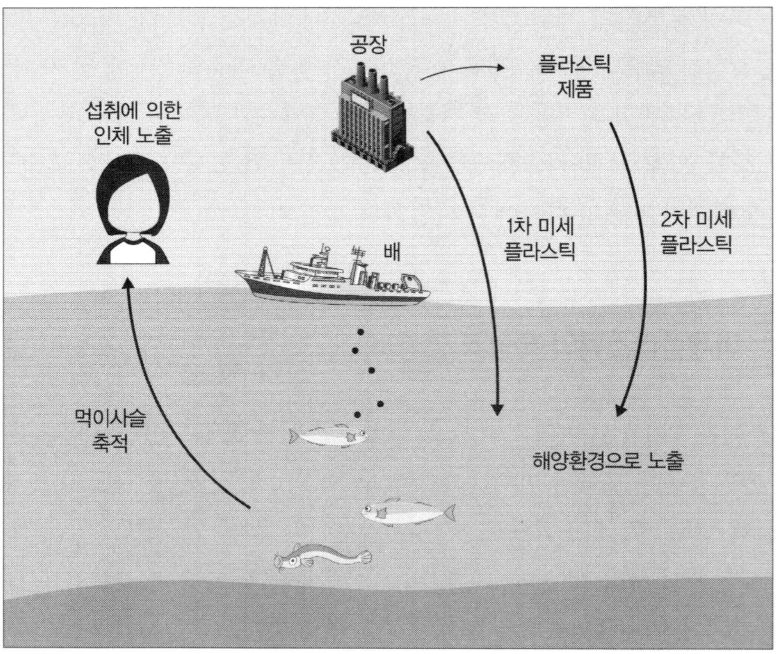

그림 14 해양 미세플라스틱의 발생과 순환

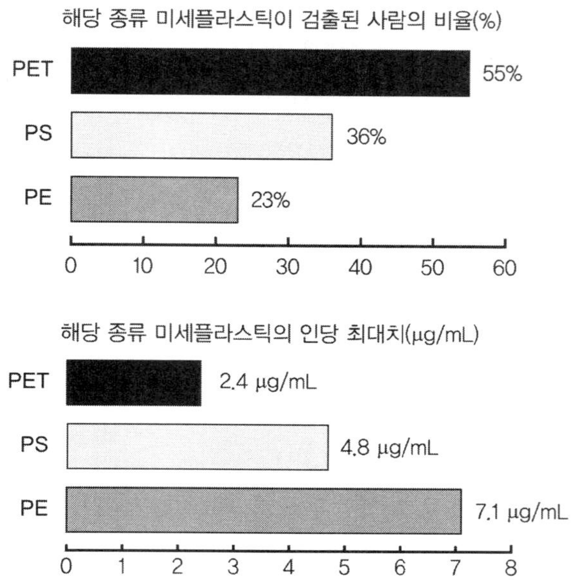

그림 15 혈중 미세플라스틱 농도 조사 동향.(자료: 한국공학연구원 정진영)

미세플라스틱의 다양한 유해 화학물질이 해양생물에 흡착하면 해양 생태계에 좋지 않은 영향을 끼친다. 구리, 코발트, 니켈, 알루미늄, 철, 아연, 크로뮴, 카드뮴, 망가니즈, 납, 비소, 타이타늄 등 약 12가지 금속이 미세플라스틱 표면에 결합되어 발견되었고, 지방족 탄화수소, BPA, 클로르단, 다이클로로다이페닐트라이클로로에테인(DDT), 헥사클로로사이클로헥세인 이성질체(HCH), 다환 방향족 탄화수소(PAH), 노닐페놀(NP), 폴리염소화 비페닐(PCB), 옥틸페놀(OP), 폴리염소화 비페닐(PCB), 폴리브로민화 다이페닐 에터(PBDE), 과플루오린화 화합물(PFC)/과플루오린화 알킬 물질(PFAS) 및 할로젠(Br)으로 구성된 또 다른 15개 그룹의 유기 오염물질이 미세플라스틱에 부착되어 인체혈액, 어류 등 여러 위치에서 발견되었다(그림 15).

6.2.1 미세플라스틱의 종류

미세플라스틱 종류별 분석 결과, 총 8종의 미세플라스틱이 확인되었고, 포장재와 플라스틱 용기나 비닐봉지 등에 사용되는 폴리에틸렌이 가장 높은 비율을 차지했으며, 식품 용기와 컵에 주로 쓰이는 폴리스타이렌이 뒤를 이었다. 이외에도 PET, PP, PU(폴리유레테인), PVC, PA(폴리아마이드), 아크릴 등이 포함되었다. 대기 중에서 PE는 46.6%로 검출 비율이 가장 높았고 PS, PET 순으로 나타났다. 대기 1 m^3당 5마이크로미터 이상의 미세플라스틱이 평균적으로 71개가 있는 것으로 분석되었다.

PE는 열가소성 고분자 플라스틱으로 열가소성이 뛰어나고 재사용이 용이하며 독성이 낮다. 밀도가 낮으나, 강도가 높고, 유연성이 없으며, 전기적 절연 특성을 갖추고 있어 전 세계 플라스틱 제품 중 약 30% 정도로 사용되는 플라스틱 중 하나이다. PS는 열가소성 플라스틱으로 투명하고 단단한 소재로서, 투명하고 가볍고 충격에 강하고 가격이 저렴하나, 열에 취약하고 가공성이 떨어지는 고분자로서, 전 세계 플라스틱 제품 중 약 7%를 차지한다. PET는 열가소성 폴리에스터 수지로, 내화학성 및 내열성이 우수하고 유리와 유사한 광학 특성을 가지고 있어서 포장재나 음료 용기로 광범위하게 사용되나, 재활용률이 낮으며 전 세계 플라스틱 제품 중 약 7%를 차지한다. PP는 열가소성의 반결정성 플라스틱으로 강도, 내열성, 전기 절연성이 우수하고 화학약품에도 잘 견디지만 내후성이 부족해 자외선에 노출되면 변색, 강도 저하, 균열 발생, 화학적 변화 등이 될 수 있는 고분자로 전 세계 플라스틱 제품 중 약 20%를 차지한다.

PU는 열경화성 플라스틱으로 탄성과 강도가 우수한 고분자로서 전 세계 플라스틱 생산량의 7%를 차지하고 있으며 자동차 시트와 의자 쿠션 등에 사용되고 있다. PVC는 열가소성 수지로 가볍고 강한 물성을 가지고 있어 단단하고 충격에 강하며 전기 절연성이 우수하나, 자외선에 약하고 불에 쉽게 타는 단점이 있는 고분자로 전 세계 플라스틱 제품 중 약 20%를 차지한다. PA는 아마이드 결합을 갖는 열가소성이며, 나일론 고분자 플라스틱이다. 강도가 높고 열에 강하다는 장점이 있다. 그러나 습기에 약하고 자외선에 노출되면 성질이 떨어지는 고분자이며 생산량은 5% 정도이다. 아크릴(acrylic) 고분자는 열가소성 플라스틱으로 투명하고, 빛 투과율이 92% 이상이며, 전 세계적으로 생산되는 플라스틱 중에서 약 1%에 해당한다.

6.2.2 미세플라스틱 발생 과정(토양/대기/수생)

미세플라스틱의 발생 과정은 고분자 물질의 분해와 관련이 있다. 고분자 분해로 인한 미세플라스틱 생성과정은 크게 물리적 분해, 화학적 분해, 생물학적 분해 3가지로 분류된다. 플라스틱 제품들이 사용되고 버려질 때 자외선, 기계적 마모, 열 등 환경적 요인들에 의해 분해되어 미세플라스틱이 되는 것이 물리적 분해이다. 고온과 산화, 화학 물질들의 작용으로 인해 고분자 사슬이 끊어지면서 미세플라스틱이 생성되는 것이 화학적 분해이며, 이로 인해 자연환경에서 다양한 화학 반응이 발생하게 된다. 생물학적 분해는 특정 미생물이나 효소가 고분자를 분해하는 과정에서 미세플라스틱이 생성되는 것으로, 대부분의 고분자는 자연적으로 분해되기에는 오랜 시간이 소요된다.

미세플라스틱은 플라스틱의 분해를 통해 토양으로 유입된다. 도로 근처에 방치된 쓰레기나 타이어 조각이 분해되어 토양으로 유입되거나 대기 중의 미세플라스틱이 비와 함께 침전되어 토양에 축적된다. 대기 중 미세플라스틱은 기상 환경에 따라 부유하며 이동하여 도시에서 발생한 미세플라스틱이 교외의 들판과 식물에 퇴적된다.

농업 활동에서도 농작물 재배 시 토양을 덮어주는 작업인 멀칭은 토양의 수분과 열을 유지하고, 토양의 온도를 조절하며 비료 유출 방지, 잡초와 병원균의 성장 억제 등의 효과를 얻을 수 있는 과정이지만, 역시 이 과정에서 미세플라스틱이 유입될 수 있다. 이는 작물 성장에 토양을 덮는 데 비닐과 같은 플라스틱 필름을 주로 사용하기 때문이다. 사용 후 남겨진 필름이 물리적/화학적/생물학적으로 미세플라스틱으로 분해되어 토양으로 유입된다.

퇴비는 짚, 동물 배설물 등의 유기물질을 발효하여 만든 천연 비료이다. 생분해성 폐기물인 음식물 쓰레기에 포함된 미세플라스틱은 전처리 과정에서 제거되지 않고 퇴비에 남는다. 퇴비화 과정 중 포장된 식품용 플라스틱 용기가 분해되어 미세플라스틱으로 전환되고 퇴비에 잔여물로 남게 된다. 퇴비화 과정에서 발견되는 미세플라스틱 대부분은 포장재로 사용되는 스타이렌 기반 고분자나 폴리에틸렌으로 확인되었다.

농작물을 재배할 때 하수처리 과정에서 제거되지 않은 미세입자 혹은 미세섬유와 같은 미세플라스틱이 방류수와 함께 배출될 경우에 주변의 지표상의 물(지표수)이나 지하수를 오염시킬 수 있다. 오염된 지표수 또는 지하수를 관개에 사용하면 물에 포함된 미세플라스틱이 토양으로 침투한다. 대기 중 폴리에스터, 폴리에틸렌, 폴리프로필렌과 같은 미세플라스틱의 주된 유입은 합성섬유인 옷이나 침구를 야외에서 건조할 때 햇빛에 의해 대기로 방출된다. 자외선에 노출된 합성섬유는 분해되어 미세섬유가 되어 대기 중 미세플라스틱의 농도를 증가시킨다.

수생 환경에서 발견되는 미세플라스틱은 PE, PP, PVC, PS이며, 인구밀도가 높은 지역과 도심 인근 지역에서 주로 발견된다. 담수에 존재하는 미세플라스틱은 일회용 포장지, 합성섬유 및 일상생활 플라스틱 쓰레기에서 분해된 2차 미세플라스틱이 대부분이다. 해양 환경에서 발견되는 미세플라스틱은 선박 표면의 페인트가 자외선이나 바다의 파도에 의해 작게 쪼개져 생성되거나, 다양한 플라스틱 제품이 해변, 바다에 버려지면서, 햇빛으로 인한 온도변화, 해수 침식으로 인하여 분해되어 유입된 것이다. PS, PVC, HDPE, PP, 나일론 등으로 제조되는 어망, 낚싯줄, 양동이와 같은 도구들이 장시간 물속에 있으면서 침식되고 마모되고 충돌되는 과정들을 통해 미세플라스틱을 생성하여 해양으로 유입되기도 한다.

6.2.3 플라스틱 처리 방법

플라스틱을 처리하는 방법에는 소각, UV 분해, 광촉매 처리를 사용한 물리적인 방법과, 화학적인 방법, 생물학적인 방법이 있다. 소각은 고분자의 긴 사슬 구조를 절단하여 저분자 화합물로 전환시키는 것이다. 고분자는 유기 화합물로 산화되면서 CO_2가 방출되며, 일부 과정에서 고분자의 잔여물은 무기물로 남는다. 소각은 제한된 공간에서 열의 형태로 에너지를 회수할 수 있기 때문에 매립 대신 사용된다. 그러나 온실가스 생성으로 CO_2, 독성 화학 물질 및 대기 오염 물질을 발생시키고 미세플라스틱을 생성할 수 있다.

자외선(UV) 분해는 PET 및 PA와 같은 고분자 플라스틱 사슬을 끊고 라디칼을 생성하며 분자량을 감소시킨다. 화학 처리는 중독성이 있는 화학물질을 사용해서 고분자를 분해한다. 생분해 처리는 고분자 내부나 표면에서 미생물이 성장해서 고분자의 물리적, 화학적 특성이 변하는 생물학적 열화, 미생물에 의해 고분자가 올리고머와 단량체로 반응하는 생물학적 단편화, 미생물이 에너지원, 탄소, 영양소를 받아 고분자 단편화와 CO_2, 바이오매스, 물로 전환하는 동화과정으로 진행된다. 생분해 처리로서 해양 곰팡이 *Zalerion maritimum*가 고분자 플라스틱을 영양원으로 소비하여 미세플라스틱을 분해한다. *Z. maritrimum*은 PE 미세플라스틱을 분해하여 기질로 활용하기 때문에 미세플라스틱을 처리하는 좋은 방법이다.

6.2.4 미세플라스틱의 건강 영향

미세플라스틱은 식수, 음료수, 어류, 소금 등과 같은 식품을 통해 인체로 유입될 수 있으며, 대기 중의 미세플라스틱이 호흡을 통해 유입되기도 한다. 크기가 작은 미세플라스틱은 하수 처리시설에서 걸러지지 않은 채 하천이나 바다로 유입되어 플랑크톤과 같은 작은 생물들이 먹이로 착각하여 섭취한다. 미세플라스틱을 먹은 플랑크톤을 물고기가 잡아먹고, 우리가 그 물고기를 먹게 되면 축적된 형태로 먹이사슬의 최종 소비자인 사람의 몸속에 유입된다. 플라스틱 가소제로 사용되는 프탈레이트와 비스페놀 A 같은 내분비계 교란 물질(환경호르몬) 등의 유해물질이 생체로 흡수되고 있는 것이다.

인간은 해산물 섭취나 호흡을 통해 미세플라스틱에 장기간 노출된다. Wistar 쥐를 이용한 미세플라스틱에 의한 생식기관 연구에 따르면, 90일 동안 0.015, 0.15 이거나 1.5 mg/kg의 미세플라스틱을 투여했을 때 난소 과립층 세포의 용혈 또는 사멸이 유도되었다. 또한 수컷 생쥐에서는 4주 또는 5주간 크기가 0.5 μm인 미세플라스틱을 경구로 투여했을 때 부고환에서 테스토스테론의 감소와 정자 수의 감소가 나타났다. 흰쥐를 대상으로 90일간 미세플라스틱을 투여한 결과, 고농도 그룹에서 심장조직의 모세혈관 울혈과 미토콘드리아 내막 소실이 관찰되었고, 심장조직에서 미세플라스틱 농도에 따라 산화적 손상이 증가하였다. 플라스틱의 잠재적 위험 중 하나는 임신 중 태아에 대한 간접적인 노출이다. 임신한 흰쥐가 호흡기로 미세플라스틱을 흡입하도록 하여 태아 조직 내 미세플라스틱 분포를 조사한 결과, 태반뿐 아니라 태아의 폐, 간, 심장, 신장 및 뇌에서도 미세플라스틱이 관찰되었다. 임신기나 수유기에 모체가 미세플라스틱에 노출되었을 때 새끼 쥐에서 대사질환을 유발하거나 위험도를 증가시킬 수 있음도 관찰되었다. 또한, 4주 이상 설치류에게 미세플라스틱을 노출하면 소화기관, 생식기관, 심장, 중추신경계 등 전신적인 장애를 유발할 수 있으며, 혈관-태반 장벽을 통과하여 태아까지 영향을 줄 수 있음을 알 수 있다. 이러한 영향평가 결과는 인간에게도 유사하게 발생할 가능성이 있으며, 섭취한 미세플라스틱은 소화관에만 머무르지 않고 전신 순환계를 통해 간, 신장 등 다양한 조직에서 발견되는 것으로 관찰되었다.

간 조직에서는 ATP 감소와 락트산 탈수소 효소의 분비 증가, 혈중 총콜레스테롤과 중성지방의 감소, glutathione peroxidase와 superoxide dismutase 같은 항산화 효소의 증가가 관찰된다. 또한, 미세플라스틱이 아세틸콜린 에스터레이스 효소의 활성을 억제하는 것으로 나타나며, 30% 이상 활성이 억제되면 신경계 기능에 장애를 초래할 가능성이 있다. 지금까지 나온 연구 결과들로 보았을 때 미세플라스틱이 인간에게 상당 부분에서 악영향을 미치고 있다는 것을 알 수 있다.

최근에는 미국 뉴멕시코대 연구진은 수십 구의 시신을 해부해 미세플라스틱의 인체 염도 추이를 조사한 결과 비닐봉지, PET 물병, 껌 등과 같은 일상에서 흔히 소비하는 플라스틱 도구, 일상용품 및 기호식품에서 떨어져 나온 작은 입자인 미세플라스틱이 음식, 물, 호흡, 껌을 통해 인체에 들어 인체에 축적되는 양이 늘어나고 있는 가운데 치매와 같은 질병을 유발할 가능성이 의심된다고 네이처메디신(2025년 2월)에 발표하였다(그림 16). 연구 결과에 따르면, 2024년 초 시신들의 신장과 간에서 측정한 결과에서 2016년 시신들보다 7~30배 많은 미세플라스틱이 측정되었고, 두뇌에서 측정된 미세플라스틱 양 역시 2016년보다 2024년에 50% 많았다. 평균 45~50세 정도인 보통 사람들의 뇌 조직에서 관측한 농도는 1g당 4800 μg이며 무게로 환산하면 0.48%이다. 즉 현재 우리 뇌의 99.5%를 제외한 나머지는 플라스틱인 것으로 계산되었다. 이는 머리에 플라스틱 숟가락이 한 개씩 온전히 들어있는 것이다. 추가로, 사망 전에 치매 진단을 받은 사람들의 두뇌에서는 미세플라스틱이 건강한 이들보다 3~5배 많았으며, 동맥과 정맥의 벽, 두뇌 면역세포에 집중된 것으로 분석되었다. 그러나 현재로서는 미세플라스틱이 치매와 같은 특정 질병을 일으킨다는 명백한 증거는 아직 없다. 피비 스테이플턴 미국 럿거스대 교수도 "플라스틱 입자들이 흐르면서 뇌를 들락거리는지, 신경조직에 축적되는지, 질병을 촉진하는지 불확실하다"라며 "입자들이 세포와 어떻게 상호작용하는지, 독성학적 결과가 있는지 추가 연구가 필요하다"라고 분석했다.

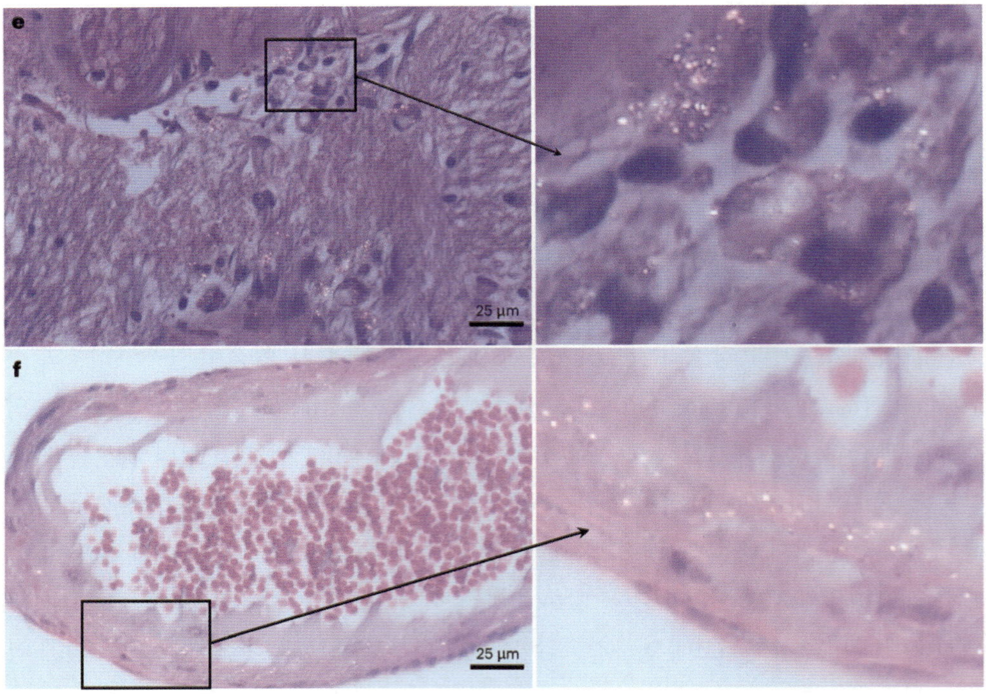

그림 16 뇌 속의 미세플라스틱 모습 (출처: Alexander J. Nihart *et al*., 2025)

CHAPTER

08

국내외 규제 현황과 문제점

1 서론

환경오염 문제가 세계적으로 대두되고 있으며, 플라스틱 폐기물은 오랜 기간 분해되지 않고 축적되면서 생태계, 토양 문제와 함께 인체 건강에도 영향을 미치고 있다. 플라스틱 문제를 해결하기 위한 방안으로 생분해성 바이오플라스틱이 주목받기 시작했다. 생분해성 바이오플라스틱은 주원료로 석유(화석연료) 대신에 식물을 사용하고, 사용 후에는 특정 환경에서 자연적으로 분해가 되어 환경 문제를 해결할 대안이 될 수 있다.

그러나 국내외로 생분해성 플라스틱에 관한 정책적, 경제적 규제와 함께, 세계 국가들의 경제적, 문화적 차이로 인한 규제로 생분해성 바이오플라스틱의 활성화가 지연되고 있다. 생분해성 플라스틱의 국내외 규제 문제가 해결되면 생분해성 소재 기업과 국가정책 및 소비 활성화가 진행될 수 있을 것으로 기대된다. 생분해성 플라스틱에 대한 규제가 시장에 미치는 영향과 생분해성 플라스틱 규제의 개선방향 동향, 글로벌 생분해성 플라스틱 산업의 지속 가능성을 확보하기 위한 국제 표준과 규제에 대한 현황을 고찰하고자 한다.

2 생분해성 플라스틱 국내 규제 현황

2.1 바이오플라스틱의 종류 및 특징

바이오플라스틱은 사용 원료, 분해 메커니즘 및 생산방법에 따라서 생분해성 플라스틱, 산화 분해성 플라스틱, 바이오 기반 플라스틱 등으로 분류된다. 바이오플라스틱을 기준에 따르면 생분해 플라스틱은 6개월에 90% 이상, 산화 생분해 플라스틱은 36개월에 90% 이상이 분해되어야 한다, 반면에, 바이오 기반 플라스틱은 분해기간이 아닌 바이오매스 함량으로 분류된다.

2.1.1 생분해 플라스틱

생분해 플라스틱은 석유화학 유래 물질을 사용하여 합성한 고분자를 압출성형 등의 공정으로 제조한 생분해 고분자 플라스틱과, 바이오매스로부터 당화과정과 전처리 공정으로 당을 합성한 후에 발효과정으로 단량체를 만들고, 이후에 단량체를 중합하여 생분해 고분자를 합성한 뒤 압출성형 등의 공정을 이용하여 제조하는 바이오 기반 플라스틱 두 종류가 있다. 대표적인 생분해 고분자 플라스틱은 미생물을 이용하여 생산한 고분자인 PHB, PHA, PHV 및 이들의 공중합체인 폴리알카노에이트 고분자가 있다. 또한 PLA, TPS 고분자가 있고, 단량체 합성 바이오플라스틱에는 PGA, 지방족 폴리에스터, PCL 등의 고분자가 있다.

2.1.2 산화 생분해 고분자 플라스틱

기존 고분자에 생분해 촉진제, 산화 생분해제, 바이오매스, 자동 산화제, 상용화제 등을 추가하여 산화 생분해 고분자 플라스틱을 제조한다. 생분해는 빛, 열, 효소, 미생물, 화학 반응 등의 복합 반응을 통해 분해를 유도한다. 산화 생분해 플라스틱은 기존 화학 분해, 생/광분해에 의한 플라스틱의 붕괴성 등을 포괄하는 개념으로, 기존의 붕괴성/광분해 플라스틱의 단점인 완전분해 기간을 보다 단축하기 위해서 분해 촉진제를 이용하여 최종 생분해 소요기간을 조절할 수 있다.

2.1.3 바이오 기반 플라스틱

바이오매스(예: 사탕수수, 밀 등)에서 전처리와 당화과정으로 단량체를 합성하고, 단량체의 축합 중합으로 바이오 기반 고분자를 합성하며, 압출 등의 공정을 통해 성형하여 바이오 플라스틱을 제조한다. 바이오 기반 플라스틱은 바이오매스를 적용하여 이산화 탄소를 저감하고 지구온난화를 방지하는 플라스틱이다. 식량자원 사용 문제점들을 해결하기 위해 식물, 볏짚, 대두, 왕겨, 옥수수 껍질 등 부산물 자원을 원료로 사용하여 생산하고 있다. 최근에는 바이오 기반 플라스틱의 기능성을 확대하면서, 매립형 제품, 포장재 분야, 건축, 토목, 자동차, 산업용품 분야까지 적용 분야로 확대하고 있다.

대표적인 제품으로는, 석유에서 유래한 원료가 아닌 옥수수, 사탕수수 등 식물에서 기반한 식물체 바이오매스를 사용하여 제조한 바이오PE, 바이오PET 등이 있다. 그러나 이러한 바이오매스 기반 플라스틱은 분해 기간이 명확하지 않아(화학 구조상 PE, PET은 분해할 수 없으나, 분자량 등 다른 물성으로 인해 분해성이 다르기 때문) 난분해 플라스틱으로 분류된다. PCL, PBS, PBAT 등 석유화학 유래 생분해 플라스틱은 바이오 기반 플라스틱으로 분류되지 않으나, 생분해 고분자이다.

2.2 바이오플라스틱의 국내 규제현황[1]

정부는 탄소 중립 추진과 플라스틱의 환경 문제 해결, 화이트바이오 산업 활성화를 위한 중장기적인 대책을 마련하여, 환경보호와 합성 플라스틱 문제들에 대응과 생물 기반 산업을 확대하기 위해 여러 규제를 마련하고 있다.

「2050 탄소중립 추진 전략」(2020년 12월)에서는 '차세대 친환경산업 기반 구축' 정책에서의 '미래 유망 분야 개발' 전략으로 현재의 석유 기반 산업을 친환경적인 생물 기반 차세대 산업으로 전환하고 있다. 「화이트바이오 산업 활성화 전략」을 통해서 플라스틱 쓰레기 해결과 이산화탄소 배출 감소를 위한 실행계획을 제시했다. 바이오플라스틱의 개발과 보급을 확대하고, 화이트바이오 산업의 고부가가치 제품을 중심으로 한 밸류체인 강화를 위해 바이오매스와 같은 원료 확보에서부터 생분해성 바이오플라스틱 R&D 투자 증대와 공공 인증제도 도입을 추진하였다. 특히 바이오리파이너리 공정기술, 파일럿 생산시설 구축, 바이오디젤과 해양 바이오 수소 등 바이오에너지 생산기술에 투자하고 있다.

동시에 「생활폐기물 탈플라스틱 대책」(2020년 12월)은 2025년까지 플라스틱 폐기물을 당시 기준보다 20% 저감하고, 분리 배출된 폐플라스틱의 재활용률을 당시 기준인 54%에서 최대 70%까지 높이는 목표를 설정하였다. 또한 2030년까지는 플라스틱으로 인한 온실가스 배출량을 30% 감축하고, PET, PP와 같은 석유 기반 혼합 바이오플라스틱의 제한적 사용을 추진하며, 필요한 경우 첨가제를 활용하여 자연분해를 촉진하면서, 최종적으로 2050년까지는 석유계 플라스틱을 바이오플라스틱으로 완전한 전환하는 계획을 수립하였다.

환경부가 제정한 환경표지 대상 제품과 인증 기준에서는 생분해성 수지제품과 바이오매스 합성수지 제품에 대한 명확한 기준을 마련하였다. 일회용품을 인증 대상에서 제외하고, 생분해성 수지의 경우에는 농업용 필름이나 수의용품과 같이 자원회수가 어려운 제품들에서만 인증을 유지하고 있으나(2022년 1월 3일 시행 개정안), 해수, 담수, 토양 등 다양한 사용 환경에서의 생분해성 인증이나 바이오매스 함량에 따른 세부적인 인증제도는 완전히 마련되지 않은 상황이다.

1 KISTEP "바이오플라스틱 기술동향", 박지현, 홍미영(2022), 21-23, 한국과학기술기획평가원

2.3 바이오플라스틱의 국내 산업 현황[2]

전 세계 바이오플라스틱 시장은 연평균 23%씩 성장해 2026년 34조 원 규모가 될 것으로 예측된다. 바이오플라스틱 생산능력은 759만 톤으로 2021년 대비 255% 성장이 전망되며, 생분해성 플라스틱 비중은 70%가 되고, 전 세계 생분해성 플라스틱 시장이 연평균 25%씩 성장해 2026년에 이르면 232억 달러(약 30조 원) 규모의 형성이 예상된다(한국무역협회). 이러한 생분해 플라스틱 시장 동향에 발맞춰 세계 각국에서는 생분해 플라스틱 제품의 영역을 확대하고 있고, 전자제품 소재로도 개발하고 있다. 2023년 영국에서는 전자폐기물 저감을 위해 생분해성 플라스틱으로 헤드폰을 제작했고, 인쇄회로기판(PCB) 제품에 생분해 소재를 사용했다.[3]

바이오플라스틱 제조공정은 사탕수수·당밀 등의 발효물질에서 시작하여, 바이오리파이너리를 거쳐 고분자 단량체의 합성 및 중합공정으로 고분자를 합성하여, 성형공정을 거쳐 바이오플라스틱 제품으로 제조한다. 국내의 주요 화학기업들은 기존의 석유 정제 및 단량체 생산 시설과 기술을 보유하고 있음에도 불구하고, 바이오플라스틱에 필수적인 중합체 제조기술은 아직 완성되지 않아서 원자재의 해외 의존도가 높다. 최근에는 국내기업들도 일회용 플라스틱을 대체할 수 있는 친환경 생분해성 소재를 적극적으로 도입하면서 바이오매스 기반 생분해성 플라스틱 소재의 제품화와 함께, 탄소저감형 소재 등의 제품화를 가속화하고 있다(표 1, 2).

표 1 생분해성 바이오플라스틱 상용화

기업	상용화 사례
CJ제일제당	• 생분해성이 우수한(해양에서) 바이오플라스틱 소재인 PHA 생산 설비(연간 약 5 천 톤)를 인도네시아에 설립하여 상용화 추진 • SKC와의 협업을 동해 자체 제작 PHA 소재와 생분해성 포장재 개발 추진
LG화학	• 포도당과 폐글리세룰로부터 3-HP를 생산하는 공정을 연구하고, lactic acid와 3-HP의 공중합체로서 생분해성 바이오플라스틱 Poly lactate hydracrylate(PLH)을 신규 개발하여 상용화 추진 • 미국 곡물회사인 ADM사와 PLA를 생산하기 위한 협력연구진행하여 연간 5 만톤 규모의 PBAT 공장 설립 계획을 수립
㈜대상	• 아미노산에서 유래한 바이오플라스틱 단량체 생산 기술 개발 • 자사의 전분당 기술을 할용한 전분계 생분해성 바이오플라스틱 복합소재 기술 개발 • LX인터-SKC-대상은 합작사를 설립하여 PBAT 생산 추진 중

2 Ibid., 16-17p.

3 이재은, "[플라스틱 지구] '황금알' 생분해성 플라스틱...국내에선 '천덕꾸러기'", 뉴스;트리, 2024년 1월 11일 기사

표 2 탄소 저감형 바이오 기반 플라스틱의 상용화

기업	상용화 사례
롯데케미컬	• 사탕수수 유래 MEG(Mono ethylene glycol)를 이용하여 바이오매스 함량이 30%인 PET를 생산하고 있으며, 생산 규모는 2017년 100톤, 2018년 264톤, 2020년 1만톤으로 지속 확대
삼양사	• 군산에 연간 1 만톤 규모의 이소소르비드(Isosorbide) 생산 공장을 2021년 완공하여 상용화 • 이소소르비드를 활용한 생분해성 플라스틱 관련 다양한 응용 기술 및 적용 제품 개발 추진
SK케미컬	• 바이오매스 기반 플라스틱인 ECOPROL, ECOZEN 판매
SKC	• 바이오매스 기반 PHA, PLA, PET, PTT 필름 기술 개발 • 나노셀룰로오즈를 활용한 PBAT(고강도) 개발 및 상용화 연구

표 3 바이오플라스틱 원료(PLA, PBAT, PHA 등) 생산 사업 현황

기업	상용화 사례
LG화학	• (PBAT) 연간 5 만톤 규모 PBAT 생산 공장 신설 및 '24년 본격 양산 목표 • (PLA) '25년까지 연간 7.5만톤 규모의 PLA 공장 건설
SKC/LX 인터내셔날/대상	• (PBAT) '23년 상업화를 목표로 연간 7만톤 규모의 PBAT 생산시설 구축
SK지오센트릭-코오롱인더스트리	• (PBAT) '22년 0.3만톤 규모 PBAT 공장 가동, '24년까지 연간 6만톤 생산 능력 확보
CJ제일제당	• (PHA) '22년 0.5 만톤 생산 시설 준공, "25년 연간 6.5 만돈, "30년까지 30 만톤 PHA 생산 능력 확보
롯데케미칼	• (PHA) '30년까지 PHA 생산 기술 확보 및 제품 생산

2023년 11월 기준 환경부의 생분해성 플라스틱 인증인 'EL724'를 받은 1,646종의 생분해성 플라스틱 제품들이 국내에서 판매되고 있으며, 인증을 획득한 업체들은 반려동물 배변봉투, 쇼핑백, 장갑, 식탁보, 완충재, 칫솔, 식기류, 호텔용품, 문규류, 수목장 분골함 등에 적용하고 있다. 그러나 글로벌 생분해 플라스틱 시장은 날로 커지는 데 반하여, 국내 생분해 플라스틱 시장의 한계성으로 인하여 대기업들은 생산시설을 대부분 해외에 두면서, 글로벌시장을 겨냥하고 있다. LG화학은 글로벌 곡물 무역상사 아처 대니얼스 미들랜드(ADM)와 손잡고 2025년까지 미국 일리노이주에 옥수수 유래 플라스틱 원료 PLA(연간 7만 5,000톤) 생산설비 구축을 추진 중이다. CJ제일제당은 인도네시아 바이오공장 전용 생산라인에서 미생물 발효공정 기반 원료 PHA를 양산하기 시작하여, 생산량을 연간 6만 5,000톤/2025년 규모로 확대할 예정이다. SKC와 에코밴스는 베트남에

연산 7만 톤 규모 PBAT 생산시설 가동(2025년)을 목표로 하고 있다. 생분해성 플라스틱과 석회석이 배합된 종이 대체 소재 생산시설을 구축하여, 연산 3만 6,000톤/2025년 규모 생산시설 건설을 추진하고 있다.[4]

국내 생분해 플라스틱 폐기물은 수거체계 미흡 문제로 인하여 일반쓰레기와 함께 소각되고 매립하고 있다. 재생되지 않는 기존 일회용품과 차이가 없으므로, 소비자들이 생분해성 플라스틱 제품을 구입하는 유인이 되지 않는다. 생분해성 플라스틱 폐기물은 일정 시간 지나면 분해되기 때문에, 일반쓰레기를 버리는 종량제 봉투로 배출하지 않도록 하는 수거 체계 도입이 필요한 것으로 분석된다. 그러나 환경부는 생분해성 플라스틱 분해 퇴비화 시설이 없다는 이유로 EL724 인증을 중단하였으며(2022년 1월), 상온의 일반토양에서 24개월 이내에 분해되는 경우에 인증을 부여할 예정이다(2025년 도입예정). 반면에 호주는 생분해성 플라스틱 폐기물을 음식물과 애완동물 배설물, 나뭇가지 등의 폐기물과 함께 '퇴비화 가능 소재'로 분류해 별도 처리시설로 보내고 있다.

바이오가스화 시설의 메테인 에너지원 처리방식은 인천시에 '플라스틱 대체물질 소부장 지원센터'를 마련해 생분해성 플라스틱의 바이오가스화 효율을 높일 수 있는 실증사업을 추진 중이다(2025년까지, 산업통상자원부). 또한, 폐자원을 자원화하는 세계적 수준의 폐플라스틱 재활용 기업을 육성하고 글로벌 공급망 경쟁력을 강화하기 위해서, 2025년 콜라·사이다·생수 페트(PET)병에 플라스틱 재생원료 10% 사용을 의무화한다고 밝혔다.[5]

유럽연합(EU)은 현재 재생원료 25% 미만 제품의 수입을 제한하고 있으며, 2030년에는 글로벌 규제 기준이 30%로 상향될 예정으로 보고 있다. 이에 대응하기 위해 환경부에서도 자원재활용법 시행령 제32조·제33조를 개정해 재활용지정사업자 범위를 페트(PET) 원료 생산자에서 페트병 음료 최종생산자로 변경할 예정이고, 2030년까지 EU와 동일하게 30%까지 확대키로 했다. 2023년 재생원료 사용의무제도가 국내 도입된 후 연간 1만 톤 이상 페트 원료를 생산하는 롯데케미칼·TK케미칼 등 '재활용지정사업자'가 대상이었으나, 연간 일정 수준(수십만 톤) 페트를 사용하는 코카콜라·롯데칠성·삼다수 등 식용 샘물·음료 최종생산자가 재활용지정사업자가 될 수 있도록 범위를 확대하여 개정한 것이다.

또한 플라스틱 재생원료 사용율 10%를 달성하지 못하는 콜라, 사이다, 생수 등 페트병 음료 제조사(재활용지정사업자)의 경우 명단이 공개되며, 이행명령과 함께 과태료도 부과된다. 플라스틱 재생원료를 10% 이상 사용한 기업에는 인센티브로 생산자책임재활

4 앞의 기사.

5 "페트병, 플라스틱 재생원료 10% 사용 의무화", 전자신문, 2025년 1월 19일 기사.

용제도(EPR) 재활용의무량을 20% 한도 내에서 감경하고 있다.

3 생분해성 플라스틱에 대한 해외 규제 현황

3.1 유럽 연합(EU)

전 세계적으로 플라스틱 환경문제가 이슈화되면서 재생 플라스틱 사용 의무화 정책이 확산되고 있다. EU는 생분해성 플라스틱 규제에 가장 적극적으로 나서고 있으며, 순환 경제 계획(Circular Economy Action Plan)을 통해서 플라스틱 사용을 감소시키고 지속 가능한 소재로 전환할 수 있는 정책을 추진하고 있다. EU 순환 경제 계획과 생분해성 플라스틱 전략은 일회용 플라스틱 사용을 줄이고 재활용 대체 소재로의 전환을 장려하는 것이다(2018년).[6] 2021년부터는 특정 플라스틱 제품에 대한 규제를 강화하고 바이오플라스틱과 생분해성 플라스틱 사용을 유도하고 있다(EN 13432 표준 및 유럽 플라스틱 전략). 생분해성 플라스틱 제품의 산업적 퇴비화를 위해 EN 13432 표준을 마련하여, 제품이 일정 시간 특정 조건에서 미생물 분해가 가능하도록 요구하고, 제품이 환경에 영향을 미치는 것을 감소에 중점을 두고 있다. 바이오플라스틱과 생분해성 플라스틱 제품 인증 요건을 명확히 하고 있다.

EN 13432는 포장재와 포장 폐기물이 산업용 퇴비화 시설에서 분해, 퇴비가 될 수 있는가를 규정하기 위한 EU 표준으로, 플라스틱 분해, 생물학적 분해율, 독성 시험에 대한 요구를 구체적으로 포함하고 있다. EU 순환 경제 계획은 생분해성, 생물 기반 플라스틱 사용 촉진과 명확한 기준으로 인증 절차를 엄격하게 거쳐 오용 방지를 위한 목적을 가지고 있어 기업들이 실제 환경에서 분해가 가능한 제품들의 생산을 유도하고 있다. EU는 2024년 페트병, 일회용 플라스틱 음료병 등 포장재 재생원료 사용 비율을 25%로 정하고 있으며, 목표에 미달한 기업 제품의 EU 역내 수입을 제한한다. 영국은 2024년 플라스틱 재생원료 사용률 목표가 30%에 달하고, 향후 30일간 10톤 이상 플라스틱 포장재 제조 또는 수입업체에 톤당 200파운드(약 32만 원)의 플라스틱 포장 세금을 부과하고 있다.

---

6 "Expanding Policy for Biodegradable Plastic Products and Market Dynamics of Bio-Based Plastics: Challenges and Opportunities", Moshood, Taofeeq D. 외 5명, Sustainability 13, no. 11: 6170, 2021, 16p, https://doi.org/10.3390/su13116170

3.2 미국

미국은 주(state)별로 생분해성 플라스틱에 대한 규제와 인증을 시행 중이다. 캘리포니아주는 생분해성 플라스틱 라벨링 관련 규제를 엄격하게 적용하고 있다. 환경보호청(EPA)과 주 차원의 규제를 통해 플라스틱 오염을 줄이기 위한 국가 전략을 수립하였으며, 캘리포니아주에서는 생분해성 제품이 실제로 분해하고 기준 충족 여부를 확인하여 위반을 판정되면 과태료를 부과한다.

산업용 퇴비화 시설에 생분해성 플라스틱 성능을 규정하는 ASTM D6400 표준은 플라스틱의 분해와 완전 생물학적 분해 및 독성시험 기준을 포함하며 인증된 제품 한에서만 '컴포스터블' 라벨을 부착할 수 있도록 규제하고 있다. Biodegradable Products Institute(BPI) 인증서는 ASTM D6400 및 D6868 표준을 준수하는 제품에 인증을 부여하며, 소비자와 시장에 신뢰할 수 있는 생분해성 플라스틱을 제공하도록 하고 있다.

3.3 중국

세계 최대 플라스틱 생산국가인 중국은 일회용 플라스틱 규제를 강화(금지법, 2020년)해 생분해성 플라스틱 사용을 적극 권장하고 있다. 도시에서는 비생분해성 일회용 플라스틱 제품의 사용이 제한되었고 생분해성 플라스틱 대체재 사용을 권장하고 있다. 바이오 기반 및 생분해성 플라스틱 연구개발 촉진을 위해 기술혁신지원 프로그램을 통하여 중국기업들이 생분해성 플라스틱 기술개발 연구에 집중할 수 있도록 지원하고 있다.

3.4 인도

인도는 플라스틱 오염문제 해결을 위해 규제를 강화했으며 생분해성 플라스틱 사용을 촉진하고 있다. 'Plastic Waste Management Rules'(2016년)를 통해 생분해성 플라스틱 사용을 장려하였으며, 해당 규칙을 개정해(2021년) 비생분해성 일회용 플라스틱 사용을 금지하고 생분해성 및 재활용 가능 대체제 사용을 권장하는 방향으로 전환하였다. 인도 정부는 생분해성 플라스틱 제품에 대한 인증 시스템을 기업들이 환경친화적 제품을 생산하도록 지원하고 있다.

4 테스트 기준에 관한 규제 정책

생분해성 플라스틱의 성능과 환경적 영향을 평가하기 위해 테스트 기준도 중요한 규제 요소 중 하나이다. 주요 국제 표준과 정책은 다음과 같다.[7]

4.1 ISO(International Standard Organization, 국제표준화기구)

ISO 17088 표준은 특정 환경에서 생분해성 및 분해 속도를 평가하기 위해 컴포스터블(비료화 가능한) 플라스틱의 요구사항을 정의하고 있다. ISO 14851 표준은 물속에서 플라스틱 소재의 궁극적인 호기성 생분해성을 측정하는 방법을 규정하고 있다.

4.2 EU 및 국가별 추가 규제

EU의 규제는 생분해성 플라스틱의 라이프사이클 평가(LCA)에서 제품의 전제적 환경 영향을 평가한다. 인도는 "Plastic Waste Management Rules"라는 규칙(2024년 개정)을 이용해 생분해성 플라스틱의 정의를 명확히 수립하고 제조업체와 수입업체에 인증 절차를 중앙 오염 통제 위원회(Central Pollution Control Board)에서 인증받은 제품만 시장에 출시할 수 있도록 규제하고 있다.

4.3 국외 규제들이 기업에 미치는 영향과 사례

정부의 규제 정책들은 기업의 연구개발과 사업화 방향에 영향을 미치며, 환경 관련 문제는 지속 가능 기술개발에 영향을 크게 미친다. 생분해성 플라스틱의 각국 규제는 기업의 제품 개발 및 생산 공정에까지 직접적인 영향을 주는 주요 기업 사례들은 다음과 같다.[8]

7 Ibid.

8 "An Overview of Bioplastic Research on Its Relation to National Policies", Garrido, Ricard, Luisa F. Cabeza, and Victor Falguera, ustainability 13, no. 14: 7848, 2021, pp. 3-6, https://doi.org/10.3390/su13147848

4.3.1 네슬레

EU의 강화된 플라스틱 규제로 인하여 네슬레는 생분해성 포장재 개발에 집중하고 있다. 네슬레는 2025년까지 재활용 가능 또는 생분해성 포장재 제조 목표를 설정하여, 바이오 기반 고분자 소재를 개발하고 있다. 2020년부터 환경친화 선택지를 소비자에게 제공하는 것을 목표로 생분해성 커피 캡슐 개발을 시작했고, 유럽에서의 소비자 반응에 나타난 지속 가능한 포장재의 필요성을 반영하여 생분해성 플라스틱 개발을 진행하고 있다.

4.3.2 다논

프랑스 정부의 환경 규제에 따라 지속 가능한 패키징 솔루션을 제공하기 위해 생분해성 플라스틱 개발에 투자하고 있다. 2025년까지 모든 포장재를 재활용, 재사용 가능하도록 목표를 제시한 프랑스 정책에 따라 재활용이 가능한 포장재와 생분해성 포장재를 사용한 제품들을 출시했으며, 바이오 기반 플라스틱 폐기물 감소를 추진하고 있다.

4.3.3 코카콜라

미국의 환경 규제 및 인증 기준에 맞추기 위해 생분해성 플라스틱 연구에 적극 투자하고 있다. 캘리포니아주의 생분해성 라벨링 규제에 맞춰 제품의 생분해성을 인증받기 위해 "Plant Bottle"이라는 재활용이 가능한 PET와 발효 기반 바이오소재를 혼합한 생분해성 플라스틱병을 개발했다.

4.3.4 바이오팩(BioPak)

생분해성 포장재를 전문적으로 하는 기업으로, 호주 정부의 지속 가능한 포장재 사용 장려를 위한 지원 프로그램에 따라, 생분해성 포장재 개발하여, 2020년에 생분해성 포장재 제품 라인을 출시하여 시장 점유율을 확장했다.

5 생분해 플라스틱 규제의 문제점

생분해성 플라스틱의 규제는 전 세계적으로 진행되고 있으며, 주요 국가에서 지정된 생분해 플라스틱 규제에 따른 문제점이 존재하고 있다. 해외의 생분해 플라스틱의 규제(2024년 기준)는 일관성이 부족하다. 미국은 연방 차원의 생분해성 플라스틱 규제가 없고, 주별로 서로 다른 규제를 시행하기 때문에, 일부 주에서는 ASTM D6400 표준 산업 퇴비화 시설에서 분해되는 제품에만 생분해성 라벨을 허용하고 있으나, 다른 주에서는 세부적인 기준이 없는 경우가 많다. 캘리포니아주에서는 '퇴비화 가능' 라벨이 붙으려면 무조건 산업 퇴비화의 조건을 만족해야 한다.

EU는 생분해성 플라스틱 규제를 EN 13432 표준에 따라 진행하고, 유럽 내 모든 국가에서 통일된 라벨링과 분류를 도입하고 있으나, 규제가 통일되어 있지 않다. 독일은 가정용 퇴비화가 가능한 제품에만 특정 라벨을 부여하고 있으며, 이탈리아는 모든 생분해성 제품을 가정 퇴비로 처리할 수 있다. 구체적으로 살펴보면 다음과 같다.

5.1 라벨링 표기 문제

EU는 '바이오 기반'과 '생분해성'을 혼용하여 사용하고 있다. 바이오 기반은 생물에서 유래한 물질을 의미하나 모든 물질이 생분해되는 것은 아니고, 바이오 기반 플라스틱 중 일부는 분해되지 않는다. 두 기준의 차이는 라벨링 표기가 상이하여 소비자들에게 혼동을 주며, 제품에 대한 정확한 정보전달을 방해한다. 이는 국가별로 생분해성 플라스틱 제품에 대한 표시 규정이 다르면, 한 국가에서 인정한 생분해성 제품이 다른 국가에서는 인정되지 않을 수 있다. 소비자가 폐기물을 분리하기 어렵고, 생분해성 플라스틱과 일반 쓰레기와 혼합되어 폐기되는 경우가 발생한다. 일부 생분해성 플라스틱은 가정에서 퇴비화할 수 없으며 산업용 퇴비화 시설(특정 조건)에서만 퇴비화할 수 있으나, 정보가 소비자에게 정확하게 전달되지 않아서 소비자는 생분해성 플라스틱을 일반 쓰레기 혹은 가정용 퇴비로 처리하게 된다. 예를 들어 퇴비화가 가능한 플라스틱 나이프/포크와 같은 제품이 '생분해 가능' 라벨로 표기되어 출시되지만, 실제로는 특정 조건에서만 분해되므로 일반 쓰레기와 같은 환경문제를 유발할 수 있다.[9]

9 "Challenges and Strategies for Bio-Based and Biodegradable Plastic Waste Management in Europe", Žaneta Stasiškienė 외(2022), 카우나스 공과대학교 환경 공학 연구소, pp.3~4, https://www.mdpi.com/1996260

따라서 생분해성 플라스틱에 대한 라벨링 표준화 시스템을 구축하여, 명확한 분류체계를 도입하여 생분해성 플라스틱에 대한 정확한 정의와, 바이오 기반, 생분해성, 퇴비화 가능성 등의 정보를 통일해야 한다. 소비자가 라벨 정보를 통해 가정용 퇴비와 산업용 퇴비를 쉽게 구별할 수 있도록 하고, 법적인 규제 강화와 함께, 세금 혜택이나 보조금 지급과 같은 경제적 인센티브를 기업에게 제공하는 것이 필요하다.

5.2 생분해성 기준의 차이

생분해성 기준은 국가별로 차이가 있으므로 이에 대한 국제적 공조가 필요하다. 한국과 일본은 플라스틱이 환경에서 자연적으로 분해될 수 있는지를 기준으로 하는 생분해성 플라스틱의 '생분해성'에 기준을 두고 있으나, 미국과 독일은 플라스틱이 산업적 퇴비화 시설에서 적절한 조건에 놓였을 때 완전하게 분해될 수 있는지에 대한 '퇴비성'에 기준을 두고 있다.[10] '생분해성' 기준이 적용된 제품은 일반 가정이나 환경에서 천천히 분해될 수 있으나, 모든 조건에서 빠르게 분해되는 것이 아니다. 반면에 '퇴비성' 기준이 적용된 플라스틱은 특정 산업 시설에서만 완전히 분해될 수 있다. 일본과 한국에서 사용되는 생분해성 플라스틱이 미국이나 독일처럼 '퇴비성' 기준이 적용한 나라에 수출될 경우, 수출된 국가의 퇴비화 시설에서 처리가 되지 않기 때문에 분해가 이루어지지 않을 수 있게 된다.[11]

생분해성 기준의 차이로 인하여 플라스틱 분리배출에 있어서 소비자 혼란과 라벨링 문제가 발생할 수 있고, 환경보호 목표 달성이 어려울 수 있다. 또한, 생분해성과 퇴비화 가능성 기준을 혼용하여 적용하면, 플라스틱이 자연적으로 분해되고 퇴비로 사용된다는 잘못된 기대를 가질 수 있다. 이는 생분해성 라벨 제품이 퇴비화 시설이 없는 환경에 폐기되어 오랜 시간 동안 플라스틱이 분해되지 않고 환경을 오염시키게 된다.

서로 다른 표준을 가진 국가 사이에 플라스틱 무역이 진행된다면, 국가 문제가 발생하고, 국제 무역 충돌이 발생할 수 있다. EU에서 생산된 생분해성 플라스틱 제품이 독일로 수출되었을 때, 독일에서는 제대로 분류하지 못하거나 추가 테스트를 요구하면서 제품 유통 혹은 국가 간 분쟁이 발생하게 된다. 한국의 '생분해성' 제품이 미국에 수출되면, 미국에서의 '퇴비화 가능' 제품 표준 차이로 인해 생분해성 플라스틱 인증과 시장진출이

10 "국내외 바이오 플라스틱 규제 현황, 인증마크 및 식별 표시 동향", 유지예·이소영·유영선, 한국포장학회지 제24권 제3호, 2018, pp.131~140.

11 "Bio-plastic europe policy brief: Bio-based and biodegadable meterials", Emma Stromberg 외(2020), IVL 스웨덴 환경 연구소, pp.10~12.

복잡해지면서 국제 무역규제 장벽이 생길 수 있다. 따라서 플라스틱 규제 문제를 해결하기 위해서는 통일된 생분해성과 퇴비화 가능 플라스틱 정의와 라벨링 기준에 대한 국제 표준을 확립해야 한다.

5.3 국제적 표준화와 교차 인증 제도

'생분해 플라스틱 식별표시' 제도는 1979년 독일에서 처음 시행하여 가장 오래되었으며, 다양한 국가에서 시행하고 있다. 현재 바이오플라스틱의 글로벌 유통과 보급을 촉진하기 위하여 글로벌 식별표시 제도를 도입하여 플라스틱 폐기물 문제를 해결하여 환경을 보호하려고 하고 있다.

먼저, 국제 표준을 설정하는 기관은 대표적으로 국제표준화기구(ISO)와 미국재료시험학회(ASTM) 기관이 있다. 이들은 세계 각국이 생분해 플라스틱의 분해 조건과 성능 평가기준을 충족하면서 자국의 인증 제도를 수립하도록 한다. ISO 14855와 ASTM D6400을 참고하여 각국이 생분해 플라스틱 인증제도를 운영하도록 하고 있다.

EU는 회원국들이 규제 조화를 위해 EN 13432 기준에 기반을 둔 식별표시 제도와 유럽 에코라벨 제도를 통해 생분해성 플라스틱의 산업 퇴비화와 생분해성에 대해 통일된 기준을 제시하여 바이오플라스틱 제품이 유럽연합 시장에 유통을 유도하고 있다.

일본의 그린플라(GreenPla)나 유럽의 OK Compost와 같은 국제 에코라벨을 개발하려는 시도가 일부 국가들에서 나타나고 있다. 에코라벨은 환경보호에 도움이 되고 소비자들에게 제품의 생분해성을 정확히 알릴 수 있는 도구로 긍정적이다.

※ ISO 14855: 통제된 퇴비화 조건에서 플라스틱의 호기성 생분해를 측정하기 위한 테스트 방법에 대한 표준으로, 통제된 퇴비화 환경, 즉 실험실 조건에서 플라스틱의 호기성 생분해 정도와 속도를 결정하는 데 도움이 되는 테스트 방법에 대한 정의.

※ ASTM D6400: 호기성 퇴비화되도록 설계된 플라스틱의 라벨링에 대한 사양에 대한 정의.

생분해성 플라스틱은 국제적인 교차 인증을 받아도 각국의 규제, 인증 기준의 상이함으로 인해 최종적으로 각국의 고유 기준에 맞춘 인증을 다시 요구하는 상황이 빈번하다. 이로 인하여 비용과 시간 소모, 환경보호의 어려움, 표준화 부족 등의 문제로 인하여 생분해 플라스틱의 국제 시장 통합을 방해하여 글로벌 성장을 저해하는 이유가 된다. 이에 따라 국제적으로 통합되고 일관적인 규제의 필요성이 대두되고 있다.

참고문헌

- Kjeld W. Meereboer, Manjusri Misra, and Amar K. Mohanty (2020). "Review of recent advances in the biodegradability of polyhydroxyalkanoate (PHA) bioplastics and their composites." Green Chem,, 22, 5519-5518.
- Michał Michalak, Michał Kwiecień, Michał Kawalec and Piotr Kurcok, (2016). "Oxidative degradation of poly(3-hydroxybutyrate). A new method of synthesis for the malic acid copolymers." RSC Adv., 6, 12809-12818.
- Siddhi S. Panchal, Dillip V. Vasana, (2020). "Biodegradable Polymeric Materials: Synthetic Approach." ACS Omega, 5, 9, 4370-4379.
- Feng, J., Gu, Y., Quan, Y. et al. (2015). "Recruiting a new strategy to improve levan production in Bacillus amyloliquefaciens." Sci Rep 5, 13814.
- Srikanth R, Reddy CH, Siddartha G, Ramaiah MJ, Uppuluri KB. (2015). "Review on production, characterization and applications of microbial levan." Carbohydr Polym., 120, 102-114.
- Ritsema T, Smeekens S. (2003). "Fructans: beneficial for plants and humans." Curr Opin Plant Biol. 6, 3, 223-230.
- Öner ET, Hernández L, Combie J. (2016). "Review of Levan polysaccharide: From a century of past experiences to future prospects." Biotechnol Adv. 34, 5, 827-844.
- Sözgen, G., Özdoğan, G., & Kaplan Türköz, B. (2018). "Zymomonas mobilis LEVANSUKRAZ ENZİMİNİN LEVAN ÜRETİMİNDE KULLANILMASI". Gıda, 43, 6, 1061-1074.
- Apostolopoulos, N.C. (2018). "Study One: Acute Inflammatory Response to Stretching. In: Stretch Intensity and the Inflammatory Response: A Paradigm Shift". Springer, Cham. 131-143.
- Ferdous Khan, Sheikh Rafi Ahmad. (2013). "Polysaccharides and Their Derivatives for Versatile Tissue Engineering Application", Macromolecular Bioscience, 395-421.
- Zhang, X., Wang, X., Fan, W., Liu, Y., Wang, Q., & Weng, L. (2022). Fabrication, Property and Application of Calcium Alginate Fiber: A Review. Polymers, 14(15), 3227.
- Charoenrak, S., Charumanee, S., Sirisa-ard, P., Bovonsombut, S., Kumdhitiahutsawakul, L., Kiatkarun, S., Pathom-Aree, W., Chitov, T., & Bovonsombut, S. (2023). "Nanobacterial Cellulose from Kombucha Fermentation as a Potential Protective Carrier of Lactobacillus plantarum under Simulated Gastrointestinal Tract Conditions". Polymers, 15(6), 1356.
- Chaudhari V, Buttar HS, Bagwe-Parab S, Tuli HS, Vora A and Kaur G (2021) "Therapeutic and Industrial Applications of Curdlan With Overview on Its Recent Patents". Front. Nutr. 8:646988.
- Sazzad Hossen Toushik, Kyung-Tai Lee, Jin-Sung Lee, Keun-Sung Kim. (2017) "Functional Applications of Lignocellulolytic Enzymes in the Fruit and Vegetable Processing Industries", Food Science, 585-593.

- Jing Wang, Quanbin Zhang. (2017) "Chapter 9. Chemical Modification of Fucoidan and Their Application." Seaweed Polysaccharides, 157-173.
- 노인섭 외 (2020). "Self-crosslinking hyaluronic acid-carboxymethylcellulose hydrogel enhances multilayered 3D-printed construct shape integrity and mechanical stability for soft tissue engineering", Biofabrication. 12(4). 045026
- V. Gomes, A. M., C. M. Netto, J. H., Carvalho, L. S., & Parachin, N. S. (2019). "Heterologous Hyaluronic Acid Production in Kluyveromyces lactis". Microorganisms, 7(9), 294.
- Carole E.Schanté et al., (2011). "Chemical modifications of hyaluronic acid for the synthesis of derivatives for a broad range of biomedical applications." Carbohydrate Polymers, 85(3), 469-489.
- E. López-Ruiz, G. Jiménez, L. Álvarez de Cienfuegos, C. Antich, R. Sabata, J.A. Marchal and Patricia Gálvez-Martín, (2019). "Advances of Hyaluronic Acid in Stem Cell Therapy and Tissue Engineering, Including Current Clinical Trials." European Cells and Materials, 37, 186-213.
- Fabian Hernandez-Tenorio, Catalina Giraldo-Estrada, (2022). "Characterization and chemical modification of pullulan produced from a submerged culture of Aureobasidium pullulans ATCC 15233", Polymer Testing, 114, 107686.
- T. de Carvalho, L., da S. Paula, M. L., M. de Moraes, R., Alves, G. M., M. Lacerda, T., Santos, J. C. d., M. dos Santos, A., & Medeiros, S. d. F. (2020). "Chemical Modification of Pullulan Exopolysaccharide by Grafting Poly(3-hydroxybutyrate-co-3-hydroxyvalerate) (PHBHV) via Click Chemistry". Polymers, 12(11), 2527.
- Farooq, S., Ahmad, M.I., Zheng, S. et al. (2024). "A review on marine collagen: sources, extraction methods, colloids properties, and food applications". Collagen & Leather 6, 11.
- Milano, F., Masi, A., Madaghiele, M., Sannino, A., Salvatore, L., & Gallo, N. (2023). Current Trends in Gelatin-Based Drug Delivery Systems. Pharmaceutics, 15(5), 1499.
- Ander Reizabal, Carlos M. Costa, Leyre Pérez-Álvarez, Jose L. Vilas-Vilela, S. Lanceros-Méndez, (2022). "Silk Fibroin as Sustainable Advanced Material: Material Properties and Characteristics, Processing, and Applications." Advanced Functional Materials, 33, 3, 2210764.
- Ke Wang, Qian Ma, Xiao Qin, Shu Dong Wang, (2018). "Silk Fibroin and its Application in Tissue Engineering." Fashion Technology & Textile Engineering, 74-76.
- Zhiting Luo, Yuan Guo, Jidong Liu, Hua Qiu, Mouming Zhao, Wei Zou & Shubo Li, (2016). "Microbial synthesis of poly-γ-glutamic acid: current progress, challenges, and future perspectives." Biotechnology for Biofuels, 9, 134
- 이승민, 김한성, 윤연흠, 형태경, 윤순도, (2020). "친환경 생분해성 PLA/PBAT/HCO 블랜드 필름 제조 및 물리적 특성", 「공업화학」, 31, 4, 415-422.
- Kazunari Masutani and Yoshiharu Kimura, (2014). "Chapter 1:PLA Synthesis. From the Monomer to the Polymer", Poly(lactic acid) Science and Technology, 1-36.
- Adam Kowalski, Jan Libiszowski, Andrzej Duda, Stanislaw Penczek (2000). "Polymerization of

l,l-Dilactide Initiated by Tin(II) Butoxide", Macromolecules, 33, 3, 1964-1971.

- Xiao, Lin & Wang, Bo & Yang, Guang & Gauthier, Mario. (2012). Poly(Lactic Acid)-Based Biomaterials: Synthesis, Modification and Applications. 10.5772/23927.
- Rezvani Ghomi, E., Khosravi, F., Saedi Ardahaei, A., Dai, Y., Neisiany, R. E., Foroughi, F., Wu, M., Das, O., & Ramakrishna, S. (2021). The Life Cycle Assessment for Polylactic Acid (PLA) to Make It a Low-Carbon Material. Polymers, 13(11), 1854.
- Sun, X., Xu, C., Wu, G., Ye, Q., & Wang, C. (2017). Poly(Lactic-co-Glycolic Acid): Applications and Future Prospects for Periodontal Tissue Regeneration. Polymers, 9(6), 189.
- Cléa Lachaux, Cláudio J. R. Frazao, Franziska Krauβer, Nicolas Morin, Thomas Walther, Jean Marie François. (2019). "A New Synthetic Pathway for the Bioproduction of Glycolic Acid From Lignocellulosic Sugars Aimed at Maximal Carbon Conservation." Frontiers in Bioengineering and Biotechnology, 7.
- Michal Bartnikowski, Tim R. Dargaville et al, Degradation mechanisms of polycaprolactone in the context of chemistry, geometry and environment, Progress in Polymer Science Volume 96, September 2019, Pages 1-20
- Chen, H., Lee, S.-Y., & Lin, Y.-M. (2020). Synthesis and Formulation of PCL-Based Urethane Acrylates for DLP 3D Printers. Polymers, 12(7), 1500.
- Rafiqah, S. A., Khalina, A., Harmaen, A. S., Tawakkal, I. A., Zaman, K., Asim, M., Nurrazi, M. N., & Lee, C. H. (2021). A Review on Properties and Application of Bio-Based Poly(Butylene Succinate). Polymers, 13(9), 1436.
- Aliotta, L., Seggiani, M., Lazzeri, A., Gigante, V., & Cinelli, P. (2022). A Brief Review of Poly (Butylene Succinate) (PBS) and Its Main Copolymers: Synthesis, Blends, Composites, Biodegradability, and Applications. Polymers, 14(4), 844.
- Akihiro Oishi, Hiroshi Iida and Yoichi Taguchi, (2010). "Preparation of poly(butylene succinate) copolymers including L-aspartic acid." Polymer Journal 42, 411-415
- Jung Eun Yang, So Young Choi, Jae Ho Shin, Si Jae Park, Sang Yup Lee, (2013). "Microbial production of lactate-containing polyesters", Microbial Biotechnology, 6, 6, 621-636.
- Dalton, B., Bhagabati, P., De Micco, J., Padamati, R. B., & O'Connor, K. (2022). A Review on Biological Synthesis of the Biodegradable Polymers Polyhydroxyalkanoates and the Development of Multiple Applications. Catalysts, 12(3), 319.
- Huang, X., Xu, L., Qian, H. et al. Polymalic acid for translational nanomedicine. J Nanobiotechnol 20, 295 (2022).
- Dhali, S.L., Parida, D., Kumar, B. et al. Recent trends in microbial and enzymatic plastic degradation: a solution for plastic pollution predicaments. Biotechnol Sustain Mater 1, 11 (2024).
- Ishigami, A., Watanabe, K., Kurose, T., & Ito, H. (2020). Physical and Morphological Properties of Tough and Transparent PMMA-Based Blends Modified with Polyrotaxane. Polymers, 12(8), 1790.

- Dhali, S.L., Parida, D., Kumar, B. et al. Recent trends in microbial and enzymatic plastic degradation: a solution for plastic pollution predicaments. Biotechnol Sustain Mater 1, 11 (2024).
- 유럽연합 플라스틱 포장재 폐기물 부문 EPR (생산자 책임 재활용제도) 활성화 방안에 관한 고찰, Jeonghyeok, 한국유럽학회, 2018, pp. 225-252,https://www.kci.go.kr/kciportal/ci/sereArticleSearch/ciSereArtiView.kci?sereArticleSearchBean.artiId=ART002375181
- 폐기물 관리 정책 개선을 위한 연구-김철수, 한국환경관리학회지, 2020, 15-30.https://www.kci.go.kr/kciportal/ci/sereArticleSearch/ciSereArtiView.kci?sereArticleSearchBean.artiId=ART002487757
- 일회용품 사용 증가와 환경 영향 - 이영희, 환경과학회지, 2019, 45-60.https://www.kci.go.kr/kciportal/ci/sereArticleSearch/ciSereArtiView.kci?sereArticleSearchBean.artiId=ART002362025
- 재활용과 생분해성 플라스틱의 가능성 - 박민수, 한국지속가능발전학회지, 2021, 75-90.https://www.kci.go.kr/kciportal/ci/sereArticleSearch/ciSereArtiView.kci?sereArticleSearchBean.artiId=ART002572643
- Sustainable Catalytic Processes for Plastic Waste Upcycling, Domingues, R. M. A.; Stariha, K. K.; Hu, J.; et al., ACS Catalysis, 2022, 12, 15452-15467.https://pubs.acs.org/doi/full/10.1021/acscatal.2c01286?casa_token=faB62hDJNFYAAAAA%3AoPNTo9sSy8fTw7E9RHCfV-dHJymFQvL30KPCbSMAikbawNOWFxazctclnamzVj3C38mcU28a2UWZSCahBg
- Polypropylene: A Review on Its Catalytic Pyrolysis and Upcycling, Fard, M. F.; Naderi, M.; et al., Macromolecular Rapid Communications, 2021, 42, 2000415. https://onlinelibrary.wiley.com/doi/full/10.1002/marc.202000415
- Pyrolysis of Polyethylene and Polypropylene: The Effects of Process Parameters on Product Distribution, Xu, Y.; Zhang, L.; et al., Polymer, 2020, 12, 20190261.https://onlinelibrary.wiley.com/doi/full/10.1002/pol.20190261
- 미세플라스틱 처리 기술의 최신 동향 - 최진영, 서울과학기술대학교 학술지, 2022, 100-115.https://library.seoultech.ac.kr/#/eds/detail?an=edskis.3694513&dbId=edskis
- The chemistry of chemical recycling of solid plastic waste via pyrolysis and gasification: State-of-the-art, challenges, and future directions - Onur Dogu, Matteo Pelucchi, Ruben Van de Vijver, Paul H.M. Van Steenberge, Dagmar R. D'hooghe, Alberto Cuoci, Marco Mehl, Alessio Frassoldati, Tiziano Faravelli, Kevin M. Van Geem, Waste Management, 2020, 117-130.https://www.sciencedirect.com/science/article/abs/pii/S0360128520301118?via%3Dihub
- Occurrence, impact, toxicity, and degradation methods of microplastics in environment - a review, N. Kasmuri, N.A.A. Tarmizi, A. Mojiri, Environmental Science and Pollution Research, 2022, Volume 29, pages 30820-30836.https://link.springer.com/article/10.1007/s11356-021-18268-7
- 서울시 자원회수시설 운영현황 - 서울특별시, 2021,https://rrf.seoul.go.kr/content/bcrea214.do
- Microplastics in the Marine Environment and Their Impacts on Human Health, Jia Bak, Hyun Bon Kang, Yun-Sik Choi, Journal of Life Science, 2021, 442-451.https://doi.org/10.5352/JLS.2021.31.4.442

- 미세플라스틱의 환경 영향 및 인체 건강에 미치는 영향, 서울특별시 보건환경연구원, 서울특별시 보건환경연구원 보고서, 2021.https://sihe.seoul.go.kr/archives/554741
- 미세플라스틱 및 인체 건강 위험성, 환경보건연구소, 환경보건연구소 보고서, 2021.https://www.ehtis.or.kr/cmn/sym/mnu/mpm/60001071/htmlMenuView.do
- 수중 미세플라스틱 제거를 위한 플라스틱 분해 미생물의 분리, 차한솔, 서울과학기술대학교 석사학위논문, 2022.https://www.dbpia.co.kr/journal/detail?nodeId=T16093906
- 육상, 대기, 수생환경의 미세플라스틱 발생 및 유입경로와 생물에 미치는 영향, 김남연, 김보경, 이은희, 대한환경공학회지, 2022, 453-467.https://www.dbpia.co.kr/Journal/articleDetail?nodeId=NODE11168085
- Biodegradation of low density polyethylene (LDPE) by fungi isolated from municipal landfill area - Pramila R, Ramesh KV, Journal of Microbiology and Biotechnology, 2011, 1:131-136.https://academicjournals.org/journal/ajmr/article-full-text-pdf/296918417039
- Physical and mechanical properties of PLA, and their functions in widespread applications - A comprehensive review, Shady Farah, Daniel G. Anderson, Robert Langer, Advanced Drug Delivery Reviews, 2016, Volume 107.https://www.sciencedirect.com/science/article/abs/pii/S0169409X16302058
- Handbook of Polymer Applications in Medicine and Medical Devices - Elsevier Inc., 2014, DOI: 10.1016/B978-0-323-22805-3.00003-7, https://www.sciencedirect.com/science/article/abs/pii/B9780323228053000037?via%3Dihub
- Poly-lactic acid synthesis for application in biomedical devices - A review, Astrid J.R. Lasprilla, Guillermo A.R. Martinez, Betania H. Lunelli, Andre L. Jardini, Rubens Maciel Filho, Biotechnology Advances, Volume 30, Issue 1, 2012, pp. 321-328.https://www.sciencedirect.com/science/article/pii/S0734975011000954
- Carbon Footprint of Packaging Films Made from LDPE, PLA, and PLA/PBAT Blends in South Korea, Choi, B.; Yoo, S.; Park, S.-I., Sustainability, 2018, Volume 10, Article 2369.https://www.mdpi.com/2071-1050/10/7/2369
- FDA-inventory of effective food contact substance (FCS) notifications no.178 - U.S. Food and Drug Administration, 2002.https://www.accessdata.fda.gov/scripts/fcn/fcnDetailNavigation.cfm?rpt=fcsListing&id=178
- Polyhydroxyalkanoate biosynthesis at the edge of water activity-haloarchaea as biopolyester factories - M. Koller, Bioengineering, 2019, 6, p. 34. https://pmc.ncbi.nlm.nih.gov/articles/PMC6631277/
- Polyhydroxyalkanoates (PHA): From production to nanoarchitecture - Roshanak Tarrahi, Zahra Fathi, M. Ozgur Seydibeyoglu, Esmail Doustkhah, Alireza Khataee, International Journal of Biological Macromolecules, 2020, Volume 146.https://www.sciencedirect.com/science/article/abs/pii/S0141813019373143
- pH dependence of carboxylic and mineral acid extraction by amine-based extractants: effects of pKa, amine basicity, and diluent properties - A.M. Eyal, R. Canari, Industrial & Engineering

Chemistry Research, 1995, 34, pp. 1789–1798.https://pubs.acs.org/doi/10.1021/ie00044a030

- Structural evaluation of Poly(lactic acid) degradation at standardized composting temperature of 58 degrees – Jiwon Oh, Sung Bae Park, Chaenyung Cha, Dong Ki Hwang, Seul-A Park, Jeyoung Park, Dongyeop X. Oh, Hyeonyeol Jeon, Jun Mo Koo, Chemosphere, 2024, Volume 354. https://www.sciencedirect.com/science/article/abs/pii/S0045653524006222

- Factors affecting polyhydroxyalkanoates biodegradation in soil – Miguel Fernandes, Andreia Salvador, Madalena M. Alves, Antonio A. Vicente, Polymer Degradation and Stability, 2020, Volume 182.https://www.sciencedirect.com/science/article/abs/pii/S0141391020303372

- Sustainable bio-plastic production through landfill methane recycling – Karthigeyan Chidambarampadmavathy, Obulisamy Parthiba Karthikeyan, Kirsten Heimann, Renewable and Sustainable Energy Reviews, 2017, Volume 71.https://www.sciencedirect.com/science/article/abs/pii/S1364032116311376

- PP 및 PBAT 혼합에 의한 폴리(L-락트산)의 내충격성 향상 (Enhancement of Impact Strength of Poly(L-lactic acid) by the Blending of PP and PBAT)", 박진우, 숭실대학교 대학원 학위논문, 2014, pp. 1–65.https://www.dbpia.co.kr/journal/detail?nodeId=T13368690

- The Science Behind Dioxins, Vinyl Chloride, and Proven Remediations, CAS Insights, 2023. https://www.cas.org/resources/cas-insights/the-science-behind-dioxins-vinyl-chloride-and-proven-remediations

- Can Plastic-Eating 'Super Enzymes' Solve Our Plastic Waste Problem?, CAS Insights, 2021. https://www.cas.org/resources/cas-insights/can-plastic-eating-super-enzymes-solve-our-destructive

- Davidson, M. G., Furlong, R. A., & McManus, M. C. (2021). Developments in the life cycle assessment of chemical recycling of plastic waste; A review. Journal of Cleaner Production, 293, 126163. https://doi.org/10.1016/j.jclepro.2021.126163

- Introduction to Polyurethane Chemistry, Felipe M. de Souza, Pawan K. Kahol, Ram K. Gupta, ACS Symposium Series, 2021, 1–24https://pubs.acs.org/doi/full/10.1021/bk-2021-1380.ch001

- "LG케미토피아 PLA", LG Chem Blog, 2021.https://blog.lgchem.com/2021/10/22_pla/

- "Physical and mechanical properties of PLA, and their functions in widespread applications – A comprehensive review", Monika Garlotta, Polymer Testing, 2016, pp. 12–23.https://www.sciencedirect.com/science/article/pii/S0169409X16302058

- National Institute of Biomedical Imaging and Bioengineering (NIBIB). (2023). Finger on the pulse of drug delivery. Science Highlights. Retrieved from https://www.nibib.nih.gov/news-events/newsroom/finger-pulse-drug-delivery

- Ylinen, P. (2006). Chemical structure of hydroxyapatite, Ca 10 (PO 4) 6 (OH) 2, In Applications of coralline hydroxyapatite with bioabsorbable containment and reinforcement as bone graft substitute: An experimental study. Retrieved from https://www.researchgate.net/figure/Chemical-structure-of-hydroxyapatite-Ca-10-PO-4-6-OH-2_fig8_47933950

- Tullo, A. H. (2021). The biodegradable polymer PBAT is hitting the big time: Polybutylene adipate co-terephthalate is succeeding by straddling the petrochemical and biopolymer worlds. Chemical & Engineering News, 99(34). Retrieved from https://cen.acs.org/business/biobased-chemicals/biodegradable-polymer-PBAT-hitting-big/99/i34
- "농식물수출정보", KATI 한국농수산식품유통공사.https://www.kati.net/board/exportNewsView.do?board_seq=100536&menu_dept2=35&menu_dept3=71
- Alexander J. Nihart, Marcus A. Garcia et al., (2025). "Bioaccumulation of microplastics in decedent human brains." Nature Medicine 31, 1114-1119.

저자 소개

노인섭
건국대학교 섬유공학과 졸업
University of Texas Austin(USA) 화학공학과 석사
University of Texas Austin(USA) 화학공학과 박사
California Institue of Technology(USA) 특별대학원생
Harvard University-MIT Health Science and Technology(USA) 박사후 연구원
현) 서울과학기술대학교 화공생명공학과 교수

저서
조직공학과 3D 바이오프린팅(2016, 저서)
Biomimetic Medical Materials From Nanotechnology to 3D Bioprinting(2018), Springer(England).
Injectable hydrogels for 3D Bioprinting(2021), Royal Society for Chemistry(England).

이 연구는 환경부 녹색융합기술인재양성특성화대학원사업과 한국연구재단 중견연구자 지원사업(2022R1A2C2006341)의 지원으로 수행되었습니다.

생분해성 고분자 플라스틱

저　자 노인섭
발행인 김지영
발행처 자유아카데미
주　소 경기도 파주시 회동길 37-42 파주출판도시
전　화 031-955-1321
팩　스 031-955-1322
홈페이지 www.freeaca.com
전자우편 main@freeaca.com (대표)
editor@freeaca.com (편집)
crm@freeaca.com (영업)
등　록 제406-2003-017호, 1980. 7. 12
제1판1쇄 2025년 8월 25일 발행

저자와의 협의하에 인지생략

ISBN 979-11-5808-734-0 93430